# HUMAN PHYSIOLOGY

## 식품영양학을 위한 인체생리학

**저자 소개**

**임윤숙**
The Ohio State University 인체영양학 박사
경희대학교 식품영양학과 교수

**박은주**
University of Vienna 임상영양학 박사
경남대학교 식품영양학과 교수

**김기남**
이화여자대학교 영양학 박사
대전대학교 식품영양학과 교수

**양수진**
University of California, Davis 영양생물학 박사
서울여자대학교 식품영양학과 교수

**부소영**
Oklahoma State University 인체영양학 박사
대구대학교 식품영양학과 교수

**고광웅**
Texas A&M University 영양학 박사
한양대학교 식품영양학과 교수


2판 식품영양학을 위한 인체생리학


**초판 발행** 2019년 1월 24일
**2판 발행** 2025년 2월 21일

**지은이** 임윤숙, 박은주, 김기남, 양수진, 부소영, 고광웅
**펴낸이** 류원식
**펴낸곳** 교문사

**편집팀장** 성혜진 | **책임진행** 전보배 | **디자인** 신나리 | **본문편집** 유선영

**주소** 10881, 경기도 파주시 문발로 116
**대표전화** 031-955-6111 | **팩스** 031-955-0955
**홈페이지** www.gyomoon.com | **이메일** genie@gyomoon.com
**등록번호** 1968.10.28. 제406-2006-000035호

**ISBN** 978-89-363-2645-6 (93590)
**정가** 28,000원

# HUMAN PHYSIOLOGY

## 식품영양학을 위한 인체생리학 2판

임윤숙 · 박은주 · 김기남 · 양수진 · 부소영 · 고광웅 지음

교문사

# PREFACE
## 머리말

생리학은 건강한 인체와 이를 구성하는 기관, 조직, 세포의 해부학적 구조와 기능을 연구하는 학문이다. 생리학과 의학은 역사적으로 많은 부분을 공유해 왔다.

최초의 생리학자이자 의학의 아버지로 불리는 히포크라테스는 "우리가 먹는 것이 곧 우리 자신이 된다. 음식은 약이 되기도 하고 독이 되기도 한다."라고 말했다. 오늘날 사용되고 있는 많은 약물들도 전통적으로 효능이 있다고 알려진 식품에서 유래된 성분들로 만들어진 경우가 많다. 이러한 점에서 영양학은 초기 의학 또는 생리학과 뿌리를 함께 한다고 할 수 있다. 건강한 인체를 올바르게 이해하고 이를 통합적으로 파악하는 것은 식품영양학 전공자들에게 필수적이다. 생리학은 건강을 유지하기 위한 영양학이나 질병 상태에서 치유를 위한 임상영양학 및 식사요법을 배우기 위해 선행되어야 할 기초 학문이라고 할 수 있다.

이에 따라 이 책은 식품영양학 전공자들이 생리학을 쉽게 이해할 수 있도록 인체에 대한 기초 지식을 제공하고, 인체 각 기관의 상호 관계, 생명 현상에 대한 통합적 관점을 제시함으로써 영양과 건강에 대한 이해도를 높이는 데 중점을 두었다.

이 책은 총 11장으로 구성되어 있다. 전반부인 1~4장에서는 인체의 구성과 항상성 유지에 대해 다루었고, 중반부인 5~9장에서는 인체의 각 기관의 구조와 기능을 다루었다. 후반부인 10~11장에서는 운동생리와 관련 있는 근골격계 및 에너지 대사를 다루어 영양사 시험에도 대비할 수 있도록 구성하였다.

저자들은 각 장에서 생리학의 개념에 대한 단순한 암기가 아닌 인체에 대한 이해도를 높이기 위해 다양한 그림을 활용하였으며, 용어의 개념을 쉽게 이해할 수 있도록 간략히 요약하였다.

이 책이 생리학에 대한 최신 지식과 정보를 전달함으로써 독자들의 학습과 진로에 도움이 되는 지침서가 되기를 바란다.

끝으로, 이 책이 나오기까지 수고해주신 교문사 직원분들께 감사의 말씀을 전한다.

2025년 2월

저자 일동

# CONTENTS
## 차례

CHAPTER
## 04
## 내분비계 82



CHAPTER
## 05
## 소화기계 118



CHAPTER
## 06
## 체액, 혈액과 면역 144

CHAPTER
# 07
## 심혈관계 182



CHAPTER
# 08
## 호흡기계 206



CHAPTER
# 09
## 신장 230

CHAPTER
# 10

## 근육 252



CHAPTER
# 11

## 에너지 대사 278

CHAPTER

# 1 인체생리와 항상성
HUMAN PHYSIOLOGY AND HOMEOSTASIS

1. 인체생리학
2. 인체의 구성
3. 항상성

인체생리학은 인체 내 생명을 유지하기 위한 세포, 조직, 기관, 기관계의 역할을 총체적으로 연구하는 학문이다. 이러한 인체 내 기능을 유지하기 위해서는 항상성 조절이 매우 중요하다.

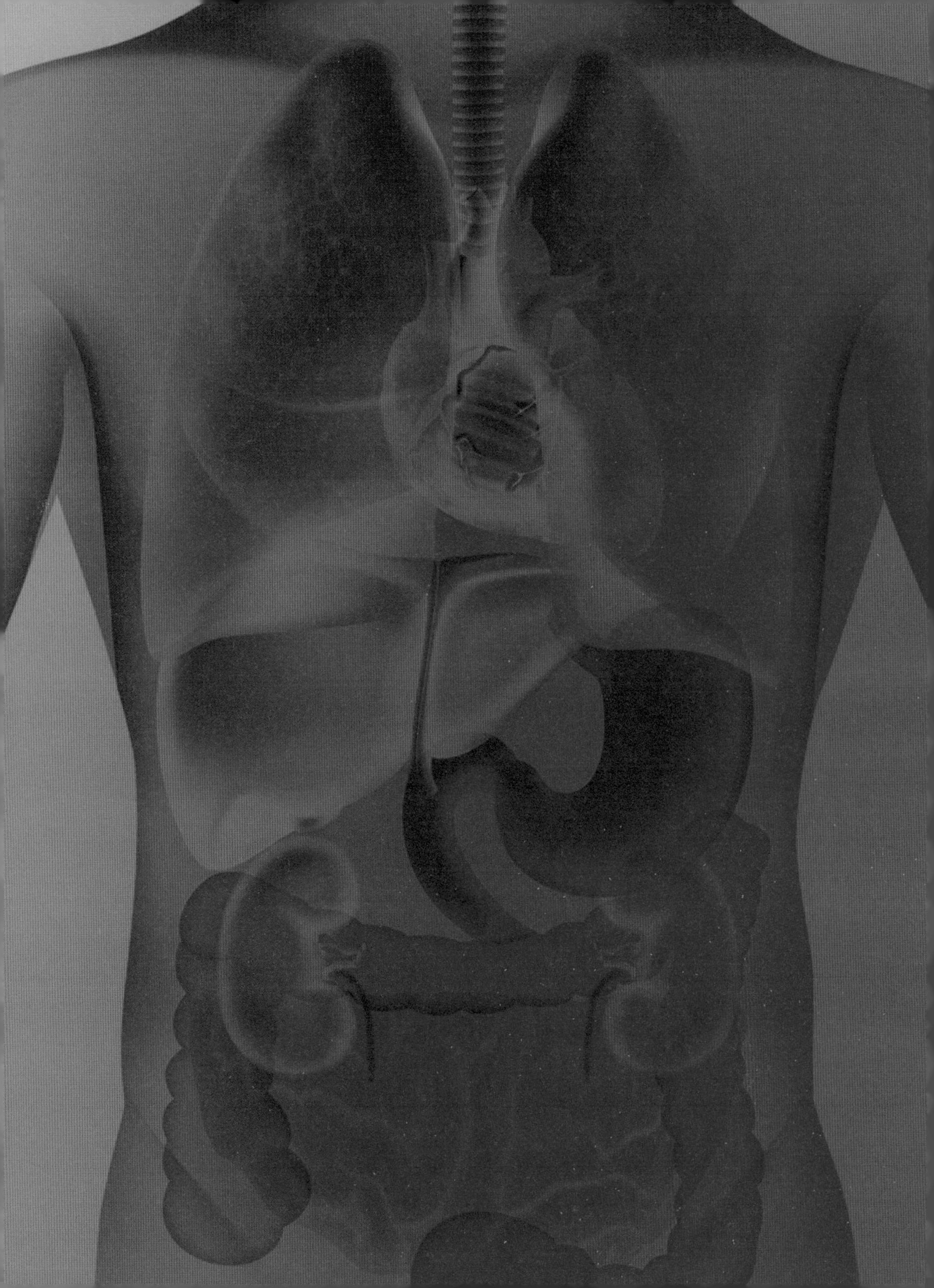

# 1. 인체생리학

인체생리학이란 세포, 조직, 기관, 기관계가 생명을 유지하기 위해 어떤 역할을 하는지를 총체적으로 연구하는 학문이다. 인체 내 다양한 생리적 작용과 특성은 이와 관련되는 물리적·화학적 기전을 통해 다양하게 조절된다.

# 2. 인체의 구성

인체를 구성하는 최소 기능적 단위는 세포cell로, 세포들이 모여 조직tissue을 이루고 조직들이 모여 기관organ을 형성한다. 유사한 기능을 하는 기관들이 모여

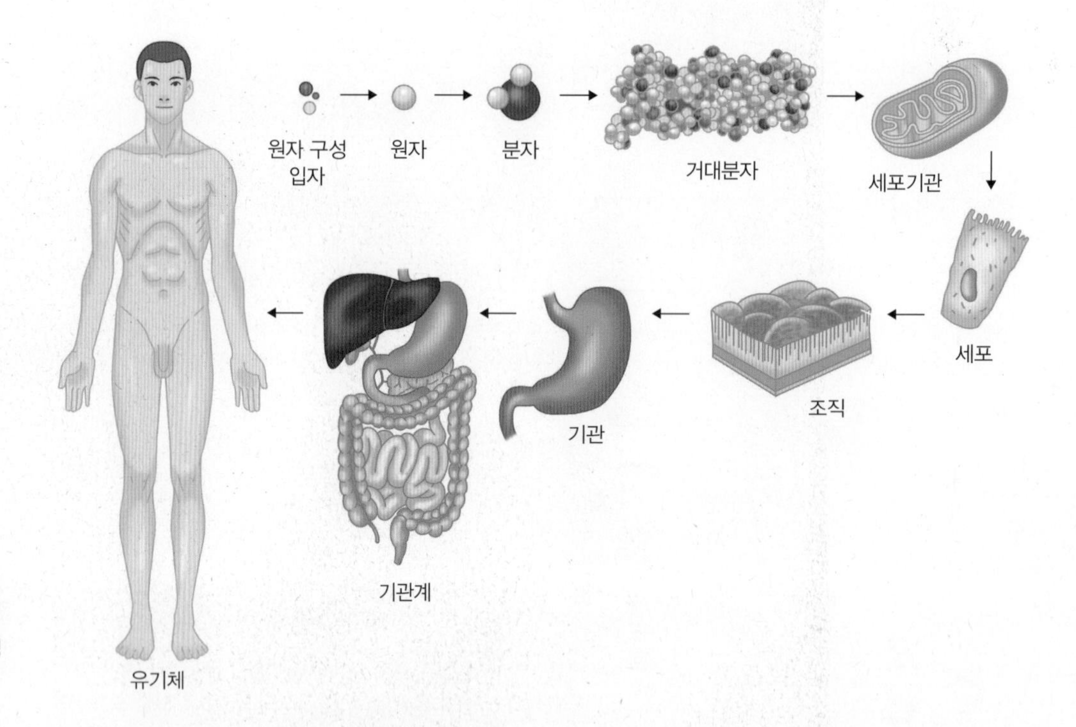


그림 1-1
인체의 구성

기관계를 이루며, 체내에 필요한 주요 기능들을 수행한다. 예를 들어, 소화계, 신경계, 호흡계, 심혈관계 등이 이에 해당한다 표 1-1.

표 1-1 기관계의 종류와 기능

| 기관계 | 주요 장기 | 주요 기능 |
|---|---|---|
| 외피계 | 피부, 머리카락, 손톱 | 보호, 온도 조절 |
| 신경계 | 뇌, 척수, 신경 | 다른 신체 시스템의 조절 |
| 내분비계 | 뇌하수체, 갑상샘, 부신과 같은 호르몬 분비샘 | 조절분자인 호르몬 분비 |
| 골격계 | 뼈, 연골 | 이동 및 지원 |
| 근육계 | 골격근 | 골격의 움직임 |
| 순환계 | 심장, 혈관, 림프관 | 혈액과 림프의 이동 |
| 면역계 | 적골수, 림프기관 | 침입하는 병원체로부터 방어 |
| 호흡계 | 폐, 기도 | 기체 교환 |
| 비뇨기계 | 신장, 수뇨관, 요도 | 혈액량 및 구성 조절 |
| 소화계 | 입, 위, 소장, 간, 담낭, 이자 | 음식이 체내로 들어가면 영양소로 분해 |
| 생식계 | 생식소, 외부 생식기, 관련 분비샘 | 인간 종의 지속 |

# 3. 항상성

인체는 체내외의 다양한 변화에 따라 내부 환경을 일정하고 안정적인 상태로 유지하고자 하는 특성을 가지며, 이를 **항상성**homeostasis이라 한다. 항상성은 궁극적으로 생명 유지를 위한 조절 기전이라 할 수 있으며 다양한 변화에도 매우 좁은 범위 안에서 조절된다 그림 1-2 . 항상성의 대표적인 예로는 혈당 조절, 체

**항상성**
다양한 변화에 따라 내부 환경을 안정적인 상태로 유지하고자 하는 인체 내 특성

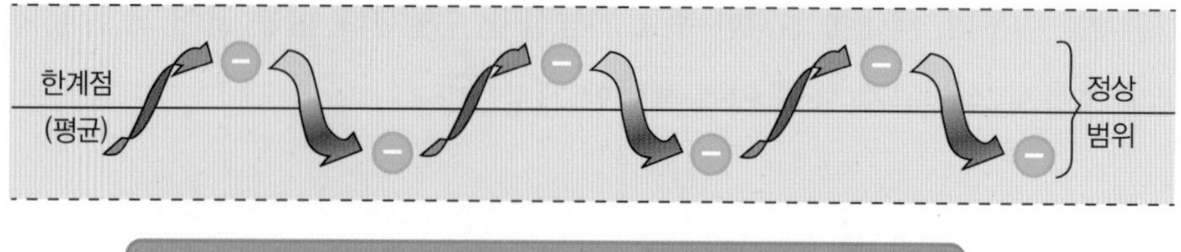


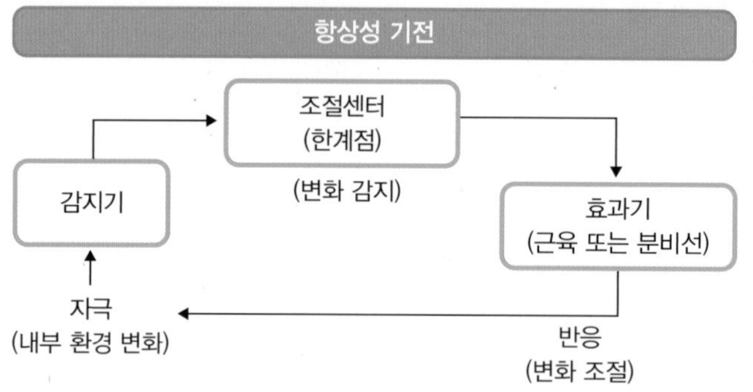


그림 1-2
**항상성 조절 기전**

온 조절, 심장 박동 및 혈압 조절 등이 있다.

혈당 조절의 경우 식후 소화 과정을 거친 탄수화물은 흡수되어 혈중 포도당 농도(혈당)를 급속도로 증가시키며, 이렇게 갑작스럽게 증가한 혈당은 췌장의 베타세포에서 인슐린의 분비를 촉진한다. 인슐린의 분비는 세포내로 포도당의 이동을 증가시켜 혈당을 낮춤으로써 일정 수준의 혈당을 유지하는데 도움을 준다. 반면, 공복 시에는 혈당이 낮아지는데, 이때 췌장 알파세포에서 글루카곤 분비를 증가시켜 저장된 글리코겐을 분해하거나 단백질로부터 포도당을 합성함으로써 낮아진 혈당을 높여 혈당을 유지하는 역할을 한다. 따라서, 여러 가지 환경적인 요인에 따라 변화하는 혈당은 혈당 유지 항상성 기전에 의해 아주 높거나 아주 낮아지지 않도록 일정한 범위에서 유지된다 그림 1-3 .

또 다른 항상성 유지의 예는 체온 조절이다. 더운 여름에 야외에 나가면 체온이 37℃ 이상으로 오르게 된다. 이때 뇌의 시상하부에서 이러한 변화를 감지하여 다양한 기관에 신호를 보내 땀을 흘려 체온을 낮추게 한다. 이는 땀샘에서 피부를 통해 땀을 배출하거나 혈관을 확장하여 피부 표면 가까이 혈액이 접하도록 하여 열을 방출하는 것이다. 반대로 추운 겨울에 체온이 37℃보다 낮아지

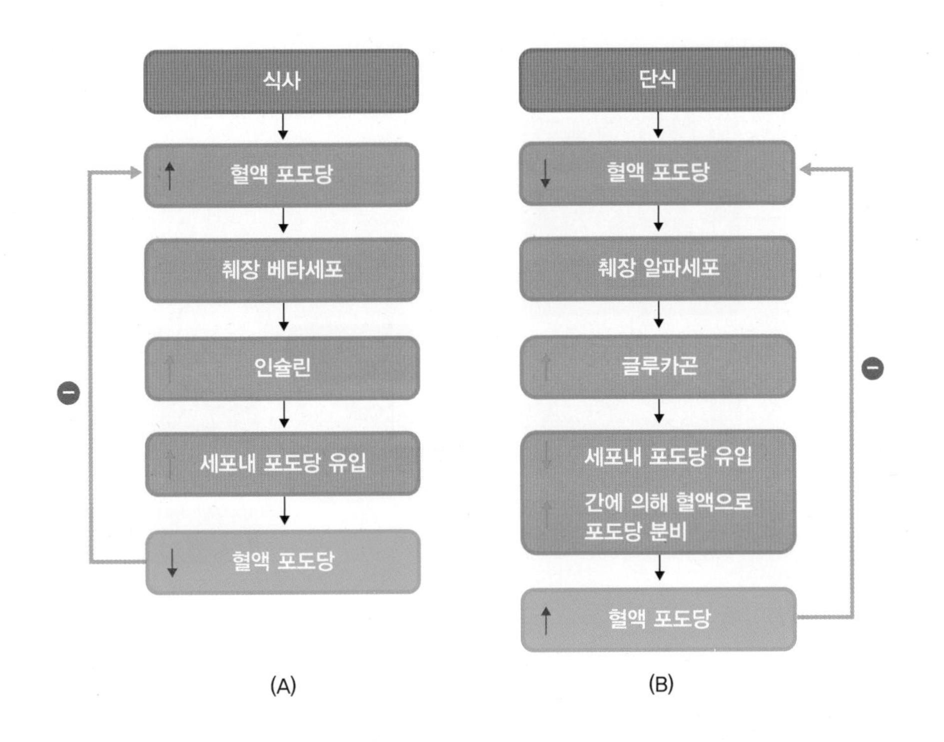


그림 1-3 항상성 유지를 위한 혈당 조절 기전

게 되면 시상하부에서 근육에 신호를 보내 몸을 떨게 하여 체온을 높이며, 혈관을 수축시켜 체내 열을 보존하고 체온을 유지한다 그림 1-4.

인체는 항상성 유지를 위해 되먹임 기전feedback mechanism을 통해 이러한 변화를 보정할 수 있도록 조절한다. 되먹임 기전은 양성되먹임positive feedback 기전과 음성되먹임negative feedback 기전으로 나눌 수 있다.

음성되먹임 기전의 예는 앞서 보여준 혈당과 체온 조절 등에 적용된 되먹임 기전이 있다. 이 기전은 정상보다 높아진 경우 이를 정상 수준으로 낮추고, 정상 범위보다 낮은 경우 다시 정상 수준으로 높이는 기전을 통해 항상성을 유지

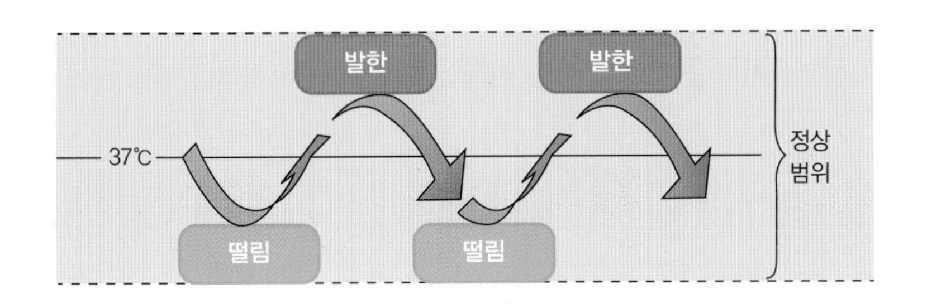


그림 1-4 항상성 유지를 위한 체온 조절 기전

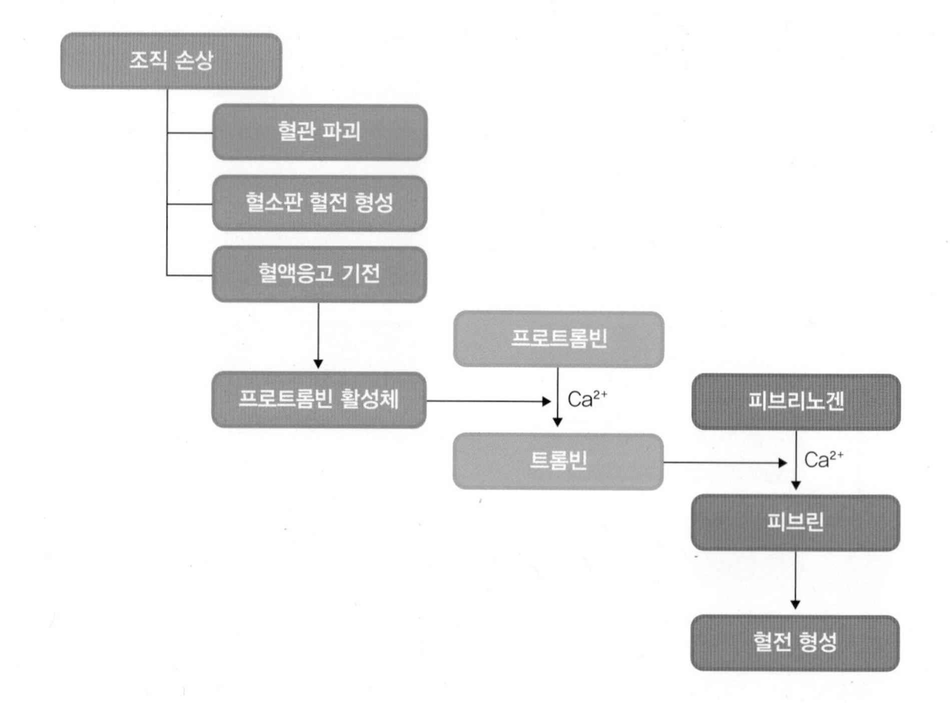


그림 1-5
**항상성 유지를 위한 혈액응고 양성되먹임 기전**

한다. 양성되먹임 기전의 예로는 혈액응고 과정이 있으며, 조직의 손상으로 출혈이 발생한 경우가 포함된다. 혈관이 파괴되고 출혈이 발생하면 혈소판이 응고하면서 혈액응고 과정이 시작된다. 이때 양성되먹임 기전은 혈액응고를 감소시키는 방향으로 반응이 진행되는 것이 아니라 혈액응고 과정이 단계적으로 진행되도록 촉진한다 그림 1-5 .

체내의 기관계는 이러한 조절 기전에 의해 소화계, 신경계, 순환계, 호흡계, 내분비계에서 산소와 영양소를 이용하고 체내 대사물질을 재빠르게 제거함으로써 상호작용을 통해 체내의 환경을 조절하여 항상성을 유지하도록 한다. 이러한 항상성 유지에 문제가 생기면 질병이 발생하고 결국 사망에 이를 수 있으므로 항상성을 잘 유지하는 것이 건강을 지키는 데 매우 중요하다.

MEMO

CHAPTER

# 2 세포생리
## CELLULAR PHYSIOLOGY



세포(cell)는 인체를 구성하는 기본 단위로, 인체는 약 37조 개의 세포들로 구성되어 있다. 단세포 생물에서 알 수 있듯이 세포는 독립적으로 생명현상을 수행하는 기능적 단위이기도 하다.
세포는 영양소를 받아들여 에너지를 만들고 노폐물을 분해하여 재활용하거나 세포 밖으로 배출하기도 한다. 또 유전정보를 활용해 대사에 필요한 단백질을 직접 합성하며, 세포 분열을 통해 유전정보를 나누어 가지면서 번식을 한다.
이 외에도 세포는 신호전달체계를 통해 외부와 소통하고, 때로는 외부 환경을 변화시키기도 한다.

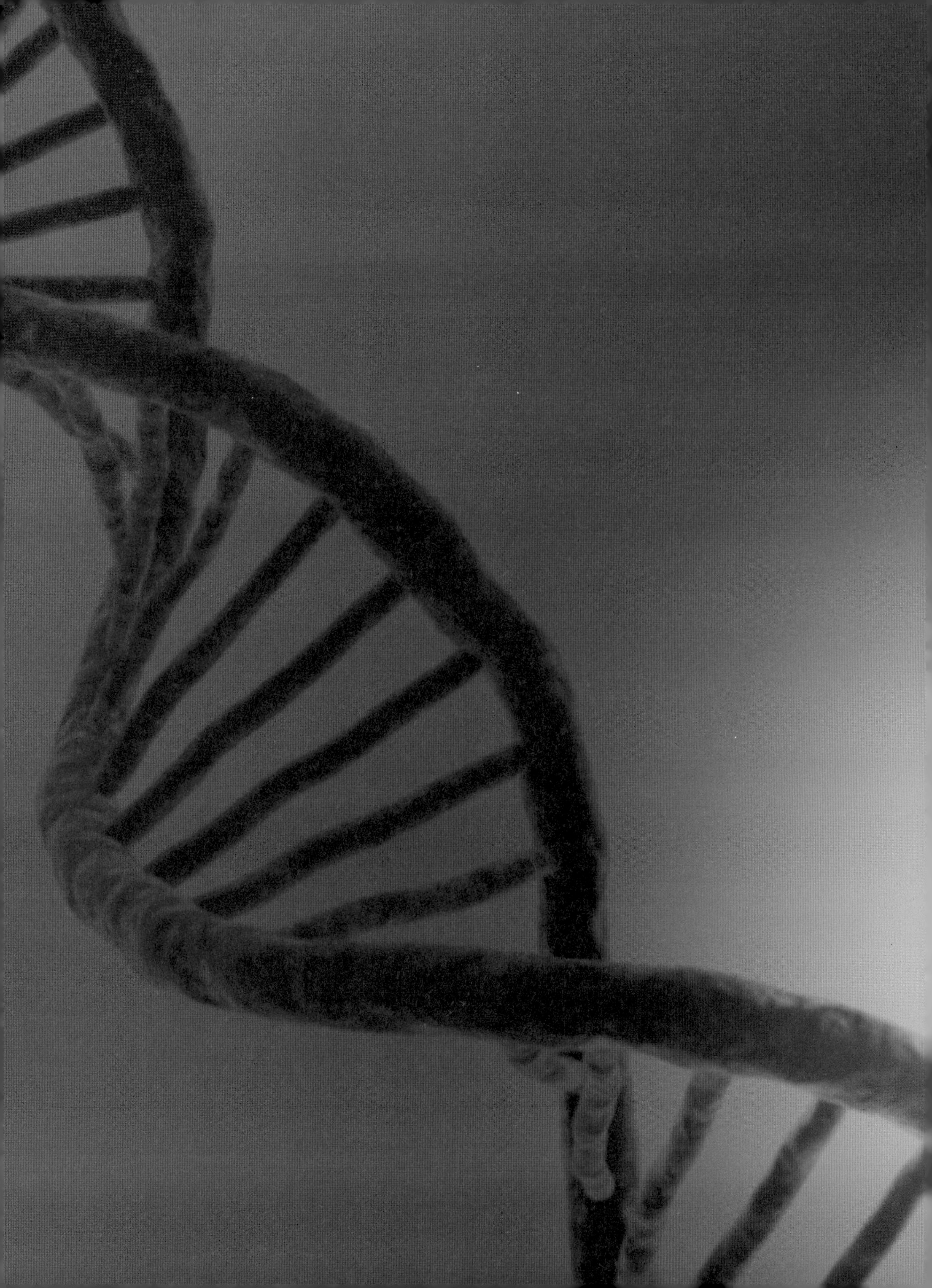

# 1. 세포의 구조와 기능

인체는 약 37조 개의 세포들이 함께 군집을 이루어 개체를 구성하는 다세포 체계를 갖추고 있다. 다른 다세포 생물체와 마찬가지로 인체 역시 하나의 세포(수정란)에서 약 200종의 다른 형태의 세포로 **분화**되어 다양한 기능을 수행한다. 성인 남성을 기준으로 1분당 약 9,600만 개의 세포가 소실되고 또 그 숫자만큼의 새로운 세포가 만들어진다. 세포의 수명도 모두 다른데, 적혈구는 약 120일, 상피세포는 약 30일, 간세포는 약 18개월 정도이다.

**분화**
세포가 분열 증식하는 동안 구조나 기능이 특수화하는 현상. 세포가 각각의 주어진 일을 수행하기 위해 형태나 기능이 변해가는 것

각 세포는 세포내 소기관들로 구성되어 생물의 구조적·기능적 기본단위로 생명현상을 수행한다.

## 1) 세포막

세포막cell membrane 또는 원형질막plasma membrane은 외부 환경으로부터 세포를 분리하고 보호하는 울타리와 같은 역할을 수행한다. 세포막은 이중의 인지질층으로 구성되어 있다. 극성을 띠는 인산기 머리 부분은 수용액으로 이루어진 세포외액과 세포질을 각각 향하고 있고, 에스테르 결합으로 이루어진 지방산 꼬리들은 서로 모여 소수성의 경계를 형성하고 있다. 이러한 인지질의 이중층 구조로 인해 세포는 외부와 구분되며, 물과 기타 수용성 물질들의 출입은 통제된다. 또 세포막을 구성하는 인지질과 단백질은 고정되어 있는 것이 아니라 유동성을 가지고 마치 떠다니듯이 움직인다고 알려져 있는데, 이를 **유동성 모자이크 모델**fluid-mosaic model이라고 한다 그림 2-1.

**유동성 모자이크 모델**
세포를 둘러싸고 있는 원형질막의 구조를 설명하는 모델. 인지질의 유동적인 성질과 지질층에 떠 있거나 잠겨 있는 단백질이 바다 위에 빙산이 떠 있는 것과 같은 형태를 나타냄

세포막을 구성하는 단백질은 인지질의 이중층 사이에 마치 모자이크를 이루듯이 끼여 있는 내재성 단백질integral protein과 세포막 바깥쪽 극성 부위에 붙어 있는 형태인 표재성 단백질peripheral protein로 구분된다. 세포막을 구성하는 단백

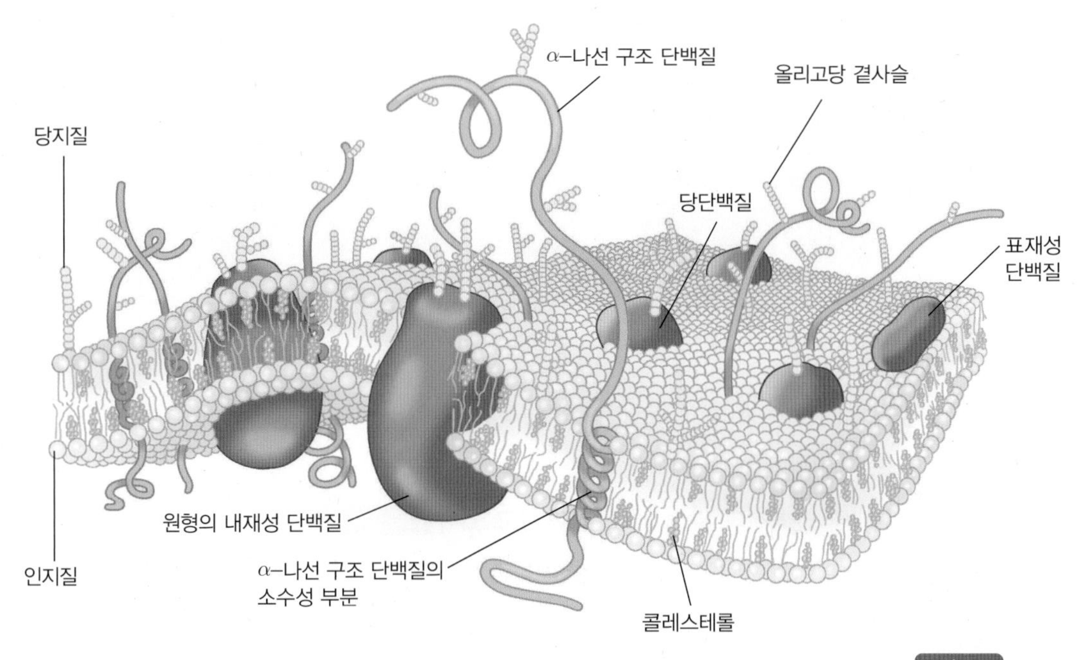


그림 2-1
**세포막의 유동성 모자이크 구조**

질들은 세포막을 구성하는 구조적 기능뿐만 아니라 수송단백질transport protein이나 이온채널ion channel처럼 물질의 선택적 이동에 관여하거나, 효소enzyme로서 물질 대사를 조절하며, 호르몬 등 신호전달물질의 수용체receptor로 작용한다.

세포막의 인지질이나 단백질 중에는 짧은 단당류 사슬이 붙어 당지질 또는 당단백질을 이루는 경우도 있다. 이들은 세포 표면에서 다른 세포와의 상호작용에 기여하는 것으로 알려져 있으며, 음전하를 띤 당류들은 적혈구 세포들이 서로 뭉치지 않도록 밀어내는 역할을 한다.

## 2) 세포질과 세포골격

세포질cytoplasm은 세포 내부를 채우고 있는 젤리 형태의 기질을 말한다. 세포질의 75~85%는 수분이고 10~20%는 단백질인 효소 등으로 구성된다. 세포질은 세포골격cytoskeleton이라고 불리는 미세소관microtubule과 미세섬유microfilament 형

그림 2-2
**세포질과 세포골격 (미세소관과 미세섬유)**

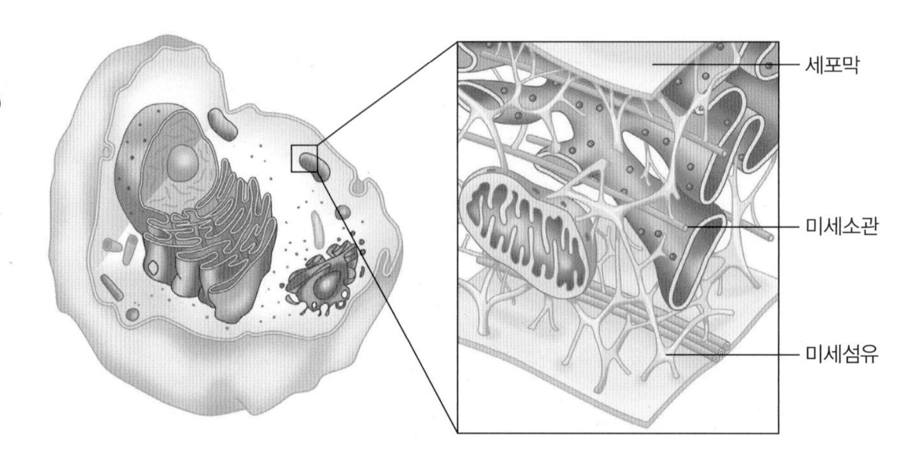


태의 단백질의 망상 구조를 가지고 있다 그림 2-2.

이러한 세포골격은 끊임없이 움직이고 재조직되면서 세포내 소기관들의 구조적 지지대 역할을 한다. 근육세포의 미세섬유인 액틴과 미오신은 근육수축에서 역할을 수행하며, 세포분열 시 염색체를 끌어당겨 분열되는 2개의 세포에 균등하게 나뉘도록 하는 중심소체는 미세소관이 모여 만들어진다. 또 미세소관은 **섬모**와 **편모**를 이루어 세포의 운동성에 기여하기도 한다. 섬모는 호흡기를 구성하는 세포들에서 관찰되며, 편모는 정자의 꼬리를 이루고 있다 그림 2-3.

**섬모**
세포 표면의 짧은 털 구조. 운동성 섬유상 소기관으로, 미세소관의 다발 구조를 지님

**편모**
세포 몸체에서 뻗어 나온 가느다란 채찍 같은 돌기. 세포가 수용액 환경에서 헤엄쳐 움직일 수 있는 동력을 제공하며, 주변 환경 변화를 감지할 수 있는 감각기관의 역할을 함

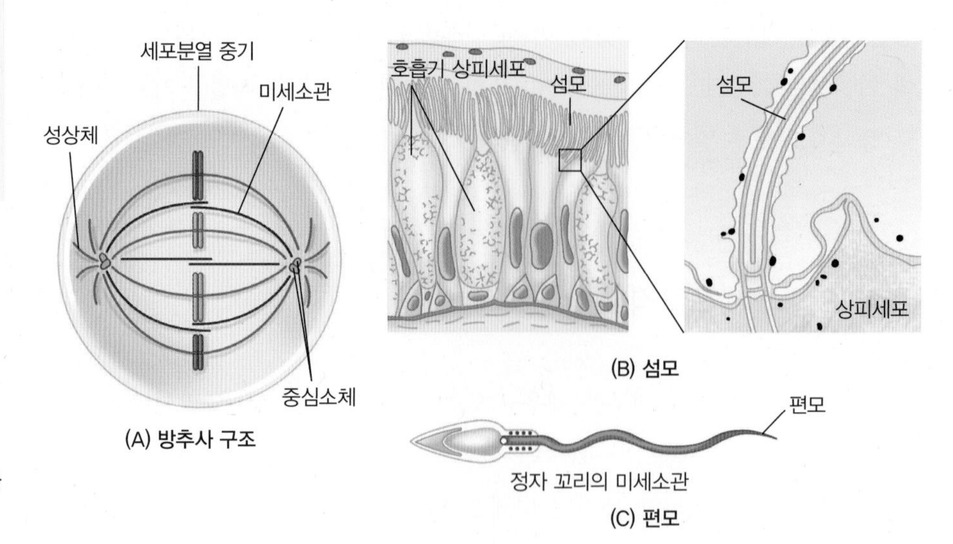


그림 2-3
**방추체와 섬모, 편모를 구성하는 미세소관**

## 3) 핵

2개 이상의 핵을 가지고 있는 골격근 세포와 핵이 없는 적혈구 및 혈소판 세포를 제외하고 대부분의 세포는 하나의 핵을 가지고 있다. 핵nucleus은 유전물질인 DNA를 가지고 있어 성장과 발달, 대사에 필요한 단백질을 합성함으로써 세포와 개체의 특징을 규정하고 생명을 유지하는 데 핵심적인 역할을 수행한다.

핵은 이중막인 핵막nuclear membrane으로 둘러싸여 있는데, 외막은 소포체와 연결되어 있고, 내막은 핵의 구조를 유지하는 역할을 한다. 또 외막과 내막 사이에는 **핵막 간극**perinuclear space이라고 하는 빈 공간이 형성되어 있고 외막과 내막은 핵공을 통해 연결되어 있다. 핵공nucleus pore은 30가지 이상의 다양한 단백질 복합체로 이루어져 있으며, 핵공을 통해 핵에서 합성된 RNAribonucleic acid 등이 핵 밖으로 빠져나가게 된다.

**핵막 간극**
진핵생물의 핵과 세포질을 나누는 이중의 외핵막과 내핵막 중간에 폭 20~70 nm 간격의 공간

알아두기

### DNA와 RNA

DNA와 RNA는 리보스(ribose)와 인산(phosphate), 염기(base)로 구성된 핵산(nucleic acid)으로 유전현상에 관여한다. DNA는 인체 전체의 유전정보를 보관하고 있는 이중나선구조의 고분자화합물이다. 진핵세포의 경우 DNA는 핵 안에서 보호받고 있으며, 세포분열이 일어날 때만 전체 DNA가 복제된다. RNA는 DNA의 유전정보 중 필요한 부분을 복사해 실제 단백질 합성 현장의 설계도 역할을 하며, 한 가닥으로 이루어져 있다. RNA에는 DNA의 정보를 전달하는 mRNA(messenger RNA), 아미노산을 운반하는 tRNA(transfer RNA), 리보솜을 구성하는 rRNA(ribosomal RNA) 등 단백질 합성에 관여하는 RNA가 있다. 이 외에도 최근 유전자 발현을 조절하거나 감염을 보호하는 등 다양한 기능을 하는 RNA가 밝혀짐으로써 질병치료 분야에서 RNA에 대한 연구가 매우 활발하게 이루어지고 있다.

현미경으로 세포를 관찰하면 진하게 보이는 부분을 **핵소체**(인)nucleolus라고 하는데, 핵질과 핵소체를 구분하는 막은 존재하지 않는다. 핵소체에서는 단백질과 rRNAribosomal RNA로 리보솜을 형성한 후, 이를 핵공을 통해 내보낸다. 최근 핵소체의 단백질이 세포 노화와 DNA 손상을 조절하는 것으로 알려졌다 그림 2-4.

**핵소체**
진핵세포의 핵에서 염기성 색소로 염색했을 때 작은 구형으로 보이는 부분. 리보솜 RNA 합성과 저장이 일어나며, 인이라고도 함

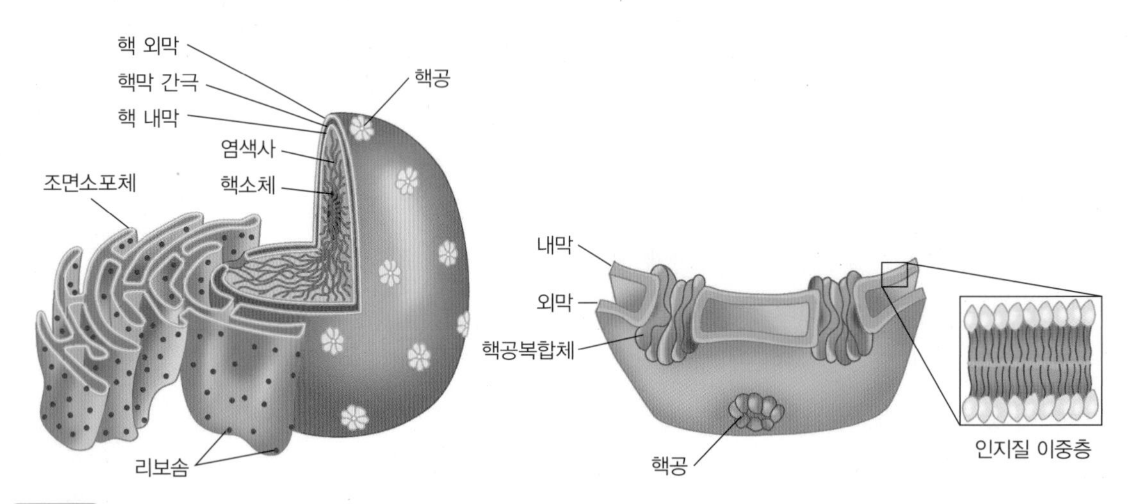


그림 2-4
**핵의 구조: 핵소체, 핵막, 핵공**

## 4) 미토콘드리아

미토콘드리아mitochondria는 이중막으로 둘러싸인 주머니 모양의 세포내 소기관으로, 이는 성숙한 적혈구 외 모든 세포에 수십, 수천 개가 들어 있다. 미토콘드리아의 내막은 주름이 접힌 **크리스테**cristae **구조**로 되어 있어 넓은 표면적을 가지고 있고, 여기에 전자전달계와 같은 에너지ATP 생성에 관여하는 효소들이 분포되어 있다 그림 2-5 . 미토콘드리아는 산소를 이용하여 세포내 소모되는 ATP의 75%를 합성하며 열을 생성한다. 미토콘드리아 기질에는 대사에 필요한 효소뿐만 아니라 작은 원형의 이중 가닥으로 된 미토콘드리아 자신의 DNA, 즉 미토콘드리아 DNAmtDNA, mitochondrial DNA와 리보솜을 가지고 있어 스스로 분열할 수 있다.

**크리스테 구조**
내막의 주름. 빗살처럼 접혀 있는 구조

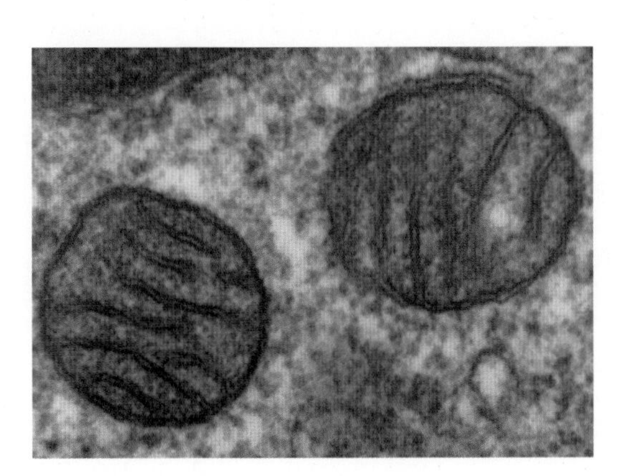

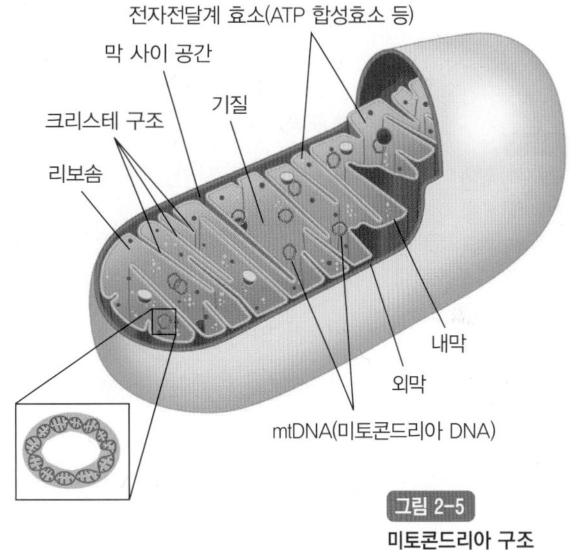


**그림 2-5**
**미토콘드리아 구조**

## 5) 리보솜

리보솜ribosome은 인지질의 막 구조가 없고, 단백질과 rRNA로 이루어진 큰 단위 복합체와 작은 단위 복합체로 구성된다. 리보솜에서는 단백질 합성이 일어나며, 평소 분리되어 있던 소단위들은 핵에서 나온 mRNA와 함께 결합되어 복합체를 형성하고 단백질 합성을 시작한다. rRNA는 **리보자임**ribozyme으로서 효소 작용을 한다 그림 2-6 .

**리보자임**
효소 기능을 하는 RNA. 자신에게 작용하여 RNA 스플라이싱 기능을 함

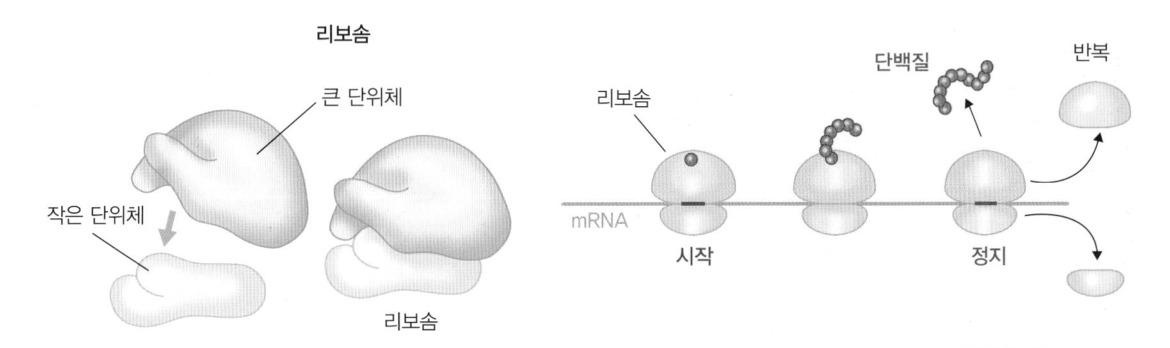


**그림 2-6**
**리보솜의 구조와 단백질 합성**

## 6) 소포체

> **소포체**
> 세포내에 막에 둘러싸인 지름 50 nm 내외의 작은 자루 모양의 구조물. 소포체-골지체 간, 골지체-세포막 또는 리소좀 간의 수송을 중개하는 수송소포나 분비소포, 시냅스소포 및 음세포 작용으로 인한 소포 등이 있음

**소포체**endoplasmic reticulum, ER는 편평한 주머니 모양의 막성 구조로, 단일막으로 되어 있지만, 접힌 형태로 양끝이 이어져 있어 이중막처럼 보이기도 한다. 소포체는 막 바깥쪽에 리보솜이 붙어 있는 조면소포체rough endoplasmic reticulum, RER와 리보솜이 붙어 있지 않는 활면소포체smooth endoplasmic reticulum, SER가 있다 그림 2-7.

조면소포체는 핵 주변에 분포되어 리보솜에서 합성된 단백질의 합성후변형post-translational modification의 상당 부분이 일어나는 곳이다. 세포외로 분비되거나 세포막을 구성하는 막단백질은 소포체의 일부가 분리되어 만들어진 운반소포에 둘러싸여 골지체로 이동된다 그림 2-8.

활면소포체는 리보솜이 붙어 있지 않아 매끈한 형태이며, 주로 세포막 근처에 분포되어 있다. 활면소포체에서는 지방산과 인지질이 합성된다. 합성된 인지질은 분비소포를 거쳐 세포막이나 세포내 소기관의 막을 구성한다. 부신 피질이나 성선세포의 활면소포체에서는 스테로이드 호르몬이 생성되며, 간세포의 활면소포체에서는 콜레스테롤의 합성과 독성물질 또는 약물 대사가 일어난다. 그 밖에 근육세포에서는 소포체에 칼슘을 저장하고 있다가 신경세포의 자극을 받으면 이를 세포질로 분비하여 세포의 수축을 야기한다.

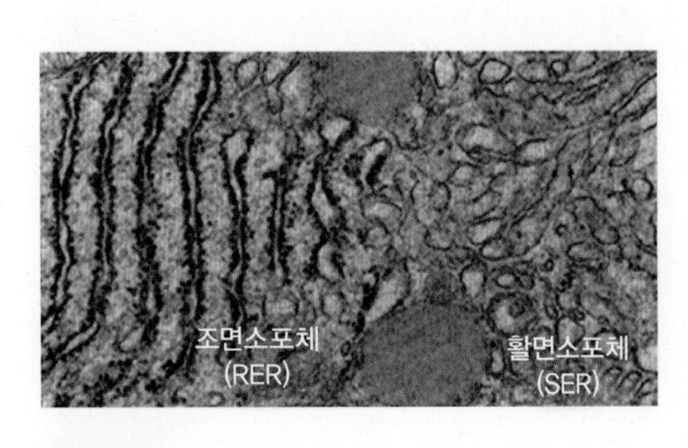


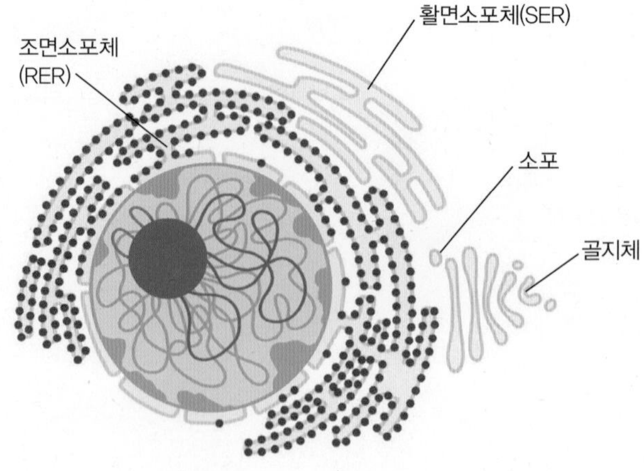


**그림 2-7**
**조면소포체와 활면소포체의 현미경 사진과 도식**

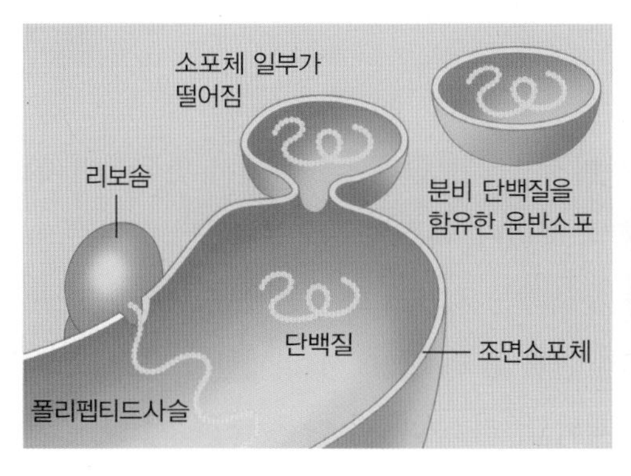


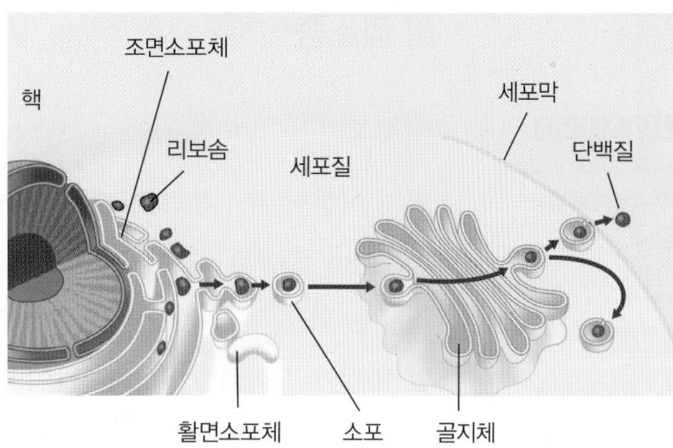


**그림 2-8**
**소포체를 통한 분비 단백질의 합성과 가공 및 이동**

## 7) 골지체

골지체golgi apparatus는 납작한 주머니가 연결된 형태로, 세포에서 합성한 물질을 가공하고 포장하여 필요한 세포내 소기관이나 세포 밖으로 내보내는 역할을 한다. 즉, 조면소포체에서 만들어진 단백질이나 활면소포체에서 만들어진 지질은 운반소포transport vesicle의 형태로 골지체와 융합된다. 골지체에서는 올리고당을 붙여 당단백질이나 당지질을 만들어 목적지 정보를 표적화한다. 이후, 이 물질들은 분비소포secretory vesicle의 형태로 세포외로 유출된다 그림 2-9.

**그림 2-9**
**골지체의 물질 수송**

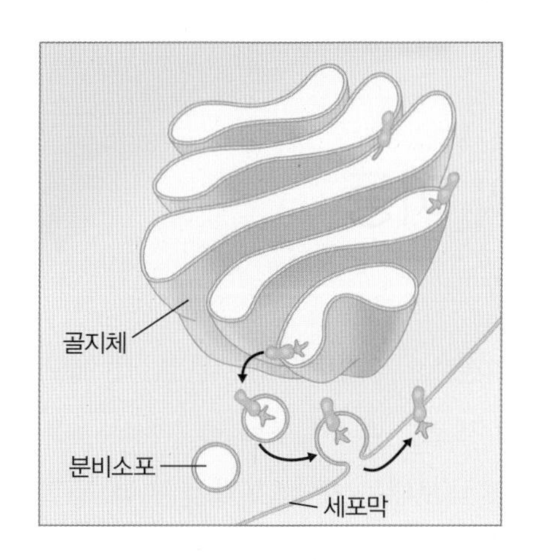


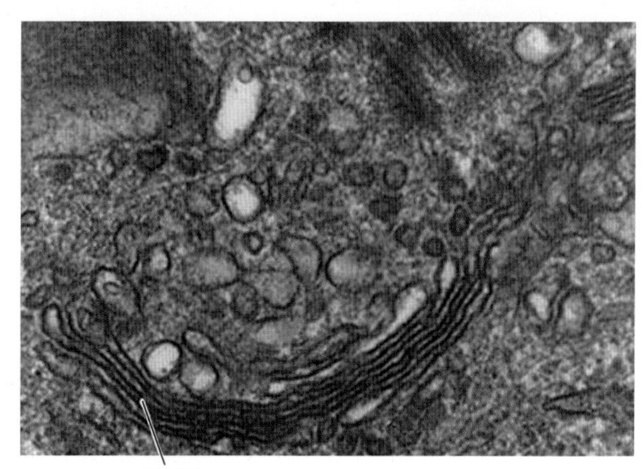

### 8) 리소좀

**자가 소화 작용**
세포가 세포내 효소 작용에 의해 분해되는 현상

**세포 사멸**
손상되거나 노화된 세포가 유전자에 의해 스스로 죽음을 유도하는 현상. 건강을 유지하게 해 주는 기전으로 병적인 죽음인 괴사와 구별됨

리소좀lysosome은 단일막 구조로 이루어지며, 리보솜과 소포체에서 만들어진 40가지 이상의 가수분해효소들을 포함하고 있다. 리소좀은 외부로부터 유입된 이물질이나 손상된 세포 구성 물질을 분해하는 **자가 소화 작용**을 수행한다. 식균작용을 하는 면역세포 역시 식작용의 산물을 리소좀에서 파괴한다. 또 **세포 사멸** 과정이 시작되면 리소좀 막이 파괴되고, 리소좀에서 나온 소화효소들에 의해 세포의 구성성분들이 분해되면서 세포 사멸이 완료된다.

### 9) 퍼옥시좀

퍼옥시좀peroxisome은 구형의 이중막 구조로 이루어진다. 퍼옥시좀의 산화효소는 산화반응에서 생긴 수소를 제거하여 과산화수소($H_2O_2$)를 만들고, 퍼옥시좀의 카탈라아제catalase는 과산화수소를 물과 산소로 가수분해한다. 매우 긴 사슬지방산이 미토콘드리아에서 산화될 수 있도록 적당한 크기로 분해하는 작용도 퍼옥시좀에서 일어난다.

## 2. 세포막을 통한 물질의 이동

인지질의 이중층으로 된 세포막은 소수성 지질층으로 인해 외부 환경, 즉 세포외액으로부터 세포를 분리하고 있다. 그러나 세포는 외부로부터 필요한 물질을 받아들이고, 세포내 대사로 생성된 물질들을 내보내는 등 세포막을 통한 물질 이동이 끊임없이 일어난다. 세포 내외로의 물질 이동 방법은 크게 에너지를 필

요로 하지 않는 단순확산과 촉진확산, 에너지를 필요로 하는 능동수송과 세포 내 이입 및 세포외 유출로 나뉜다 그림 2-10 .

## 1) 수동확산

수동확산은 물질이 농도가 높은 곳에서 낮은 곳으로 이동하는 것을 말한다. 소수성 분자들과 작은 중성 분자들은 이러한 농도 차이에 의해 자유롭게 세포막을 통과해서 이동된다. 그 밖에도 기체인 산소와 이산화탄소 역시 세포막을 통해 자유롭게 확산된다.

## 2) 촉진확산

극성 분자나 전하를 띠는 이온들은 세포막의 단백질을 통한 촉진확산facilitated

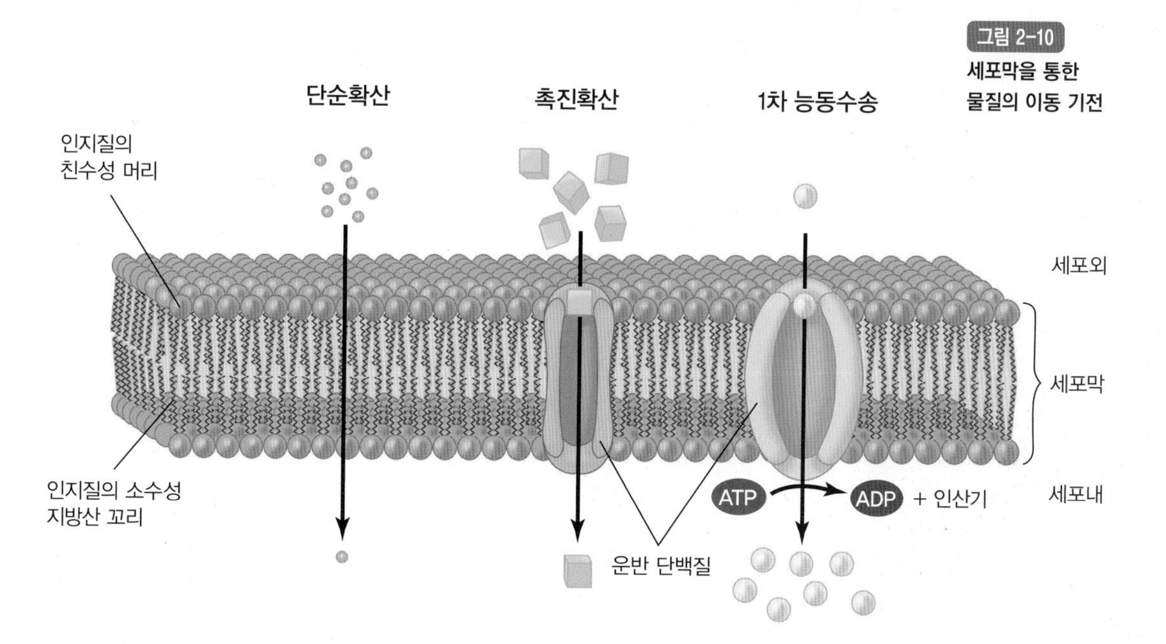


그림 2-10 세포막을 통한 물질의 이동 기전

**이온 통로**
이온이 세포 안팎을 출입하는 통로로, 내재성 막단백질의 일종. 이온의 종류에 따라 칼륨 통로, 나트륨 통로, 칼슘 통로, 염소 통로 등이 있음. 이온의 이동으로 전기신호가 발생되기도 함

**전압 개폐 통로**
세포막에서 막 전위에 따라 열리고 닫히는 이온 통로. 나트륨과 칼륨 통로는 흥분성 세포의 막에서 각각 활동전위를 발생시키거나 소멸시키고, 칼슘 통로는 근육세포와 분비세포의 수축을 일으킴

**아쿠아포린**
세포내에 물의 출입을 조절하는 막단백질. 이온 통로보다 더 빠르게 물을 이동시킴

diffusion에 의해 이동이 일어난다. 촉진확산은 물질 이동이 농도가 높은 곳에서 낮은 곳으로 일어난다는 점에서 확산과 유사하나, 물질의 능동수송과 마찬가지로 운반을 위해 단백질의 작용이 필요하다. **이온 통로**ion channel와 운반체 단백질 carrier protein이 촉진확산에 관여한다. $Na^+$, $K^+$, $Ca^{2+}$ 등 여러 가지 이온들은 각 이온 통로에 선택적으로 흡수된다. 이온 통로 단백질은 주로 내재성 막 통과 단백질로, 가운데 친수성인 구멍pore이 있어 이를 통해 이온들이 통과할 수 있다. 막 사이의 전위차에 의한 **전압 개폐 통로**voltage-gated ion channel 등이 이에 해당된다.

한편, 포도당이나 아미노산과 같은 큰 물질들은 운반단백질을 통해 세포막을 가로질러 운반된다. 세포 안이나 밖에서 운반단백질에 물질이 결합되면 모양이 변형되면서 반대 방향으로 이동하게 된다. 촉진확산에 의한 물질 수송에서 운반물질과 그 운반단백질은 매우 특이적으로 작용한다. 따라서 동일한 운반단백질에 의해 수송되는 2개의 아미노산은 운반단백질에 대해 서로 경쟁하므로 운반단백질이 포화되면 물질 이동 속도가 느려진다 그림 2-11.

끝으로 물은 삼투압 차이에 의해 **아쿠아포린**aquaporin이라고 하는 특정 단백질 통로로 인지질 층을 통과한다.

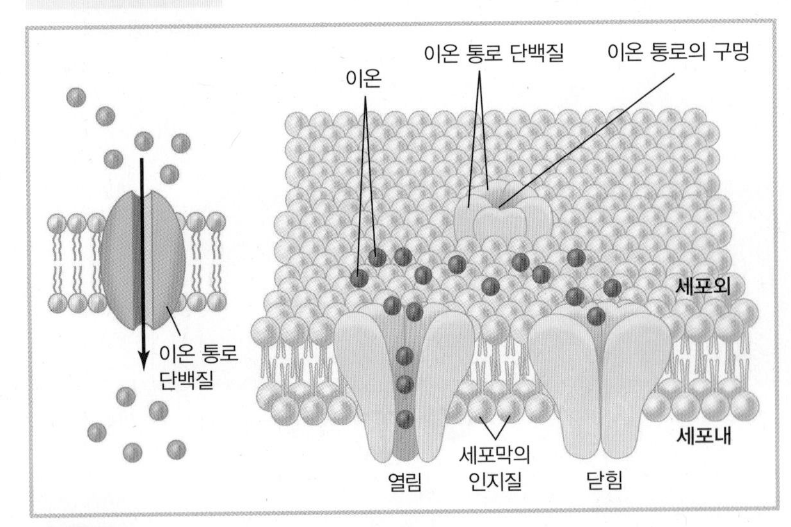


(A) 이온 통로 단백질을 통한 촉진확산

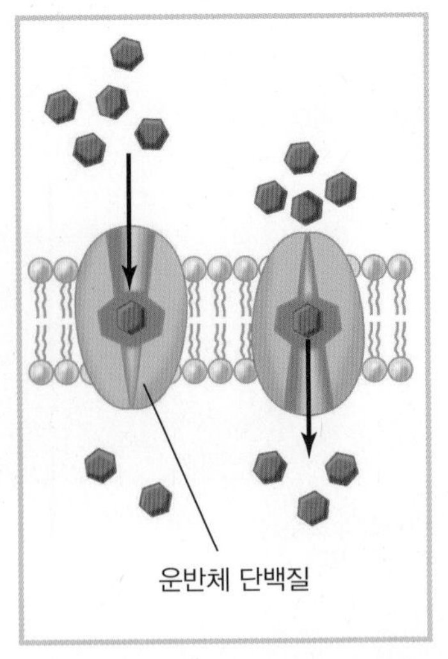


(B) 운반체 단백질을 통한 촉진확산

**그림 2-11** 촉진확산에 의한 물질 이동

## 3) 능동수송

능동수송active transport은 ATP를 이용해 농도가 낮은 곳에서 농도가 높은 곳으로 물질을 이동시키는 방법으로 단백질 운반체를 필요로 한다. 에너지를 소모하면서까지 농도 차이에 역행해 물질을 이동시키는 능동수송은 주로 세포 내외의 이온 농도 차이를 유지하거나 소화기관이나 신장에서 영양소를 흡수하기 위해 일어난다. 능동수송은 ATP를 직접 이용하는 1차 능동수송과, 다른 물질의 이동으로 발생하는 에너지를 간접적으로 이용하는 2차 능동수송이 있다.

1차 능동수송의 대표적인 예로 나트륨-칼륨 펌프라 불리는 나트륨-칼륨 ATP 분해효소($Na^+/K^+$ATPase)를 들 수 있다. 나트륨은 세포외액의 주요 양이온으로, 세포내 나트륨 농도가 증가하면 나트륨-칼륨 펌프는 ATP 분해로 나오는 에너지로 모양이 바뀌어 세포내 나트륨을 밖으로 내보내고, 동시에 칼륨을 세포 안으로 들인다. 이러한 능동수송을 통해 나트륨 농도는 세포 안보다 세포 밖에서 더 높게 유지되고, 칼륨 농도는 세포 밖보다 세포 안에서 항상 높게 유지된다. 이를 통해 전해질의 균형이 이루어지며, 정상적인 기능이 수행된다. 나트륨-칼륨 펌프처럼 하나의 수송체에 의해 두 가지 물질이 함께 이동하는 것을 공동수송이라고 한다. 이때 두 이온의 이동 방향이 반대여서 공동수송 중에서도 역수송에 해당된다. 그 밖에 소포체 막의 $Ca^{2+}$-ATPase나 위산분비 세포의 $H^+$-ATPase 역시 능동수송에 관여하는 운반체 단백질로 작용한다 그림 2-12.

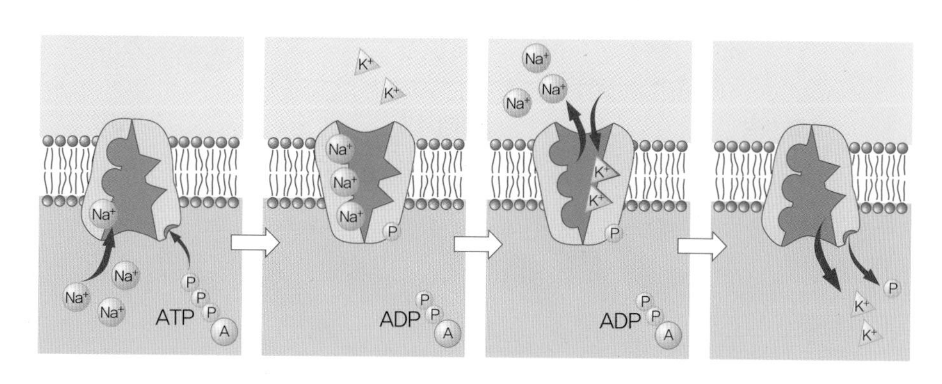


그림 2-12
1차 능동수송

반면, 장점막세포에서의 포도당 흡수와 세뇨관에서의 포도당 재흡수는 가장 대표적인 2차 능동수송에 해당된다. 장점막 세포의 나트륨 의존형 포도당 수송체Na$^{+}$-dependent glucose transporter(SGLUT1)는 나트륨 이온의 유입에 따른 확산력을 이용해 포도당을 소장 내강에서 장점막세포 안으로 이동시키고, 나트륨-칼륨 펌프는 ATP를 써서 세포 안으로 들어온 나트륨 이온을 내보냄으로써 포도당이 흡수될 수 있는 동력을 제공한다. 즉, 나트륨-칼륨 펌프에 의한 1차 능동수송으로 세포내 나트륨의 농도는 계속 낮게 유지되고, 정전기적으로 −(음, negative)을 띠게 된다. 따라서 나트륨 이온(Na$^{+}$)은 농도 차이와 정전기적 이끌림으로 인해 소장 내강에서 장점막세포로 이동하고, 그 힘을 이용해 포도당이 함께 세포내로 유입될 수 있으므로 이를 2차 능동수송이라고 한다. 참고로, 장점막세포에서 모세혈관으로의 포도당 유입은 또 다른 포도당운반체 형태인 GLUT2를 통한 촉진확산으로 이루어진다 그림 2-13.

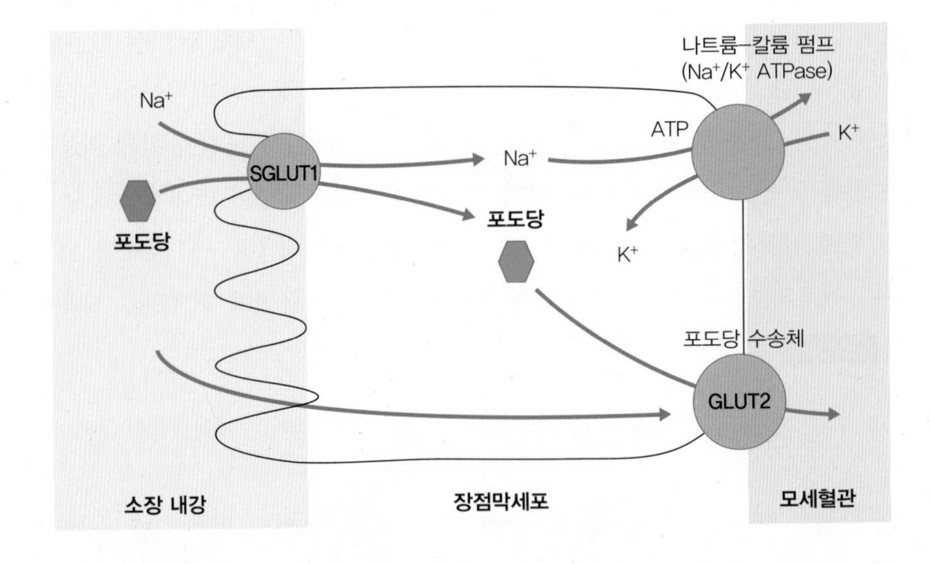


그림 2-13
2차 능동수송의 예: 장점막세포에서의 포도당 흡수

## 4) 세포내 유입과 세포외 유출

세포내 유입endocytosis은 세포막이 안으로 함입되는 과정이다. 여기에는 물질이 운반되는 음세포 작용pinocytosis과 단백질과 같은 큰 고형 분자를 세포내로 유입시키는 식세포 작용phagocytosis이 포함된다. 백혈구에 의한 병원균의 식작용 과정은 식세포 작용의 대표적인 예로 볼 수 있다. 백혈구는 병원균을 위족으로 에워싸서 식세포낭을 만들어 세포내로 유입시키고 리소좀과의 융합을 통해 병원균을 파괴한다.

세포외 유출exocytosis은 세포내 생성물이 세포외로 분비되는 것이다. 주로 골지체에서 가공 과정을 거쳐 소포로 포장된 후 소포막이 세포막과 융합되며, 물질은 밖으로 유출된다. 가장 대표적인 예로 신경전달물질의 방출을 들 수 있다 그림 2-14 .

그림 2-14
세포내 유입

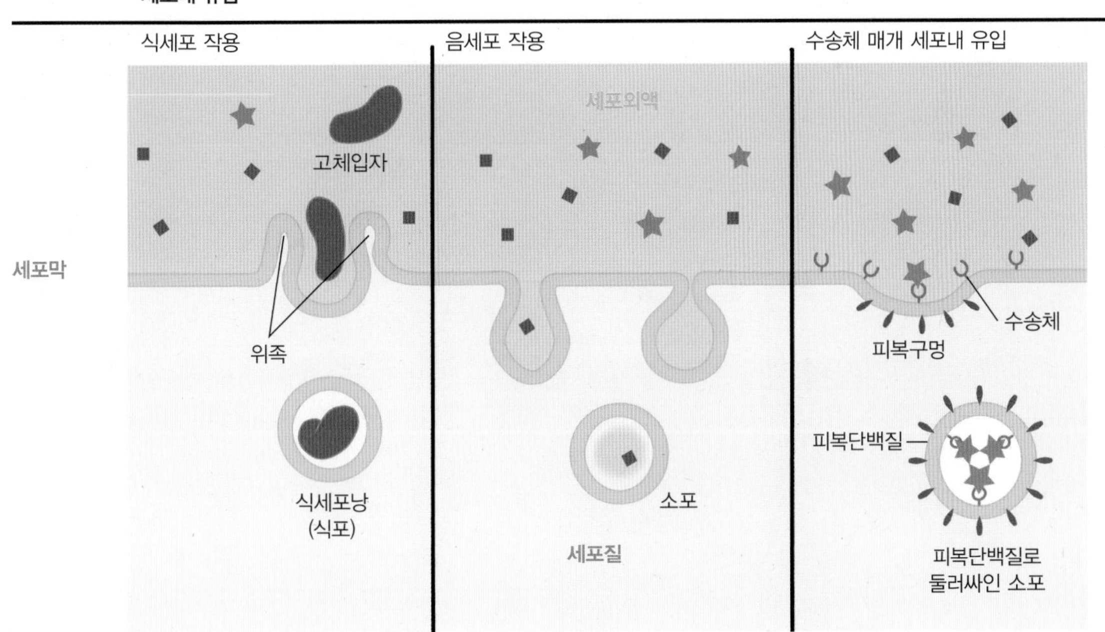

알아두기

## 내막 시스템(endomembrane system)에 의한 기능적 연결

진핵세포에서 내막은 세포내 소기관을 기능적·구조적 측면에서 구분해주는 체계로, 인지질과 단백질로 구성되어 세포막(원형질막)과 유사한 구조를 가진다. 핵막은 세포핵을 둘러싸고 있으며 핵막이 연장되어 막 구조의 소포체를 이룬다. 리보솜은 핵 속 DNA가 가지고 있는 유전자의 발현으로 만들어진 RNA의 유전정보에 따라 단백질을 합성한다. 이렇게 만들어진 단백질 등 여러 물질들은 소포체에서 가공을 거친 후 세포질로 방출되거나 필요에 따라 단백질을 내포한 소포체 일부가 소포의 형태로 떨어져 나온다. 소포에 들어 있는 단백질은 다른 세포내 소기관 막과 융합되거나 소포체가 분화되어 만들어진 동일한 내막 구조의 골지체와 융합된다. 그 후 다시 한 번 포장 과정을 거치고 세포막과 융합되어 세포외 유출을 통해 세포 밖으로 빠져나간다.

반면, 외부에서 유입되는 일부 물질은 세포막이 함입되면서 떨어져 소포 형태로 세포내로 들어온 후, 세포질이나 필요한 세포내 소기관으로 분배되기도 한다. 이물질의 경우 리소좀과 융합되어 리소좀의 분해효소에 의해 파괴되기도 한다. 리소좀 역시 내막 시스템의 일부로 세포 밖에서 유입되는 이물질 외에도 역시 내막을 가지는 미토콘드리아나 기타 다른 세포내 소기관에서 만들어진 세포내 노폐물을 처리하기도 한다.

이러한 내막 시스템의 기능적 연결은 세포내 소기관들이 각자의 역할을 수행함과 동시에 서로 협업하는 데 중요하다.

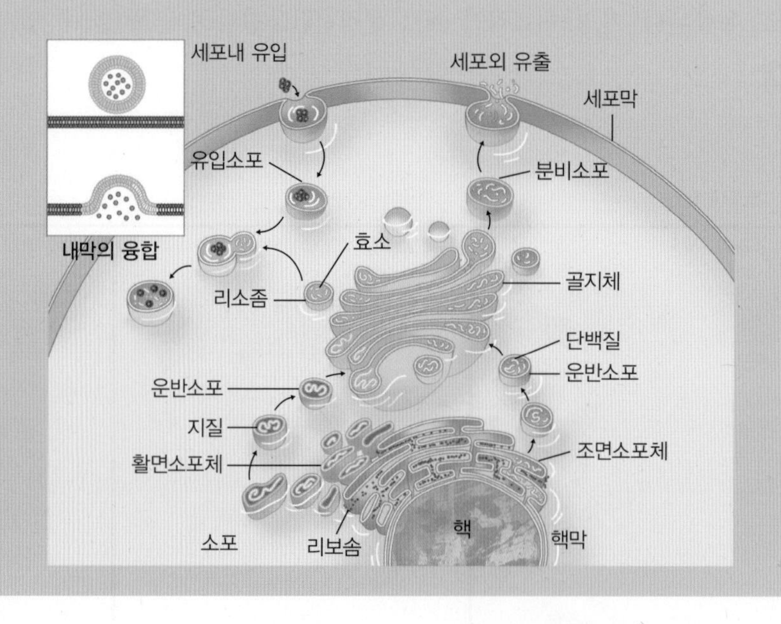

MEMO

CHAPTER

# 3 신경생리
# NEUROPHYSIOLOGY

1. 신경계의 기본 단위
2. 신경세포의 작용 원리
3. 신경계의 구성
4. 신경계의 작용

신경계는 신체 각 조직으로부터 자극과 반응을 전달함으로써 내분비계와 함께 우리 몸을 조절한다. 신경계는 중추신경계와 말초신경계로 나뉜다. 중추신경계는 뇌와 척수를 포함하며, 말초신경계는 뇌신경과 척수신경으로 이루어져 있다. 말초신경계는 뇌신경과 척수신경을 통해 수의적인 반응을 관장하는 체성신경계와, 불수의적인 반응을 담당하는 교감신경과 부교감신경으로 구성된 자율신경계로 나눌 수 있다.

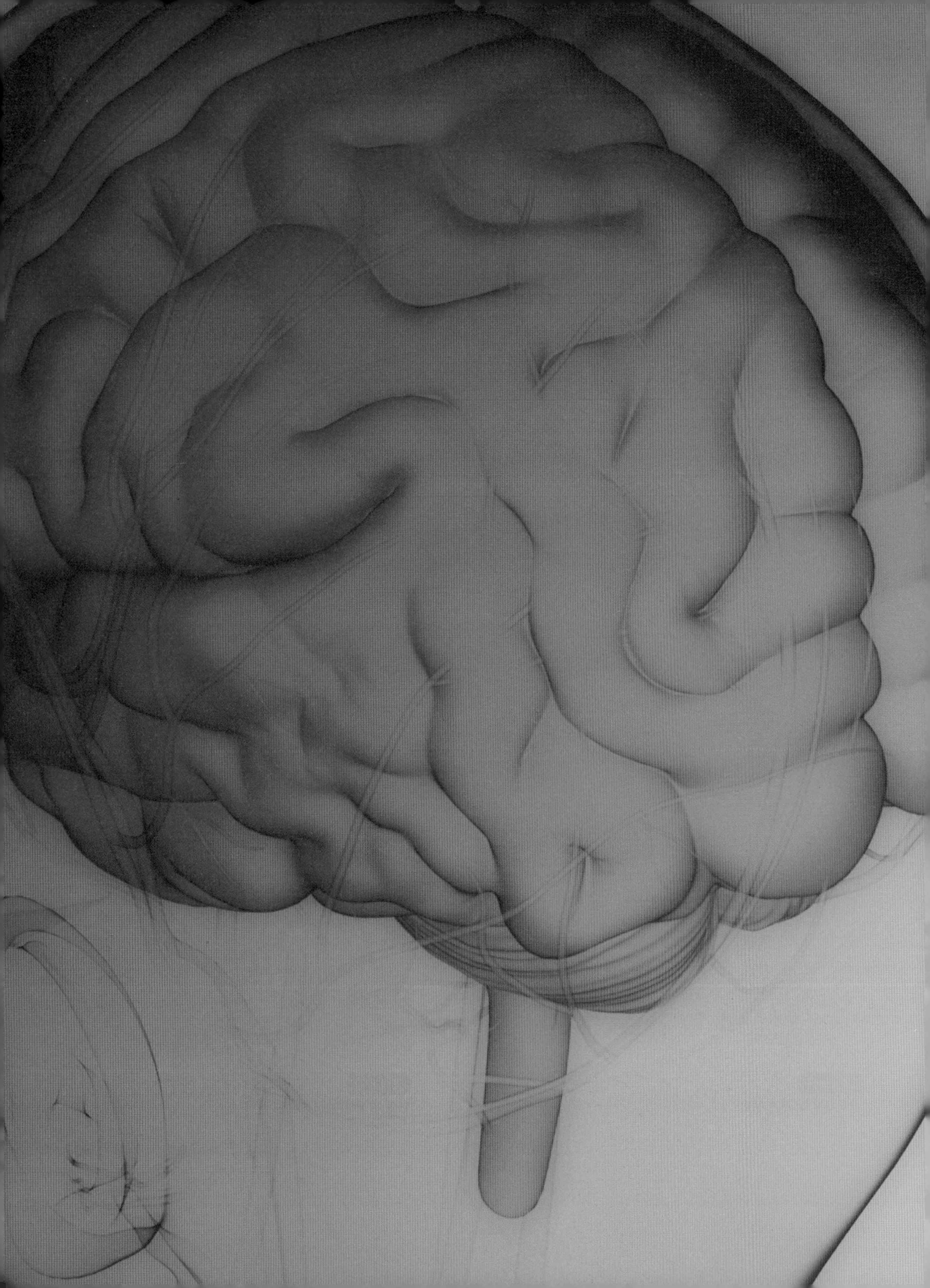

# 1. 신경계의 기본 단위

뇌와 척수 등을 포함하는 신경계는 신경세포nerve cell or neuron와 신경세포를 보조하는 신경교세포glial cell or neuroglia로 구성된다. 신경세포들은 **시냅스**synapse라고 부르는 특수하게 분화된 구조로, 서로 연결되어 조직망network을 이루고 있다.

**시냅스**
신경세포의 축삭말단이 다른 신경세포와 접합하는 부위. 연접이라고도 함

## 1) 신경세포

신경세포nerve cell는 다른 말로 뉴런neuron이라고도 한다. 기능과 위치에 따라 크기와 모양이 매우 다양한데, 공통된 구조로 신경세포체cell body, 수상돌기dendrite, 축삭axon 및 신경종말인 축삭말단axon terminal을 포함한다 그림 3-1.

신경세포체는 핵과 리보솜, 미토콘드리아 등의 세포내 소기관을 포함하고 있는 부분으로, 신경전달물질 등 물질 합성이 이루어지는 곳이다. 수상돌기는 신경세포체에서 뻗어나온 수많은 가지들로, 감각수용체나 다른 신경세포의 축삭

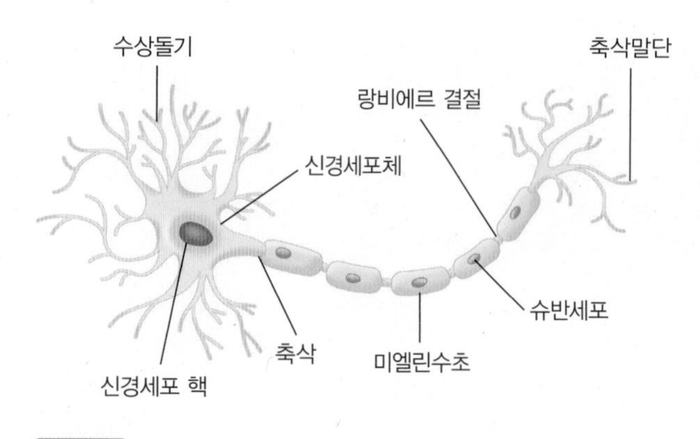


그림 3-1
**신경세포의 기본 구조**

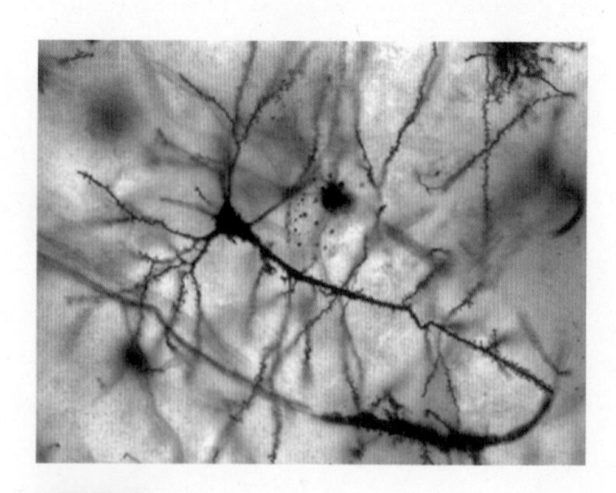

그림 3-2
**뇌를 구성하는 신경세포**

돌기 말단과 연결되어 신호를 받아들이는 역할을 한다. 축삭 또는 축삭돌기는 신경세포체에서 길게 뻗어 나온 가지의 형태를 띠며 수상돌기로부터 전달된 신호, 즉 자극을 말단부로 보내주는 역할을 하는데, 길이는 1 nm에서 1 m 이상까지 다양하다. 중추신경계에서 발까지 하나의 신경섬유로 연결된 운동신경의 축삭 길이는 1 m 또는 그 이상인 경우도 있다 그림 3-2.

신경세포는 **미엘린수초**(말이집)myelin sheath로 둘러싸인 유수신경섬유myelinated nerve fiber와 수초가 없는 무수신경섬유unmyelinated nerve fiber로 나눌 수 있다. 미엘린수초는 중추신경계에서의 희소돌기교세포oligodendrocyte 세포막과 말초신경계에서의 슈반세포Schwann cell 세포막이 특수하게 분화된 것으로, 축삭을 둘러싸는 절연체 역할을 한다. 수초와 수초 사이에는 랑비에르 결절node of Ranvier이라고 하는 수초가 없는 빈 부분이 존재한다 그림 3-3.

> **미엘린수초**
> 중추신경에서는 희소돌기교세포, 말초신경에서는 신경섬유, 즉 축삭을 감싸는 지방질의 피막으로 말이집이라고도 함

축삭의 말단부는 약간 부풀어 있어 종말 팽대부라고도 하며 미토콘드리아와 신경전달물질로 채워진 소포vesicle들이 들어 있다. 이러한 축삭말단은 다른 신경세포나 근육세포 혹은 분비세포 등과 같은 반응기와 시냅스를 이룬다.

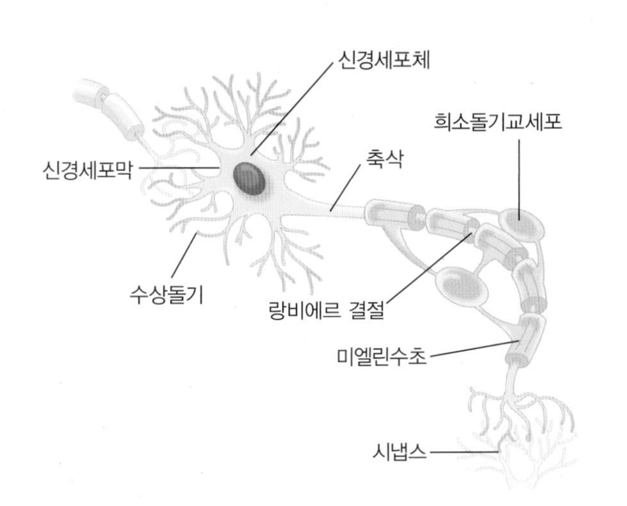


(A) 중추신경계

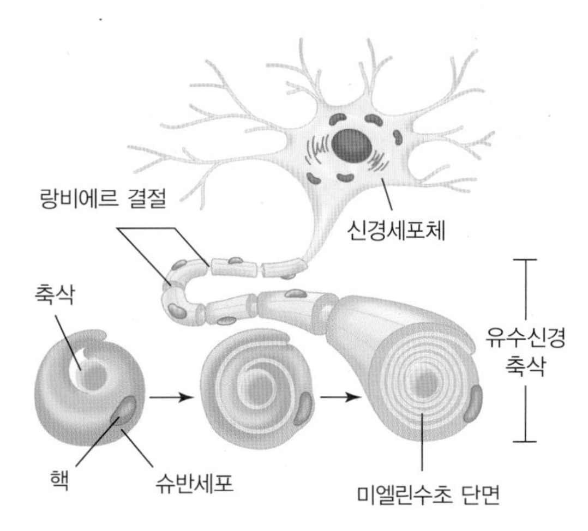


(B) 말초신경계

**그림 3-3**
**유수신경섬유의 구조**

알아두기

### 신경세포 형태와 전방전도의 법칙

우리가 흔히 알고 있는 신경세포의 모양은 신경세포체로부터 하나의 축삭이 길게 뻗어 있는 다극 신경세포(mulipolar neuron)의 형태이다. 주로 자율신경계의 원심성 운동 신경세포들이 이러한 형태를 나타낸다. 그러나 실제로는 구심성 감각신경세포처럼 중앙의 신경세포체에서 양쪽으로 축삭이 뻗어 나간 형태의 단극 신경세포(unipolar neuron) 또는 청신경, 후신경, 시신경과 같이 축삭돌기처럼 수상돌기 역시 길게 뻗어 있는 양극 신경세포(bipolar neuron)의 형태도 있다. 그 밖에도 축삭이 없는 무극 뉴런(anaxonic neuron)이나 많은 수상돌기를 가지는 피라미드형 뉴런(pyramidal neuron)이 있다. 이처럼 신경세포의 형태는 모두 다르지만 여기에서도 전방전도의 법칙(law of forward conduction)이 작용된다.
전방전도의 법칙이란 단일 뉴런에서 흥분 전도는 어느 방향으로도 일어나지만, 수상돌기 쪽으로 역행 전도된 흥분은 연접된 뉴런으로 전달되지 못하고 소멸된다. 따라서 실제 시냅스를 이루고 있는 신경조직에서의 신경전달은 신경세포체에서 축삭돌기, 시냅스를 지나 다음 수상돌기나 신경세포체로의 일정한 방향으로만 전도된다는 것이다.

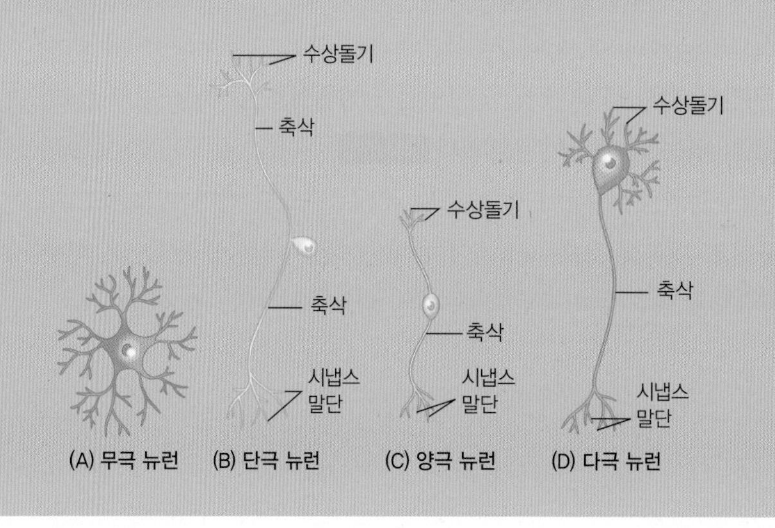


**신경교세포**
신경아교세포라고도 하며 신경세포를 지지하고 보호하는 세포

**혈액-뇌 장벽**
뇌척수액과 혈액을 분리하는 내피세포층. 주변에 신경교세포인 성상세포가 밀착되어 물질에 대한 선택적 투과성을 가짐으로써 중추신경계를 보호하는 역할을 함

## 2) 신경교세포: 지지세포

신경계는 신경세포 외에도 신경세포를 지지하고 그 기능을 보조하는 **신경교세포** neuroglia로 이루어져 있다. 신경교세포는 신경세포보다 크기가 1/10 정도로 작지만, 신경세포를 재생시키는 신경줄기세포로 작용하기도 하며, 신경세포에 영양분을 공급하고 면역작용을 하는 등 다양한 역할을 수행한다. 별 모양의 성상세포astrocyte는 **혈액-뇌 장벽**blood brain barrier, 희소돌기교세포oligodendrocyte와 슈반세포schwann cell는 축삭 주위에 수초를 형성한다. 또 소교세포microglia는 식세포

작용을 통해 중추신경계 내에서 세균이나 이물질을 제거하는 역할을 하며, 상의세포ependymal cell는 중추신경계에서 척수 내강을 덮고 있고, 위성세포satellite cell는 말초신경계의 신경세포체를 구조적으로 지지하는 역할을 수행한다 그림 3-4 .

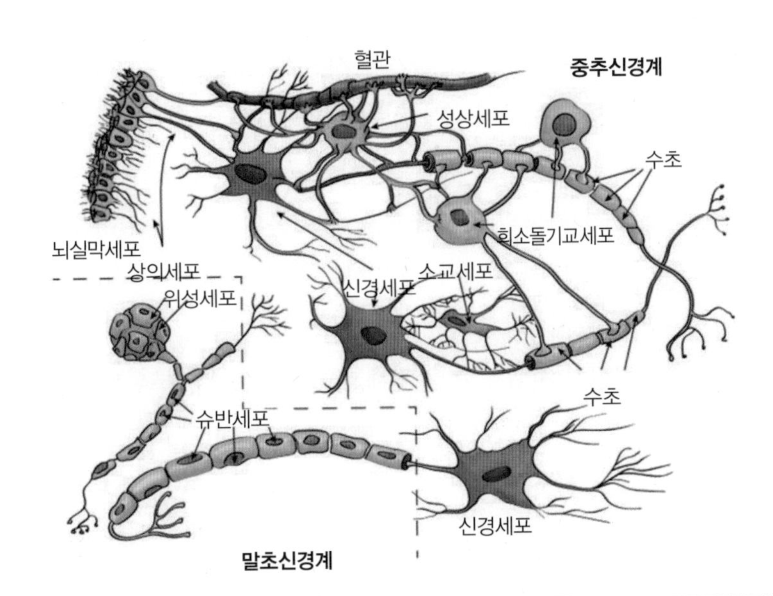


| 중추신경계 | |
|---|---|
| 싱의세포 | 희소들기교세포 |
|  |  |
| • 뇌척수액을 만드는 작용<br>• 중추신경계에서 생성된 이물질을 순환계로 제거 | • 중추신경계에서 미엘린수초를 만들어 백질 형성<br>• 여러 개의 축삭을 감싸고 있어 구조적 지지대 역할 |
| 성상세포 | 소교세포 |
| | 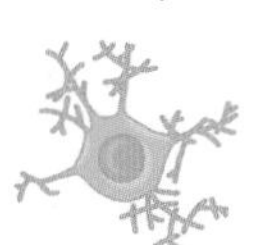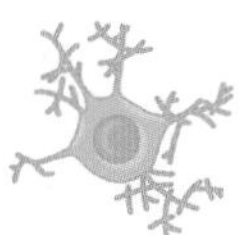 |
| • ATP 생성을 위한 글리코겐 저장 및 포도당과 젖산 공급<br>• 이온(특히 $K^{+}$) 균형 조절, 신경전달물질 제거<br>• 뇌-혈액 장벽의 역할을 통한 뇌 보호 | • 뇌와 척수에서 식세포 작용을 통해 손상된 신경세포 제거<br>• 뇌-혈액 장벽을 통해 유입된 면역세포에게 항원 제시 |

| 말초신경계 | |
|---|---|
| 위성세포 | 슈반세포 |
| 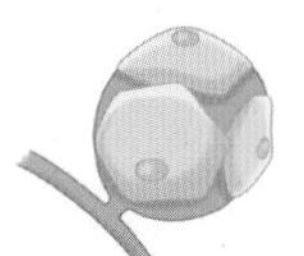 | 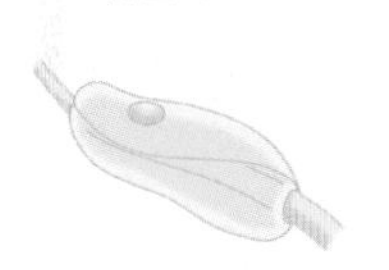 |
| • 감각신경 및 자율신경계에서 신경세포의 세포체를 감싸 구조를 지지하는 역할 | • 말초신경계에서 축삭을 둘러싸서 수초 형성<br>• 하나의 슈반세포는 하나의 수초 형성 |

그림 3-4
여러 가지 신경교세포

### 3) 시냅스

시냅스synapse는 신경세포와 신경세포 사이 혹은 신경세포와 반응기 세포들의 접촉부로 시냅스를 통해 시냅스 전 신경세포에서 시냅스 후 세포로 신호전달이 일어난다고 할 수 있다. 시냅스는 전기적 시냅스electrical synapse와 화학적 시냅스chemical synapse로 나눌 수 있다. 전기적 시냅스는 세포 간 간격이 3 nm로 매우 좁은 간극접합 부위에서 관찰된다. 세포 사이를 연결하는 단백질 통로인 코넥신connexin을 통해 마치 하나의 세포인 것처럼 이온의 이동이 일어나 전기신호가 전달된다. 화학적 시냅스는 세포와 세포 사이 20~50 nm 정도의 상대적으로 넓은 틈이 존재하며, 그 사이에는 섬유성의 세포외단백질로 채워진 매트릭스가 존재한다. **신경전달물질**이 시냅스 전 신경세포에서 매트릭스 부위로 분비되면 시냅스 후 세포의 수용체가 이를 인식하여 신호가 전달된다.

**신경전달물질**
신경세포의 신경말단에서 방출되는 물질. 다른 신경세포나 근육 등 표적세포에 정보를 전달하는 물질

## 2. 신경세포의 작용 원리

### 1) 신경전달의 원리

뇌에는 약 1,000억 개의 신경세포가 있으며, 신경세포마다 수천, 수만 갈래로 뻗어 있는 수상돌기와 축삭돌기들이 서로 연결되어 신경망을 이루고 있다. 하나의 신경세포는 평균 1,000개의 다른 신경세포들과 시냅스를 이루며, 이로 인해 뇌에는 총 수십 조~100조 개의 시냅스가 존재한다. 그리고 이러한 연결망을 통해 통합적으로 만들어진 신호인 자극은 전신에 분포되어 있는 신경세포를 흥분시키고 근육이나 기관으로 명령을 전달한다. 또한 전신에 분포되어 있는 감각수용체의 자극으로 발생된 신경세포의 흥분성은 뇌와 척수로 전달되며, 중추의 신경

망을 통해 정보가 인지되고 해석된다.

## 2) 신경의 흥분과 전도

신경세포는 매우 독특해서 일정 수준 이상의 자극을 받았을 때 이것을 전기적 신호로 바꾸어 전파할 수 있는 능력을 가지고 있다. 이 전기적 신호 덕분에 뇌에서 발생된 신호가 발가락 끝까지 먼 거리를 빠른 속도로 전달될 수 있다. 전기적 신호의 전달 과정은 크게 활동전위의 발생과 흥분의 전도 두 단계로 진행된다.

### (1) 활동전위의 발생 그림 3-5

세포 안팎의 전해질 농도는 항상성 조절 기전을 통해 일정하게 유지된다. 양이온, 음이온의 세포 내외의 농도 차이로 인해 안정 상태에서 신경세포 외부는 +(양전하)를 띠고, 내부는 −(음전하)를 띤다. ❶ 안정 상태에서 신경세포 내부는 신경세포 외부에 비해 평균 −70 mV 정도의 전위차를 가지는데, 이를 안정막전위resting membrane potential라고 한다. 이처럼 세포막을 기준으로 이온의 농도 차이가 유지될 수 있는 것은 첫째, 인지질의 이중층으로 된 세포막이 음이온 물질들을 세포내에 가두고 양이온만 제한적으로 통과시키기 때문이다. 둘째, 나트륨-칼륨 펌프가 작용하여 나트륨 3분자는 내보내고 칼륨 2분자를 받아들이는 능동수송을 통해 일정한 농도 차를 유지하기 때문이다.

그러나 신경세포에 자극이 가해지면 일시적으로 나트륨-칼륨 펌프가 정지되면서 신경세포 안의 양이온 농도가 높아진다. −70 mV의 안정막전위에서 신경세포의 전위가 증가해 −55 mV에 도달하면 평소 닫혀 있던 나트륨 통로가 열리면서 나트륨 이온($Na^+$)이 급속도로 유입되어 전위가 +30 mV까지 증가한다. 이 상태를 ❷ 탈분극depolarization 상태라고 하며, 이때의 전위를 활동전위active potential라고 한다. 만약 자극이 −55 mV까지 전위를 변화시키지 못한다면 활동전위가 시작되지 않으므로, 탈분극으로 활동전위가 시작되려면 역치수준threshold level 이상의 자극이 필요하다.

활동전위가 +30 mV의 정점에 달하면 나트륨 통로가 막히면서 나트륨 이온의 유입은 차단되고, 칼륨 통로가 열리면서 칼륨 이온($K^+$)이 유출되어 신경세포 내 전위가 다시 −70 mV의 안정막전위 상태로 되돌아가게 되는 ❸ 재분극repolarization 상태가 된다. 안정막전위에 도달할 즈음 칼륨 통로가 닫히게 되는데, 칼륨 통로의 경우 닫히는 속도가 늦어 일시적으로 안정막전위보다 더 낮아지는

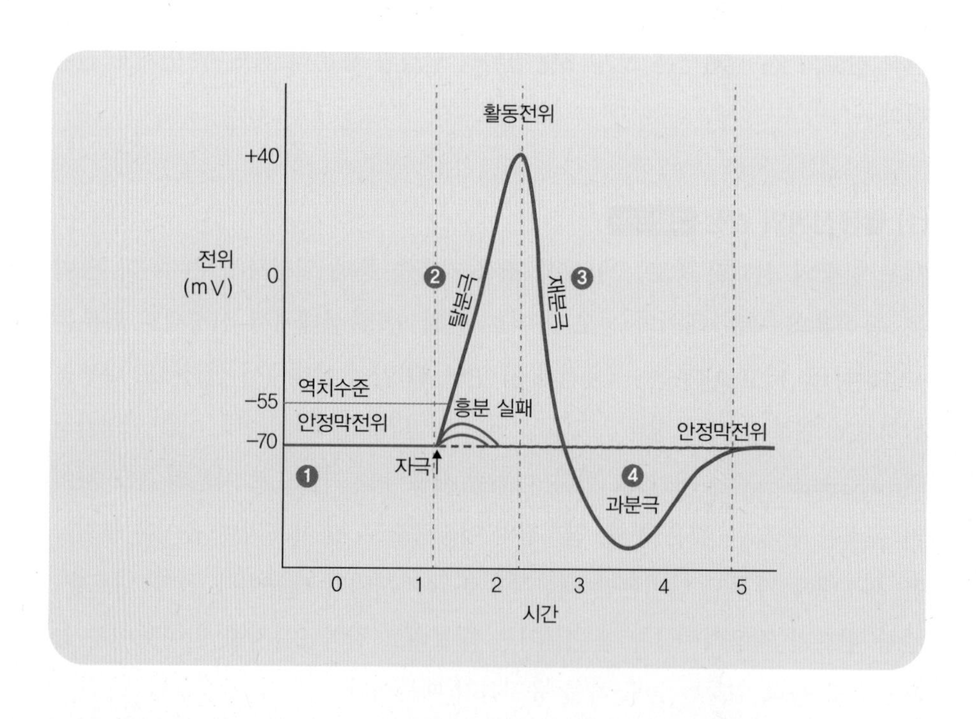


**그림 3-5**
**신경세포의 활동전위**

**표 3-1** 세포별 안정막전위 비교

| 세포 | 안정막전위(mV) |
|---|---|
| 신경세포 | −70 |
| 골격근 세포 | −95 |
| 평활근 세포 | −60 |
| 적혈구 | −8.4 |

**표 3-2** 신경세포 세포막 내외의 전해질 농도

| 전해질 | 내부 농도(mM) | 외부 농도(mM) | 전위차(mV) |
|---|---|---|---|
| $Na^+$ | 15 | 150 | −90 |
| $K^+$ | 150 | 5 | +60 |
| $Cl^-$ | 10 | 120 | −63 |

④ 과분극hyperpolarization이 관찰된다. 이에 따라 일시적 불응기refractory period가 나타나지만 곧이어 나트륨-칼륨 펌프의 작동으로 −70 mV의 안정막전위로 되돌아온다.

### (2) 흥분의 전도 그림 3-6

**역치** 이상의 자극으로 활동전위가 발생하면 이러한 일련의 탈분극 상태는 축삭을 따라 신경말단까지 이어지는데, 이것을 전도conduction라고 한다. 또 이러한 전도는 신경세포체에서 신경말단 방향의 한 방향으로 일어난다. 축삭막(축삭부위 신경세포막)의 한 지점에서 나트륨의 유입으로 시작된 탈분극 상태는 재분극 상태로 돌아옴과 동시에 인접 부위의 탈분극을 일으킨다. 이는 마치 응원전에서 한 방향으로 파도타기를 하는 것처럼 **활동전위**가 신경말단까지 전파된다.

전도의 속도는 매우 빨라서 −70 mV에서 +30 mV로 되기까지 약 1/1,000초밖에 걸리지 않는다. 특히, 수초로 둘러싸인 유수섬유의 경우 수초가 없는 빈 부분인 **랑비에르 결절**node of Ranvier이 1 $\mu m^2$당 약 1만 개씩 존재하며, 이 부분에 나트륨 통로가 집중되어 있다. 따라서 유수신경세포에서 활동전위는 랑비에르 결절로 도약되며 탈분극이 일어나기 때문에 전도 속도가 무수섬유의 전도 속도보다 훨씬 빠르게 일어난다. 무수신경의 전도 속도가 약 1 m/sec라면, 두꺼운 유수신경의 전도 속도는 최대 100 m/sec에 달하기도 한다. 이러한 유수신경의 전도를 **도약전도**saltatory conduction라고 한다.

**역치**
자극에 대한 반응을 일으키는 데 필요한 최소한도의 자극 세기를 나타내는 수치

**활동전위**
세포나 조직이 활동할 때 일어나는 일시적인 전위의 변화

**랑비에르 결절**
미엘린수초가 있는 신경섬유에 일정한 간격으로 있는 잘록한 마디 부분. 수초가 둘러싸지 않은 부분을 의미하며 신경의 흥분 전도에 중요한 역할을 함

**도약전도**
유수신경섬유에서 활동전위가 신경막을 따라 전달되지 않고, 미엘린수초가 없는 랑비에르 결절로 신호가 도약하여 전도되는 것. 전달 속도가 빠름

알아두기

**복어의 독과 신경마비**

복어의 난소와 간에 함유된 복어독(tetrodotoxin, TTX)은 신경섬유가 자극을 받아도 $Na^+$ 통로를 열지 못하게 하는 독약이다. $Na^+$ 통로를 막아 버려 신경섬유에 활동전위가 발생되지 않게 하며, 신경 흥분이 전도되지 않게 된다. 이렇게 신경전도가 발생되지 않게 되면 근육이 마비될 수 있으며, 심각한 경우 호흡근의 마비로 사망에 이르게 된다.

**그림 3-6**
**무수신경의 흥분전도와 유수신경의 도약전도**

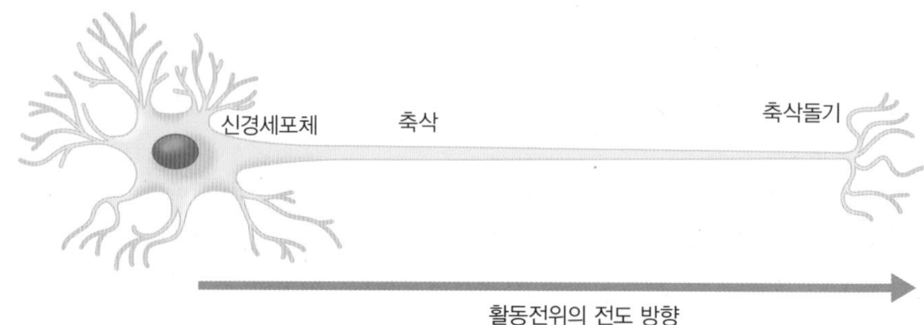


A. 신호에 대한 반응으로 축삭의 탈분극이 시작된다.

B. 탈분극은 축삭을 따라 퍼지기 시작하며, A에서 탈분극되었던 부분의 막은 재분극된다. 나트륨 통로는 비활성화되었고, 칼륨 통로는 열려 있는 상태이므로 막은 다시 탈분극될 수 없다.

C. 활동전위가 축삭을 따라 계속 진행된다.

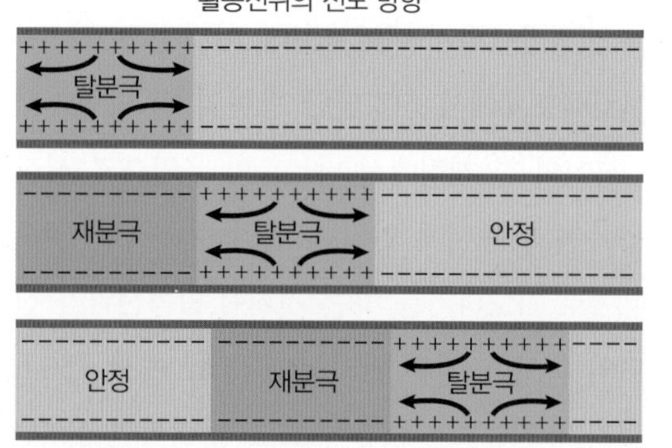


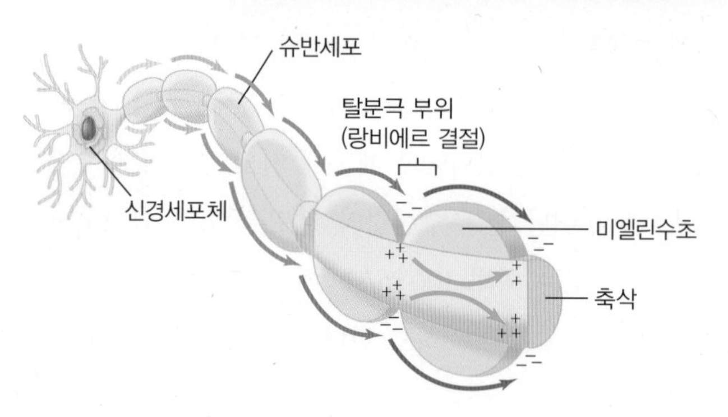


## 3) 신경세포 간의 신호전달

활동전위가 축삭말단까지 도달하면 신경세포의 자극과 흥분은 다음 세포로 전달된다. 신경세포는 다른 신경세포 혹은 효과기 세포와 시냅스를 이루고 있으며, 이 시냅스를 통해 신호전달이 일어난다. 신호전달 방식은 화학적 시냅스chemical synapse와 전기적 시냅스electronical synapse로 구분된다 그림 3-7.

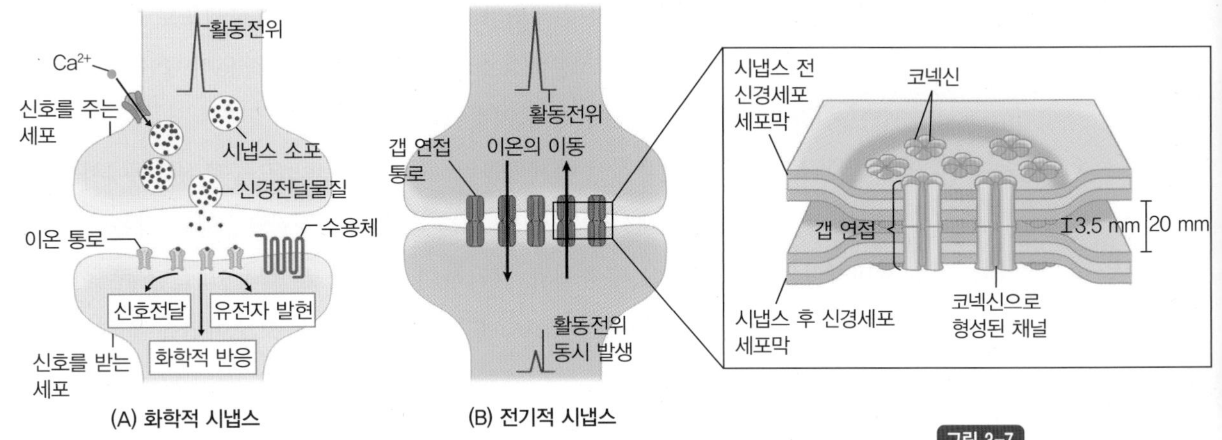


그림 3-7
**시냅스를 통한 신경전달**

## (1) 화학적 시냅스를 통한 신호전달

대부분의 시냅스는 화학적 시냅스로, 시냅스 전 신경세포presynaptic neuron의 흥분이 축삭말단으로 전도되어 탈분극이 일어나면 칼슘 이온 통로가 열리고 칼슘이 신경세포 내로 유입된다. 칼슘이 조절단백질인 칼모듈린에 결합되면 신경전달물질neurotransmitter이 들어 있는 소포체가 신경세포막과 융합되며, 신경전달물질은 세포외 유출exocytosis을 통해 시냅스로 분비된다. 시냅스로 분비된 신경전달물질은 시냅스 후 신경세포postsynaptic neuron 수상돌기나 신경세포체 막의 이온 통로와 직접 결합하여 이온 통로를 열고 나트륨을 유입시킴으로써 탈분극으로 전기적 신호를 발생시킬 수 있다. 반대로, 역치 수준보다 더 음성으로 되는 과분극을 일으키기도 한다. 탈분극을 일으키는 경우는 흥분성 신호가 전달되어 시냅스 후 세포를 활성화시키고, 과분극을 일으키는 경우는 억제성 신호가 전달되어 시냅스 후 세포의 활성을 억제한다. 그 밖에 신경전달물질이 시냅스 후 세포postsynaptic cell의 수용체와 결합하면 신호가 전달되어 세포내 반응을 유발한다. 이처럼 신호전달물질을 이용한 신경세포 간 신호전달을 화학적 신호전달chemical transmission이라고 한다.

화학적 신호전달의 특징은 신경전달물질이 수용체와 결합 후 빠르게 분해되거나 제거되어 지속시간이 매우 짧다는 것이다. 수용체와 결합되지 않은 상태의 신경전달물질은 시냅스 전 신경세포의 축삭돌기 또는 신경교세포로 재흡수되거나 시냅스 후 세포의 세포막 분해효소에 의해 분해되어 작용이 중지된다. 재흡수된 신경전달물질은 소포에 다시 저장된다.

대표적인 신경전달물질인 아세틸콜린acetylcholine, ACh은 중추신경계에서는 흥분성으로, 말초신경계에서는 흥분성 또는 억제성 신경전달물질로 작용한다. 아세틸콜린은 아세틸콜린 수용체와 결합하여 작용하고, 작용이 끝난 후 아세틸콜린 에스테라아제acetylcholine esterase에 의해 분해된다. 모노아민류 신경전달물

**표 3-3 주요한 신경전달물질의 기능과 작용 부위**

<table>
<tr><th colspan="2">종류</th><th>전구물질</th><th>기능</th></tr>
<tr><td colspan="2">아세틸콜린</td><td>콜린 + 아세틸 CoA</td><td>• 혈관 확장, 심장박동 감소, 위 연동운동, 수면 주기, 학습과 기억<br>• 불균형 시 알츠하이머성 치매</td></tr>
<tr><td rowspan="5">아민</td><td>노르에피네프린</td><td>티로신</td><td>• 체지방과 글리코겐 분해 촉진, 주의력, 각성, 심박출량과 혈압 증가<br>• 불균형 시 집중력 저하, 우울감</td></tr>
<tr><td>도파민</td><td>티로신</td><td>• 의욕, 기억, 인지, 운동조절, 쾌감, 성취감 및 중독과 관련된 보상감<br>• 불균형 시 파킨슨병, ADHD, 조현병 관련</td></tr>
<tr><td>세로토닌</td><td>트립토판</td><td>• 기분, 체온 조절, 통증, 수면, 식욕 감소<br>• 불균형 시 우울증, 탄수화물 갈구증 관련</td></tr>
<tr><td>히스타민</td><td>히스티딘</td><td>• 알레르기와 염증반응, 위산 분비 촉진</td></tr>
<tr><td rowspan="3">아미노산</td><td>글루탐산</td><td>글루타민</td><td>• 뇌의 흥분성, 공포증, 외상 후 스트레스 장애<br>• 불균형 시 조현병 관련</td></tr>
<tr><td>GABA</td><td>글루탐산</td><td>• 억제성, 혈압 감소, 항우울, 항불안 작용<br>• 불균형 시 조현병, 발작, 불면증 관련</td></tr>
<tr><td>글리신</td><td>세린</td><td>• 척수의 억제성 신경전달물질</td></tr>
<tr><td>펩티드</td><td>신경펩티드<br>(엔도르핀, 엔케팔린, 물질 P, 신경펩티드 Y 등)</td><td>유전자 발현을 통해 아미노산에서 합성</td><td>• 식욕 조절, 진통 작용, 메스꺼움과 구토<br>• 불균형 시 조현병, 비만 관련</td></tr>
<tr><td>기체</td><td>산화질소</td><td>아르기닌</td><td>• 위장관과 호흡기의 평활근 이완, 학습과 기억</td></tr>
</table>

질로는 티로신으로부터 만들어지는 도파민dopamine, 에피네프린epinephrine, 노르에피네프린norepinephrine과 같은 카테콜아민이 있으며, 트립토판으로부터 만들어지는 세로토닌serotonin, 히스티딘으로부터 만들어지는 히스타민histamine이 있다. 기타 중추신경의 글루타민glutamine은 흥분성 신경전달물질이고, 뇌의 GABAγ-aminobutyric acid와 척수의 글리신glycine은 억제성 신경전달물질이다. 뇌에서 가장 풍부한 신경펩티드 Yneuropeptide Y는 다양한 생리적 기능을 가지는데, 그중에서도 식욕 조절과 관련하여 비만 치료제 개발 분야에서도 관심이 주목되고 있다. 대식세포에서 살균 작용을 하는 산화질소nitric oxide, NO는 아르기닌으로부터 만들어지는 기체 형태의 신경전달물질로, 평활근을 이완시킨다. 이 외에도 세포막의 지질로부터 만들어지는 에이코사노이드eicosanoid 역시 넓은 범위에서 일종의 신경전달물질이라고 할 수 있다(표 3-3).

### (2) 전기적 시냅스를 통한 신호전달

뇌에 있는 신경세포들의 일부는 심근이나 평활근에서 관찰되는 **간극접합**(틈새이음)gap junction을 이루고 있다. 간극접합은 코넥신이라고 하는 단백질로 연결되어 있으며, 코넥신은 신경세포의 흥분과 전도와 관련된 이온뿐만 아니라 신경전달물질이 다음 세포로 이동하는 통로로 작용한다. 코넥신을 통한 물질이동은 양방향으로 진행될 수 있어 인접한 세포들 간 신경전달이 동시에 일어나도록 한다.

**간극접합**
세포들 사이 작은 분자들이 이동할 수 있는 통로로 연결되는 연접 구조. 외부의 신호에 의해 여러 이웃한 세포로 물질이 이동할 수 있음

## 3. 신경계의 구성

신경계는 중추신경계와 말초신경계로 구분된다. 중추신경계는 뇌와 척수로 구성되며, 말초신경계는 중추신경계와 신체 각 부분을 연결하는 신경섬유다발로

이루어져 있다. 말초신경계의 신경섬유다발은 그 기능에 따라 감각신경섬유와 운동신경섬유로 구분된다.

**중추신경계**
뇌와 척수로 구성되어 있으며, 우리 몸에서 느끼는 감각을 수용하고 신체를 조절하는 기능을 수행함

## 1) 중추신경계: 뇌와 척수

**중추신경계**central nervous system, CNS는 뇌brain와 척수spinal cord로 이루어져 있으며, 감각기관으로부터 전달된 정보를 통합적으로 해석하여 신체의 반응과 운동을 조절한다. 뇌와 척수는 **뇌척수막**(수막)meninges이라고 하는 세 층의 두꺼운 막으로 둘러싸여 있고, 뇌는 두개골skull에 의해, 척수는 척추vertebrae에 의해 보호된다. 뇌척수막은 가장 바깥쪽 두꺼운 섬유조직의 경막dura mater과 뇌척수액 및 주요 동맥이 분포한 거미막arachnoid, 그리고 뇌 및 척수와 직접 맞닿아 있는 얇고 섬세한 연질막pia mater으로 구성되어 있다. 거미막에 분포된 동맥의 가지들은 연질막을 뚫고 뇌 및 척수조직으로 들어간다. 뇌척수액cerebrospinal fluid은 완충 작용을 통해 물리적 충격으로부터 뇌와 척수를 보호하며, 일정한 조성을 유지함으로써 화학적 항상성을 유지하는 데도 기여한다 그림 3-8.

**뇌척수막**
뇌와 척수를 둘러싸고 있는 세 층의 막

**그림 3-8**
**뇌척수막과 뇌척수액**

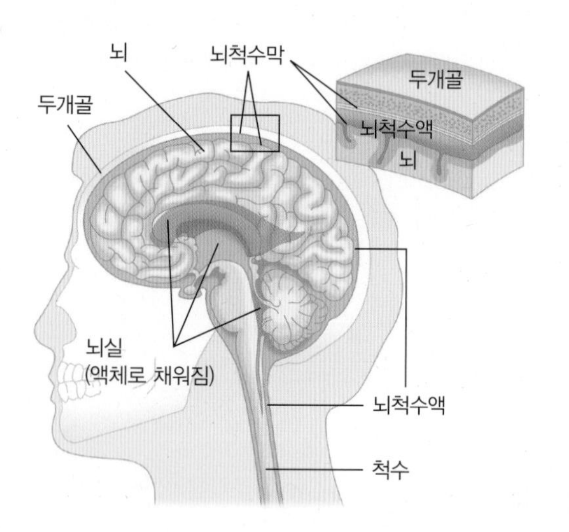


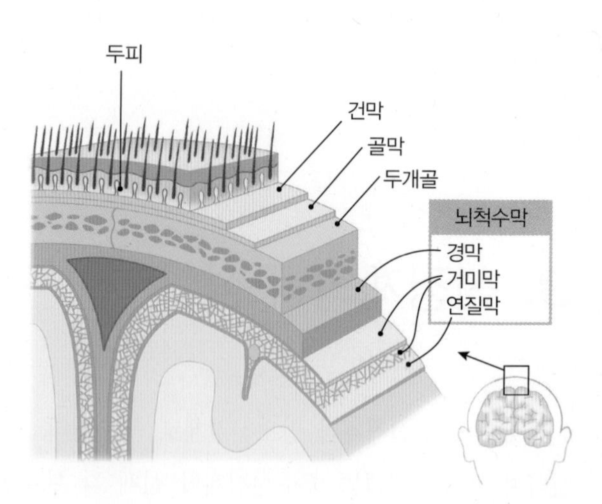

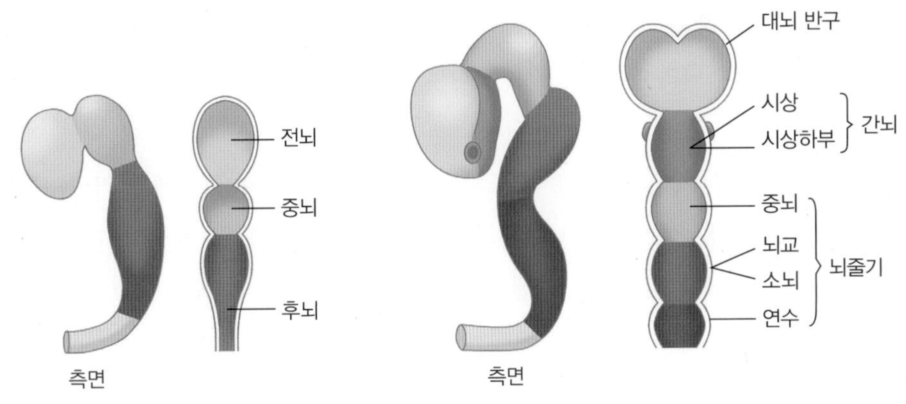


(A) 3~4주 배아: 3개의 일차적 뇌소포

(B) 5주 배아: 5개의 이차적 뇌소포

그림 3-9
인간의 뇌 발달

## (1) 뇌

발생학적 관점에서 배아기 초기의 뇌는 전뇌forebrain, 중뇌midbrain, 후뇌hindbrain로 구분된다. 전뇌는 대뇌 반구cerebral hemisphere와 시상thalamus, 시상하부hypothalamus로 분화되며, 중뇌는 중뇌로, 후뇌는 뇌교pons, 소뇌cerebellum, 연수medulla oblongata로 분화된다 그림 3-9 .

해부학적 관점에서 뇌는 대뇌와 소뇌, 그리고 시상과 시상하부를 합한 간뇌

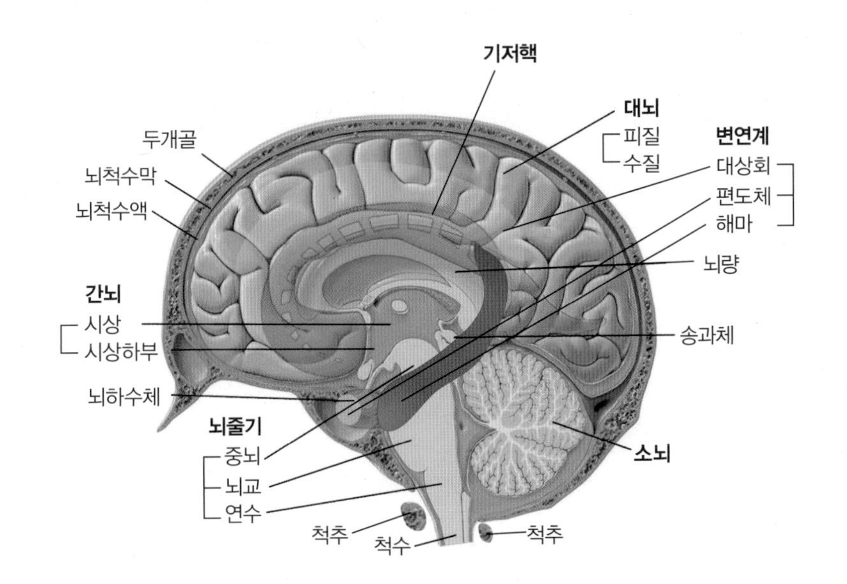


그림 3-10
뇌의 해부학적 구조

diencephalon와, 중뇌, 뇌교, 연수를 합한 뇌줄기brainstem로 분류된다. 뇌줄기는 척수와 연결된다. 뇌의 부위별 구성은 그림 3-10과 같다.

❶ 대뇌　대뇌cerebrum는 주로 고도의 정신활동을 담당하며, 전체 뇌의 약 80%를 차지한다. 대뇌는 두 개의 대뇌 반구(좌반구와 우반구)로 나누어지며, 두 대뇌반구는 신경섬유다발로 구성된 뇌량corpus callosum으로 연결되어 있다. 대뇌는 가장 바깥쪽 두께 2~4 mm의 피질cortex과 그 아래 수질medulla 층으로 구성되어 있고, 수질의 중심 부위에 기저핵(대뇌핵)basal ganglia이 존재한다. 대뇌 피질과 기저핵은 신경세포체가 모여 회백질gray matter 층을 이루고, 대뇌 수질은 신경섬유가 분포되어 백질white matter 층을 이룬다.

**대뇌 피질**
대뇌 반구의 표면을 덮고 있는 회백질의 얇은 층. 대뇌 겉질이라고도 함

**대뇌 피질**의 표면은 주름진 구조로 되어 있는데, 들어간 부분을 구(고랑)sulcus, 나온 부분을 회(이랑)gyrus라고 한다. 대뇌 피질의 주름은 표면적을 3배 이상 넓히는 역할을 한다고 알려져 있다. 대뇌 피질은 전두엽frontal lobe, 두정엽parietal lobe, 측두엽temporal lobe 및 후두엽occipital lobe으로 나뉜다. 대뇌 피질은 그 영역별로 특정한 기능을 수행하는데, 크게 감각정보를 수용하는 감각영역과 운동을 조절하는 운동영역, 그리고 두 영역을 통합하는 연합영역으로 구분된다. 대표적인 운동영역은 깊게 주름이 잡힌 중심구central sulcus 바로 앞의 전두엽 부위에 위치하는 중심전회precentral gyrus 부분이며, 전두엽의 연합영역은 다른 연합영역의 정보를 통합하고 사고와 판단 등의 지적 작용을 통해 수의 운동을 통제한다. 중심구 바로 뒤의 두정엽 부위에 위치하는 중심후회postcentral gyrus는 감각영역으로, 촉각, 온도, 통증과 같은 체성감각을 담당한다. 두정엽의 연합영역에서는 감각정보들을 토대로 정서와 생각을 표현하는 능력을 담당한다. 측두엽에는 소리와 냄새를 인지하는 청각 및 후각 영역이 존재하며, 후두엽에는 시각중추가 있어,·눈으로 들어오는 시각정보를 받아들이고 이를 이미지로 인지하는 기능을 수행한다 그림 3-11.

**대뇌 수질**
대뇌 피질 안쪽의 신경섬유다발로 이루어진 부분. 대뇌 속질이라고도 함

**대뇌 수질**은 대뇌 피질 안쪽에 위치하며, 대뇌 피질에서 나가는 원심성 신경섬유다발efferent fiber bundle과 대뇌 피질로 들어오는 구심성 신경섬유다발afferent

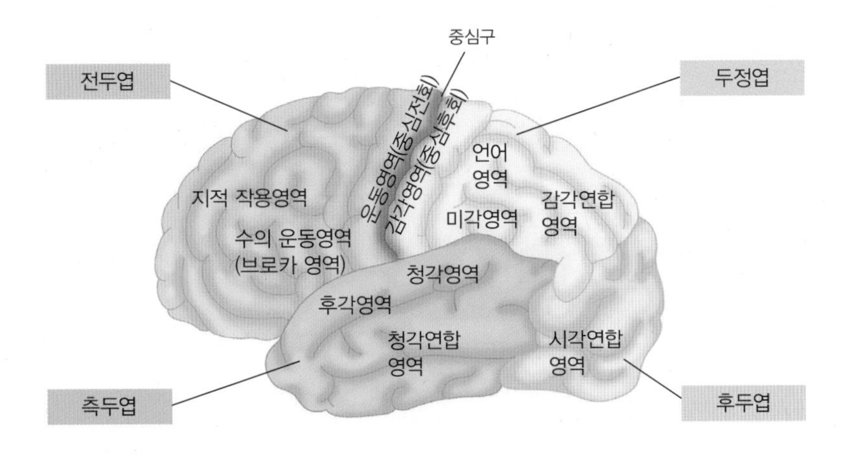


그림 3-11
**대뇌엽 구조와 기능: 일차적 감각영역과 운동영역 및 연합영역**

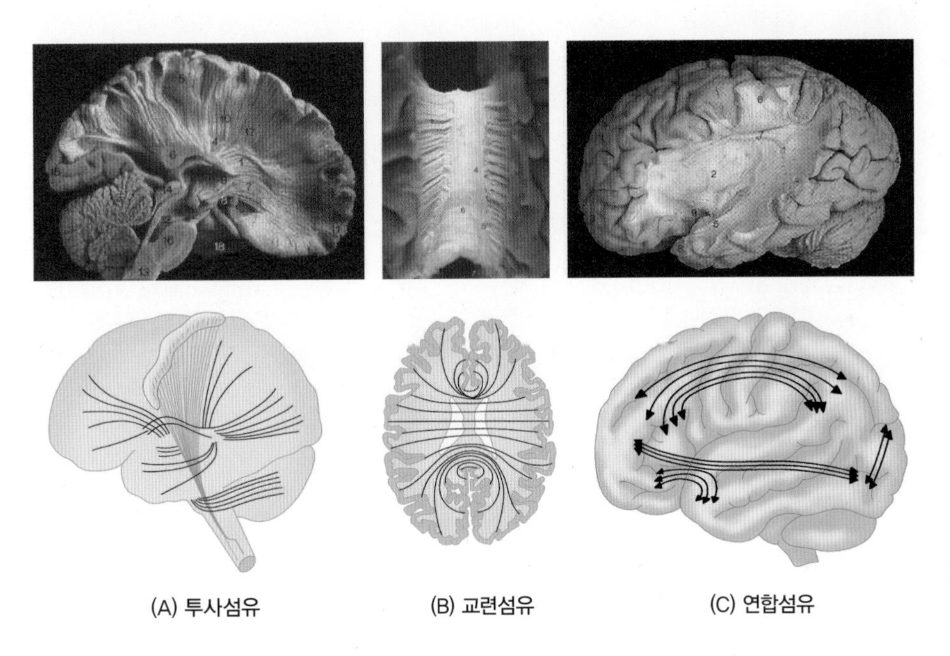


그림 3-12
**대뇌 수질의 신경섬유**

fiber bundle로 이루어져 있다. 그중에서도 뇌줄기를 통해 척수로 이어지는 부챗살 모양의 신경섬유를 투사섬유projection fiber라고 하며, 양쪽 대뇌 반구를 연결해 주는 **뇌량**은 서로 대칭되는 부위를 연결해주는 교련섬유commissural fiber로 구성된다. 연합섬유association fiber는 각 대뇌 반구 내에서 대뇌 피질 사이를 연결해 준다 그림 3-12 .

**뇌량**
좌우 대뇌 반구를 연결하는 신경섬유다발이 반구 사이 틈새 깊은 곳에 활 모양으로 밀집되어 있는 것

알아두기

### 뇌 손상

대뇌 피질의 각 영역은 각각 다른 신체 기능과 연결되어 있으며, 특정한 부위의 뇌 손상은 신체의 기능 손실을 야기한다. 뇌 손상의 예로 대뇌 피질 연합영역의 손상으로 글을 읽는 것은 가능하지만 의미를 파악하지 못하는 실독증(dystexia)이나 마음먹은 대로 동작하기 어려운 실행증(apraxia)을 들 수 있다. 실어증(aphasia) 역시 일종의 실행증이라고 할 수 있다.
또한 파킨슨병으로 인한 근육경직과 사지의 떨림은 흑질(중뇌의 작은 핵)과 기저핵의 일부인 미상핵(caudate nucleus)의 도파민 분비 뉴런의 퇴화로 야기된다. 헌팅턴무도병은 억제성 신경전달물질인 GABA(γ-aminobutyric acid) 분비 뉴런의 퇴화로 인해 신체 부위의 비자발적인 움직임을 통제하지 못해 손발을 춤추듯이 반복적으로 움직이는 유전병이다.
그 밖에도 뇌량의 손상으로 인한 분할뇌(split-brain) 환자의 경우 왼손으로 만지는 물건의 이름을 대지 못하거나 오른손으로 단추를 채우면서 동시에 자신도 모르게 왼손은 단추를 풀고 있다거나 심지어 자신을 공격하기도 하는 외계인 손 증후군(alien hand syndrome)을 보이기도 한다.

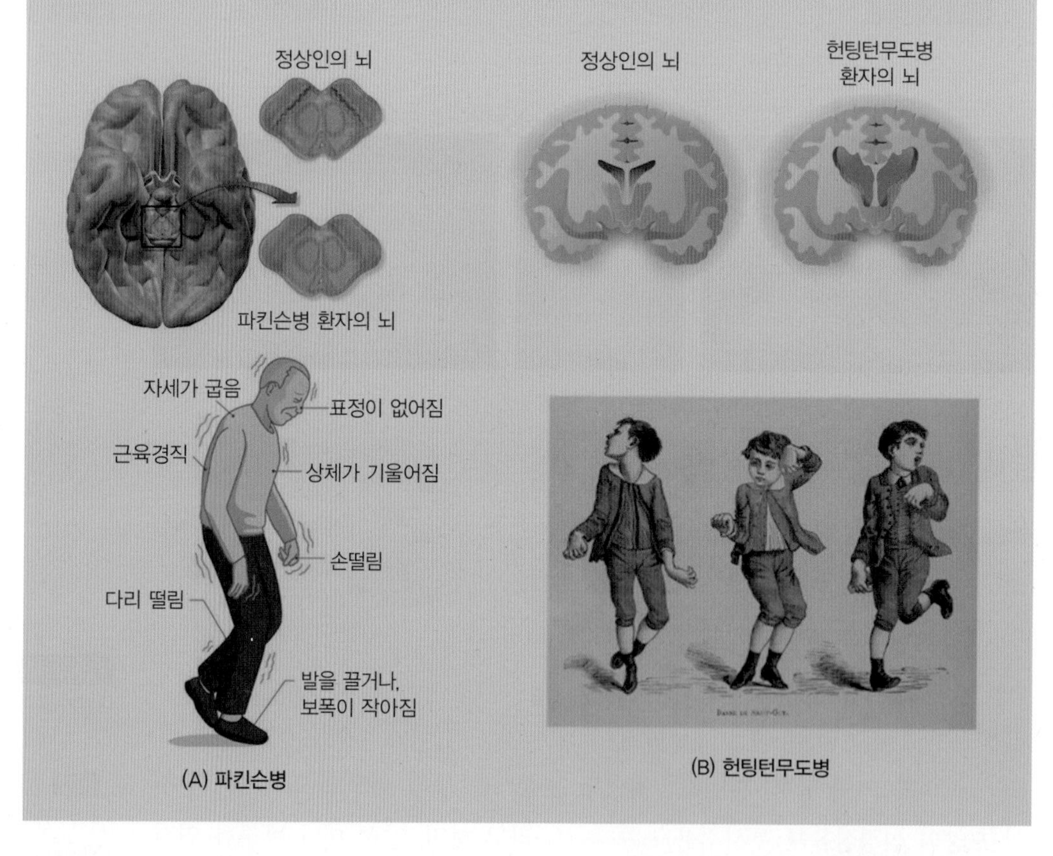


(A) 파킨슨병 (B) 헌팅턴무도병

**기저핵**
대뇌 수질 가운데 신경세포체가 모여 있는 회백질 부분. 대뇌핵이라고도 함

**기저핵**은 대뇌 수질의 깊숙한 곳에 위치한 부분으로, 대뇌 피질로부터 기저핵으로 들어온 정보를 신경전달물질의 분비를 통해 뇌의 다른 부위들과 척수에 전달하는 중계 역할을 한다 그림 3-13 .

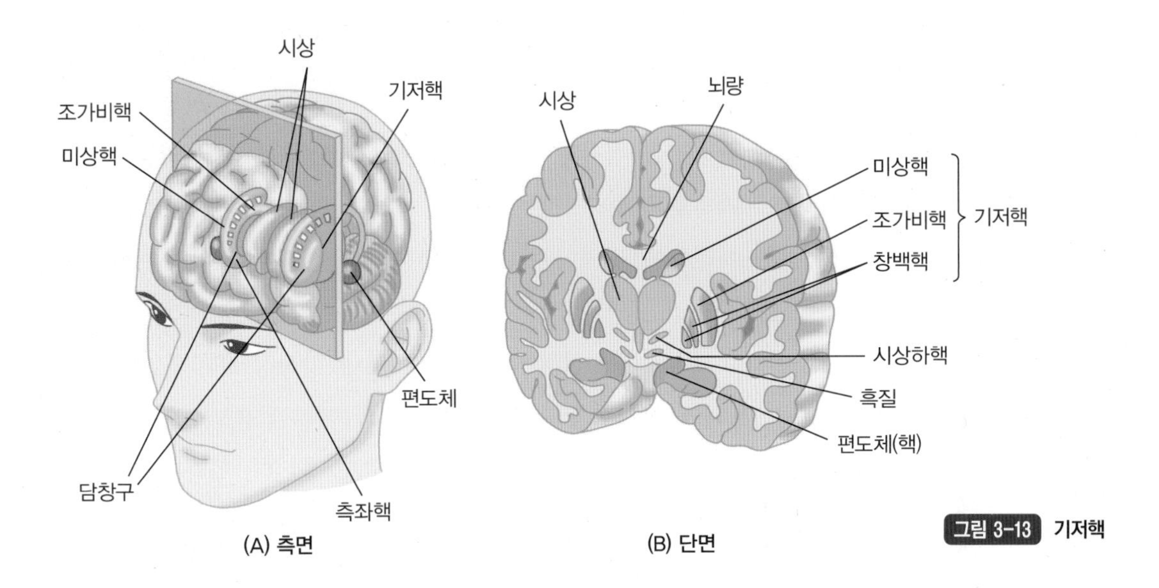


**그림 3-13** 기저핵

변연계limbic system는 뇌줄기를 둘러싸고 있는 영역으로 대뇌 피질과 뇌줄기를 연결하는 회백질 부분이며, 기저핵의 일부를 포함한다. 변연계는 측두엽 바로 아래에 위치하며, 기억과 학습을 담당하는 해마hippocampus, 두려움과 공포를 관장하는 편도체amygdala, 감정의 조절과 동기부여와 관련된 대상회cingulate gyrus 및 성적 쾌락을 담당하는 중격핵septal nuclei으로 구성된다. 따라서, 변연계는 공포, 분노, 기쁨, 슬픔과 같은 기본적 감정을 담당하며, 대뇌 피질과 상호작용을 통해 감정을 조절한다 **그림 3-14**.

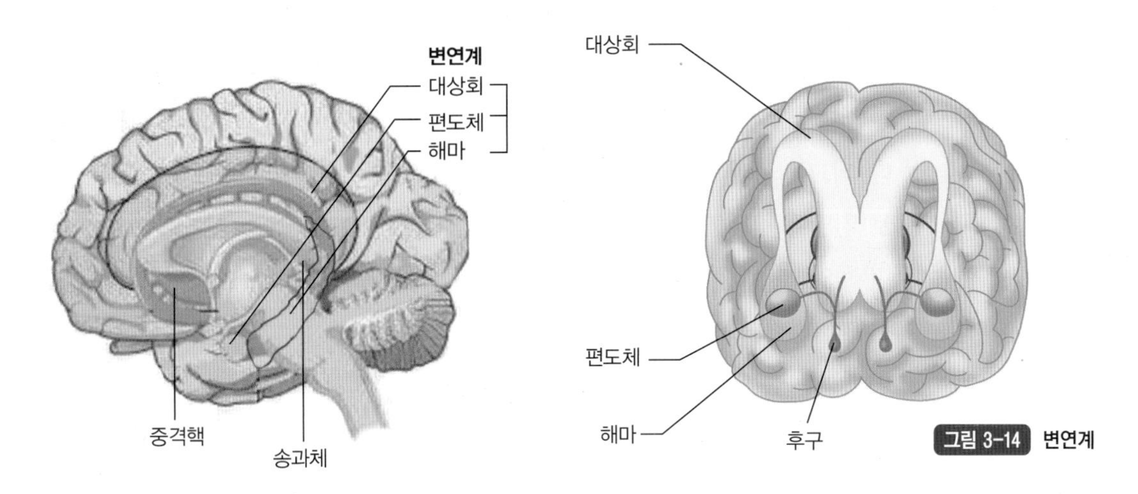


**그림 3-14** 변연계

**간뇌**
대뇌 반구와 중뇌 사이의 뇌 부위. 시상과 시상하부, 시상상부로 구성됨

**시상**
대뇌 중심부인 간뇌의 중앙 부분. 감각신경으로부터 감각정보를 받아들여 대뇌 피질로 정보를 보내는 역할을 하는 통합중추

**시상하부**
시상의 아래 뇌줄기 위쪽에 위치. 신경계와 내분비계를 연결하고 체내 대사 과정과 자율신경계 작용을 통해 항상성 유지에 관여함

❷ 간뇌　**간뇌**diencephalon는 대뇌 반구 사이에 위치하며, 시상과 시상하부를 포함한다. **시상**은 후각을 제외한 모든 감각이 전달되는 곳으로, 시상으로 전달된 시각정보는 후두엽으로, 청각정보는 측두엽으로 전달하여 대뇌 피질에서 정보를 해석하고 처리하도록 한다.

시상 바로 아래쪽에 위치하는 **시상하부**는 자율신경계와 뇌하수체의 호르몬 분비를 조절하는데, 공복 중추(내측시상하부)와 포만 중추(외측시상하부)로 식욕을 조절하고, 기타 자율신경계의 조절로 체내 항상성 유지에도 관여한다. 시상하부는 그 외에도 시상을 통해 감지된 빛의 여부에 따라 하루 낮밤주기circardian rhythm를 조절하므로 신경세포 시계라고도 불린다. 멜라토닌을 분비하여 수면을 조절하는 송과체pineal gland 역시 간뇌에 포함된다.

❸ 소뇌　소뇌cerebellum는 대뇌 다음으로 크고, 가로 주름으로 접혀 있으며, 회백질의 피질과 백질의 수질로 구성된다. 소뇌는 대뇌와 협업을 통해 미세한 운동을 조절하며, 학습이나 훈련을 통해 계획대로 운동을 수행하는 데 관여한다. 또 내이의 전정기관과 함께 작용하여 자세 유지와 평형감각을 조절한다. 따라서, 소뇌가 손상되면 운동 자체는 가능하지만 정교한 운동은 어려워질 수 있다.

**직립반사**
수면이나 마취 상태에서 등을 바닥에 대고 있어도 의식이 돌아오면 배를 땅으로 가게 해서 자세를 잡는 것이나, 높은 곳에서 떨어질 때 몸을 비틀어 본능적으로 다리부터 땅에 딛고 서는 것

**시각반사**
눈의 움직임 조절

**동공반사**
밝은 곳에서는 동공이 작아지고, 어두운 곳에서는 동공이 커지는 반응

❹ 뇌줄기　뇌줄기brainstem는 중뇌midbrain, 뇌교pons, 연수medulla oblingata로 분류되며, 뇌와 척수 사이를 연결해준다. 중뇌에는 도파민을 분비하는 흑질이 포함되므로, 행동과 보상에 관여한다. 쥐나 고양이의 **직립반사** 역시 중뇌의 작용에 의한 것으로 알려져 있다. 그 밖에 **시각반사**나 **동공반사** 및 청각반사에도 관여한다. 뇌교는 중뇌와 연수 사이에 볼록하게 튀어나온 부위로, 소뇌와 대뇌 사이 정보 전달을 중계한다. 연수는 생명중추vital center라고도 하는데, 호흡중추와 심장 및 혈압 조절 중추의 역할을 하기 때문이다. 기타 타액 분비나 저작 및 삼킴반사(연하반사)도 연수에서 담당한다.

표 3-4는 뇌의 각 부위별 대표적 기능을 정리한 것이다.

표 3-4 뇌의 각 부위별 대표적 기능

| 뇌의 해부학적·기능적 부위 | | | 대표적 기능 |
|---|---|---|---|
| 대뇌 | 피질 | 전두엽 | 사고, 판단 등 지적 작용 |
| | | 두정엽 | 정서와 생각의 표현 |
| | | 후두엽 | 시각 |
| | | 측두엽 | 청각과 후각 |
| | | 중심전회 | 수의 운동 |
| | | 중심후회 | 촉각, 온도, 통증 등 체성감각 |
| | 수질 | 뇌량 | 대뇌 반구 연결 |
| | 기저핵 | 흑질, 미상핵 | 도파민 분비 |
| | 변연계 | 해마 | 기억과 학습 |
| | | 편도체 | 두려움과 공포 |
| | | 대상회 | 감정의 조절과 동기 부여 |
| | | 중격핵 | 성적 쾌락 |
| 간뇌 | 시상 | | 후각 외 모든 감각의 1차적 처리 |
| | 시상하부 | | 자율신경계, 뇌하수체 호르몬 분비, 식욕 조절 |
| | 뇌하수체 | | 조절호르몬 분비(내분비기관) |
| | 송과체 | | 멜라토닌 분비로 수면 조절 |
| 소뇌 | | | 미세한 운동 조절, 자세 유지, 평형감각 조절 |
| 뇌줄기 | 중뇌 | | 행동과 보상에 관여(흑질 일부 포함), 자세반사 |
| | 뇌교 | | 소뇌와 대뇌 사이 정보 중계 |
| | 연수 | | 생명 중추, 호흡과 심박동 조절, 타액 분비, 연하 조절 |

## (2) 척수

또 다른 중추신경계인 척수spinal cord는 지름이 0.9~1.4 cm, 길이가 42~45 cm, 무게가 약 30 g이며, 뇌줄기와 연결되어 척추관 내에 들어 있다. 뇌와 달리 안쪽이 신경세포체로 구성된 회백질층, 바깥쪽이 신경섬유다발로 구성된 백질층으

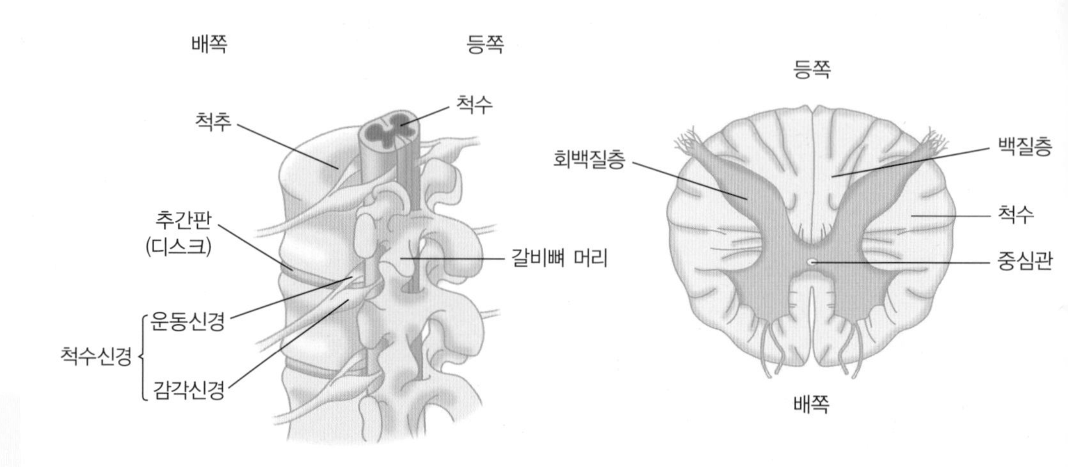


**그림 3-15**
**척추와 척수의 구조**

**중심관**
척수의 가운데 있는 가는 관. 위쪽은 연수에 연결되어 있음

**뇌실**
뇌척수액으로 채워져 있는 뇌 안의 빈 곳으로, 중심관과 이어져 있음. 좌우 대뇌 반구의 오른쪽 제1뇌실과 왼쪽 제2뇌실, 간뇌의 제3뇌실과 중뇌의 제4뇌실로 구성

로 되어 있다. 가운데 비어 있는 공간인 **중심관**은 **뇌실**로 이어지며 뇌척수액으로 채워져 있다 그림 3-15 .

척수는 두 가지 중요한 기능을 한다. 첫째, 뇌와 신체 부위를 연결하는 것으로, 신체 각 부위로부터 전달된 정보를 뇌로 전달하는 상행로ascending fiber tract 역할과 뇌로부터 전달된 정보를 신체 각 부위로 전달하는 하행로discending fiber tract 역할이다. 상행로와 하행로는 모두 연수에서 ×자로 교차되기 때문에 오른쪽 신체를 지배하는 것은 좌뇌 반구이고, 왼쪽 신체를 지배하는 것은 우뇌 반구이다. 둘째, 척수반사의 중추 역할로, 슬개건반사, 굴곡반사 등 뇌를 거치

알아두기

### 반사

반사란 자극에 대한 즉각적인 반응으로 대뇌 피질 이외의 중추 작용에 의해 일어난다. 가장 반응시간이 짧은 것은 척수의 회백질에서 감각신경세포과 운동신경세포를 연결하는 연합신경세포에 의해 일어나는 척수반사(spinal reflex)이며, 슬개건을 치면 무릎을 펴는 슬개건반사나 발바닥을 건드리면 엄지발가락을 젖히는 바빈스키 반사 등이 있다.
연수반사(medullary reflex)는 음식물이 입에 들어오면 타액이 분비되거나 기도로 음식물이 넘어가면 기침이 나오고 코에 이물질이 들어왔을 때 재채기가 나오는 반사 작용이다. 감각정보가 상행로를 따라 대뇌로 올라가기 전 연수에서 처리가 일어나는 것이다. 삼킴반사(연하반사)와 호흡이나 심박동 조절을 통한 항상성 유지 역시 연수의 반사 작용에 의해 이루어진다. 그 밖에 높은 곳에서 떨어질 때 바른 자세로 착지를 하는 직립반사나 빛에 의한 동공반사는 중뇌반사(midbrain reflex)에 해당된다.
이러한 무조건반사(autonomic reflex)와 달리 '파블로프의 개'처럼 훈련이나 경험에 의한 반사는 조건반사(conditioned reflex)라고 하는데, 이는 대뇌의 정보 처리에 의한 것이다.

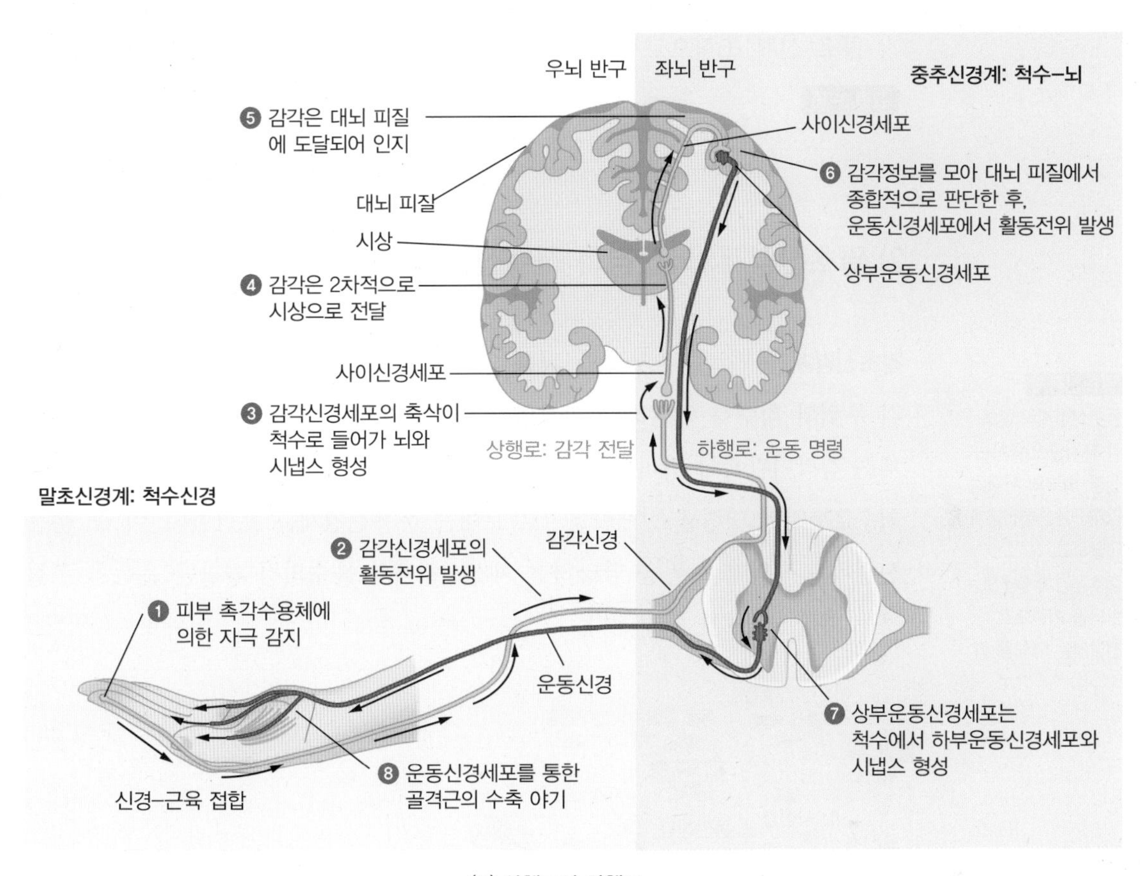


(A) 상행로와 하행로

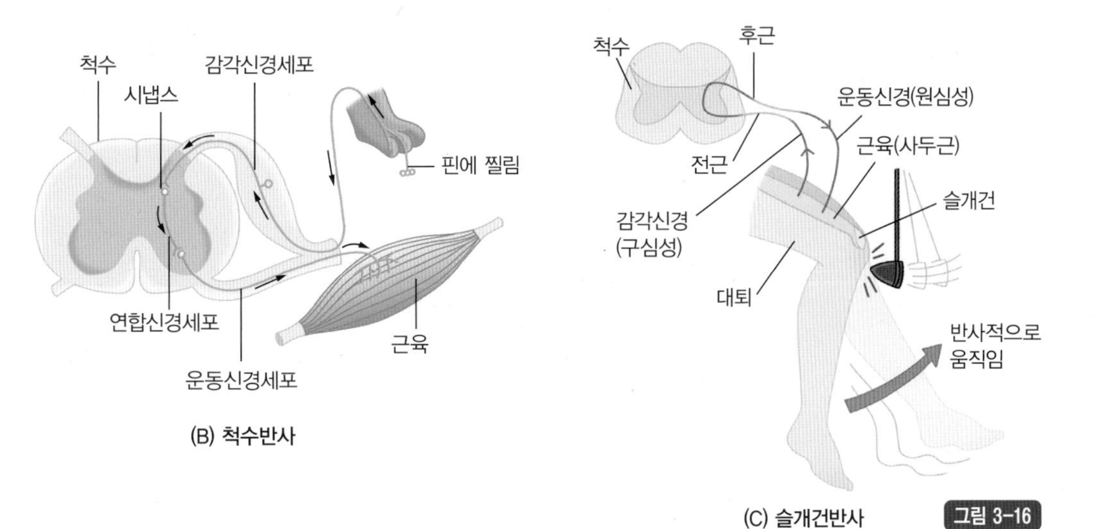


(B) 척수반사

(C) 슬개건반사

**그림 3-16**
**척수 및 척수의 흥분 전달 경로**

지 않고 신체 조직으로부터 전달되는 정보를 척수에서 직접 처리하는 것이다 그림 3-16.

## 2) 말초신경계: 뇌신경과 척수신경

**말초신경계**
중추신경계와 말초 각 부위를 연결하는 신경. 외부의 자극을 감지하여 중추신경계로 전달하고, 중추신경계에서 오는 반응을 기관으로 전달하는 역할을 함

**말초신경계**는 얼굴 각 부위와 뇌를 연결하는 12쌍의 뇌신경cranial nerve과 신체 각 부위와 척수를 연결하는 31쌍의 척수신경spinal nerve으로 구성된다. 말초신경계는 감각기관에서 받아들인 자극을 뇌와 척수로 전달하는 감각신경계와 뇌와 척수로부터의 명령을 신체반응기로 보내는 운동신경계를 포함한다. 이 중 운동신경계는 수의적 운동을 담당하는 체성신경계와 불수의적 평활근 운동을 조절하는 자율신경계로 구분된다.

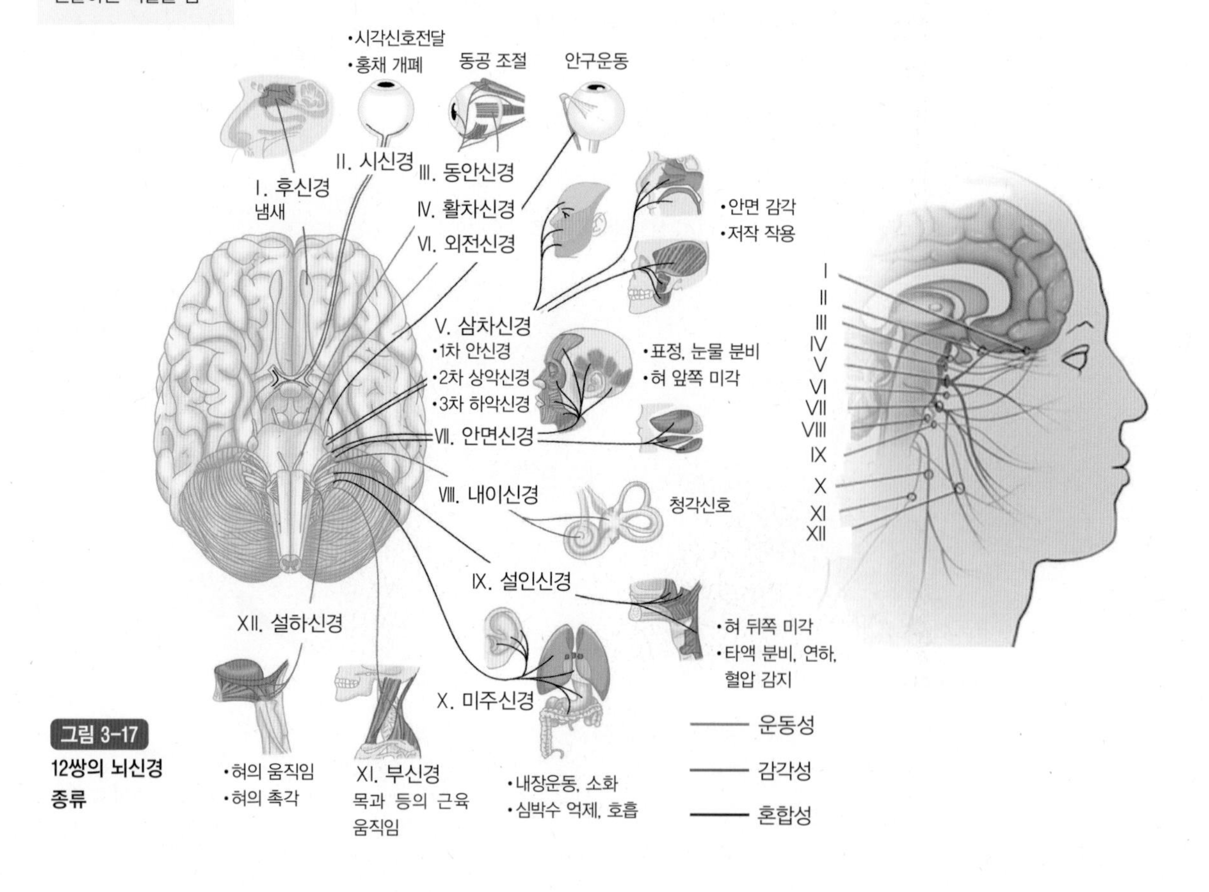


그림 3-17 12쌍의 뇌신경 종류

### (1) 뇌신경

뇌신경은 좌우대칭으로 뇌줄기에서 나와 주로 안면(미주신경과 부신경 제외), 목과 등(부신경), 가슴과 복부(미주신경)까지 연결된다. 각각의 종류와 작용은 그림 3-17, 표 3-5 와 같으며, 일부 뇌신경은 부교감신경(자율신경계)의 원심성(운동성) 신경섬유를 포함한다.

표 3-5 12쌍의 뇌신경 종류와 기능

| 신경명 | 주작용 | 기능 | 주요 분포영역 |
|---|---|---|---|
| I. 후신경 | 감각성 | • 냄새 | • 비강(후점막)<br>• 후각피질(측두엽) |
| II. 시신경 | 감각성 | • 시각신호전달<br>• 홍채의 열고 닫힘 | • 안구(망막)<br>• 시각피질(후두엽) |
| III. 동안신경 | 운동성,<br>일부 자율성(부교감) | • 안구운동, 동공 조절<br>• 눈꺼풀 움직임 | • 안근-중뇌 |
| IV. 활차신경 | 운동성 | • 안구운동 | • 안근-중뇌 |
| V. 삼차신경<br>1차 안신경<br>2차 상악신경<br>3차 하악신경 | 혼합성, 주로 지각성<br>지각성<br>지각성<br>지각성 | • 안면 감각<br>• 저작 작용 | • 안면 근육-뇌교<br>• 안와, 이마<br>• 상악부<br>• 하악부, 저작근 |
| VI. 외전신경 | 운동성 | • 안구 외측직근 | • 안근-뇌교 |
| VII. 안면신경 | 혼합성,<br>일부 자율성(부교감) | • 표정, 눈물, 타액 분비<br>• 혀 앞쪽 2/3의 미각 | • 표정근, 혀, 눈물샘, 타액선-뇌교 |
| VIII. 내이신경 | 감각성 | • 청각신호 전달 및 균형 | • 내이(달팽이관)-뇌교 |
| IX. 설인신경 | 혼합성,<br>일부 자율성(부교감) | • 혀 뒤쪽 1/3의 미각<br>• 혈압 감지<br>• 타액 분비, 연하, 혈압 감지 | • 설근, 인두-연수 |
| X. 미주신경 | 혼합성,<br>일부 자율성(부교감) | • 내장운동, 소화촉진<br>• 심장박동수 억제, 호흡 | • 내장(가슴과 복강, 흉강)-연수 |
| XI. 부신경 | 운동성 | • 목과 등의 근육 움직임<br>• 일부 미주신경과 교통 | • 근육-연수 |
| XII. 설하신경 | 운동성 | • 혀의 움직임<br>• 혀의 촉각 | • 설근-연수 |

### (2) 척수신경

척수신경spinal nerve은 척수spinal cord와 신체의 각 부위를 연결하는 신경으로, 뇌신경의 지배 영역을 제외한 신체 모든 부분의 감각을 수용하고 신체 각 부분의 움직임을 관장한다. 척수신경은 총 31쌍이며, 척추뼈 사이 작은 구멍을 통해 척수로부터 양쪽으로 뻗어 있는 형태이다. 빠져나오는 척추관의 이름을 붙여 목 부위의 경추신경 8쌍(C1~C8), 가슴 부위의 흉추신경 12쌍(T1~T12), 허리 부위의 요추신경 5쌍(L1~L5), 골반 부위의 천골신경 5쌍(S1~S5) 및 꼬리뼈에서 나오는 미골신경 1쌍(C0)으로 구성된다 그림 3-18A.

척수신경은 배 쪽 척수로부터 뻗어 나오는 전근ventral root, anterior root과 신체 각 부위로부터 등 쪽 척수로 들어가는 후근dorsal root, posterior root으로 이루어져 있는데, 전근은 원심성 운동신경으로, 후근은 구심성 감각신경으로 작용한다 그림 3-18B.

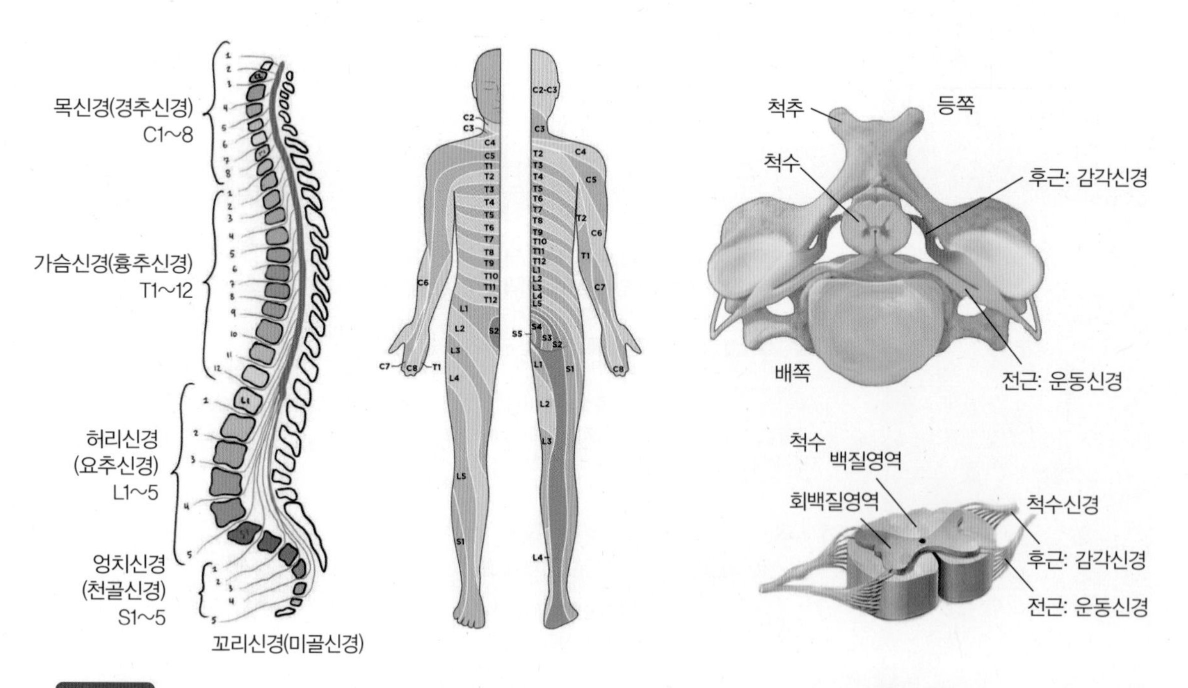


(A) 31쌍의 척수신경과 분포영역

(B) 전근과 후근

**그림 3-18 척수신경과 분포영역**

# 4. 신경계의 작용

신경계의 작용을 간략히 설명하면, 외부의 자극에 대한 신체의 반응을 말한다. 신체 각 부위 감각기에서의 자극이 감각신경을 통해 중추로 전달되면, 중추는 이를 통합적으로 해석하여 운동신경을 통해 근육 등 효과기(반응기)에서의 신체반응을 지시하는 것이다. 이러한 내외부의 자극에 대한 신체반응은 신체 항상성 유지와 생존을 위해 작용한다 그림 3-19, 그림 3-20.

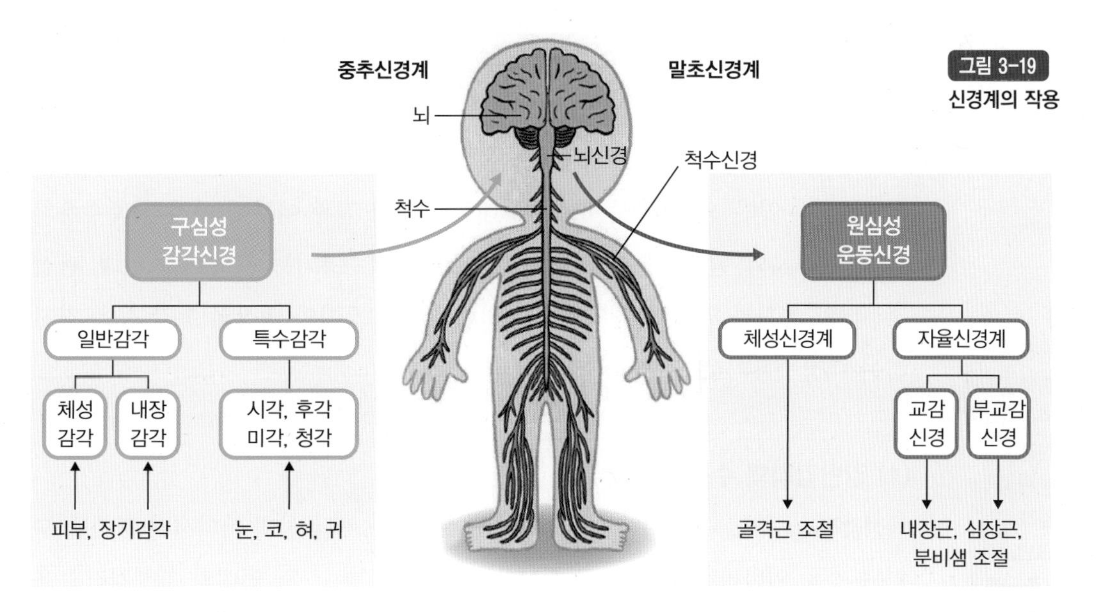


그림 3-19 신경계의 작용

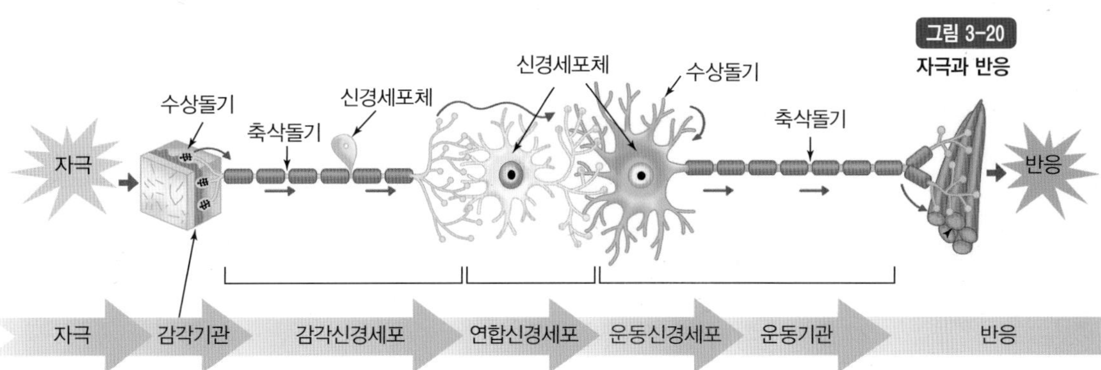


그림 3-20 자극과 반응

## 1) 감각신경의 작용

감각계sensory system는 외부 자극을 받아들이는 감각수용기와 감각을 통제하는 감각중추, 그리고 이러한 감각수용기와 감각중추를 연결하는 구심성 감각신경afferent sensory neuron으로 구성된다. 물리적 에너지 형태로 감각수용체에 자극이 전달되면 감각수용체는 감각신경의 막전위 변화를 야기하며, 전기적 신호로 전환된 자극은 감각중추로 전달된다. 중추는 유입되는 여러 신호들을 통합하여 어떤 자극은 대뇌 피질로 전달되어 인지되며, 또 어떤 자극은 인지되지 못하고 잠재의식에 의해 반사적으로 처리된다.

감각신경을 따라 전해지는 감각은 대개 감각수용기의 위치와 감각의 종류에 따라 분류된다. 감각수용기는 체외로부터 오는 자극을 받아들이는 외수용기exteroceptor와 체내 장기로부터 오는 자극을 받아들이는 내수용기interoceptor로 나눌 수 있다. 외수용기는 자극에 대한 직접적 접촉 여부에 따라 접촉수용기contact receptor와 원격수용기teleceptor로 나뉘고, 내수용기는 근육이나 인대, 관절로부터의 통각과 위치, 움직임을 감지하는 고유수용기와 내장의 통각 등을 감지하는 내장수용기로 나뉜다.

**체성감각**
피부에 분포된 수용기를 통해 감지된 자극이 척수신경의 후근 감각신경 가지들을 통해 중추로 전달되는 감각, 전신감각, 표면감각과 심부감각으로 구분

**내장감각**
내부 장기에서 느껴지는 감각. 심부감각에 속하며 감각신경의 분포도가 낮아 평상시에는 무감각하나, 때때로 짓누름, 가슴 답답함 등의 불명료한 감각과 통각이 나타남

### (1) 일반감각의 수용과 전달

**체성감각**somatic sensation이나 **내장감각**visceral sensation처럼 신체 어디서나 감지될 수 있는 것을 일반감각general sensation이라고 하며, 피부, 근육, 인대의 체성감각수용기와 내장기관 체강막에 분포된 내장감각수용기가 자극을 감지한다.

❶ 체성감각수용기를 통한 표면감각과 심부감각의 인지 　표면감각superficial sensation은 피부 진피층에 분포된 촉각, 통각, 온각, 냉각의 네 가지 감각점sense spot으로부터 감지되는 감각으로, 피부감각cutaneous sensation이라고도 한다. 감각점의 분포 밀도는 통점 > 촉점 > 냉점 > 온점의 순이며, 감각점의 수에 따라 예민도가 달라진다. 촉각에 가장 예민한 부위로 알려진 입술과 손가락 끝에는 촉각수용체

인 촉점이 가장 많이 분포하여 가벼운 접촉에도 민감하게 반응한다. 따뜻한 온도를 감지하는 온각수용체(온점)와 차가운 온도를 감지하는 냉각수용체(냉점)는 각각 따로 존재한다. 온각수용체는 피부의 더 깊은 층에 위치해 있으며, 체온(37℃) 이상의 온도에서 45℃까지의 온도를 감지한다. 냉각수용체는 온각수용체보다 더 많이 분포하며, 체온보다 낮은 온도에서 10℃까지의 온도를 감지한다. 45℃ 이상, 10℃ 이하의 온도에서는 온각수용체가 아닌 통각수용체가 활성화되면서 통증으로 인지된다. 통각은 조직 손상을 일으키는 외부 자극을 감지하기 위해 발달된 감각으로 통각수용체라고 표현하지만, 실제로는 뇌의 해석을 통한 주관적 지각이라고 할 수 있다. 감각신경은 강하면서 짧지만 찌르는 듯한 강한 통증을 전달하며, 유수신경섬유로 되어 있어 반응속도가 빠른 반면, 넓은 부위의 무딘 지속적 통증은 무수신경의 형태를 가지고 있다 그림 3-21.

심부감각deep sensation은 근육이나 관절, 인대의 움직임이나 위치, 통증을 감지함으로써 의식하지 않고도 근수축 타이밍을 맞추어 자연스럽게 움직이거나 자세를 잡을 수 있도록 한다. 심부감각은 '자기 자신에 대한 감각'이라는 의미에서 고유감각이라고도 하며, 고유수용감각기proprioceptor에 의해 감지된다.

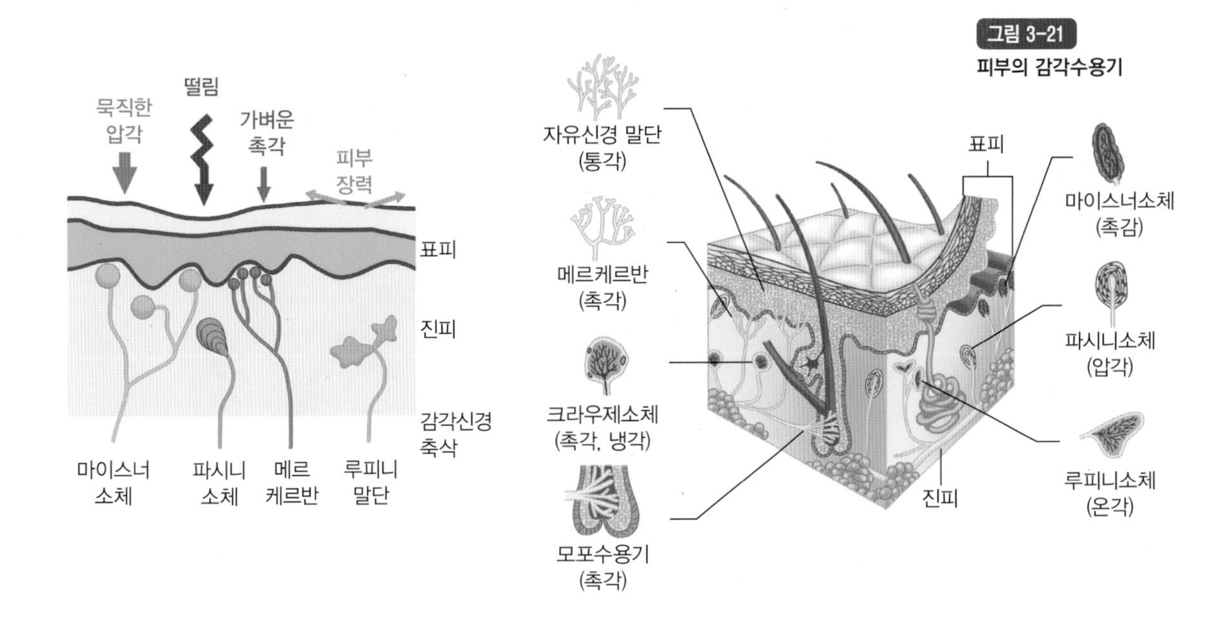


그림 3-21
피부의 감각수용기

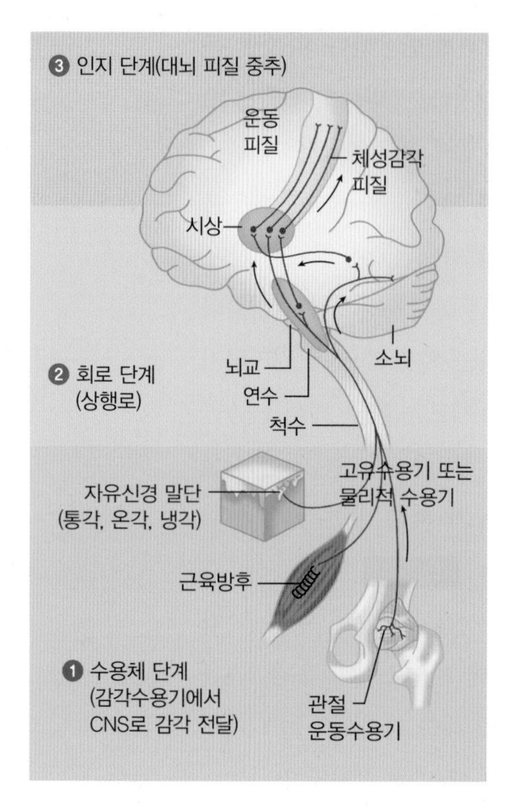


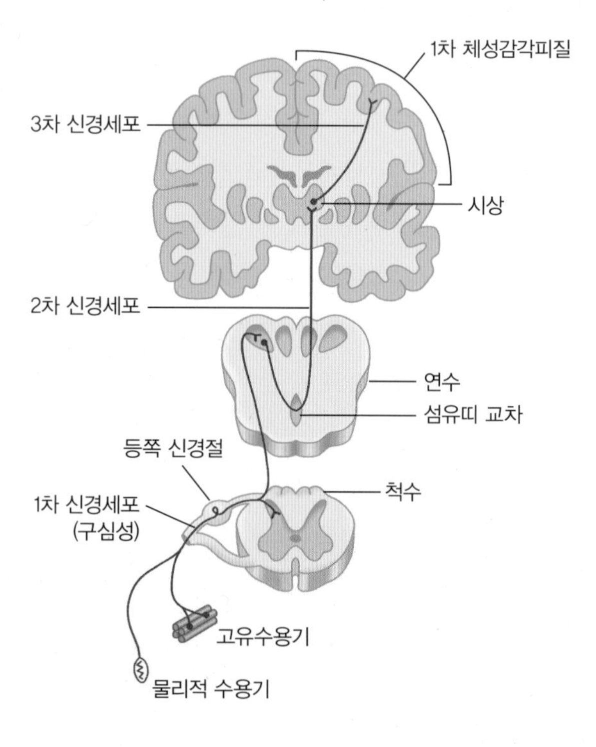


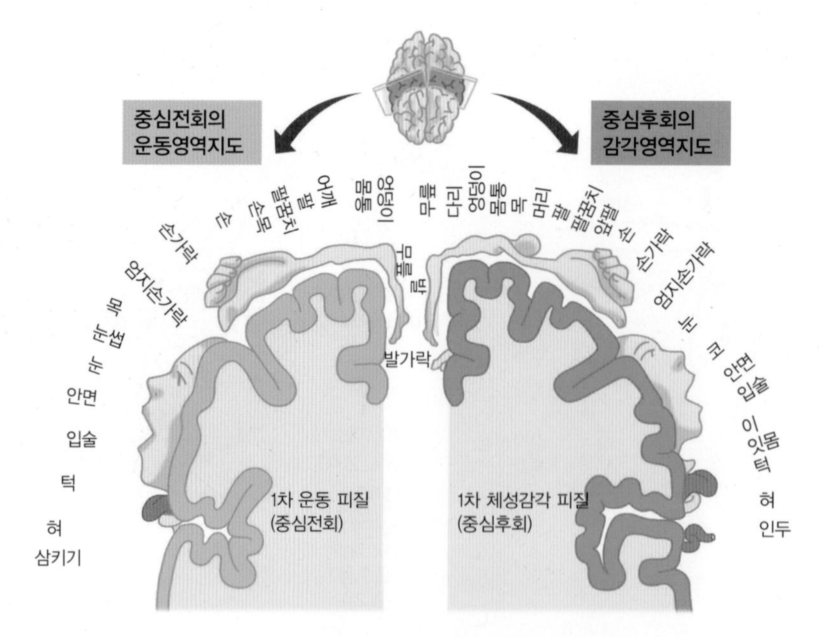


**그림 3-22**
**체성감각과 심부감각의 전달과 대뇌 피질 체성감각영역과의 연관**

감각점과 고유수용감각기와 같은 체성감각수용기에 의해 감지된 표면감각과 심부감각은 연수나 척수에서 교차한 후, 시상에서 시냅스를 이루어 대뇌의 체성감각 피질로 전달되며, 가지가 갈라져 소뇌와 연결된다. 이러한 교차 때문에 오른쪽의 감각은 좌뇌로, 왼쪽 신체의 감각은 우뇌로 전달된다. 체성감각 피질은 각 영역별로 신체 부위의 감각과 대응되는데, 예민한 감각일수록 넓은 부위를 차지하고 있다 그림 3-22.

❷ 내장감각수용기를 통한 내장감각의 인지　내장 체강막에 분포된 내장수용기 visceroceptor는 통각과 압각은 감지할 수 있으나, 그 수가 많지 않다. 특히, 폐나 간에는 통각수용기가 매우 적어 조직 손상이 심한 경우에도 통증을 거의 느끼지 못한다. 또 내장수용기는 촉각, 온각, 냉각, 운동감각에는 반응하지 않아 심장의 움직임이나 혈액의 흐름 등을 느끼지 못한다. 기계적 자극으로 인한 포만감이나 공복감, 변의나 뇨의 외에도 화학수용기를 통한 혈액 내 pH 변화 및 $CO_2$, $O_2$ 농도 감지 역시 내장수용기를 통한 내장감각visceral sensation의 일종이다.

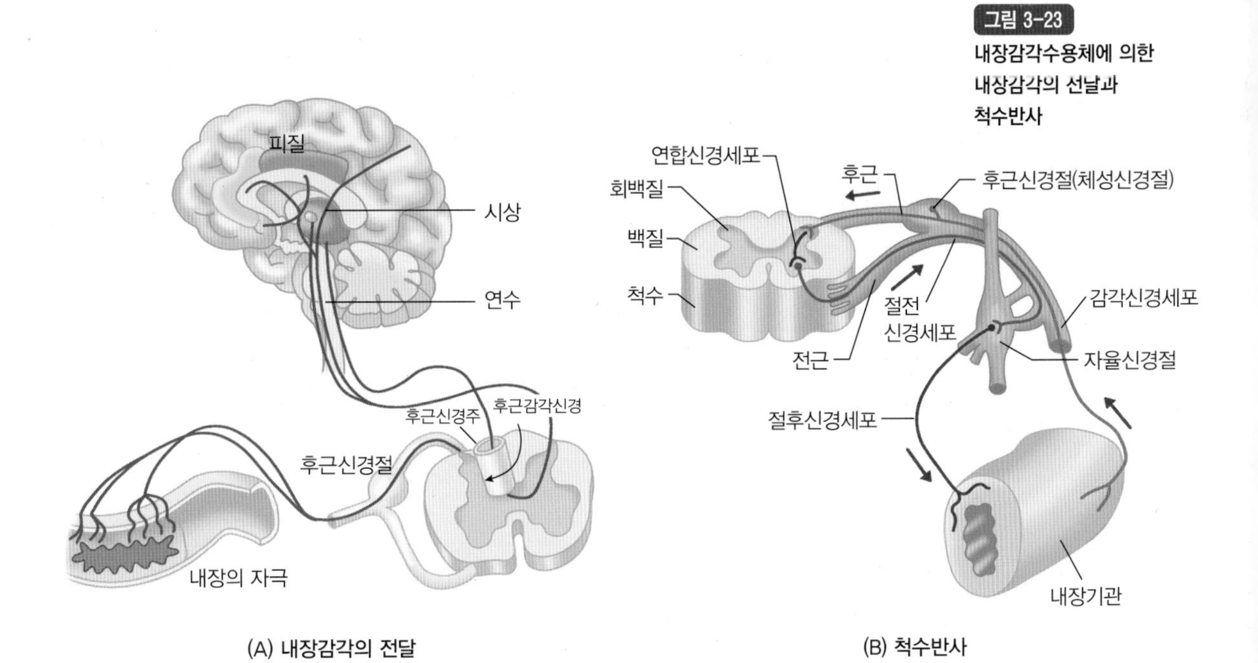


그림 3-23
내장감각수용체에 의한 내상감각의 선날과 척수반사

(A) 내장감각의 전달

(B) 척수반사

알아두기

### 연관통

내장감각의 특징은 연관통(referred pain)을 유발한다는 점이다. 예를 들어, 협심증이 발생했을 때 왼쪽 가슴에 통증이 나타나거나 간 손상 시 오른쪽 어깨에 통증을 느낀다. 이러한 연관통은 내장감각섬유가 체성감각섬유와 척수의 동일한 곳으로 연결되어 발생하는 것으로 알려져 있다.

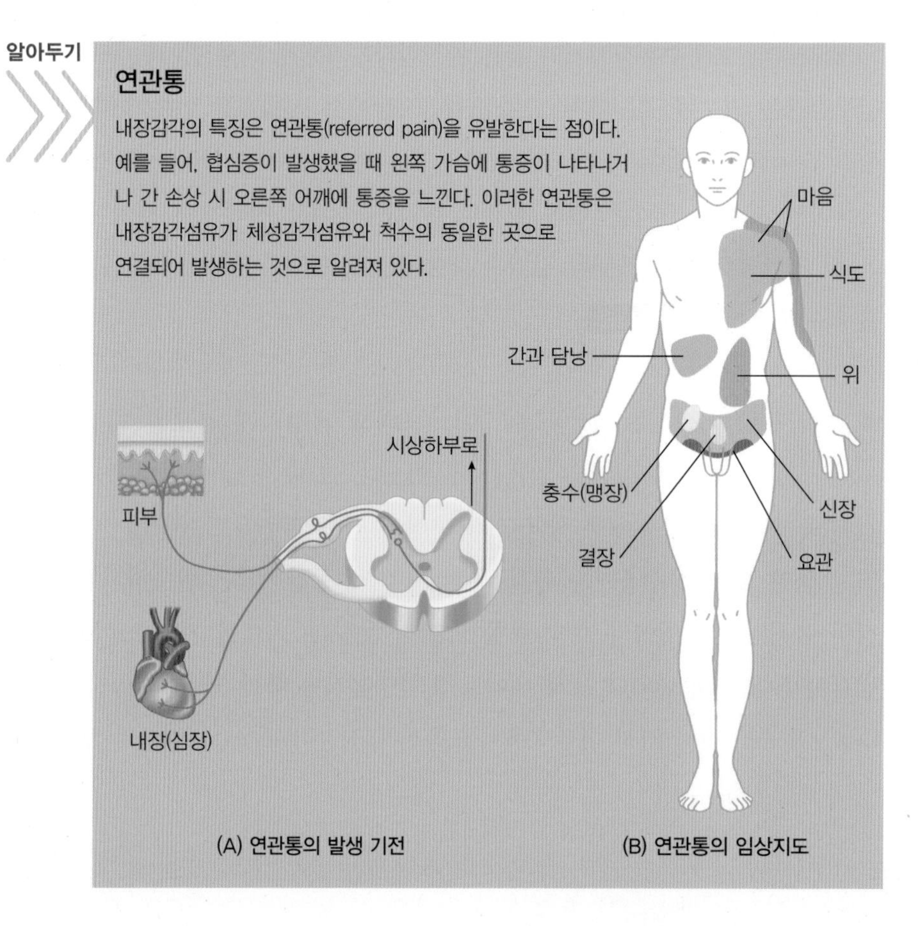


(A) 연관통의 발생 기전 (B) 연관통의 임상지도

내장감각은 자율신경계 구심성 신경섬유를 통해 척수반사를 일으키거나, 뇌줄기, 대뇌 피질로 전달된다 그림 3-23 .

#### (2) 특수감각의 수용과 전달

특수감각special sensation은 특수한 감각수용기를 통해서만 감지될 수 있는 감각으로, 시각, 청각, 후각, 미각 등이 포함된다.

❶ 눈과 시각 시각visual sensation은 감각 중에서도 매우 복잡하고 독특한 방식으로 인지되는 감각이며, 대뇌 피질에서 시각영역은 다른 감각에 비해 더 넓은 영

역을 차지하고 있다. 시각은 빛의 파장을 감지해 활동전위를 일으키고, 이를 통해 물체의 모양이나 크기, 움직임, 색을 구분하게 된다.

시각 수용기관인 눈은 지름 2.5 cm 정도의 안구eyeball로, 안구를 보호하는 공간인 안와orbital cavity 깊숙이 위치해 있다. 얼굴에 노출되는 부분은 안구의 1/6 정도에 불과하며, 안구의 움직임을 조절하는 외안근external ocular muscle이라는 근육에 의해 고정되어 있다.

안구는 흰자위로 보이는 단단하고 불투명한 공막sclera에 둘러싸여 있고, 공막의 앞쪽 부분, 즉 눈동자 부위는 투명한 각막cornea으로 되어 있어 빛이 통과할 수 있다. 각막을 보호하기 위하여 각막의 가장 바깥 부분은 결막conjunctiva으로 둘러싸여 있다. 결막은 외부에 노출된 안구에서 눈꺼풀 안쪽까지 이어져 안구가 빠지는 것을 방지하며, 눈물을 분비해 미생물의 침입을 막는다. 상하 눈꺼풀eyelid 역시 눈의 표면을 덮어 안구를 보호하고 안지방oil을 분비한다.

빛이 각막을 통과하면, 볼록렌즈 모양의 수정체lens가 빛을 굴절시켜 망막retina에 상이 맺히도록 한다. 이때 홍채iris는 수정체 앞에서 빛이 들어가는 구멍인 동공pupil의 크기를 조절함으로써 안구로 들어가는 빛의 양을 조절한다. 동공의 크기는 자율신경에 의해 지배되는데 교감신경에 의해 확대되고, 부교감신경에 의해 축소된다. 또 모양체ciliary body와 모양체에 연결된 인대를 통해 수정체의 두께를 조절하여 원근에 따라 물체에 정확히 초점을 맞춘다. 눈동자 색은 홍채의 색소에 따라 검은색, 갈색, 파란색, 초록색 등으로 결정된다. 그림 3-24.

그림 3-24
눈의 구조

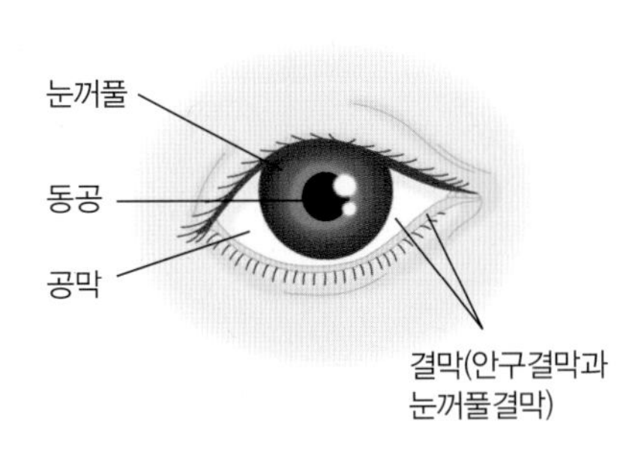


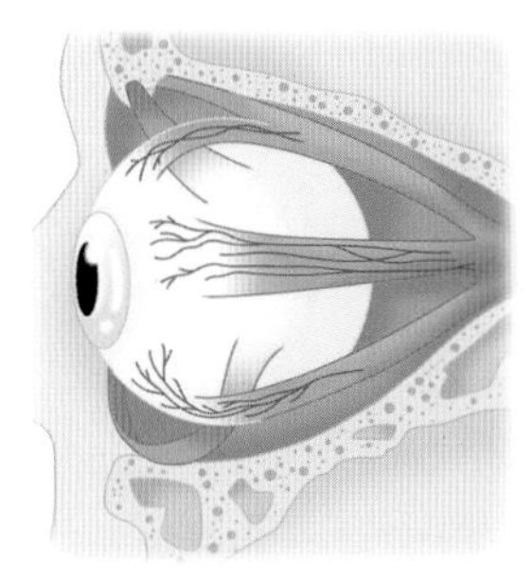

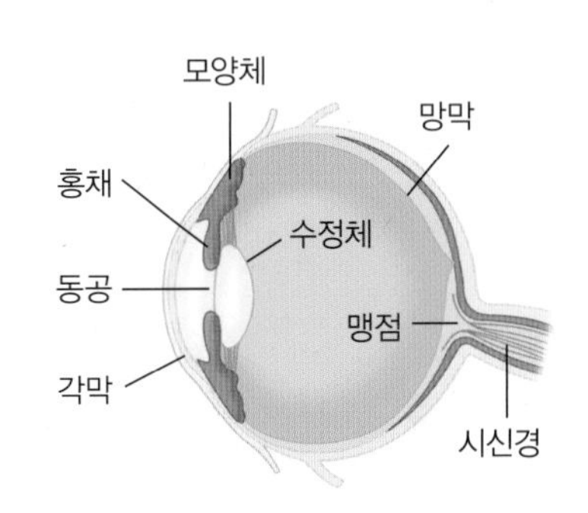

망막에는 시세포라고 불리는 빛수용기photoreceptor인 간상세포rod cell와 원추세포cone cell가 분포되어 있어 굴절된 빛에 의해 맺힌 물체의 형태와 색을 감지한다 그림 3-25 . 간상세포는 어두운 곳에서 명암에 의해 형태를 감지하고, 원추세포는 밝은 곳에서 색과 형태를 감지한다. 빛에너지로 활동전위를 일으키는 과정은 다른 자극과는 달리, 평소 억제되고 있던 시신경의 억제가 풀리면서 활성화되는 것이다. 빛이 없는 상태의 간상세포는 비타민 A인 레티날과 단백질인 옵신이 결합된 로돕신을 포함하고 있다. 로돕신은 나트륨 통로를 열고 탈분극 상태를 일으켜 억제성 신경전달물질이 방출되도록 한다. 그러나 빛이 전달되면 레티날은 11-cis 형태에서 all-trans 형태로 전환되어 로돕신에서 떨어져 나가게 되고, 나트륨 통로는 닫혀 더 이상 억제성 신경전달물질의 방출이 일어나지 않는다. 이로 인해 억제되고 있던 절후 시신경세포들이 활성화되고, 시각정보가 대뇌 피질로 전달된다. 빨강, 파랑, 초록의 3가지 원추세포는 각기 다른 색의 파장에서 활성화되어 색을 감지할 수 있도록 한다. 빛수용기인 시세포는 시신경세포

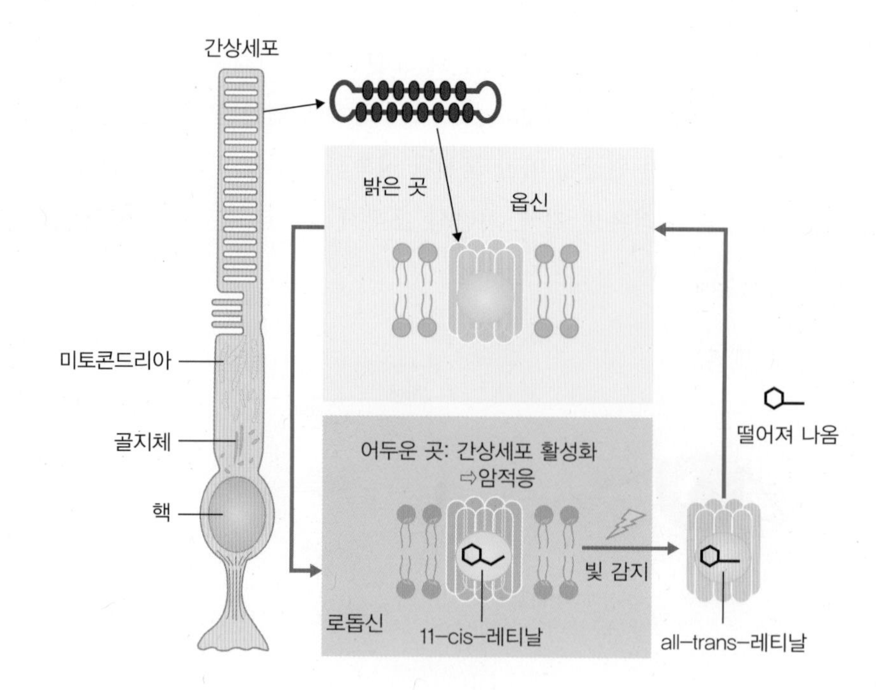


그림 3-25
레티날과 간상세포의 작용

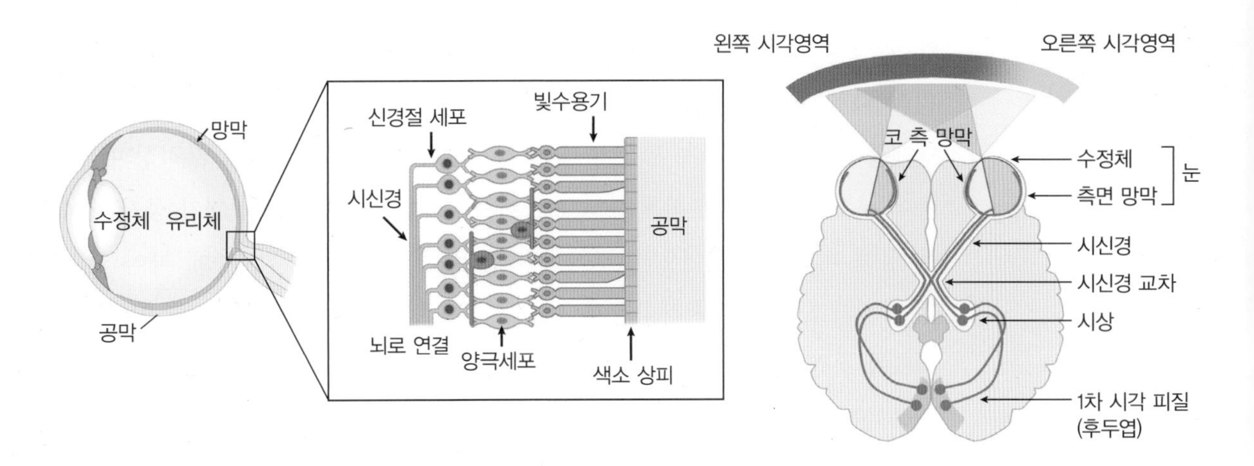


들과 신경절에서 시냅스를 형성하고, 시신경세포에 의해 시상을 거쳐 대뇌 피질(특히, 후두엽)의 시각영역에 신호를 전달한다 그림 3-26.

그림 3-26
시각수용기와 시신경 전달

알아두기

## 안질환

눈다래끼는 안지방 분비샘에 염증이 발생한 것이며, 흔히 말하는 '눈병'은 주로 바이러스로 인해 발생하는 결막염 증상이다. 백내장은 수정체에 백탁이 일어나는 것이다. 백색증이 있는 경우 선천적으로 홍채에 멜라닌 색소가 없어 혈관이 드러나 보이면서 연분홍색으로 보인다.

## 노안, 근시, 난시

노안은 원근조절능력이 없어져 가까운 사물의 초점을 맞추기 어려운 원시가 생기는 것으로, 볼록렌즈로 교정된다. 근시는 안구가 길어지면서 초점이 망막 앞에 맺히는 경우로, 오목렌즈로 빛을 발산시켜 교정할 수 있다. 난시는 수정체 곡률의 비대칭으로 물체가 또렷하게 보이지 않는 것이다.

## 야맹증

불을 끄거나 깜깜한 방 안으로 들어가면 처음에는 잘 보이지 않다가 시간이 지나면서 점차 어둠에 적응하여 희미하게나마 주변의 물체를 구분할 수 있게 된다. 야맹증은 어두운 곳에서 잘 보이지 않는 질환으로 흔히 '밤눈이 어둡다'라고 표현한다. 야맹증은 일반적으로 비타민 A 결핍 시 관찰된다. 즉, 어두운 곳에서 빛을 감지하는 시세포인 간상세포는 레티날과 결합해서 만들어지는 로돕신에 의해 명암을 감지할 수 있다. 그러나 비타민 A(레티날)가 부족할 경우 로돕신의 형성이 억제되어 명암감지능력이 저하된다. 반대로 밝은 곳에서는 잘 보이지 않고 밤에만 앞이 보이는 주맹증이 있는데, 이때는 수정체가 혼탁해져 생기는 백내장을 의심해볼 수 있다.

❷ 코와 후각 후각olfactory sensation은 생존을 위해 발달된 가장 오래된 감각 중의 하나로, 동물에게는 소통의 수단이 되기도 한다. 사람은 2,000~4,000가지 냄새를 구별할 수 있다. 후각에 대한 감각수용기는 비강 상층부 후각상피세포층에 분포되어 있는 후각세포olfactory receptor cell이다. 방향성의 분자가 공기 확산을 통해 비강으로 들어오면, 후각상피세포층을 덮고 있는 점액층에 녹아 들어가 후각세포 표면의 후각수용체odorant receptor 단백질과 반응함으로써 후각상피세포를 흥분시킨다. 1차 후각신경(1번 뇌신경)이라고도 불리는 후각수용세포의 흥분은 후구에서 2차 후각신경세포와 시냅스를 이루며 후각로를 따라 후각 피질과 연결된다 그림 3-27 . 후각수용체는 매우 특이적이어서 특정 냄새 분자와만 반응하고, 여러 수용체를 통한 후각신호의 조합으로 다양한 냄새를 인지하게 된다. 후각상피세포는 다른 신경세포와 달리 지속적으로 분화되어 2~3개월에 한

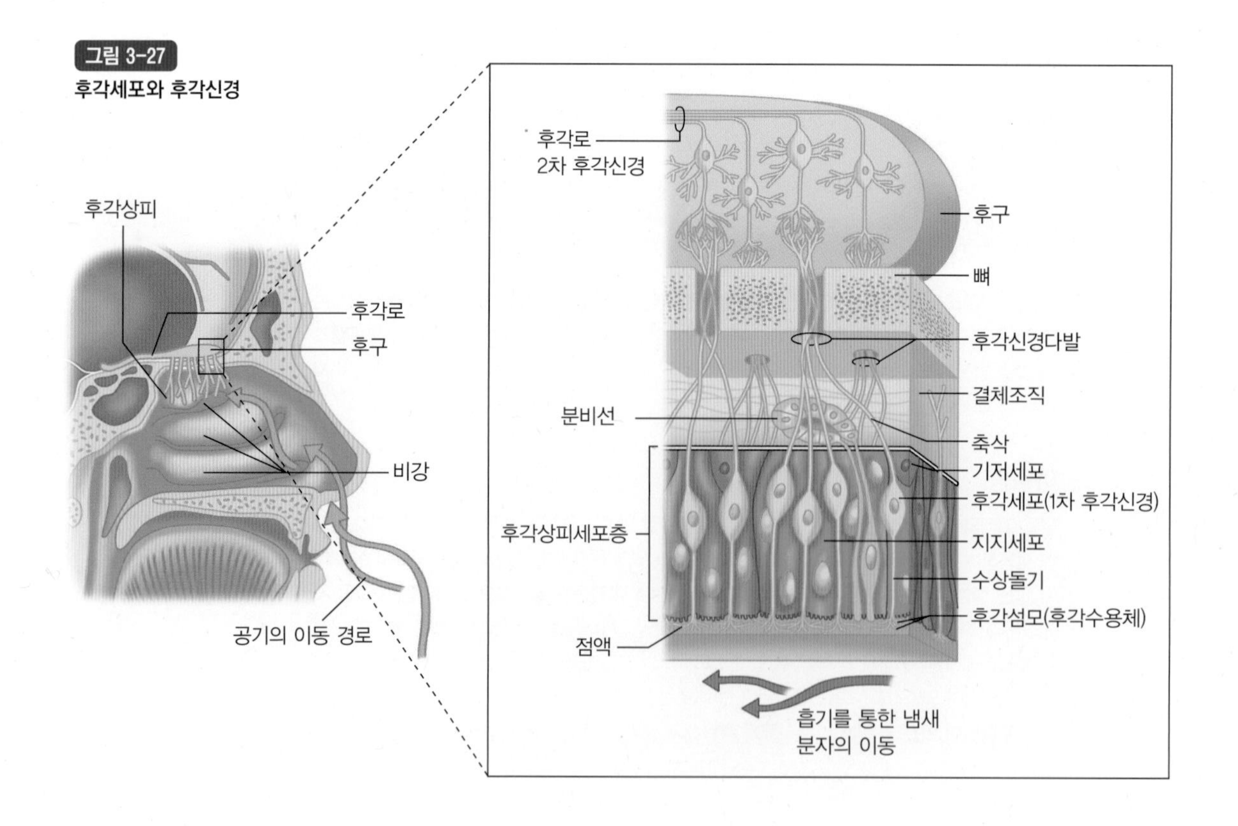


그림 3-27
후각세포와 후각신경

번씩 교체된다. 또한 다른 특수감각섬유와 달리 시상을 거치지 않고 우회하며, 편도나 해마와도 연결되어 있어 냄새에 대한 자극이 과거의 기억이나 그 순간의 감정을 떠올리게 한다. 후각은 개인차가 크며, 기온, 습도, 생리주기 및 건강에 따라서도 달라진다. 후각수용기는 일종의 화학수용기로, 아주 낮은 농도의 방향성 분자에도 반응하는 매우 민감한 감각기이다. 그러나 시각이나 청각에 비해 반응속도가 느리고 쉽게 피로해져 1분 이내에 동일한 냄새에 대해서 70% 이상 둔감해지며 곧 냄새를 느끼지 못하게 된다. 이를 **순응**sensory adaptation이라고 한다.

**순응**
지속적인 환경 변화에 대처하며 생리적 기능을 변화시키는 과정. 감각기관의 작용이 외부의 상황에 익숙해지는 것을 뜻함

❸ 혀와 미각　미각taste sensation은 혀에 분포된 **미뢰**taste bud를 통해 감지되는 맛에 대한 감각으로, 하나의 미뢰에는 50~150개의 미각세포가 분포되어 있다 그림 3-28 . 미각 역시 화학적 수용기를 통해 감지되는 감각으로, 단맛은 당류, 신맛은 수소이온($H^+$), 짠맛은 나트륨이온($Na^+$), 감칠맛은 글루탐산 농도에 의해 활성화된다. 짠맛과 신맛 수용기는 미각신경세포와 시냅스를 이루며, 세로토닌을 방출함으로써 화학적 신호전달이 일어난다. 반면, 단맛, 쓴맛, 감칠맛은 미각신경세포와 시냅스로 연결되어 있다. 미각은 뇌신경을 통해 연수에서 시냅스를

**미뢰**
맛을 느끼는 미각세포가 분포된 곳. 혓바닥에 솟아 있는 수많은 돌기인 유두의 측면 고랑 부분에 분포. 혀 외에도 연구개와 뺨의 안쪽 벽, 인두, 후두개에도 존재함

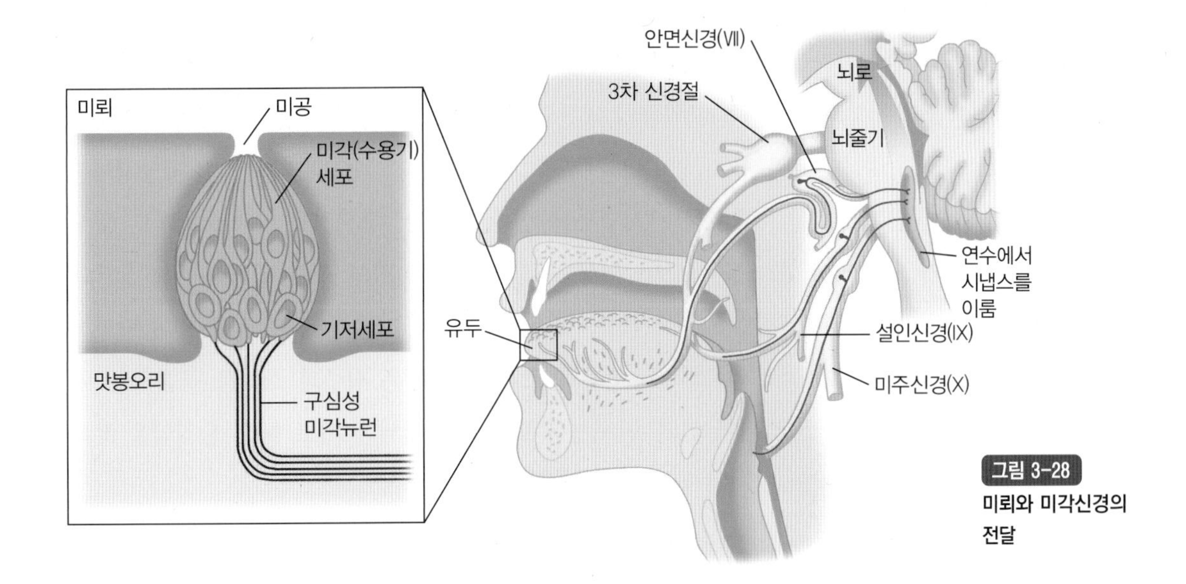


그림 3-28
미뢰와 미각신경의 전달

이루며, 시상을 지나 미각 피질로 연결된다.

**평형감각**
직진운동이나 회전운동의 가속도에 대한 감각. 몸의 균형을 유지할 수 있도록 함. 반고리관이나 전정기관에 의해 감지되고 시각에 의해 조절됨

**유모세포**
세포 바깥쪽에 감각모가 있는 감각수용기 세포. 감각털의 자극은 주변에 분포된 이온 통로의 개폐를 조절함으로써 전기적 신호를 유발할 수 있음

❹ 귀와 청각 및 평형감각 귀는 청각과 **평형감각**을 담당하는 기관이다. 청각auditory sensation은 공기나 물 같은 매질의 진동을 달팽이관의 청각수용기인 **유모세포**auditory hair cell가 감지하여 대뇌 피질로 전달함으로써 '소리나 음'으로 인지되는 감각이다. 소리 발생장치, 즉 음원으로부터 발생한 공기의 진동인 소리 자극이 귀로 전파되면 귓바퀴auricle에 의해 모여 외이도external canal로 이동하게 된다. 외이도는 2.5~3 cm 정도의 관으로, 소리가 고막으로 전달되는 통로이다. S자로 휘어진 외이도는 이물질이 유입되는 것을 방지하며, 외이도에서 분비되는 귀지(귀기름)ear wax나 외이도의 털cilia 역시 외부로부터 고막을 보호한다.

외이도를 통과한 소리는 외이와 중이 사이에 위치한 고막typanic membrane, eardrum을 진동시킨다. 고막은 가로, 세로 약 1 cm, 두께 0.1 mm인 깔때기 모양의 얇은 반투명 막으로, 고막의 진동은 중이middle ear의 이소골autitory ossicle로 전달되면서 소리가 10~20배 증폭된다. 이소골은 추골malleus, 침골incus, 등골stapes의 3개 뼈로 구성되어 있다. 이 뼈들은 서로 관절로 연결되어 있으며, 등골은 난원창oral window과 붙어 있어 내이inner ear인 달팽이관와우관, cochlea으로 소리 신호를 전달한다.

달팽이관 속에는 청각수용기인 유모세포로 구성된 코르티기관이 들어 있어 소리를 감지한다. 즉, 난원창의 진동은 달팽이관을 채우고 있던 림프액을 진동시키며, 이는 코르티기관의 유모세포를 흥분시킨다. 유모세포는 청신경(달팽이관 신경)cochlear nerve세포들과 시냅스를 이루고 있고, 청신경은 중추신경계로 들어가 연수에서 교차를 이루며 시상을 거쳐 대뇌 피질의 청각 영역으로 연결된다. 달팽이관은 2.5회 정도 회전하는 달팽이 껍질과 같은 나선형 구조이다. 달팽이관의 위치에 따라 바깥쪽은 고주파 소리를, 안쪽은 저주파 소리를 구분하는 청신경세포가 분포되어 있다. 인체는 유모세포의 미세한 서로 다른 움직임을 통해 다양한 소리를 인지하게 된다 그림 3-29.

평형감각static sensation은 머리의 위치나 회전 등을 느끼는 감각으로, 내이의

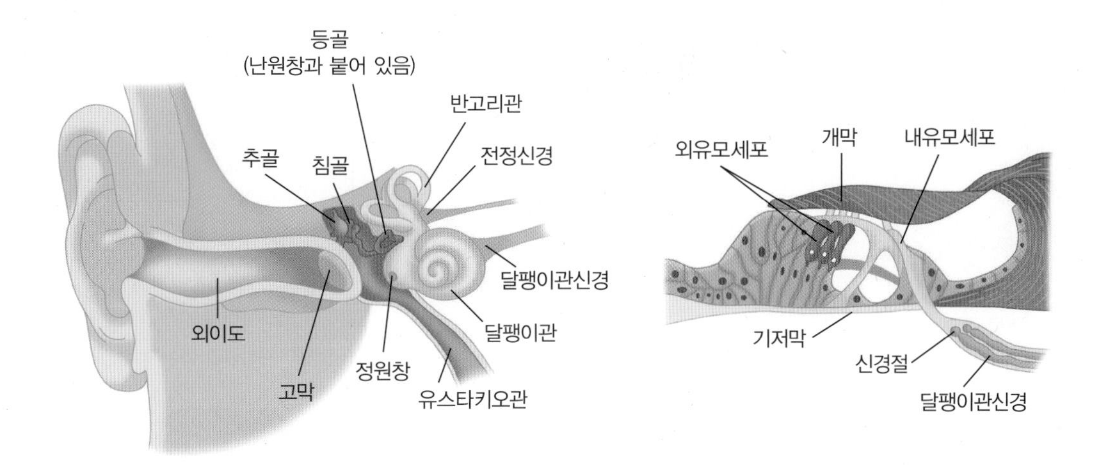


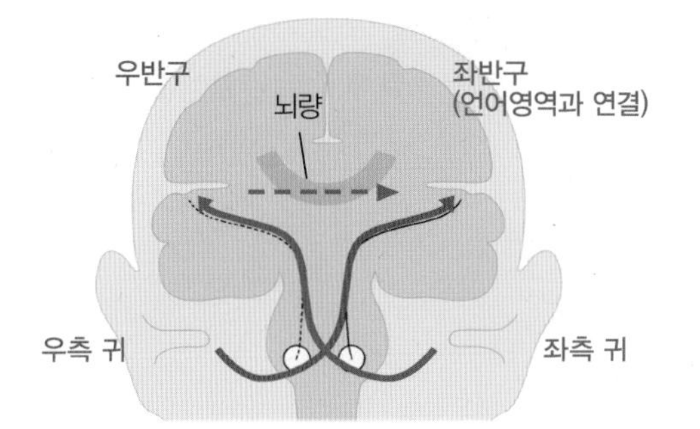


그림 3-29
**귀의 구조와 청각 수용기**

알아두기

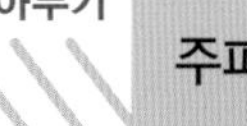

## 주파수

청신경은 약 28,000개의 신경섬유로 소리의 주파수나 강도를 통해 다양한 소리, 음, 언어를 식별할 수 있는 매우 효율적인 감각기관이다. 이는 약 100만 개의 시신경이 빛의 파동을 감지하는 것만큼 뛰어난 성능을 발휘한다. 사람이 느낄 수 있는 소리의 진동수(주파수)는 20~20,000 Hz로, 이를 가청 주파수라고 하며, 나이가 들수록 가청 주파수의 범위가 낮아진다. 박쥐는 120,000 Hz, 돌고래는 150,000 Hz의 초음파를 들을 수 있다고 한다.

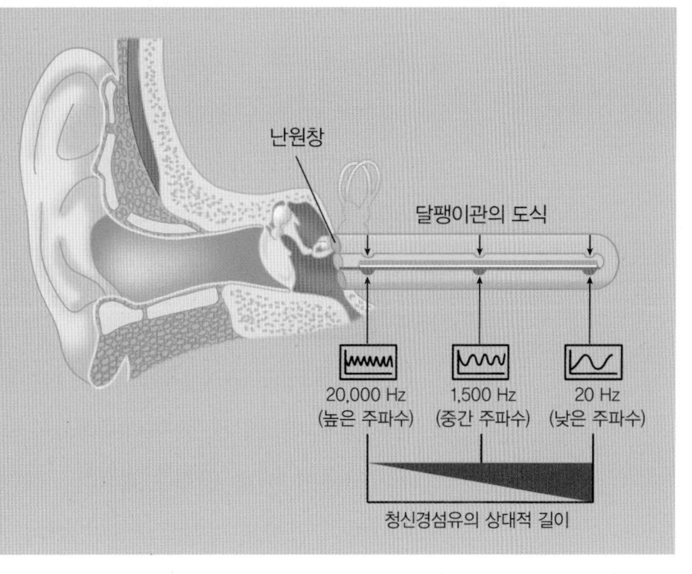

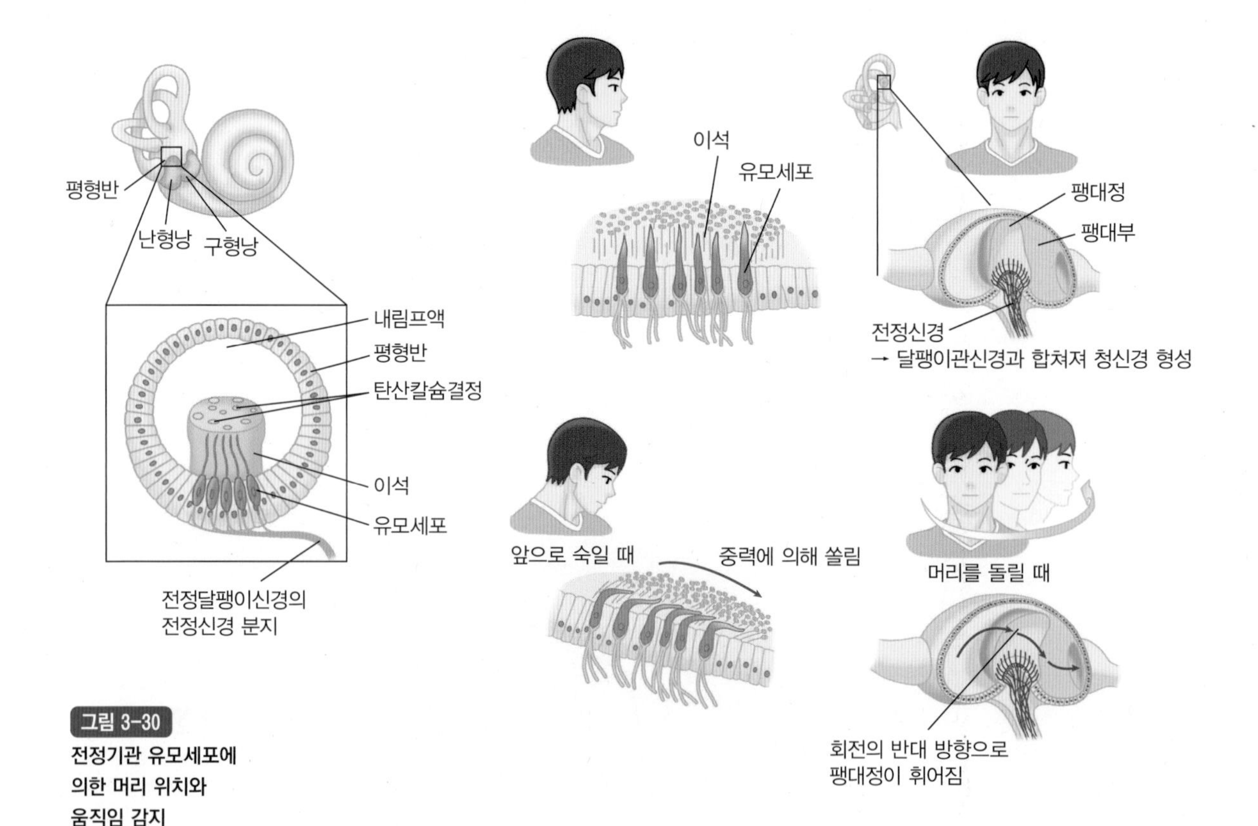


**그림 3-30**
**전정기관 유모세포에 의한 머리 위치와 움직임 감지**

전정기관과 반고리관에 의해 감지되어 소뇌로 전달된다. 전정기관vestibular organ의 난형낭utricle과 구형낭saccule이라고 하는 주머니 속에 들어 있는 유모세포hair cell는 탄산칼슘과 단백질 입자로 구성된 이석otolith의 움직임을 감지한다. 즉, 머리를 기울이거나 좌우로 흔들면 이석은 중력과 가속도에 따라 움직이게 되고, 이러한 이석의 움직임은 유모세포를 활성화시킨다. 난형낭의 유모세포는 머리의 기울기가 달라질 때 활성화되고, 구형낭의 유모세포는 수직운동에 민감하다 그림 3-30.

반고리관semicircular canal은 전정기관과 붙어 있으며 회전 방향과 회전 가속도를 감지한다. 반고리관은 내림프액endolymph으로 채워져 팽대정을 형성한다. 만약 제자리에서 시계 방향으로 빙글 돌면, 반고리관의 내림프액은 관성 때문에 반대 방향인 반시계 방향으로 움직이며, 3개의 반고리관 입구에 있는 각 팽대부

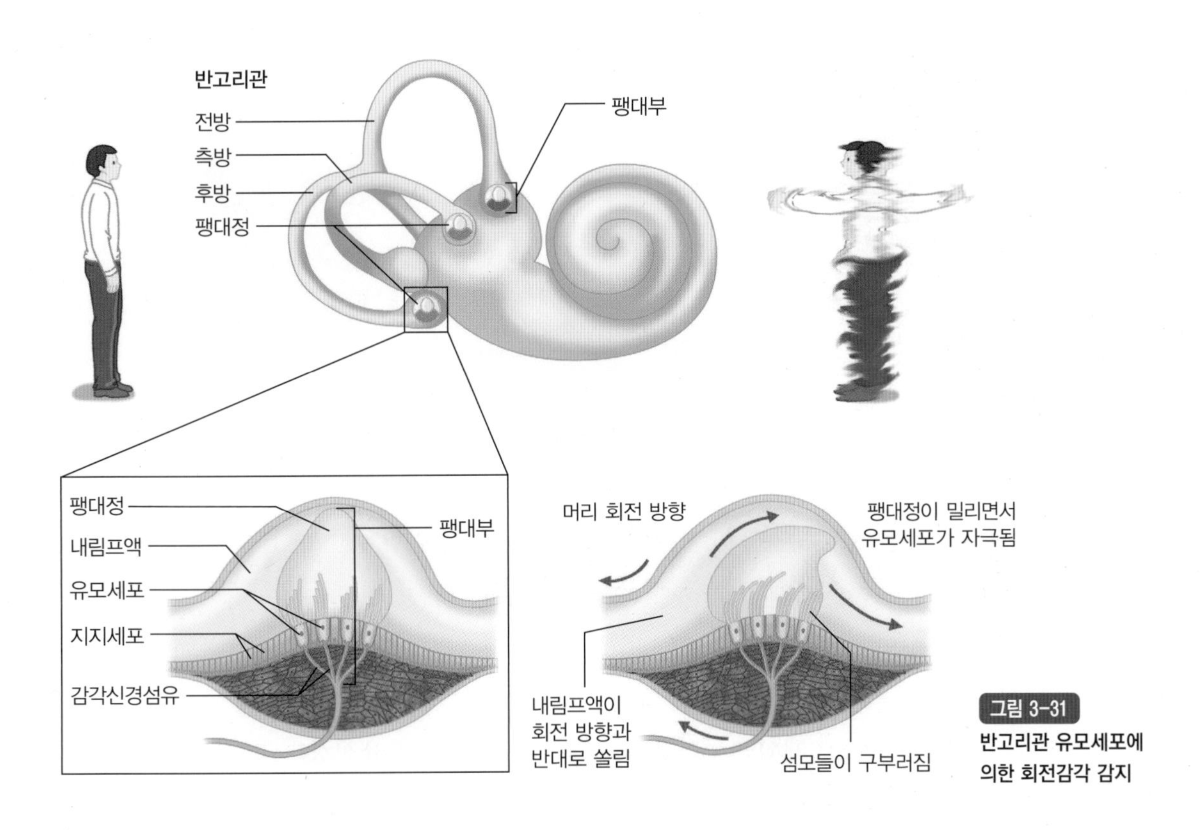


그림 3-31
**반고리관 유모세포에 의한 회전감각 감지**

를 자극하게 된다. 그리고 그 방향과 속도를 팽대부 속의 유모세포가 회전의 방향과 속도를 인지하게 된다. 이렇게 전정기관과 반고리관에 있는 유모세포가 활성화되면 전정신경이 신호를 받아 연수를 거치거나 직접 소뇌로 연결되어 자세를 유지한다 그림 3-31 .

## 2) 운동신경의 작용

우리 몸의 모든 움직임은 운동신경계의 작용에 의해 일어난다. 운동신경은 중추(뇌와 척수)의 신호를 수행기관인 근육으로 전달하는 역할을 수행하는데, 이러한 운동신경의 작용에 의해 근육은 수축 혹은 이완되면서 신체 각 부위의 움직임이 유발된다. 운동신경은 중추에서 조직으로 연결되는 원심성신경efferent

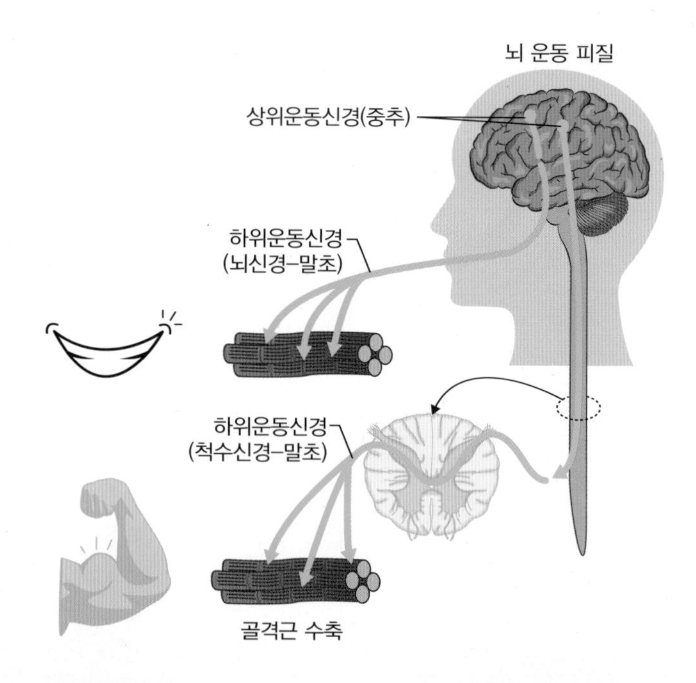


그림 3-32
**체성운동신경의 작용**

neuron으로, 체성운동신경somatic motor neuron과 자율신경automatic motor neuron으로 구분된다. 체성운동신경은 자신의 의지에 의해 움직이는 골격근의 수의적 운동을 관할하며, 자율신경은 자신의 의지와 관계없는 평활근과 심근, 내분비샘과 외분비샘의 불수의적인 운동을 관할한다.

### (1) 체성신경계를 통한 수의적 운동 조절

체성신경계는 대뇌 피질의 운동영역에서 시작되어 뇌줄기나 척수를 통해 골격근으로 연결되는데, 신경의 교차로 인해 한쪽 대뇌 반구의 명령은 신체의 다른 쪽 골격근의 운동을 조절한다. 체성신경계를 구성하는 체성운동신경은 주로 '운동뉴런'이라고 불리며 한 개의 단일뉴런으로 이루어져 있고, 말단에서 신경전달물질인 아세틸콜린을 분비함으로써 골격근의 수축을 야기한다 그림 3-32.

**자율신경계**
무의식적인 작용을 통해 장기와 조직의 기능을 조절하는 신경. 호흡, 순환, 대사, 체온 유지 등 생명활동의 기본이 되는 항상성 유지에 중요한 역할을 함

### (2) 자율신경계를 통한 불수의적 운동 조절

체성신경계가 골격근 등의 수의근 운동을 지배한다면, **자율신경계**autonomic nervous

system, ANS는 심장, 폐, 소화기관 등 내장기관이나 생식기관, 혈관, 내분비·외분비기관의 평활근인 불수의근을 조절하여 외부 환경의 변화에 대한 신체의 항상성 유지에 관여한다. 자율신경계를 통한 불수의적 운동의 조절은 주로 심장박동, 혈관 수축과 이완, 호흡은 주로 연수에서 이루어지며, 체온 조절, 섭취, 갈증은 시상하부에 의해 조절된다.

자율신경계는 교감신경sympathetic nervous system과 부교감신경parasympathetic nervous system으로 분류된다. 교감신경은 운동을 하거나 흥분, 또는 긴장한 상태에서 위급 상황에 대처하기 위한 신체반응을 야기한다. 반면, 부교감신경은 안정된 상태에서 에너지를 비축하기 위한 신체 대사를 촉진한다. 교감신경계와 부교감신경계는 길항 작용을 통해 생존을 위한 신체반응을 조절한다.

교감신경계의 작용을 **투쟁-도피반응**fight-or-flight response이라고 한다. 만약 숲에서 호랑이를 만났다면 우리의 뇌는 싸울지 아니면 도망갈지 빠르게 판단하기 위해 각성 상태에 돌입하며, 동시에 교감신경이 몸 전체에 작용하게 된다. 즉, 온몸의 털이 쭈뼛 서면서 동공이 확대된다. 또 심장은 팔과 다리로 혈액을 공급하기 위해 빠르게 뛰고 혈압이 상승한다. 에너지 생성에 필요한 산소를 공급하기 위해 호흡이 가빠지며 입은 바싹 말라 타들어 가는 듯하고, 손에서는 땀이 난다. 간은 빠른 속도로 에너지를 만들어낼 수 있는 포도당을 방출한다.

위급한 상황이 끝나고 평상시로 돌아오면 다시 부교감신경계가 활성화된다. 부교감신경계의 작용은 소화기관의 운동을 활발하게 함으로써 음식물 소화를 촉진하고, 이렇게 흡수된 포도당을 글리코겐의 형태로 간과 근육에 비축해 둠으로써 위급한 상황에 대비한다.

체성신경세포가 하나의 단일신경섬유로 되어 있다면, 자율신경세포는 2개의 신경세포가 **신경절**autonomic ganglion에서 시냅스를 이룬다. 첫 번째 신경세포인 절전섬유(절전신경세포)의 신경세포체는 중추신경계에 위치하고, 두 번째 신경세포인 절후섬유(절후신경세포)의 신경말단은 **표적세포**에 위치한다. 하나의 절전섬유는 신경절에서 대개 8~9개의 절후섬유와 시냅스를 형성하여 동시에 여러 표적세포에 작용할 수 있다. 교감신경은 흉부와 요추척수에서 시작되어 척수 가

**투쟁-도피반응**
교감신경계가 작용하는 생리적 각성 상태. 긴급 상황에 맞서 빠른 방어 행동을 보이기 위한 흥분된 상태

**신경절**
신경핵이 중추신경계에서 신경세포체가 모여 있는 곳이라면, 신경절은 말초신경계에서 신경세포체가 모여 있는 곳으로, 감각신경절과 자율신경절로 나뉨

**표적세포**
효과기세포(effector cell)라고도 함. 내분비계나 신경계의 신호를 실제 수행하는 세포

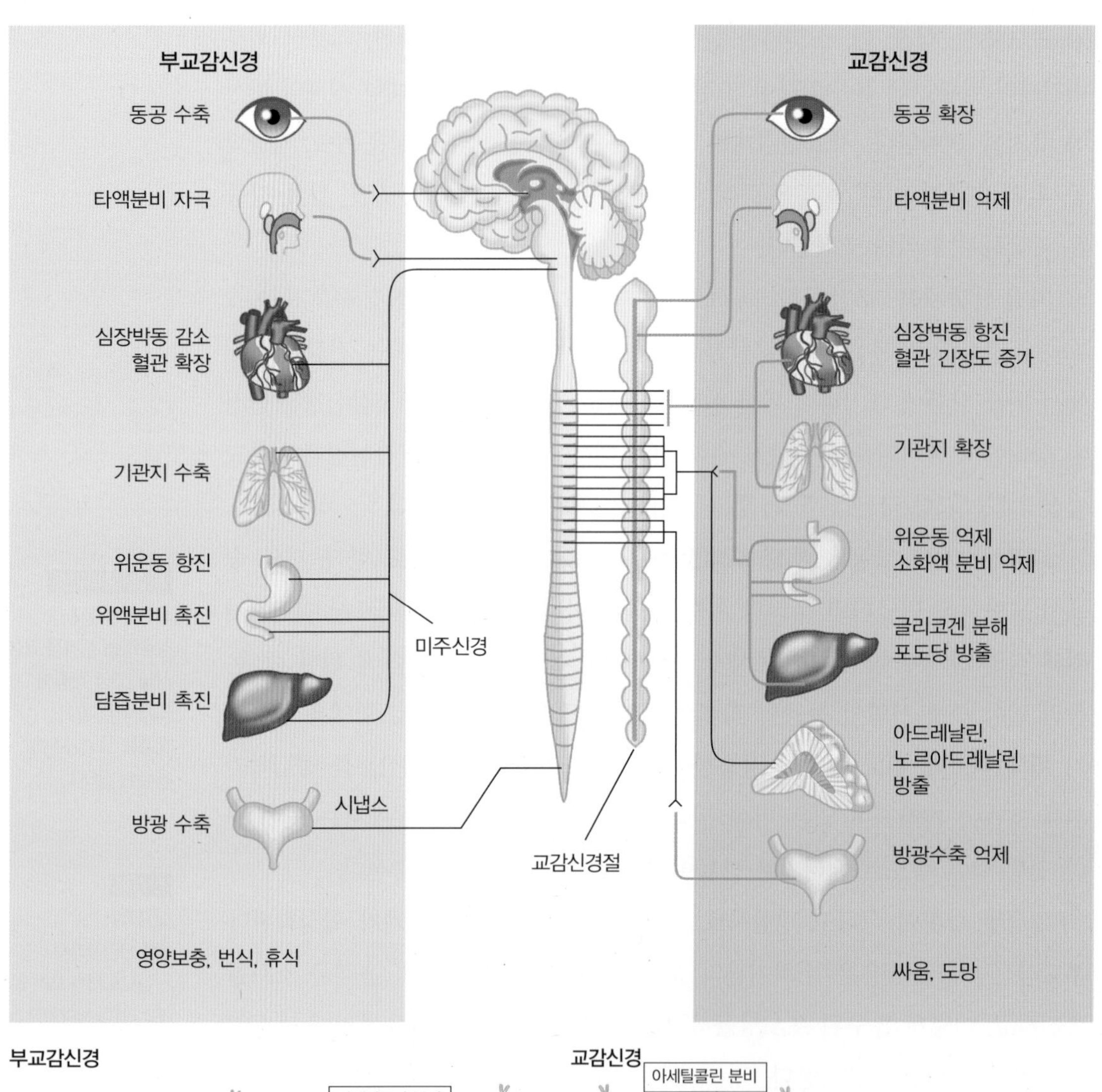


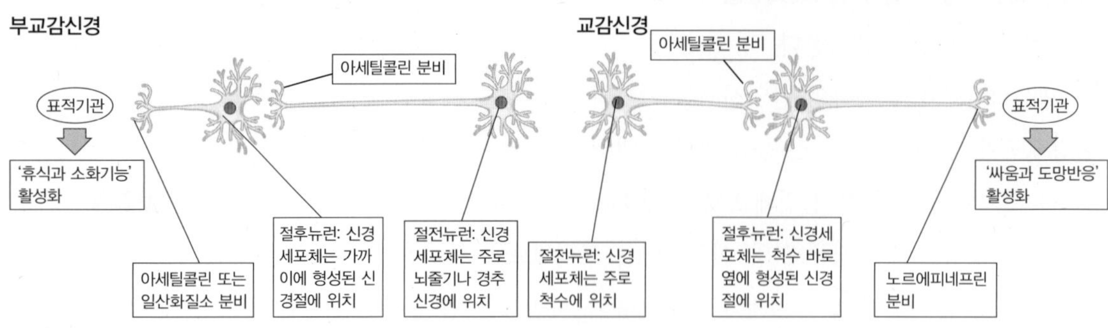


그림 3-33
**교감신경과 부교감신경의 작용**

까이에서 신경절을 이루는 반면, 부교감신경은 뇌신경과 천골척수에서 시작되어 표적세포 가까이에서 신경절을 이룬다. 10번 뇌신경인 **미주신경**은 부교감신경의 약 75%를 담당한다.

또한 부교감신경은 절전섬유와 절후섬유의 신경말단에서 모두 아세틸콜린이 분비된다. 반면, 교감신경은 절전섬유에서는 아세틸콜린이, 절후섬유의 신경말단에서는 노르에피네프린이 작용한다. 각 신경전달물질의 작용에 의해 교감, 부교감신경에 의한 신체반응들이 나타난다 그림 3-33 .

**미주신경**
연수의 바깥쪽에서 나와 내장 등에 분포하는 자율신경. 운동신경과 감각신경의 혼합신경이며, 부교감신경으로 소화기관 활동 조절

CHAPTER

# 내분비계
# ENDOCRINE SYSTEM



인체생리는 항상성에 의해 조절되며, 여러 호르몬이 항상성의 유지에 관여한다. 호르몬을 분비하는 내분비선은 시상하부, 뇌하수체, 부신, 갑상선, 부갑상선, 췌장, 생식선 등이며, 각 내분비선은 특정 호르몬을 분비하여 단독 또는 다른 호르몬과 상호작용하고 생체 기능을 조절한다.

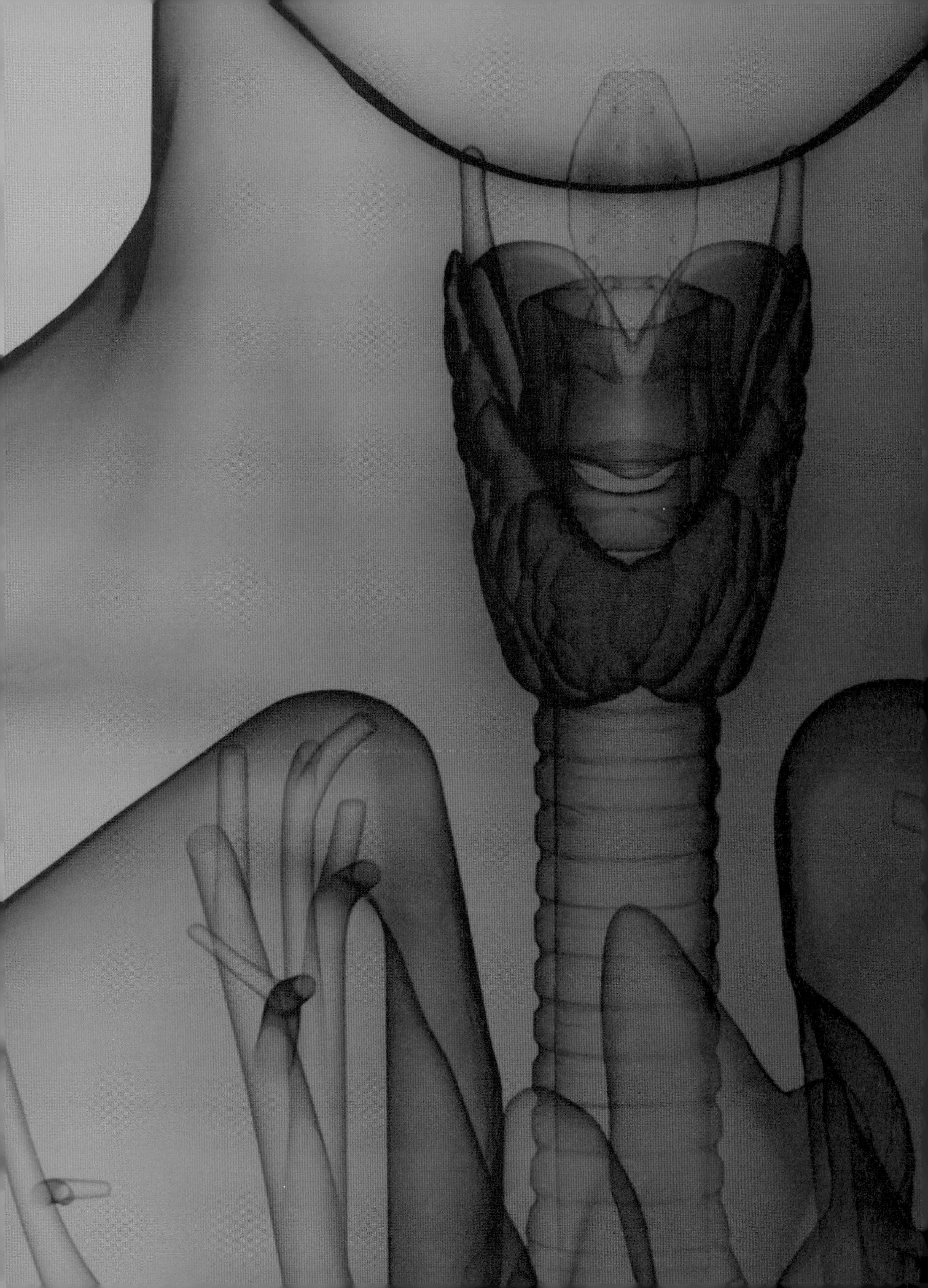

# 1. 내분비선과 호르몬

**외분비선**
분비물을 분비관을 통해 외부로 내보내는 분비선

**내분비선**
호르몬을 혈액이나 림프액을 통해 표적기관으로 보내는 분비선

인체의 분비선은 **외분비선**exocrine gland과 **내분비선**endocrine gland으로 나누어진다. 외분비선은 소화샘, 침샘, 땀샘, 눈물샘 등이고, 분비관duct을 이용하여 소화효소, 침, 땀, 눈물 등을 소화관 또는 체외로 분비한다. 내분비선은 분비관이 아닌 혈액이나 림프액으로 호르몬을 분비하고, 분비된 호르몬은 표적기관으로 이동하여 고유의 기능을 수행한다. 일반적으로 호르몬은 매우 적은 양으로 체온 조절, 혈액 내 영양성분 농도 조절, 성장 및 발달 촉진 등의 기능을 수행한다.

알아두기

**물질 분비의 유형**

- 자가분비(autocrine): 분비선이 아닌 조직세포에서 동일 조직에 작용하는 물질 분비
- 주변분비(paracrine): 분비선이 아닌 조직세포에서 주변 조직에 작용하는 물질 분비
- 내분비(endocrine): 분비선에서 혈액, 림프액 등으로 물질을 분비하고, 분비물질이 표적조직으로 이동하여 작용

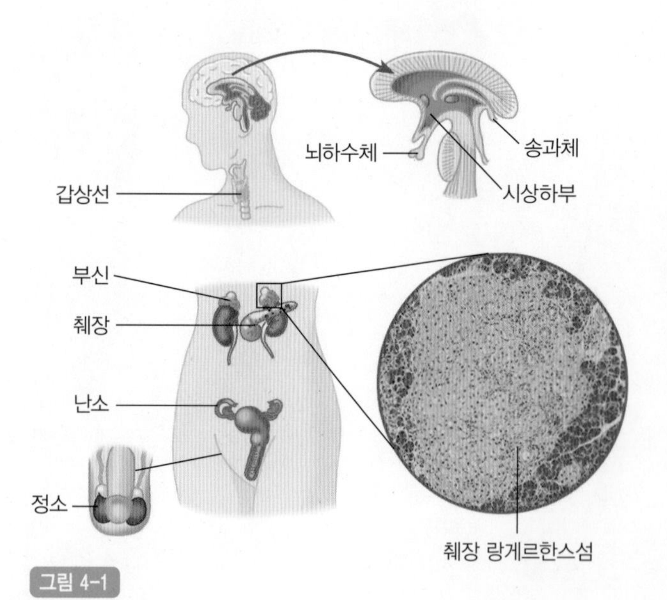


그림 4-1
주요 내분비선

## 1) 내분비선의 종류

내분비선은 시상하부, 뇌하수체, 부신, 갑상선, 부갑상선, 췌장, 생식선 등이며 그림 4-1, 각 내분비선에서 분비하는 주요 호르몬과 작용은 표 4-1과 같다.

표 4-1 내분비선의 종류와 주요 호르몬

| 내분비선 | 주요 호르몬 | 표적기관 | 작용 |
|---|---|---|---|
| 시상하부 | 성장호르몬-방출호르몬 | 뇌하수체 전엽 | 성장호르몬 분비 자극 |
| | 갑상선자극호르몬-방출호르몬 | | 갑상선자극호르몬 분비 자극 |
| | 부신피질자극호르몬-방출호르몬 | | 부신피질자극호르몬 분비 자극 |
| | 성선자극호르몬-방출호르몬 | | 성선자극호르몬 분비 자극 |
| | 도파민 | | 프로락틴 분비 억제 |
| | 소마토스타틴 | | 성장호르몬 분비 억제 |
| 뇌하수체 전엽 | 성장호르몬 | 대부분의 조직<br>(뼈, 근육, 지방조직 등) | 성장 촉진, 단백질 합성 증가, 지방 분해 증가, 혈당 상승 |
| | 갑상선자극호르몬 | 갑상선 | 갑상선호르몬 분비 자극 |
| | 부신피질자극호르몬 | 부신 피질 | 당류코르티코이드 분비 자극<br>무기질코르티코이드 분비 자극 |
| | 프로락틴 | 유선 | 모유 분비 촉진 |
| | 난포자극호르몬 | 생식선(난소, 정소) | 난자/정자 생성 촉진, 에스트로겐 분비 자극 |
| | 황체형성호르몬 | 생식선(난소, 정소) | 성호르몬 분비 자극, 배란, 황체 형성 |
| 뇌하수체 후엽 | 옥시토신 | 자궁, 유선 | 자궁 수축, 모유 분비 촉진 |
| | 항이뇨호르몬 | 신장, 혈관 | 수분 보유, 혈관 수축 촉진 |
| 부신 피질 | 당류코르티코이드(코르티솔) | 간, 근육 | 포도당 대사 조절 |
| | 무기질코르티코이드(알도스테론) | 신장 | 나트륨 재흡수, 칼륨 배출 |
| 부신 수질 | 에피네프린 | 심장, 폐, 혈관 | 심박출량 증가, 호흡 증가, 대사율 증가 |
| 갑상선 | 티록신, 삼요오드티로닌 | 대부분의 조직 | 성장 및 발달 촉진, 대사율 증가 |
| | 칼시토닌 | 뼈, 신장 | 혈액 내 칼슘 농도 저하 |
| 부갑상선 | 부갑상선호르몬 | 뼈, 소장, 신장 | 혈액 내 칼슘 농도 증가 |
| 췌장<br>(랑게르한스섬) | 인슐린 | 간, 지방조직, 근육 | 혈액 내 포도당 농도 감소, 동화 작용 |
| | 글루카곤 | | 혈액 내 포도당 농도 증가, 이화 작용 |
| 송과체 | 멜라토닌 | 시상하부, 뇌하수체 전엽 | 불면증과 시차증 완화 |
| 위 | 가스트린 | 위 | 위산 분비 촉진 |
| 소장 | 세크레틴, 콜레시스토키닌 | 위, 간, 췌장 | 위운동 억제, 담즙 및 췌장액 분비 촉진 |
| 생식선(난소) | 에스트로겐, 프로게스테론 | 여성 생식기, 유선 | 여성 생식기 발달, 난포 발달, 임신 유지, 체온 증가 |
| 생식선(정소) | 테스토스테론 | 남성 생식기 | 남성 생식기 발달, 정자 발생 |

## 2) 호르몬의 분류

### (1) 호르몬의 화학적 분류

**티로신**
갑상선 호르몬을 구성하는 아미노산

**트립토판**
신경전달물질인 세로토닌의 전구체인 아미노산

❶ 아민(amine) 아민은 **티로신**tyrosin과 **트립토판**tryptophan 등의 방향족 아미노산으로부터 생성되는 호르몬으로, 부신 수질(에피네프린), 갑상선(티록신), 송과체(멜라토닌)에서 분비되는 호르몬이 있다.

❷ 폴리펩티드와 단백질 100개 이하의 아미노산으로 구성된 폴리펩티드 호르몬에는 항이뇨호르몬, 옥시토신, 인슐린, 글루카곤, 부신피질자극호르몬, 칼시토닌, 부갑상선호르몬 등이 있고, 단백질 호르몬에는 성장호르몬, 프로락틴 등이 있다.

❸ 당단백질 단백질에 당이 결합된 당단백질 호르몬에는 난포자극호르몬, 황체형성호르몬, 갑상선자극호르몬 등이 있다.

**콜레스테롤**
세포막의 필수 구성성분 및 스테로이드 호르몬의 전구물질이며, 식품 내 함유되어 있는 지질 성분의 일종

❹ 스테로이드(steroid) 스테로이드는 **콜레스테롤**cholesterol로부터 유래된 지질의 일종이다. 스테로이드 호르몬에는 부신피질호르몬인 당류코르티코이드(코르티솔), 무기질코르티코이드(알도스테론), 성호르몬인 에스트로겐, 프로게스테론, 테스토스테론 등이 있다.

### (2) 극성 호르몬과 비극성 호르몬

❶ 극성 호르몬(polar hormone) 극성 호르몬은 수용성 호르몬으로, 세포막을 통과할 수 없다. 따라서 약으로 사용하려면 경구가 아닌 주사로 투여해야 한다. 주요 극성 호르몬에는 폴리펩티드, 당단백질, 카테콜아민(도파민, 에피네프린, 노르에피네프린) 등이 있다.

❷ 비극성 호르몬(nonpolar hormone) 비극성 호르몬은 지용성 호르몬으로, 세포

알아두기

### 스테로이드의 생합성 경로 그림 4-2

콜레스테롤에서 생성된 프레그네놀론(pregnenolone)은 프로게스테론(progesterone)으로 전환되어 난소의 황체에 의해 분비된다. 프로게스테론은 정소에서 안드로스텐디온(androstenedione)을 거쳐 테스토스테론(testosterone)을 생성하여 분비된다. 이 테스토스테론은 난소에서 17-베타 에스트라디올(17-beta estradiol)로 전환되어 분비된다. 프로게스테론의 다른 대사 경로는 부신 피질에서 코르티솔을 생성하여 분비하는 것이다.

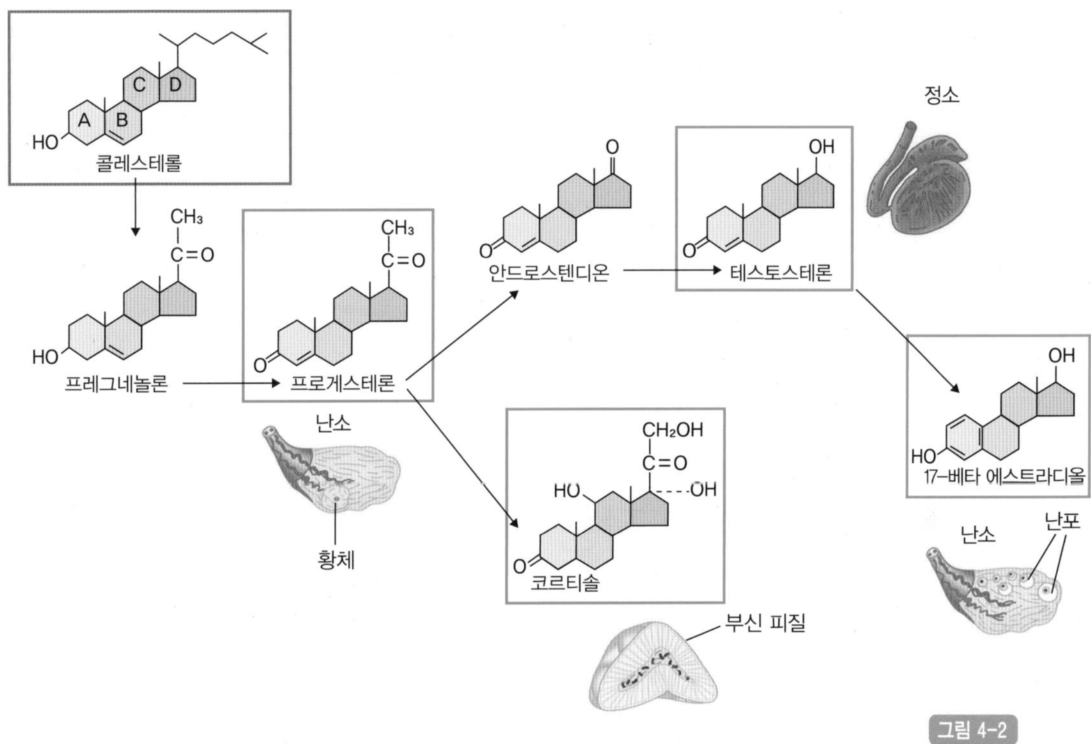


그림 4-2
**스테로이드 호르몬 생합성 경로**

막을 통과할 수 있다. 따라서 경구 알약의 형태로 약으로 사용될 수 있다. 주요 비극성 호르몬에는 스테로이드, 갑상선호르몬, 멜라토닌 등이 있다.

## (3) 프리호르몬과 프로호르몬

❶ 프리호르몬(prehormone/preprohormone) 프리호르몬은 활성형 호르몬의 전구

체인 프로호르몬의 전구체이다. 대부분의 호르몬은 프리호르몬 등의 전구체의 형태로 분비되고, 자극에 의해 표적세포 내에서 프로호르몬으로 전환된다.

❷ 프로호르몬(prohormone) 프리호르몬으로부터 생성된 프로호르몬은 일정 방식으로 자르고 연결하여 활성형 호르몬을 생성한다. 프리호르몬인 프리프로인슐린은 프로인슐린으로 전환되고, 이는 인슐린과 C-펩티드로 나누어지며 활성형 인슐린이 생성된다 그림 4-3 .

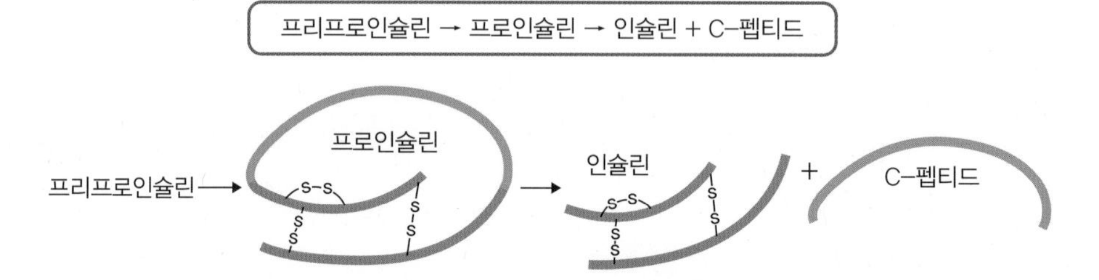


그림 4-3
**프리호르몬과 프로호르몬의 예시: 인슐린**

# 2. 호르몬 작용 기전

## 1) 호르몬 작용 기전

각 내분비선은 특정 호르몬을 분비하며, 분비된 호르몬은 혈액을 따라 표적기관으로 이동하여 고유의 기능을 수행한다. 일반적으로 호르몬은 특정 수용체에 특이적으로 결합한다. 자극에 의해 형성된 호르몬-수용체 복합체는 세포내에서 일련의 신호전달 과정을 유도하며, 각 세포는 호르몬-수용체 결합에 의한 신호전달 과정을 활성화시키거나 억제하는 기전이 존재한다.

표적세포는 호르몬의 수용체가 존재하여 호르몬이 작용하는 장소가 되는 세포이다. 극성 호르몬인 단백질계 호르몬은 세포막을 통과할 수 없으므로 세포막에 있는 수용체와 결합한다. 반면, 비극성 호르몬인 스테로이드계 호르몬과 아미노산 유도체 호르몬은 세포막을 통과할 수 있어 세포질 내에 존재하거나, 핵수용체와 결합한다. 표적세포는 해당 호르몬에만 특이적으로 반응하는데, 이를 위한 작용 기전은 세포막 수용체와 결합하고 2차 신호전달자second messenger를 이용하거나 핵수용체와 직접 결합하는 것이다.

### (1) 세포막 수용체와 결합: 2차 신호전달자 이용 그림 4-4

카테콜아민(도파민, 에피네프린, 노르에피네프린), 폴리펩티드 호르몬과 당단백질 호르몬은 표적세포 내로 들어가지 못하고 세포막에서 수용체와 결합하여 호르몬-수용체 복합체를 형성한다. 종종 호르몬-수용체 복합체의 수용체 부

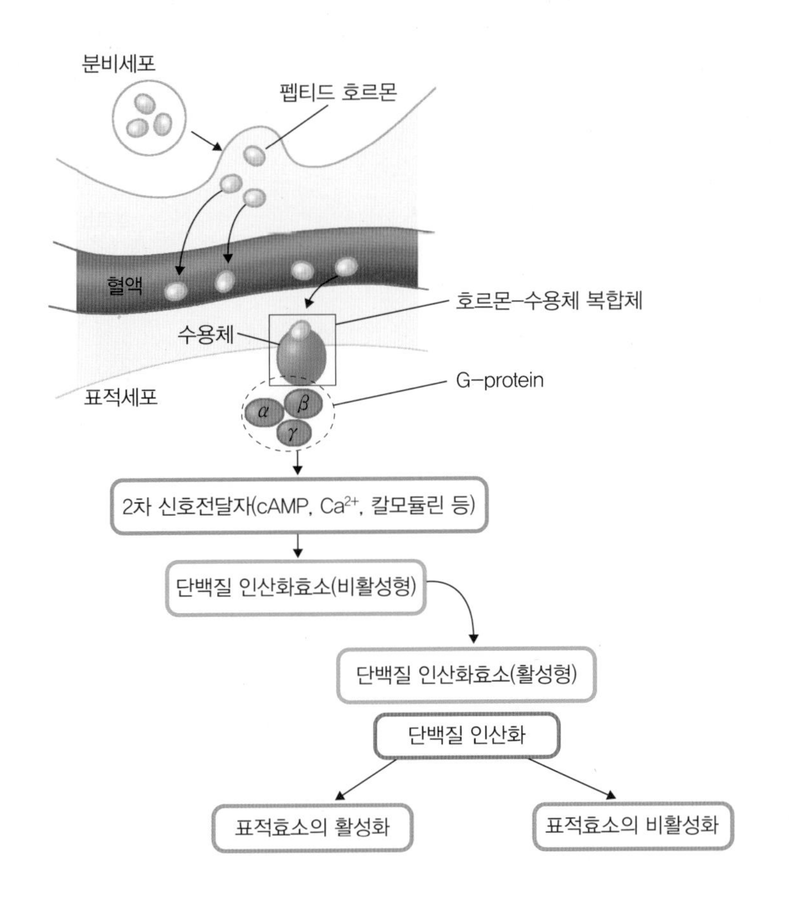


그림 4-4
호르몬 작용 기전: 세포막 수용체와 결합

**G-protein**
구아닌 뉴클레오티드 결합단백질로 α-, β-, γ-소단위의 결합체. 각 소단위는 세포막 신호에 의해 분리되는 방식으로 구조가 변형되어 G-protein이 활성화되고, 세포 내 다른 단백질들의 활성을 조절함

**단백질 인산화효소**
단백질에 인산을 결합하는 효소

**cAMP**
아데닐레이트 사이클라제(adenylate cyclase)에 의해 ATP로부터 생성된 세포내 신호전달물질

분에 결합되어 있는 **G-protein**이 활성화되면 세포내에서 2차 신호전달자를 통해 비활성형 **단백질 인산화효소**를 활성화시킨다. 활성형 단백질 인산화효소에 의한 표적단백질의 인산화는 표적효소의 활성을 증가시키거나 억제한다. 호르몬의 작용을 중재하는 세포내 물질인 2차 신호전달자에는 **고리형 아데노신 일인산**cyclic adenosine monophosphate, cAMP, $Ca^{2+}$, 칼모듈린 등이 있다.

### (2) 세포내 수용체와 직접 결합: 직접 세포핵에서 DNA 전사 조절 그림 4-5

스테로이드계 호르몬은 표적세포 내로 들어가서 세포질, 핵 등의 표적세포 내에 위치하고 있는 수용체와 결합하여 호르몬-수용체 복합체를 형성한다.

이 복합체는 세포핵으로 이동하여 DNA의 호르몬 반응 요소hormone response element와 결합하여 DNA의 **전사**transcription를 촉진하고, messenger RNAmRNA를 생성하며 **번역**translation 과정을 통해 효소 등의 단백질을 생성하여 호르몬에 대한 표적세포의 작용을 한다.

**전사**
DNA로부터 mRNA를 생성하는 과정

**번역**
mRNA로부터 단백질을 생성하는 과정

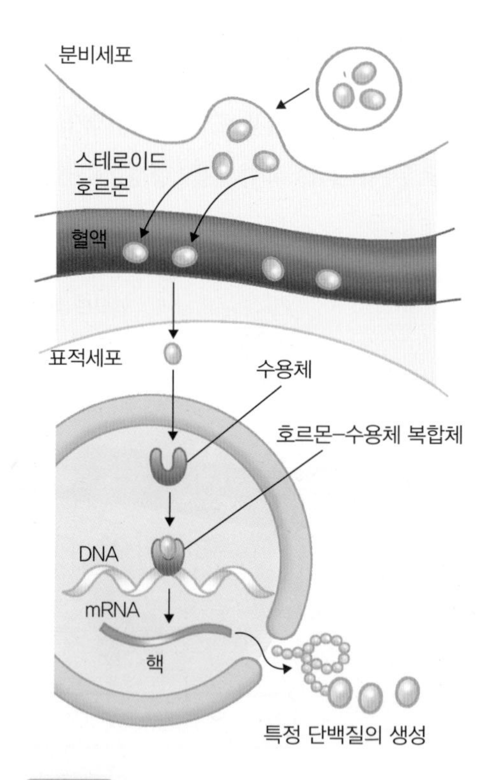


그림 4-5
**호르몬 작용 기전: 세포내(세포질, 핵 등) 수용체와 결합**

## 2) 호르몬 분비 조절

### (1) 자율신경에 의한 조절

인슐린과 위장관 호르몬은 부교감신경에 의해 분비가 촉진된다. 반대로 교감신경은 인슐린과 위장관 호르몬의 분비를 억제한다.

### (2) 자극호르몬에 의한 조절

자극호르몬trophic hormone은 시상하부와 뇌하수체 전엽에서 분비되는 호르몬으로, 특정 내분비선의 성장을 촉진하고 표적호르몬의 분비를 자극한다. 예를 들어, 체내외 자극에 의해 시상하부에서 갑상선자극호르몬-방출호르몬이 분비되고, 이에 의해 뇌하수체 전엽에서 갑상선자극호르몬이 분비되어 표적기관인 갑상선에서 갑상선호르몬(티록신)이 분비되게 하여 대사율과 성장을 조절한다.

이와 같은 자극호르몬에 의한 호르몬 분비 조절은 일반적으로 음성되먹임에 의해 항상성을 유지하는 방향으로 조절된다.

### (3) 혈액 내 물질농도에 의한 조절

혈액 내 물질농도(영양소 등)도 호르몬 분비를 조절한다. 예를 들어, 혈당이 높으면 췌장 베타세포에서 인슐린이 분비되어 혈당을 낮추고, 혈당이 낮으면 췌장 알파세포에서 글루카곤이 분비되어 혈당을 높인다. 혈액 내 물질농도에 의한 조절 역시 음성되먹임에 의해 항상성을 유지하는 방향으로 조절된다.

# 3. 시상하부와 뇌하수체

## 1) 구조와 분비호르몬의 종류

시상하부는 간뇌diencephalon에서 시상의 바로 아래쪽에 위치하고 있고, 크기는 작지만 식욕, 갈증, 체온 조절, 호르몬 분비를 담당한다. 시상하부에서는 방출호르몬인 성장호르몬-방출호르몬, 갑상선자극호르몬-방출호르몬, 부신피질자극호르몬-방출호르몬, 성선자극호르몬-방출호르몬을 분비한다. 그리고 억제호르몬인 도파민, 소마토스타틴을 분비하여 뇌하수체 전엽에서 각각의 표적호르몬을 분비 또는 억제하도록 한다. 또한 뇌하수체 후엽 호르몬인 옥시토신과 항이뇨호르몬을 생성한다.

뇌하수체는 시상하부 하단의 깔때기 모양을 한 부분을 통하여 시상하부와 연결되며, 앞쪽의 전엽과 뒤쪽의 후엽으로 구분된다 그림 4-6 . 시상하부에서 분비되는 방출호르몬에 의해 뇌하수체 전엽에서는 성장호르몬, 갑상선자극호르몬, 부신피질자극호르몬, 프로락틴, 난포자극호르몬, 황체형성호르몬을 분비한다. 뇌하수체 후엽에서는 옥시토신과 항이뇨호르몬을 저장하고 분비한다.

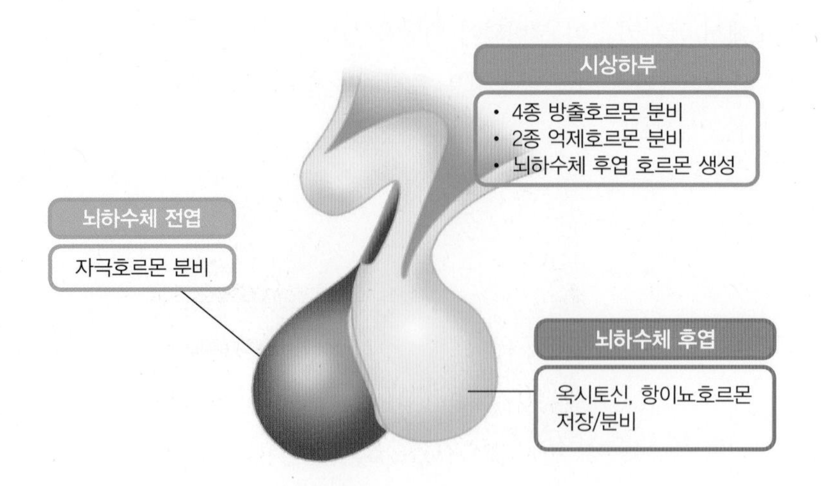


그림 4-6
시상하부와 뇌하수체의 구조

## 2) 뇌하수체 전엽

뇌하수체 전엽은 성장호르몬, 갑상선자극호르몬, 부신피질자극호르몬, 프로락틴, 난포자극호르몬 및 황체형성호르몬을 생성하여 분비한다. 뇌하수체 전엽에서의 호르몬 분비는 ① 시상하부에서 분비되는 방출호르몬과 억제호르몬, ② 표적기관에서 분비되는 호르몬 분비 수준에 의한 되먹임 기전에 의해 조절된다.

뇌하수체 전엽에서의 되먹임 기전은 두 가지 방식으로 일어난다. 첫째, 표적기관에서 분비되는 호르몬이 시상하부에 작용하여 방출호르몬 분비를 억제한다. 둘째, 표적기관 분비 호르몬이 뇌하수체 전엽에 작용하여 시상하부 분비 방출호르몬에 대한 뇌하수체 전엽의 반응을 억제한다.

### (1) 성장호르몬

성장호르몬growth hormone, GH은 뼈, 근육, 지방조직을 포함한 대부분의 조직을 표적 기관으로 한다. 성장호르몬은 단백질 합성과 성장을 촉진하고, 지질 분해를 증가시키며, 혈당을 상승시킨다 그림 4-7 . 성장호르몬은 간에서 분비되는 **인**

**인슐린 유사 성장인자**
성장호르몬의 자극에 의해 간에서 생성됨. 뼈와 연골 성장을 촉진하는 호르몬

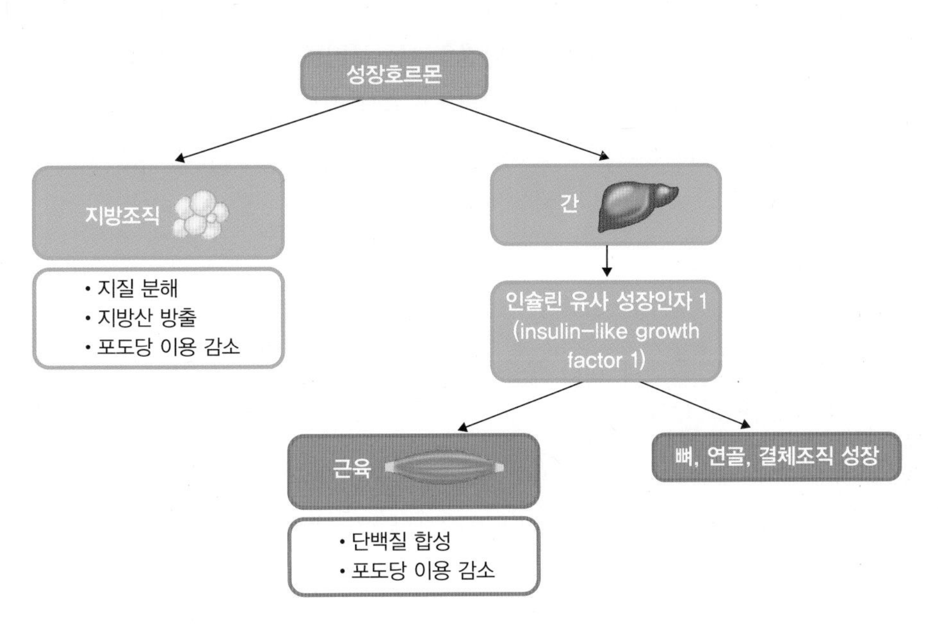


그림 4-7
**성장호르몬의 대사 조절**

**슐린 유사 성장인자**insulin-like growth factor 1, IGF-1의 작용에 의해 뼈, 연골, 결체조직의 성장을 촉진하고, 근육에서는 단백질 합성을 증가시킨다. 지방조직에서는 지질 분해를 증가시켜 지방산을 방출한다. 또한, 대부분의 조직에서의 포도당 이용을 감소시킨다.

성장호르몬의 분비는 시상하부에서 분비되는 성장호르몬-방출호르몬에 의해 촉진되고, **소마토스타틴**somatostatin에 의해 억제된다. 또한, 성장호르몬 분비는 분비 수준에 의한 되먹임 기전에 의해 분비량이 조절된다. 성장호르몬 수준이 높아지면 음성되먹임 기전에 의해 분비량이 감소한다.

**소마토스타틴**
뇌하수체 전엽에서 성장호르몬의 분비를 억제하는 시상하부호르몬. 췌장 랑게르한스섬에서도 분비됨

### (2) 갑상선자극호르몬

갑상선자극호르몬thyroid-stimulating hormone, TSH은 갑상선에서의 갑상선호르몬 분비를 촉진한다. 갑상선자극호르몬의 분비는 갑상선자극호르몬-방출호르몬에 의해 촉진되며, 갑상선호르몬 수준이 높아지면 음성되먹임 기전에 의해 억제된다.

### (3) 부신피질자극호르몬

부신피질자극호르몬adrenocorticotropic hormone, ACTH은 부신피질을 표적기관으로 삼으며, 당류코르티코이드 등의 부신피질호르몬 분비를 촉진한다. 부신피질자극호르몬의 분비는 부신피질자극호르몬-방출호르몬에 의해 촉진되며, 당류코르티코이드 등의 부신피질호르몬 수준이 증가하면 음성되먹임 기전에 의해 억제된다.

### (4) 프로락틴

프로락틴prolactin은 유선과 기타 부속 생식기관을 표적기관으로 하며, 유선세포 성장과 분만 후 유즙 생성 및 분비를 촉진한다. 수유 시 아기의 젖 빨기와 울음소리에 의한 신경내분비반사에 의해 프로락틴 분비가 촉진되고 모유 생성이 증가한다 그림 4-8 . 반면, 시상하부에서 분비되는 도파민에 의해 프로락틴 분비가 억제된다.

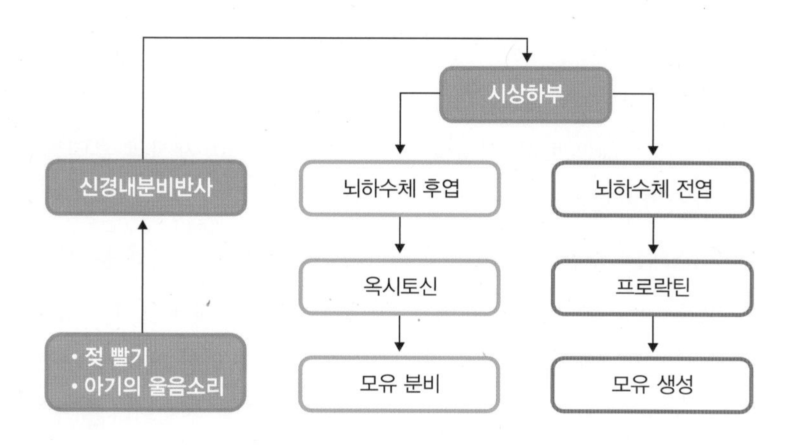


그림 4-8 옥시토신/프로락틴에 의한 모유 생성과 분비 조절

### (5) 난포자극호르몬

난포자극호르몬follicle-stimulating hormone, FSH은 생식선을 표적기관으로 하며, 여성의 난소에서 난포를 성장시켜 난자 생성을 촉진하고 에스트로겐의 분비를 증가시킨다. 또한, 남성의 정자 생성을 촉진하는 역할을 한다. 난포자극호르몬의 분비는 시상하부에서 분비되는 성선자극호르몬-방출호르몬에 의해 촉진되며, 성스테로이드와 인히빈inhibin에 의해 억제된다 그림 4-9.

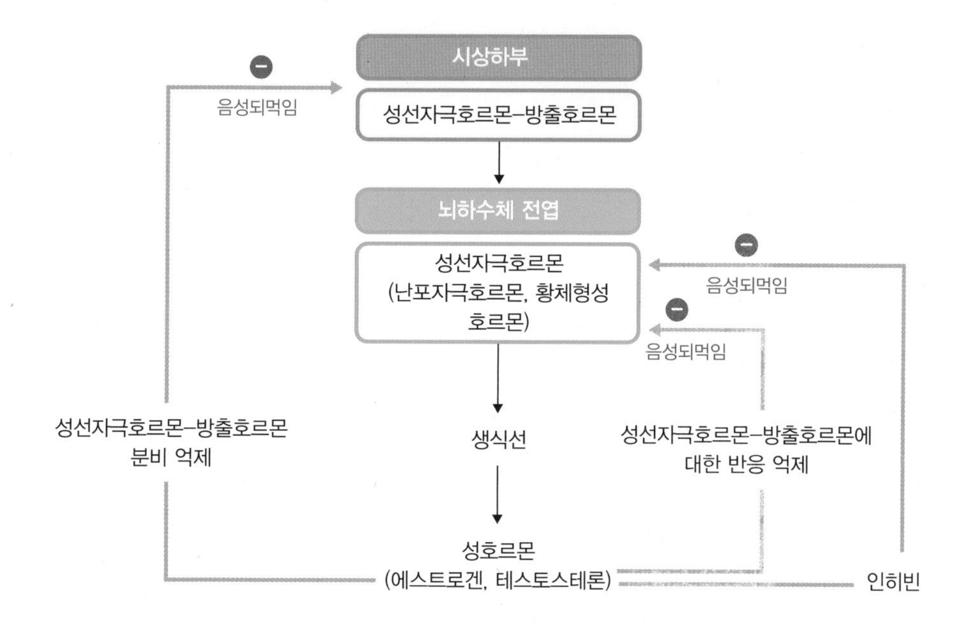


그림 4-9 난포자극호르몬과 황체형성호르몬의 분비 조절

에스트라디올
난소에서 분비되는 여성 성호르몬인 에스트로겐의 일종으로, 가장 흔한 유형

### (6) 황체형성호르몬

황체형성호르몬luteinizing hormone, LH은 생식선을 표적기관으로 한다. 황체형성호르몬은 여성에서는 배란과 황체 형성, **에스트라디올**estradiol 생산과 분비를 촉진한다. 남성에서는 간질세포자극호르몬interstitial cell stimulating hormone, ICSH이라고 부르며, 테스토스테론 생산과 분비를 촉진한다. 황체형성호르몬의 분비는 성선자극호르몬-방출호르몬에 의해 촉진되고, 성스테로이드에 의해 억제된다.

뇌하수체 전엽의 되먹임 기전은 음성되먹임 기전에 의한 제어가 대부분인데, 황체형성호르몬의 분비는 양성되먹임 기전에 의해서도 조절된다 그림 4-10 . 자궁내막의 변화로 구분한 월경주기 중 월경기(1~4일)에는 시상하부에서 분비되는 성선자극호르몬-방출호르몬에 의해 뇌하수체 전엽에서의 성선자극호르몬의 분비가 증가한다. 월경주기 중기에 해당하는 증식기(5~14일)에는 에스트라디올 분비가 증가하며, 이는 뇌하수체 전엽을 자극하여 황체형성호르몬 분비를 촉진하고 배란을 유도한다(양성되먹임 기전). 월경주기 후기인 분비기(15~28일)에는 증가된 에스트라디올과 프로게스테론이 황체형성호르몬 분비를 억제한다(음성되먹임 기전).

## 3) 뇌하수체 후엽

뇌하수체 후엽에서 분비되는 호르몬은 옥시토신과 항이뇨호르몬이다. 이 두 호르몬은 시상하부에서 생성된 후 뇌하수체 후엽에서 저장 및 분비된다.

### (1) 옥시토신

옥시토신oxytocin은 시상하부에서 만들어지며, 시상하부뇌하수체로hypothalamo-hypophyseal tract의 축삭을 따라 뇌하수체 후엽으로 이동되어 저장된다. 자궁과 유선을 표적기관으로 하며, 출산 시 자궁 수축을 촉진하고 수유 시 모유 분비를 촉진한다. 옥시토신의 작용은 양성되먹임 기전에 의해 조절된다 그림 4-11 . 옥시토신

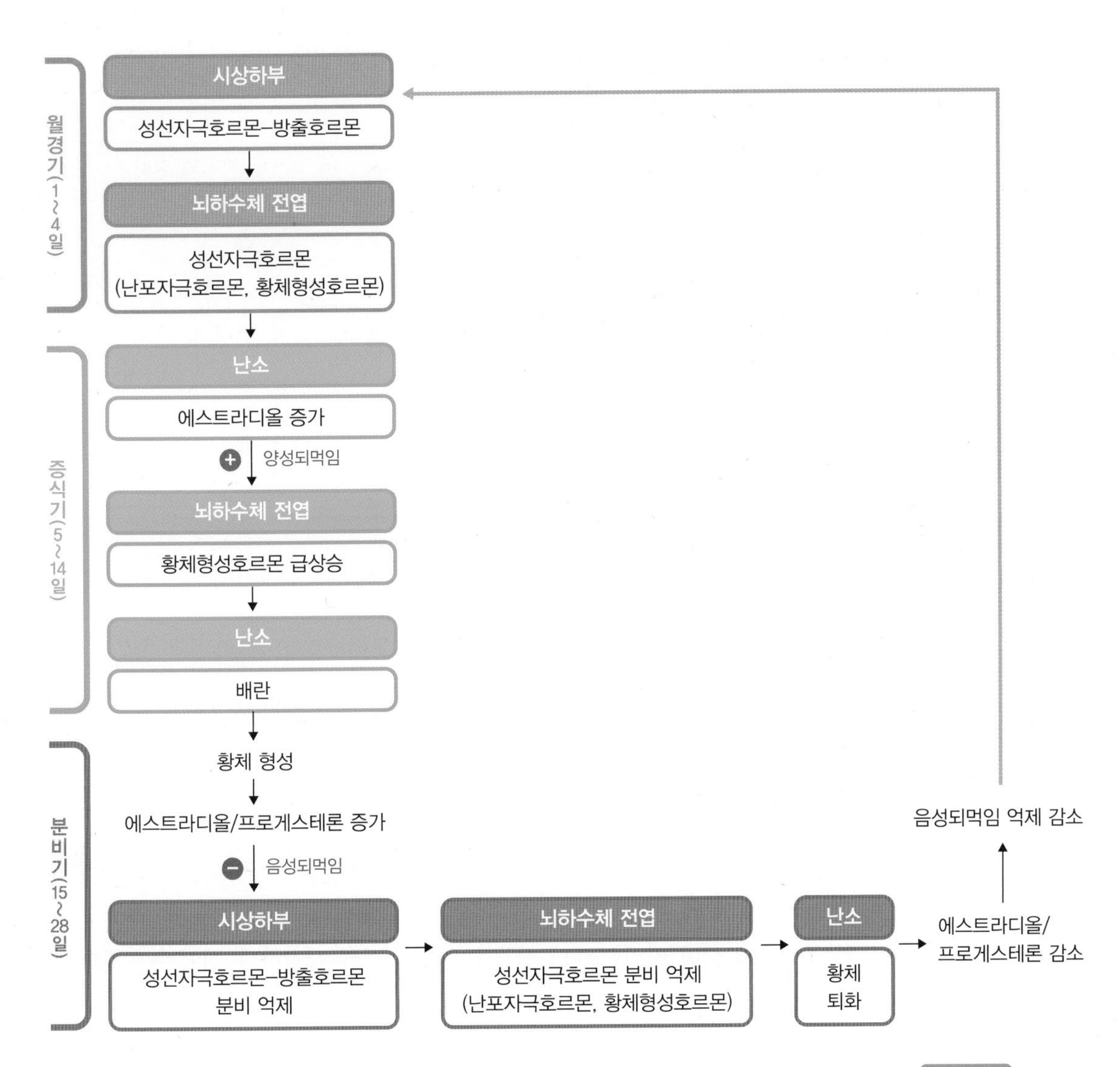


그림 4-10
**월경주기에 따른 호르몬 분비 조절**

이 자궁의 운동성을 촉진하게 되면 자궁 내 프로스타글란딘과 에스트로겐 수준이 증가한다. 이로 인해 자궁 수축이 촉진되며, 특히 에스트로겐 증가는 뇌하수체 전엽에서의 옥시토신 분비를 증가시킨다(양성되먹임 기전). 옥시토신은 유선에서 모유 분비를 증가시키고, 아기의 젖 빨기와 울음소리는 신경내분비반사에 의해 시상하부를 자극하여 옥시토신 생성과 분비를 증가시킨다 그림 4-8 .

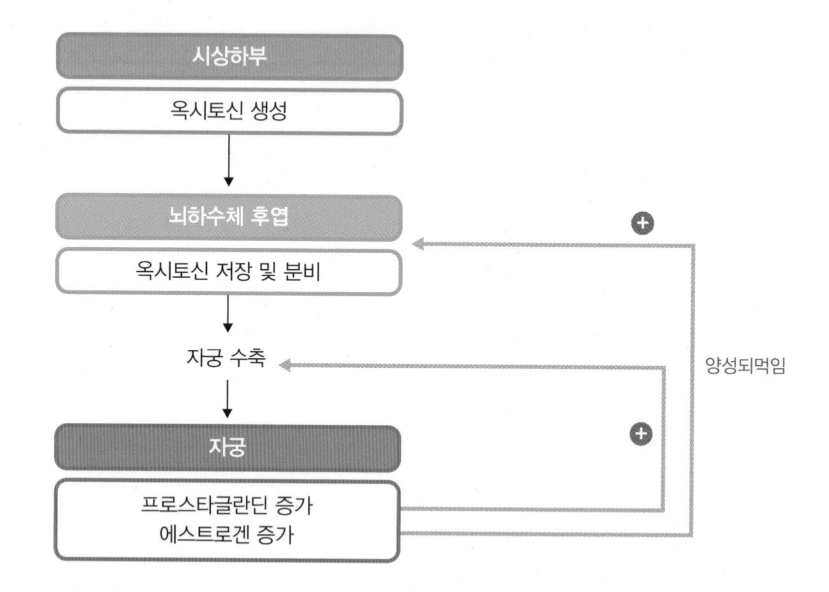


그림 4-11
**옥시토신의 자궁 수축 촉진: 양성되먹임 기전**

### (2) 항이뇨호르몬

항이뇨호르몬antidiuretic hormone, ADH은 뇌하수체 후엽에서 분비되며, 주요 표적 기관은 신장과 혈관이다. 신장에서 수분의 재흡수를 촉진하여 체내 수분 보유를 증가시킨다. 항이뇨호르몬은 일부 연구에서 혈관 수축을 강화한다고 알려져 있으며, 이러한 이유로 아르기닌 바소프레신arginine vasopressin, AVP이라고도 불린다. 탈수, 출혈 등에 의한 혈액량 감소, 짠 음식 섭취로 인해 혈액 내 삼투질 농도가 증가하게 되면 시상하부의 삼투수용체가 이를 감지한다. 삼투수용체의 신호감지에 의해 뇌하수체 후엽은 항이뇨호르몬을 분비하고, 이는 신장의 수분 보유를 증가시킨다. 또한, 갈증을 느끼게 하여 수분 섭취를 증가시킨다. 이러한 일련의 반응을 통해 혈액량을 증가시키고 혈액 내 삼투질 농도를 감소시키는 음성되먹임 조절이 일어난다 그림 4-12.

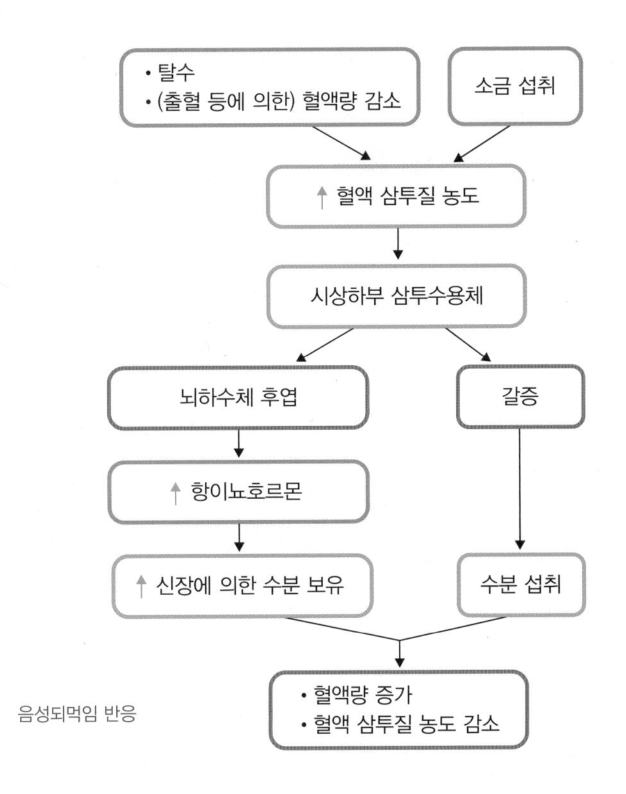


그림 4-12 항이뇨호르몬에 의한 체내 수분량 조절

# 4. 부신

## 1) 구조와 분비호르몬의 종류

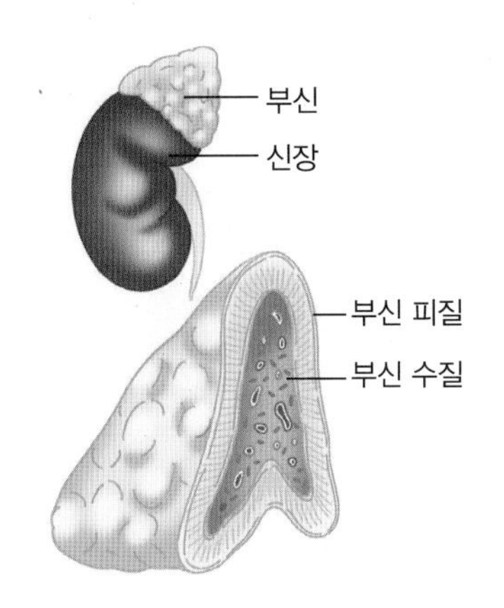


그림 4-13 부신의 구조

부신은 신장의 윗부분에 위치하고 있는 삼각형 모양의 내분비선으로, 무게는 약 10 g이다. 부신의 바깥쪽은 부신 피질adrenal cortex이며, 뇌하수체 전엽에서 분비되는 부신피질자극호르몬의 자극에 의해 스테로이드 호르몬인 당류코르티코이드, 무기질코르티코이드, 남성 호르몬인 안드로겐을 분비한다. 부신의 안쪽은 부신 수질adrenal medulla이며, 교감신경 자극에 대한 반응으로 에피네프린과 노르에피네프린을 분비한다 그림 4-13.

## 2) 부신 피질

부신 피질은 콜레스테롤로부터 당류코르티코이드(코르티솔 등), 무기질코르티코이드(알도스테론 등)를 분비하며, 주요 표적기관은 간, 근육, 신장이다. 당류코르티코이드는 주로 포도당 대사를 조절하고, 무기질코르티코이드는 나트륨과 칼륨 균형을 조절한다. 또한, 남성 호르몬인 안드로겐을 분비하며, 이는 남성 생식기관을 표적기관으로 하여 남성화를 촉진한다 그림 4-14.

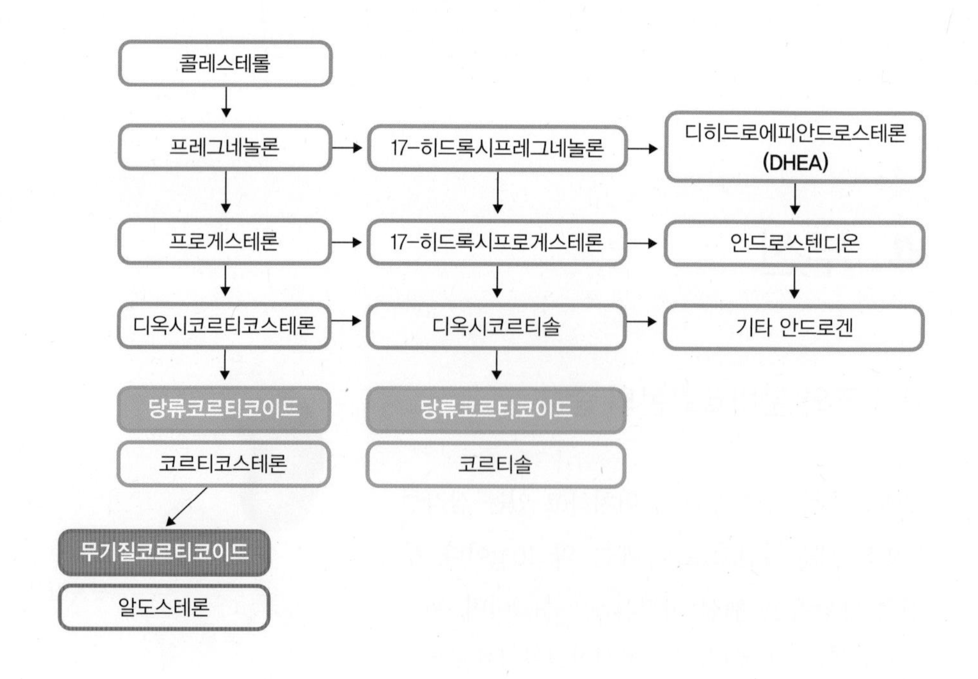


그림 4-14
부신피질호르몬

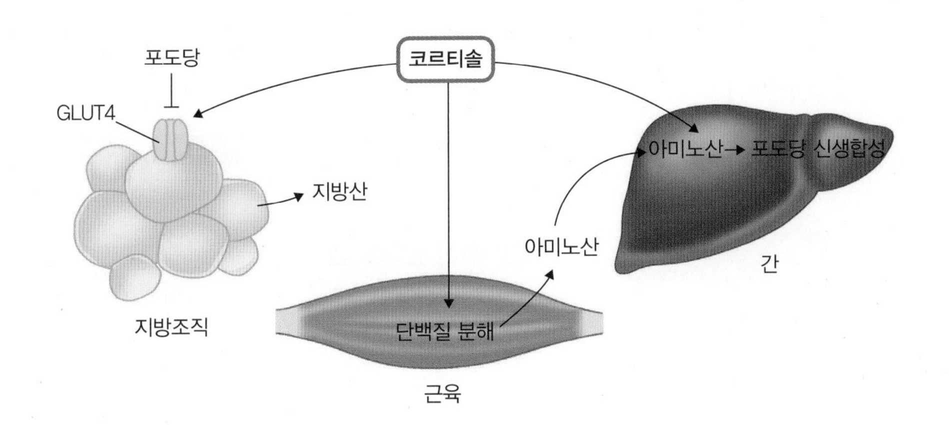


그림 4-15
**코르티솔에 의한 대사 조절**

## (1) 당류코르티코이드

당류코르티코이드glucocorticoid인 코르티솔은 포도당 신생을 촉진하고, 조직에서의 포도당 이용을 억제하여 혈당 수준을 상승시킨다. 또한, 지질 분해를 촉진하여 혈액으로의 지방산 방출을 증가시키고, 단백질 분해를 촉진한다 그림 4-15. 스트레스 또는 저혈당 등의 상황에 의해 뇌하수체 전엽에서 부신피질자극호르몬 분비가 증가한다. 이는 부신피질에서 당류코르티코이드 분비를 촉진하여 표적기관에서 혈당 상승, 단백질과 지질 분해 증가, 항염증 효과를 나타낸다. 프레드니손, 프레드니솔론, 덱사메타존 등의 외인성 당류코르티코이드는 면역반응과 염증을 억제하는 데 사용되는 약물로, **천식**과 류머티스성 관절염 등과 같은 면역 및 **염증** 관련 질환 치료에 효과적이다. 그러나 고혈당증, 포도당 내성 감소, 콜라겐 합성 감소, **뼈 흡수**resorption 등의 부작용 발생 위험이 있다.

**천식**
종말 세기관지(terminal bronchiole)가 좁아지는 질환. 기침, 쌕쌕거림, 호흡 곤란 등이 주요 증상임

**염증**
상처 등의 유해한 자극에 대한 세포 및 조직 반응. 발열, 통증, 부어오름, 붉게 변함 등의 증상을 수반함

**뼈 흡수**
파골세포의 작용으로 뼈에서 인산칼슘 결정을 용해하는 과정

## (2) 무기질코르티코이드

무기질코르티코이드mineralcorticoid인 알도스테론은 나트륨과 수분 재흡수를 증가시키고 칼륨 배설을 촉진한다. 이러한 일련의 과정을 통해 혈액량과 혈압을 증가시키고 전해질 평형을 유지한다. 출혈, 탈수 등으로 인한 혈압 감소, 혈액 나트륨 농도 감소, 혈액 칼륨 농도 증가 등의 상황에서는 부신 피질에서 알도스

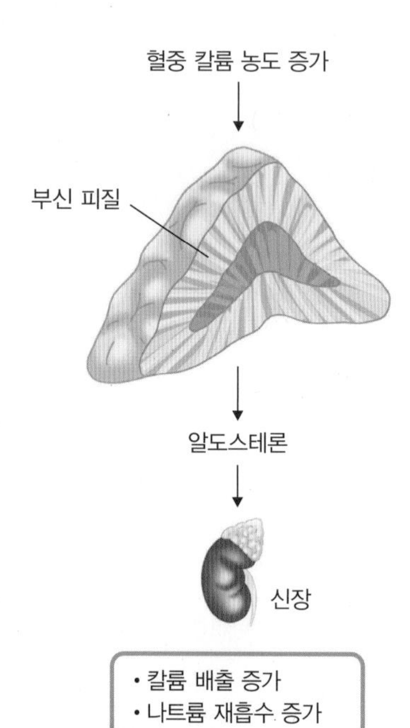


그림 4-16
**알도스테론에 의한 조절**

테론 분비가 증가한다. 이는 신장에서의 수분 배출 감소, 나트륨 재흡수 증가, 칼륨 배출 증가가 일어나게 한다 그림 4-16.

#### (3) 부신 안드로겐

부신 안드로겐adrenal androgen은 부신에서 분비되는 남성 호르몬인 안드로겐으로, 남성 생식선에서 분비되는 호르몬인 테스토스테론의 작용을 보완하여 약하게 작용한다. 부신에서 분비되는 주요 안드로겐은 디히드로에피안드로스테론dehydroepiandrosterone, DHEA이다.

### 3) 부신 수질

부신 수질은 교감신경 반응에 의해 자극되어, 카테콜아민인 에피네프린과 노르에피네프린을 약 4 : 1의 비율로 분비한다. 이들 호르몬은 극성이며, 세포막을 통과하지 못한다. 주요 표적기관은 심장, **세기관지**, 혈관이다.

> **세기관지**
> 폐의 일부로서 공기가 지나가는 작은 기관지이며, 평활근에 둘러싸여 있음

부신수질호르몬의 작용은 교감신경계 자극에 의한 반응과 유사하나, 그 효과는 10배 이상 오래 지속된다. 에피네프린과 노르에피네프린은 심박출량, 호흡, 대사율을 증가시킨다. 스트레스와 신체활동은 시상하부를 자극하여 교감신경을 자극하며, 이는 부신수질에서의 에피네프린 분비를 증가시킨다. 이로 인해 심박출량 증가, 혈압 상승, 대사율 증가, 글리코겐 분해에 의한 혈액 내 포도당 증가, 지질 분해에 의한 지방산 분비 증가, 소화기관 운동 저하 등이 일어난다.

## 4) 스트레스와 부신

추위, 심한 활동, 외상 등의 신체적 스트레스 또는 근심, 공포와 같은 정신적 스트레스는 뇌하수체-부신 축pituitary-adrenal axis을 통하여 조절된다. 스트레스는 시상하부에 작용하여 부신피질자극호르몬-방출호르몬 분비를 증가시켜 뇌하수체 전엽에서 부신피질자극호르몬과 부신피질에서의 코르티솔 분비를 증가시킨다 그림 4-17 . 또한 스트레스는 시상하부를 자극하여 교감신경을 활성화시켜 부신 수질에서의 에피네프린 분비를 증가시킨다. 스트레스 원인에 따라 높은 수준의 코르티솔 농도는 수일에서 수 주일 동안 지속되기도 한다.

스트레스에 대응하여 부신피질자극호르몬-방출호르몬, 부신피질자극호르몬, 코르티솔, 에피네프린의 분비가 증가함에 따라 수반되는 일련의 반응을 일반적응증후군general adaptation syndrome, GAS이라고 한다. 스트레스에 대한 일반적응증후군은 질환이나 외상 등의 스트레스를 받은 이후 회복을 위한 긍정적인 반응이다. 특히, 부신 피질의 성장을 촉진하여 코르티솔 분비를 증가시키고, 비장, 림

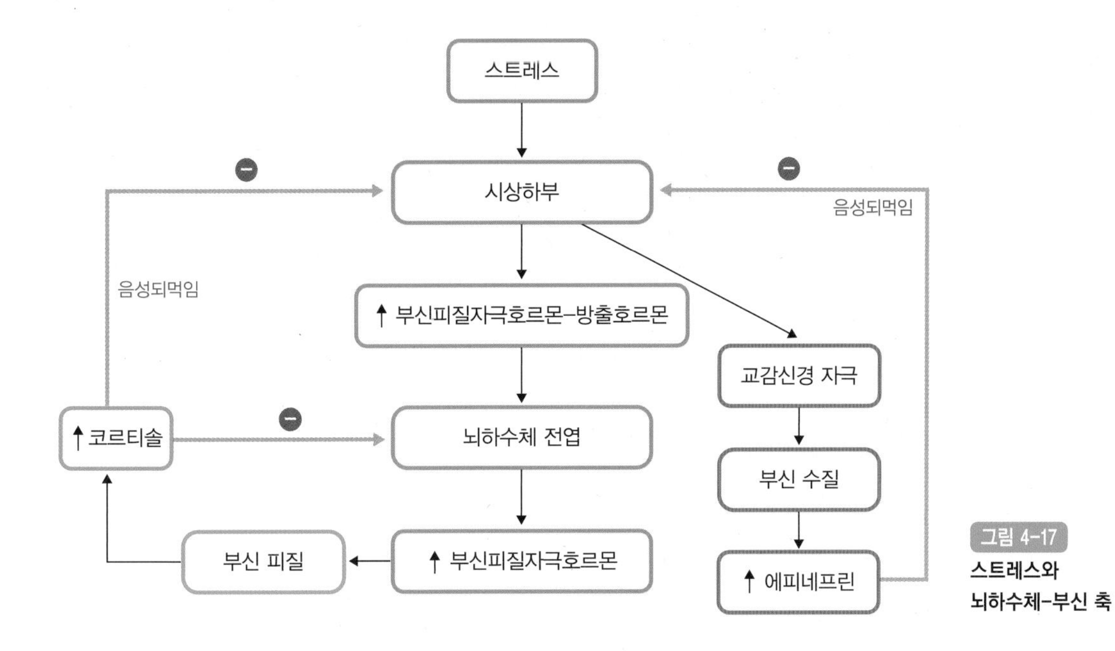


그림 4-17 스트레스와 뇌하수체-부신 축

프절, 흉선 등의 면역조직을 위축시켜 스트레스에 대해 과도한 면역반응이 일어나지 않게 한다. 스트레스에 의한 코르티솔 증가는 혈당을 상승시키고, 시상하부 자극에 의해 교감신경이 자극되며, 이는 부신 수질에서의 에피네프린과 노르에피네프린 분비를 증가시킨다.

# 5. 갑상선과 부갑상선

## 1) 구조와 분비호르몬의 종류

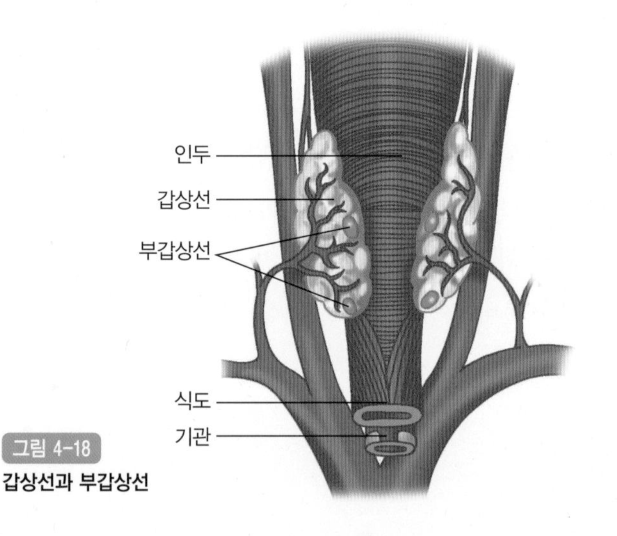

그림 4-18
**갑상선과 부갑상선**

갑상선은 후두 바로 아래, 기관 양옆에 위치하고 있는 나비 모양의 내분비선으로, 무게는 약 20~25 g이다 그림 4-18 . 갑상선 내부에는 갑상선 소포가 있는데, 이는 티록신을 생성하는 소포세포에 둘러싸여 있다. 갑상선 소포 안에는 콜로이드 액체가 있고, 밖에는 칼슘 농도를 조절하는 칼시토닌을 분비하는 부소포세포가 있다 그림 4-19 . 갑상선은 티록신thyroxine/사요오드티로닌tetraiodothyronine, $T_4$, 삼요오드티로닌triiodothyronine, $T_3$, 칼시토닌을 분비한다.

부갑상선은 갑상선의 뒤쪽에 위치하며, 갑상선 각 엽에 2개씩 총 4개가 있다 그림 4-18 . 부갑상선은 부갑상선호르몬parathyroid hormone, PTH을 분비하고, 주요 표적기관인 뼈, 소장, 신장에 작용하여 혈액 내 칼슘 농도를 증가시킨다.

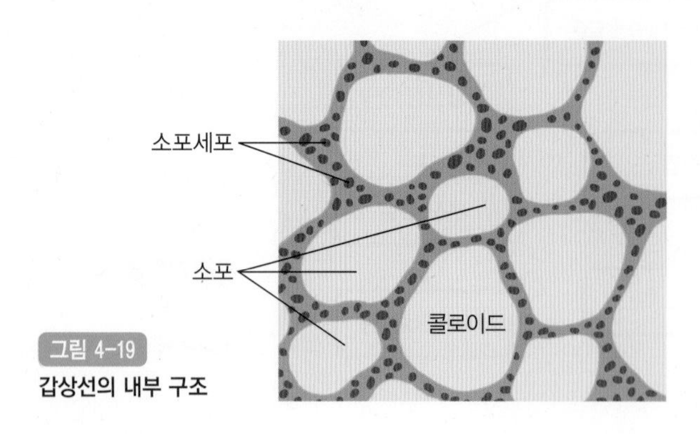

그림 4-19
**갑상선의 내부 구조**

## 2) 갑상선

### (1) 티록신

갑상선호르몬은 티로신으로 구성된 유도체로, 포함된 요오드 원자의 개수에 따라 티록신/사요오드티로닌($T_4$)과 삼요오드티로닌($T_3$)이 있다 그림 4-20. 티록신과 삼요오드티로닌은 9 : 1의 비율로 분비된다. 갑상선호르몬은 아민호르몬이지만, 비극성 분자이므로 스테로이드 호르몬과 유사하게 세포막을 통과할 수 있다.

갑상선 소포는 혈액으로부터 요오드를 활발하게 가져오고 이를 콜로이드로 분비한다. 요오드는 소포세포에 의해 생성된 티록신-결합 글로불린(갑상선 글로불린)의 티로신과 결합한다. 하나의 요오드와 티로신이 결합한 것은 일요오드티로신monoiodotyrosine, MIT이라 하고, 2개의 요오드와 티로신이 결합한 것은 이요오드티로신diiodotyrosine, DIT이라 한다. 콜로이드에 들어 있는 효소는 일요오드티로신과 이요오드티로신을 결합하여 삼요오드티로닌($T_3$)을 만들거나, 두 개의 이요오드티로신을 결합하여 사요오드티로닌($T_4$)을 생성한다. 갑상선에서 분비된 티록신은 운반 단백질인 티록신-결합 글로불린에 결합하여 운반되는데, 티록신-결합 글로불린은 삼요오드티로닌보다 티록신에 대한 친화력이 높다. 대부분의 티록신은 운반단백질과 결합되어 있으며, 그 형태로 체내에 저장된다. 갑상선이 갑상선자극호르몬에 의해 자극되면 표적세포로 들어가기 위해서 운반단백

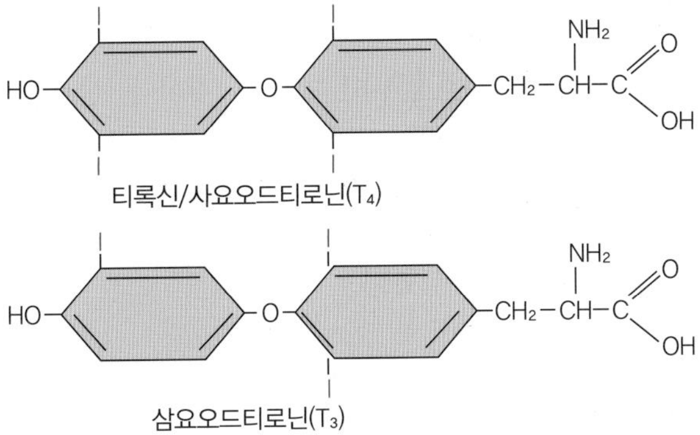

HO–(ring)–O–(ring)–$CH_2$–CH($NH_2$)–C(=O)OH

티록신/사요오드티로닌($T_4$)

HO–(ring)–O–(ring)–$CH_2$–CH($NH_2$)–C(=O)OH

삼요오드티로닌($T_3$)

그림 4-20
갑상선호르몬 티록신/사요오드티로닌과 삼요오드티로닌의 구조

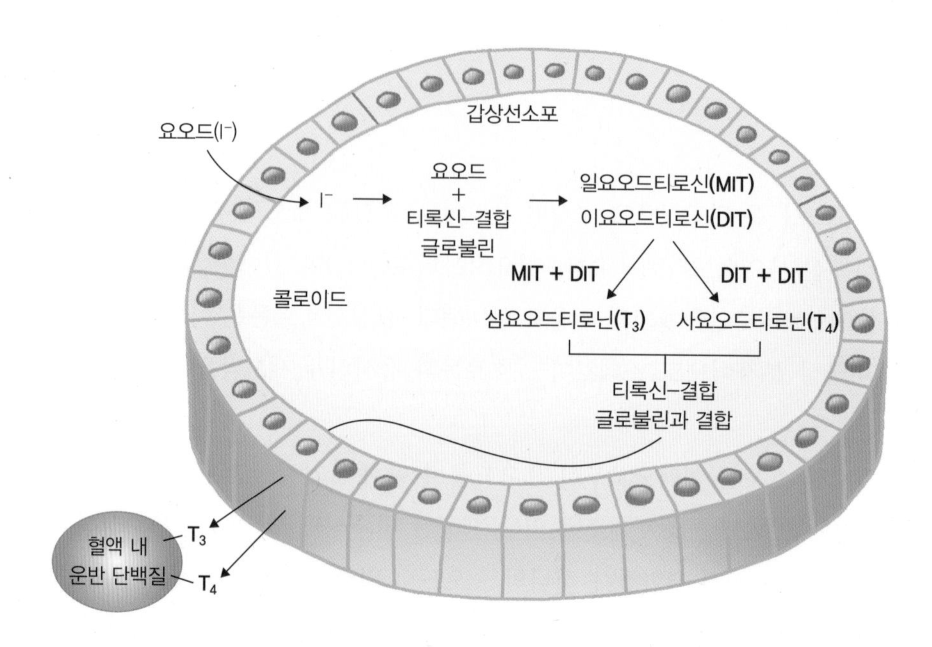


그림 4-21
**갑상선호르몬의 생성**

질이 분리되며, 혈액으로 분비된 유리형 티록신이 표적세포 내로 들어오면 삼요오드티로닌으로 전환된다 그림 4-21 .

갑상선호르몬의 분비는 시상하부의 갑상선자극호르몬-방출호르몬에 의한 뇌하수체 전엽에서의 갑상선자극호르몬 분비에 의해 자극된다. 갑상선호르몬은 신진대사를 조절하는데, 대표적인 기능은 단백질 합성 증가를 통한 성장 촉진, 뇌 등의 신경계의 발달과 성숙 촉진, 세포 호흡률 증가, 기초대사율 증가 등이다 그림 4-22 .

또한 갑상선은 소량의 삼요오드티로닌을 분비하는데, 세포내 존재하는 대부분의 삼요오드티로닌은 티록신으로부터 전환된 것이다. 삼요오드티로닌은 결합단백질과 결합하여 핵 안으로 들어간 후 핵수용체와 결합한다. 이 결합체는 DNA의 호르몬 반응 요소와 결합하여 유전자 전사를 촉진하고, 표적세포의 대사를 조절하는 특정 단백질을 합성한다.

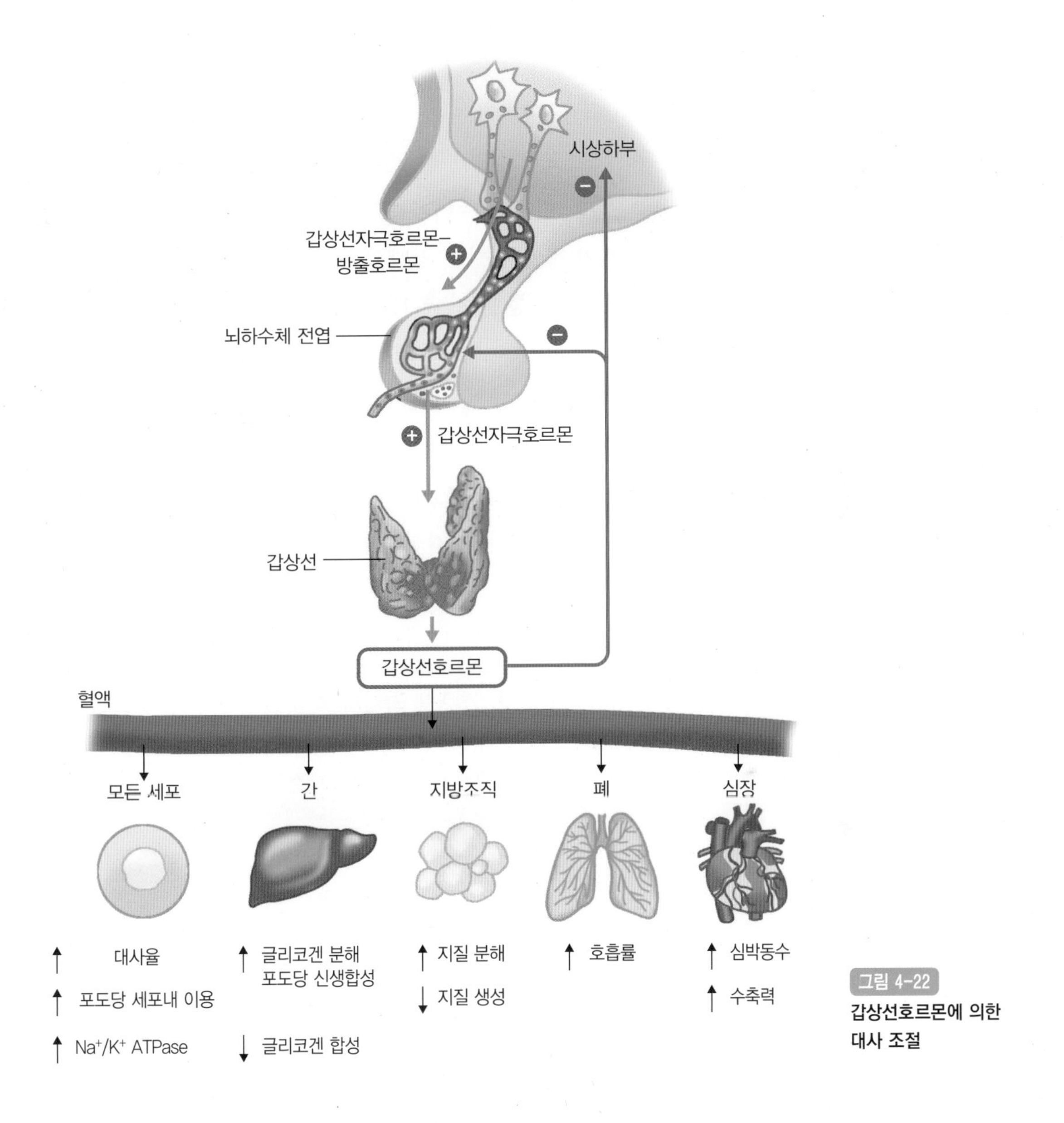


그림 4-22 갑상선호르몬에 의한 대사 조절

### (2) 칼시토닌

갑상선 부소포세포에 의해 생성되는 칼시토닌은 뼈에서 칼슘이 용해되는 것을 억제하고 신장에서 칼슘 배출을 자극하여 혈액 내 칼슘 농도를 낮춘다.

## 3) 부갑상선

부갑상선호르몬은 주요 표적기관인 뼈, 신장, 소장에 작용하여 혈액 내 칼슘 농도를 높인다 그림 4-23. 혈액 내 칼슘 농도가 감소되면 부갑상선에서 부갑상선호르몬이 분비되어 뼈에서의 칼슘 용해를 증가시킨다. 또한, 신장에서 칼슘 재흡수를 증가시키고 요를 통한 칼슘 배출을 감소시킨다. 부갑상선호르몬의 뼈와 신장에서의 직접적인 칼슘 농도 조절 방식과 달리, 소장에서의 칼슘 농도 조절 방식은 간접적이다. 부갑상선호르몬은 신장의 1-alpha-hydroxylase(25-hydroxyvitamin $D_3$를 1,25-dihydroxyvitamin $D_3$로 전환하는 효소) 활성을 높인다. 이는 활성형 비타민 D인 1,25-dihydroxyvitamin $D_3$를 증가시켜 소장에서의 칼슘 흡수를 증가시킨다. 부갑상선호르몬은 이와 같이 뼈, 신장, 소장에 작용하여 혈액 내 칼슘 농도를 높인다.

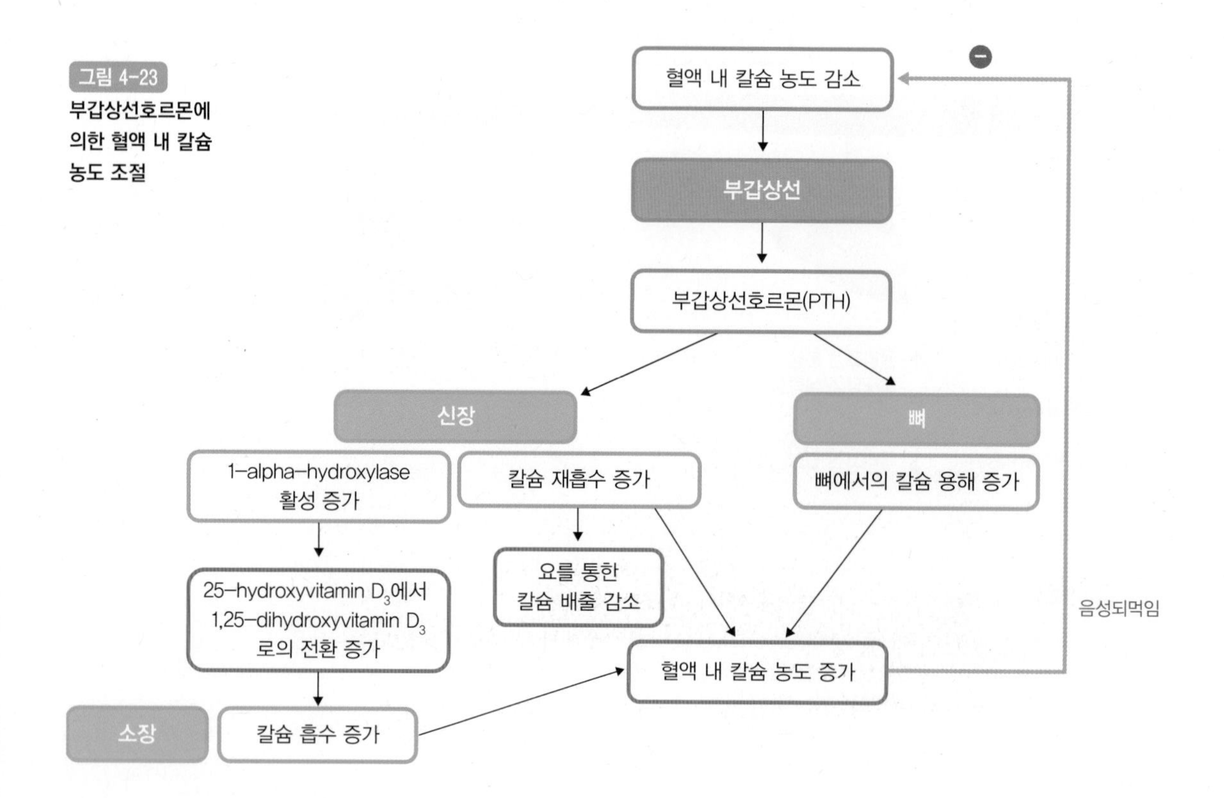


그림 4-23 부갑상선호르몬에 의한 혈액 내 칼슘 농도 조절

# 6. 췌장과 기타 내분비선

## 1) 췌장

췌장은 소화효소를 소장으로 분비하는 외분비선이자, 인슐린과 글루카곤 등의 호르몬을 혈액을 통해 표적기관으로 분비하는 내분비선이다. 췌장의 내분비 기능은 랑게르한스섬이 담당한다 그림 4-24 . 췌장 랑게르한스섬의 알파세포는 글루카곤, 베타세포는 인슐린을 분비한다.

### (1) 인슐린

인슐린은 식사 후 또는 수술 후 혈당이 상승할 때 췌장 랑게르한스섬의 베타세포에서 분비된다. 인슐린의 표적기관인 근육, 간, 지방조직 등에서 세포내로 포도당 흡수를 증가시켜 혈당을 정상 수준으로 낮추고, 글리코겐 및 지방 형성과 같은 동화 작용을 담당한다.

인슐린의 표적세포 내 신호전달방식은 그림 4-25 와 같다. 혈당이 높아지면 인슐린이 분비되고, 분비된 인슐린은 표적세포의 인슐린 수용체와 결합한다(❶). 인슐린 수용체가 활성화되면 인슐린 신호전달에 관여하는 인자들의 농도 증가와 활성화에 의해(❷) 포도당 운반 단백질인 glucose transporterGLUT를 가지

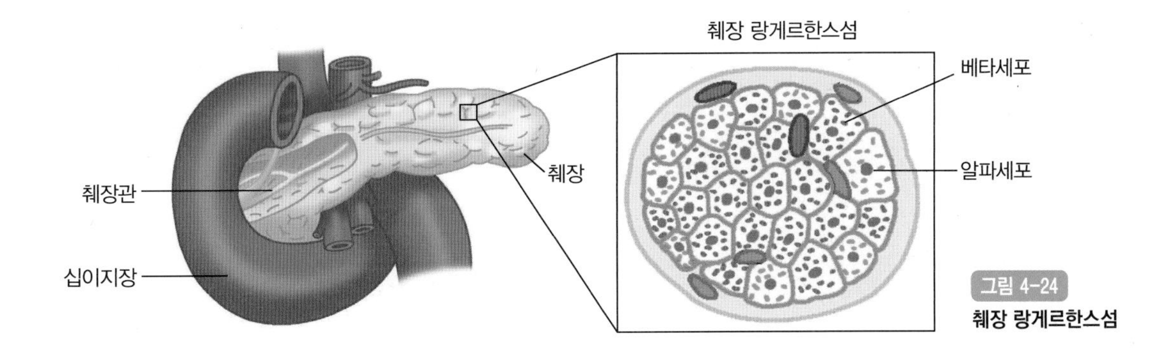


그림 4-24
**췌장 랑게르한스섬**

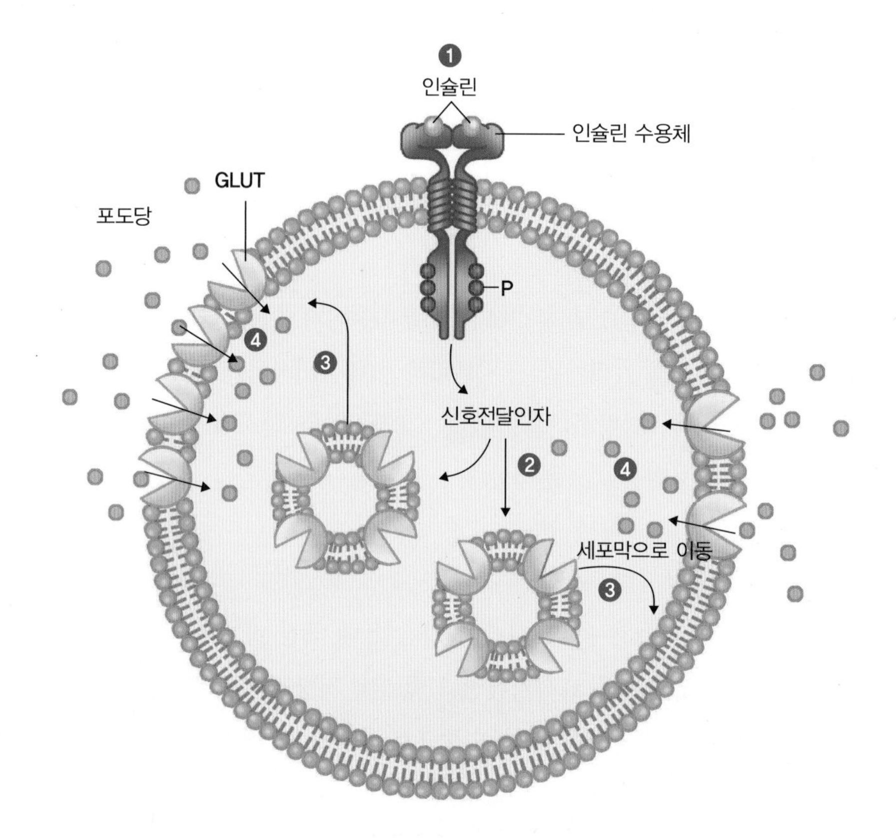


그림 4-25
**인슐린의 표적세포 내 신호전달방식**

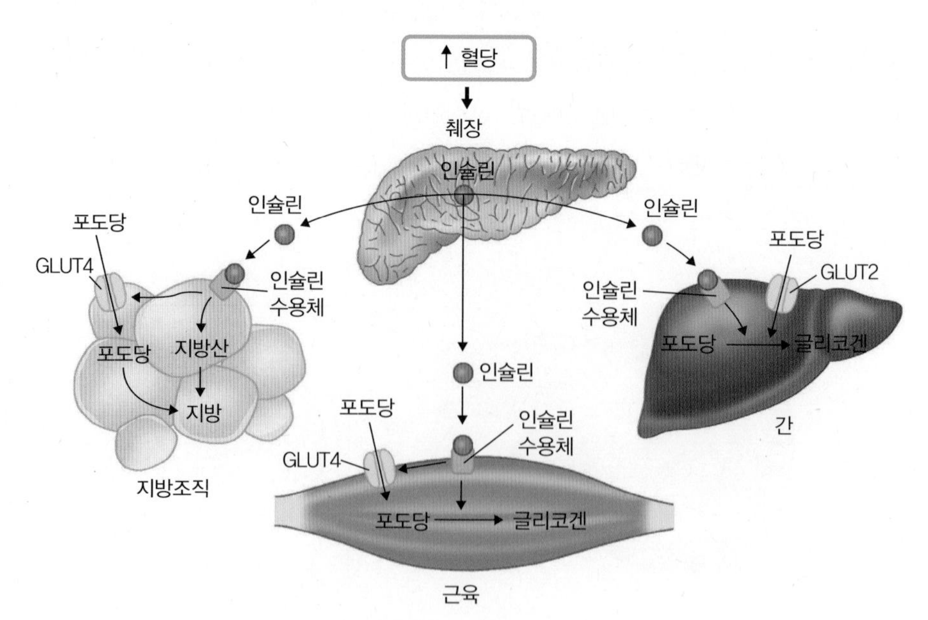


그림 4-26
**인슐린에 의한 혈액 내 포도당 항상성 유지를 위한 조절**

는 소포가 세포막으로 이동한다(❸). 혈액 내 포도당은 촉진확산에 의해 GLUT 채널을 통과하여 세포내로 들어온다(❹). 이와 같이 혈액 내 포도당이 세포 내로 확산되면 혈당이 낮아지게 된다. 또한 간과 근육에서는 글리코겐 합성효소가 자극되어 글리코겐 저장이 늘어나며, 지방조직에서는 지방 축적이 증가한다 그림 4-26.

### (2) 글루카곤

글루카곤은 혈액 내 포도당 농도가 낮아지면 췌장 랑게르한스섬의 알파세포에서 분비된다. 글루카곤의 표적기관인 근육, 간, 지방조직 등에서 글리코겐과 지방의 분해 등의 이화 작용에 의해 혈당을 상승시켜 일정 수준의 혈당을 유지하게 한다. 글루카곤은 글리코겐을 포도당으로 분해하고 비탄수화물급원으로부터 포도당을 생성하는 **포도당 신생합성**을 촉진하여 혈당을 높인다 그림 4-27 . 또한, 글루카곤은 지방조직에서 지질 분해를 촉진하여 지방산을 유리시키며, 이는 포도당 대신 에너지원으로 사용된다.

**포도당 신생합성**
비탄수화물급원(젖산, 글리세롤, 아미노산)으로부터 포도당을 생성하는 과정

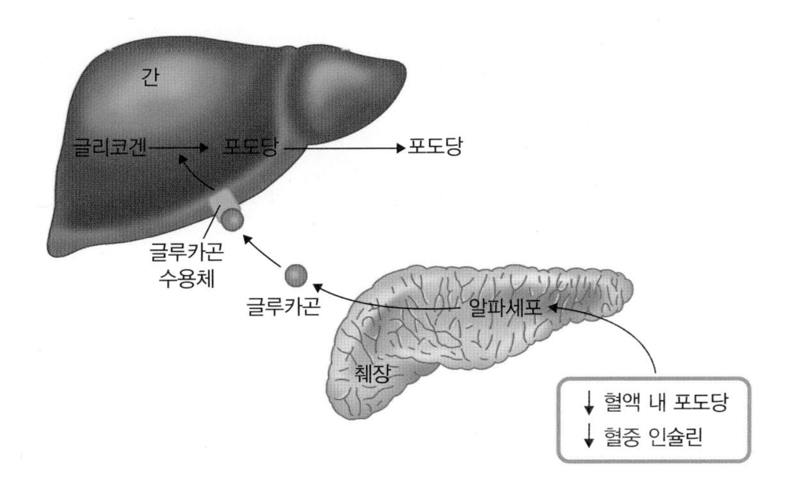


그림 4-27
**글루카곤에 의한 혈액 내 포도당 항상성 유지를 위한 조절**

## 2) 송과체

송과체는 간뇌의 제3뇌실의 윗부분에 위치하며, 주요 표적기관은 시상하부와 뇌하수체 전엽이다 그림 4-28. 송과체는 교감신경세포에 의해 조절되는 시상하부의 **시신경교차상핵**suprachiasmatic nucleus에 의해 조절된다. 송과체는 트립토판으로부터 유래한 아민호르몬인 멜라토닌을 분비한다. 낮 시간에는 멜라토닌 분비가 억제되고, 어두워질수록 송과체가 자극되어 멜라토닌 분비가 증가된다. 망막의 신경절세포ganglion cell에 있는 색소인 멜라놉신melanopsin은 빛에 반응하여 탈분극하여 활동전위를 생산하는 방식으로 신경절세포를 활성화시킨다. 이는 시신경교차상핵 신경세포의 활동전위 빈도를 증가시켜 낮 동안 송과체에서의 멜라토닌 분비를 억제한다. 시신경교차상핵은 **하루주기 리듬**circadian clock을 조절하는 데 중요한 역할을 한다. 시신경교차상핵이 송과체를 조절하여 멜라토닌 분비와 하루주기 리듬을 조절함으로써 불면증과 시차증을 완화할 수 있다. 이 외에도 송과체는 사춘기의 시작 시기, 생식, **계절성 정동장애**seasonal affective disorder에 관여한다는 연구 결과가 보고된 바 있다.

**시신경교차상핵**
시상하부에 위치하며, 송과체에서 멜라토닌 분비 자극 및 억제를 통해 하루주기 리듬을 조절함

**하루주기 리듬**
24시간 주기로 반복되는 생리적 변화

**계절성 정동장애**
특정 계절에만 나타나는 신체적·감정적 변화로 인한 장애

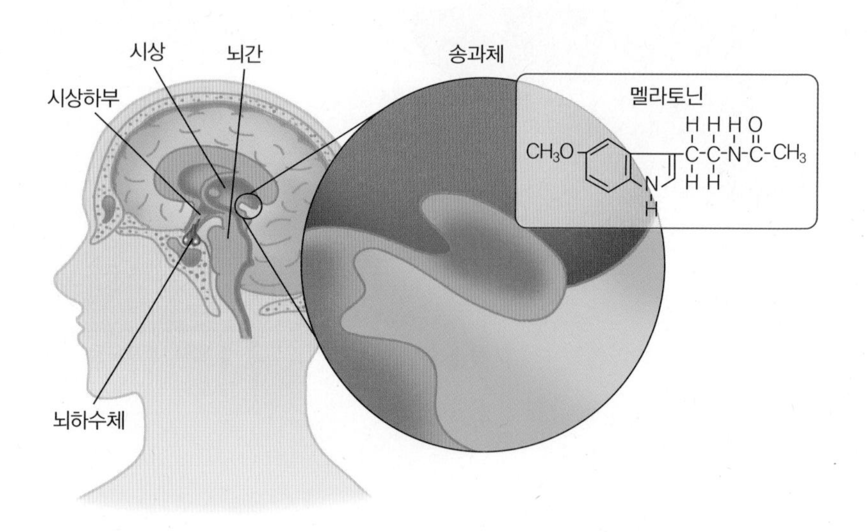


그림 4-28 송과체

## 3) 위장관

위장관은 가스트린, 그렐린, 세크레틴, 콜레시스토키닌, 위 억제 펩티드, 글루카곤-유사 펩티드 등을 분비하며, 위장관 분비호르몬의 주요 표적기관은 위, 간, 췌장이다. 위장관 분비호르몬은 위운동, 식욕, 담즙 및 췌장액 분비 등을 조절한다.

### (1) 가스트린

가스트린gastrin은 위에서 분비되고 분비장소인 위에서 **벽세포**의 위산 분비를 촉진한다. 또한 **주세포**의 **펩시노겐**pepsinogen 분비를 자극하고, 위 점막 구조를 유지한다.

**벽세포**
위 점막의 위선에 있는 세포로, 위산과 내인성 인자를 분비함

**주세포**
위 점막의 위선에 있는 세포로, 펩시노겐을 분비함

**펩시노겐**
단백질 분해효소인 펩신의 비활성형 전구효소. 위산에 의해 펩신으로 전환됨

### (2) 그렐린

그렐린ghrelin은 공복 시 위에서 분비되며, 시상하부 섭식중추에 작용하여 식욕을 촉진한다.

### (3) 세크레틴

세크레틴secretin은 소장에서 분비되며, 위운동을 억제하고 담즙 및 췌장액 분비를 촉진한다.

### (4) 콜레시스토키닌

콜레시스토키닌cholecystokinin, CCK은 소장에서 분비되며, 위운동과 위 비움을 억제한다. 이는 섭식중추에 작용하여 식욕을 억제한다. 또한 담낭을 수축시켜 담즙과 췌장액 분비를 촉진하며, 췌장의 구조를 유지한다.

### (5) 위 억제 펩티드

위 억제 펩티드gastric inhibitory peptide, GIP는 소장에서 분비되며, 위운동과 위 비움을 억제한다. 또한 식욕을 억제하고, 췌장의 인슐린 분비를 촉진한다.

### (6) 글루카곤-유사 펩티드

글루카곤-유사 펩티드glucagon-like peptide, GLP는 회장에서 분비되며, 위 억제 펩티드와 비슷한 작용을 한다. 위운동과 위 비움을 억제하고, 섭식중추에 작용하여 식욕을 억제한다. 또한 췌장의 인슐린 분비를 촉진하여 혈당을 조절한다.

# 7. 생식선

## 1) 남성 생식선

남성 생식선인 정소는 남성 호르몬인 테스토스테론을 분비하며, 주요 표적기관은 남성 생식기이다. 테스토스테론은 생식세포인 정자 생성, 남성 생식기 발달 및 2차 성징을 촉진한다. 사춘기 남성의 테스토스테론 증가는 뼈 성장판을 자극하여 성장을 촉진하고, 음경과 정소의 성장, 동화 작용에 의한 근육량 증가를 일으킨다.

테스토스테론은 방향화효소aromatase에 의해 에스트라디올로 전환되며, 이는 황체형성호르몬 분비에 대한 테스토스테론의 음성되먹임 조절에 필요하다. 또한, 테스토스테론으로부터 방향화에 의해 생성된 에스트라디올은 남성에서 뼈 무기질 침착을 증가시키고, 지방량과 지방조직 분포 및 성 기능에 영향을 준다.

## 2) 여성 생식선

여성 생식선인 난소는 에스트로겐과 프로게스테론을 분비하며, 주요 표적기관은 여성 생식기와 유선이다. 이 호르몬들은 생식세포인 난포의 발달을 촉진하고, 여성 생식기 구조 유지 및 발달을 돕는다. 또한, 사춘기 여성의 2차 성징을 촉진한다. 뼈의 성장판을 자극하여 성장을 촉진하고, 유방을 발달시키며 월경이 시작되게 한다. 뼈의 성장판 자극과 함께 뼈의 구성성분인 칼슘과 인의 축적을 촉진하여 뼈 무기질 침착을 증가시킨다. 또한, 동화 작용에 의해 단백질과 지방 합성을 증가시킨다. 에스트로겐은 지방량을 증가시킬 뿐만 아니라 지방분포를 변화시키는데, 특히 유방, 엉덩이, 허벅지 등에 지방을 축적한다.

프로게스테론은 황체에서 분비되는 황체호르몬이며, 에스트로겐과 유사한 작용을 하나, 비교적 낮은 수준으로 작용한다. 특히, 프로게스테론은 월경주기 중 분비기에 증가하여 그림 4-29 , 유방의 선상구조와 자궁선의 발달을 자극하고, 자궁내막을 두껍게 한다. 또한, 임신의 성립과 유지, 체온 증가 등의 기능을 담당한다.

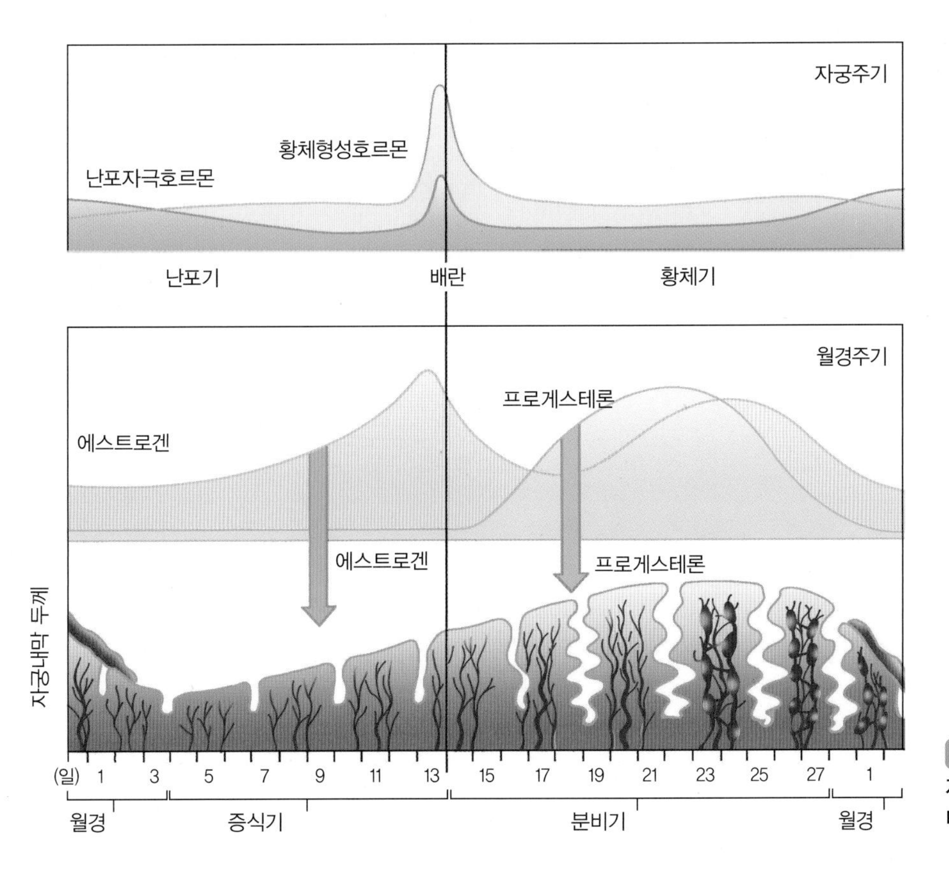


그림 4-29
자궁주기와 월경주기에 따른 호르몬 분비 변화

여성의 성호르몬은 월경주기인 약 28일을 주기로 분비량의 변화가 나타난다. 시상하부에서 성선자극호르몬-방출호르몬이 분비되면 뇌하수체 전엽에서 성선자극호르몬인 난포자극호르몬과 황체형성호르몬이 분비된다. 난포자극호르몬은 난포를 성숙시키고 자극하여 배란을 촉진한다. 황체형성호르몬은 난포기가 진행됨에 따라 서서히 증가하다가 배란 전에 급격하게 증가하여 배란을 일으킨다. 에스트로겐은 황체형성호르몬에 대한 양성되먹임 기전에 의해 황체형성호르몬 농도를 증가시킨다. 난포에서 난자가 나오는 배란 이후 비어 있는 난포는 황체가 되어 황체호르몬을 분비한다. 황체기 동안 에스트로겐과 프로게스테론 농도 증가는 난포자극호르몬과 황체형성호르몬 분비에 대해 음성되먹임 조절을 한다.

MEMO

CHAPTER

# 5 소화기계
## DIGESTIVE SYSTEM

1. 소화기계의 구조와 특성
2. 소화 과정
3. 소화관 기능의 조절
4. 영양소의 흡수

인체는 생명을 유지하고 에너지를 획득하기 위해 지속적으로 음식물을 섭취하여 인체 내부로 영양소를 공급해야 한다. 소화기계는 섭취(ingestion), 소화(digestion), 흡수(absorption) 과정을 통해 영양소를 인체의 외부환경에서 내부환경으로 이동시키는 역할을 한다. 인체가 구강으로 섭취한 음식물은 거대분자로 구성되어 있어 작은 단위로 분해되는 소화 과정을 거치게 되며, 소화된 입자는 소화관 벽을 지나 혈액 혹은 림프로 들어가는 이동 과정을 통해 인체 내부로 흡수된다. 소화기계는 구강에서 항문까지 이어지는 소화관(gastrointestinal tract: GI tract)과 소화관으로 소화액을 분비하는 부속 소화기관(accessary digestive organs)으로 구성된다.

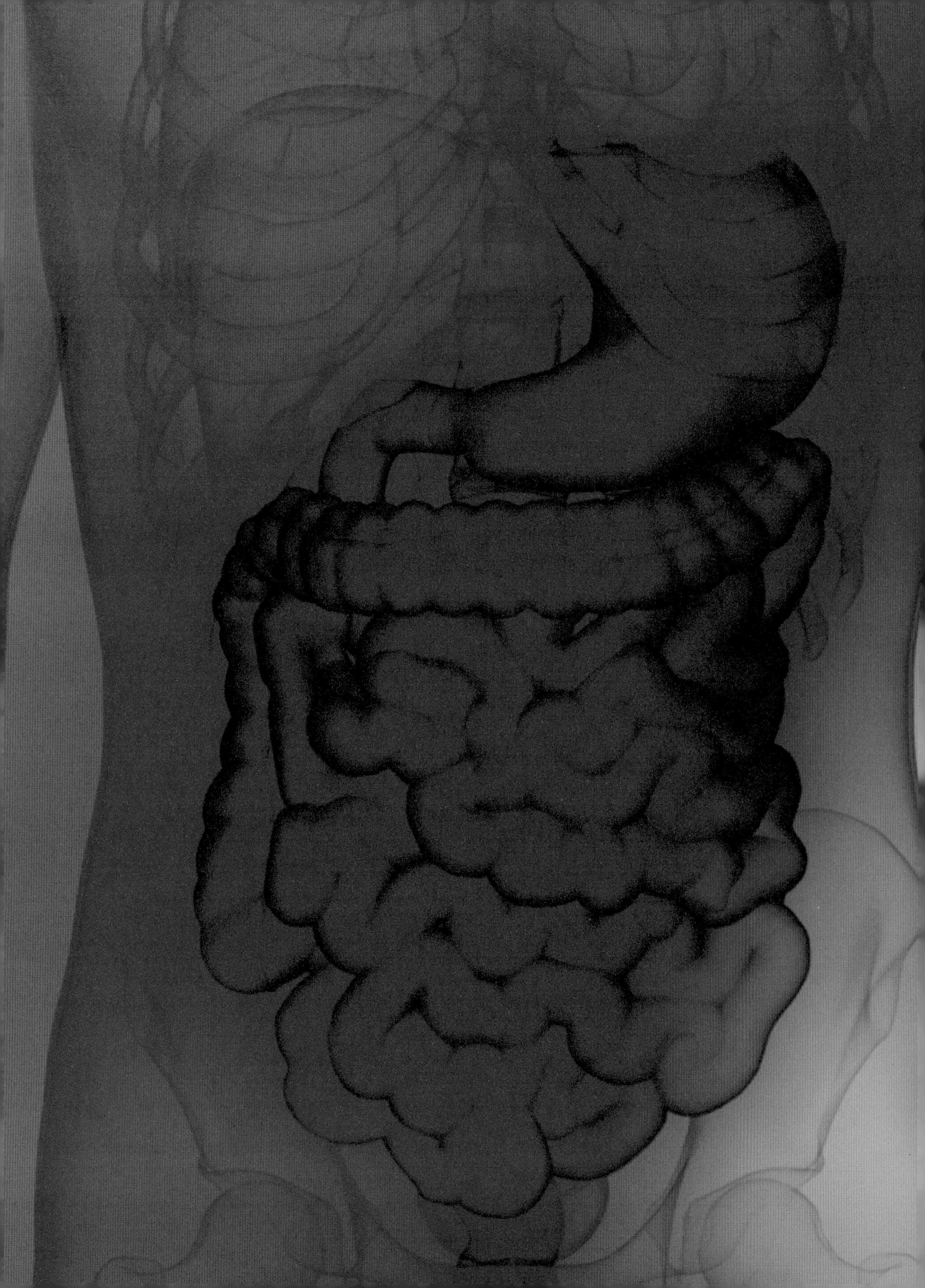

# 1. 소화기계의 구조와 특성

## 1) 소화관의 구조

### (1) 구강과 인두

구강oral cavity은 소화관이 처음 시작되는 부분으로, 입술lips, 뺨cheeks, 혀tongue, 치아teeth로 연결되어 있다. 구강은 음식물을 입안에서 조작하거나 씹고 삼키는 데 중요한 역할을 한다. 특히, 혀는 근육으로 구성되어 있어 음식물을 혼합하고 삼키는 과정을 도와주며 맛을 느끼는 미각기관의 역할을 한다. 치아는 큰 덩어

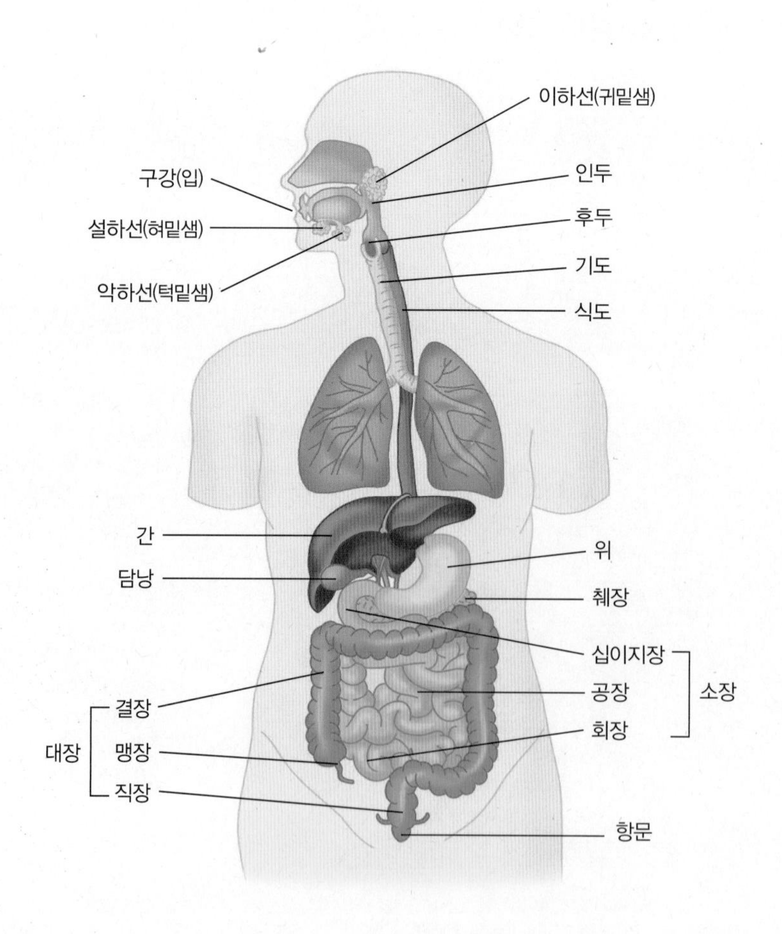


그림 5-1
**소화기계의 구조**

리의 음식물을 잘게 부수는 저작운동을 담당한다.

인두pharynx는 인체의 목에 해당하는 부분으로 구강과 식도가 이어지는 사이에 위치하며, 골격근으로 구성되어 있어 수축과 이완을 통해 음식물을 부수고 식도로 운반하는 역할을 한다. 또한 인두는 코와 후두로도 연결되어 있어 공기의 이동 통로가 되기도 한다. 따라서 음식물이 인두 안으로 들어오면 후두개가 음식물이 기도로 들어가는 것을 막아주며, 연구개는 음식물이 코로 들어가는 것을 막아준다 그림 5-2 .

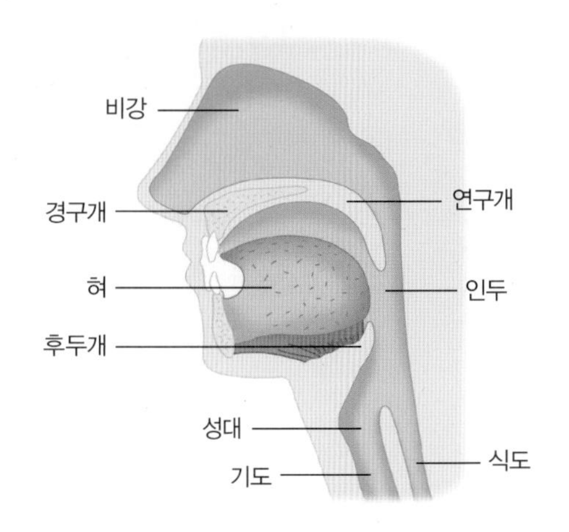


그림 5-2
구강과 식도의 구조

## (2) 식도

식도는 구강에서 삼킨 음식물 덩어리가 이동하는 기관이며 위의 상부까지 연결되어 있다. 식도와 위 사이에서 음식물의 이동은 횡문근으로 구성된 하부식도 괄약근lower esophageal sphincter, LES의 조임 작용에 의해 조절된다. 평상시에는 식도괄약근이 단단히 조여져 있어 위 안의 내용물이 식도로 역류하는 것이 차단되며, 음식물 덩어리가 식도 끝부분까지 도달하면 식도괄약근이 이완되어 그 사이를 통해 음식물이 위로 들어간다 그림 5-2 .

알아두기

### 하부식도 괄약근과 위식도역류증

하부식도 괄약근(lower esophageal sphincter)은 조직학적으로 구분되지는 않으나, 식도 말단부의 근섬유가 두꺼워짐에 따라 약간 좁아지는 근육이다. 음식물이 위 안으로 들어가면 이 부위에 근섬유의 협착이 발생하여 위의 내용물이 식도로 역류하는 것을 막아준다. 그러나 복압 증가, 자극적인 음식물, 약물 등에 의해 근육이 완전히 좁아지지 않으면 위 안의 산성 내용물이 식도로 역류하게 되며, 가슴쓰림(heartburn) 등의 증상이 생길 수 있다. 이를 위식도역류증(gastroesophageal reflux)이라고 한다.

### (3) 위

위는 소화관의 일부가 확대된 주머니 형태의 기관이며 위로는 식도, 아래로는 소장의 일부분인 십이지장과 연결되어 있다. 위의 구조는 위저부fundus, 위체부body, 유문부pylorus의 세 부분으로 구분된다. 위저부는 식도와 연결되어 식도의 왼편 위쪽으로 돌출된 형태이며, 위체부는 위의 중심 부분이고, 유문부는 소장과 연결되어 있는 아랫부분이다. 위의 구조에서 식도와 소장 사이에서 움푹하게 들어간 부분을 소만부, 바깥쪽으로 나와 있는 곡선 부분을 대만부라고 한다. 위가 비어 있을 때는 위의 점막이 큰 주름 벽rugae을 형성하며, 위가 음식물로 채워졌을 때는 주름이 펴지면서 위가 팽창된다. 위는 다른 소화관과 마찬가지로 종주근, 환상근, 사근 등으로 이루어진 근육층과 점막, 점막하조직으로 구성되어 있다. 위벽 안쪽의 점막세포는 점액mucus을 생성하여 위산과 소화효소로부터 위벽을 보호하는 역할을 한다. 위 점막은 접힌 구조로 되어 있으며, 관 형태의 위선gastric gland에서 점액과 소화효소가 함유된 위액과 위산을 생성한다. 위에서는 주로 음식물의 혼합 작용이 일어나며, 일부 영양소의 소화와 흡수가 이루어

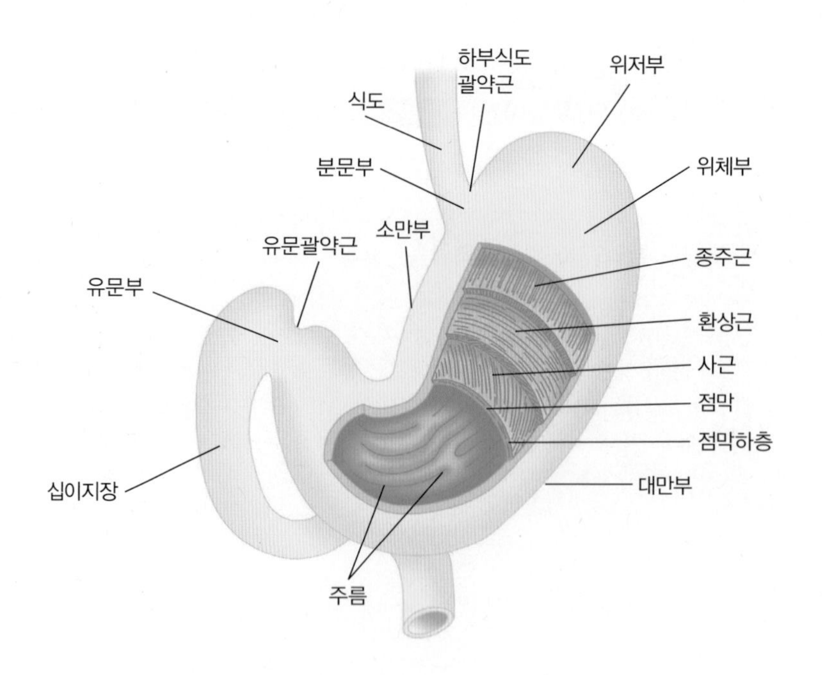


그림 5-3
위의 구조

지기도 한다. 이 과정을 통해 음식물은 위에서 1~4시간 정도 머물게 되므로 위는 음식물의 임시 저장소 역할도 한다 그림 5-3.

## (4) 소장

소장은 약 6 m의 긴 관으로, 십이지장duodenum, 공장jejunum, 회장ileum의 세 부분으로 구성된다. 소장의 윗부분인 십이지장의 내부 표면은 주름 벽mucosal fold 구조로 되어 있어 음식물이 들어왔을 때 표면적이 약 600배까지 확장되므로 음식물의 소화와 흡수에 효율적이다. 각 주름 벽은 손가락 모양의 융모villi들로 구성되며, 각 융모는 돌출된 구조로 되어 있고 표면은 점막세포로 촘촘히 둘러싸여 있다. 점막세포의 바깥 부분은 세포막이 변형된 형태인 미세융모 구조를 이루고 있다. 각 융모 안쪽은 모세혈관과 **유미관**lacteal이라 불리는 모세림프관이 연결되어 있다. 이들 모세혈관과 림프관은 흡수된 영양소를 운반하는 역할을 한다 그림 5-4.

**유미관**
소장 융모에 분포한 모세림프관. 소장에서 흡수된 지방을 운반하는 통로

공장과 회장은 십이지장과 구조가 비슷하나, 십이지장에 비해 관의 직경과 두께가 작고 주름 벽의 수와 미세융모의 수가 적다. 소장에서의 흡수는 대부분 십이지장과 공장에서 발생하고, 췌장과 간에서 분비되는 소화액도 십이지장으

**그림 5-4**
**소장의 융모 구조**

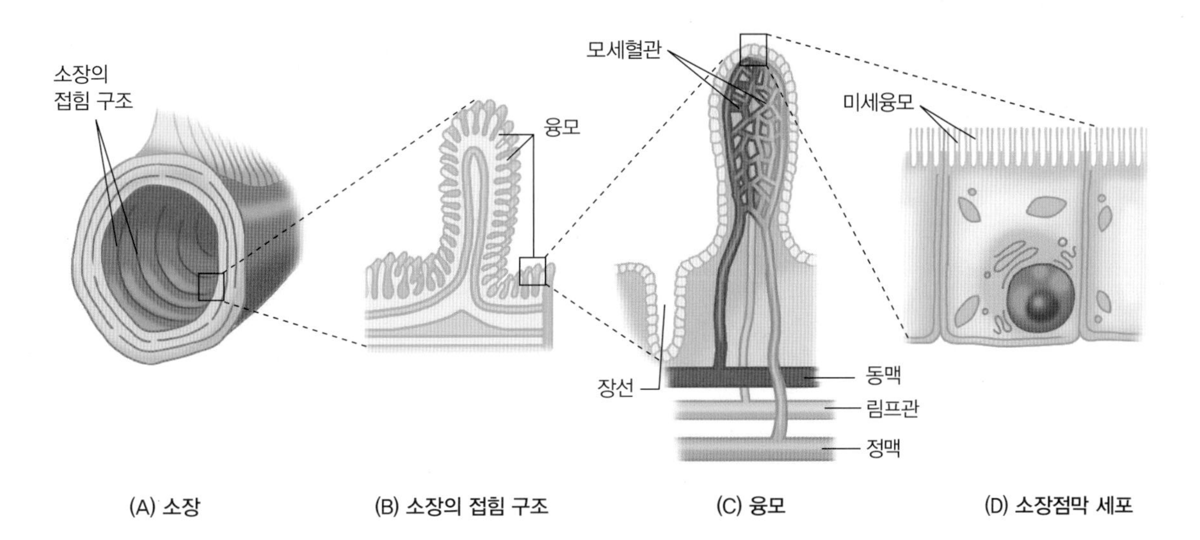

로 분비된다. 소장점막에서도 소화효소들이 분비되어 음식물이 소장벽을 따라 이동하며, 세융모를 거쳐 흡수될 때까지 지속적으로 소화가 이루어진다. 소장의 말단에는 맹괄약근ileocecal sphincter이 존재하여 소장의 내용물이 대장으로 이동하는 과정을 조절한다.

## (5) 대장

대장은 맹장cecum, 결장colon, 직장rectum, 항문anal canal으로 구성된다. 맹장의 측면에는 충수appendix라고 하는 작은 돌기가 있다. 결장은 상행결장, 횡행결장, 하행결장, 직장의 네 부위로 구분된다. 항문은 소화관의 마지막 부분으로, 평활근인 내항문괄약근internal anal sphincter과 골격근인 외항문괄약근external anal sphincter으로 구성되며, 배변 과정을 조절한다.

대장에서는 소장에서 흡수되지 않고 넘어온 **유미즙**chyme의 수분과 염분이 흡수된다. 이후 점액 분비와 대장미생물의 작용을 통해 대변feces이 형성되는데, 이 과정은 보통 18~24시간 정도 소요된다. 대변은 배변 과정을 통해 몸 바깥으로 배출될 때까지 대장에 저장된다 그림 5-5.

**유미즙**
위에서 음식물과 위액이 섞여 혼합된 상태의 액체

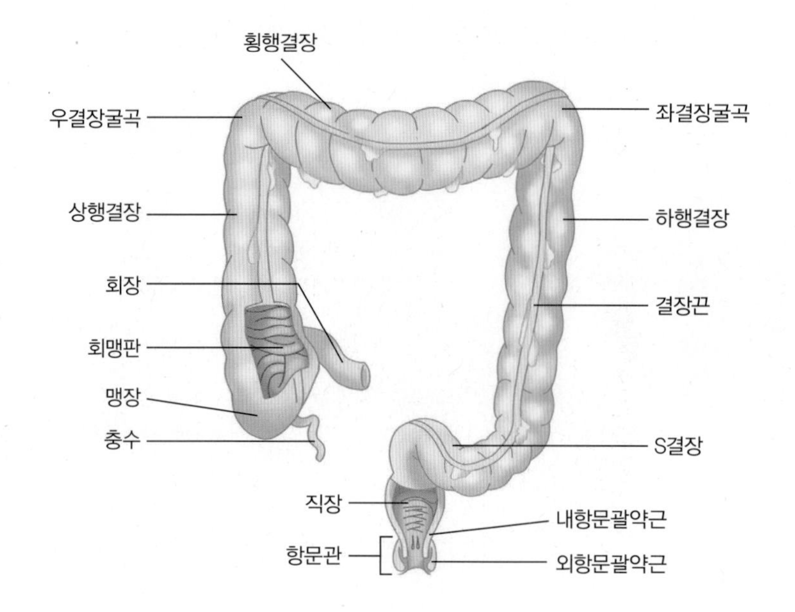


그림 5-5
**대장의 구조**

## 2) 소화관 벽의 일반 구조

소화관 벽의 대부분은 가장 안쪽부터 점막층mucosa, 점막하조직submucosa, 근육층circular smooth muscle, 장막층serosa의 4개 층 구조로 되어 있다. 점막층은 소화관 가장 안쪽에 위치하며, 점막세포로 이루어져 있고, 점막하조직은 점막층 바로 바깥에 위치한 느슨한 결체조직의 층이다. 점막하조직에 위치하는 점막하신경총submucosal plexus은 근점막에 자율신경을 공급하며, 부교감신경의 절전섬유와 위장관의 평활근에 공급된 절후섬유와 연접되는 부위이다. 근육층은 안쪽이 환상근, 바깥쪽이 종주근으로 구성되어 소화관GI tract의 연동운동을 담당한다. 환상근과 종주근 사이에는 근층간 신경총myenteric plexus이 존재하며, 자율신경계의 교감신경과 부교감신경섬유가 동시에 지배한다. 장막층은 소화관의 가장 바깥쪽에 위치하며, 결합조직으로 구성된 얇은 막이다 그림 5-6.

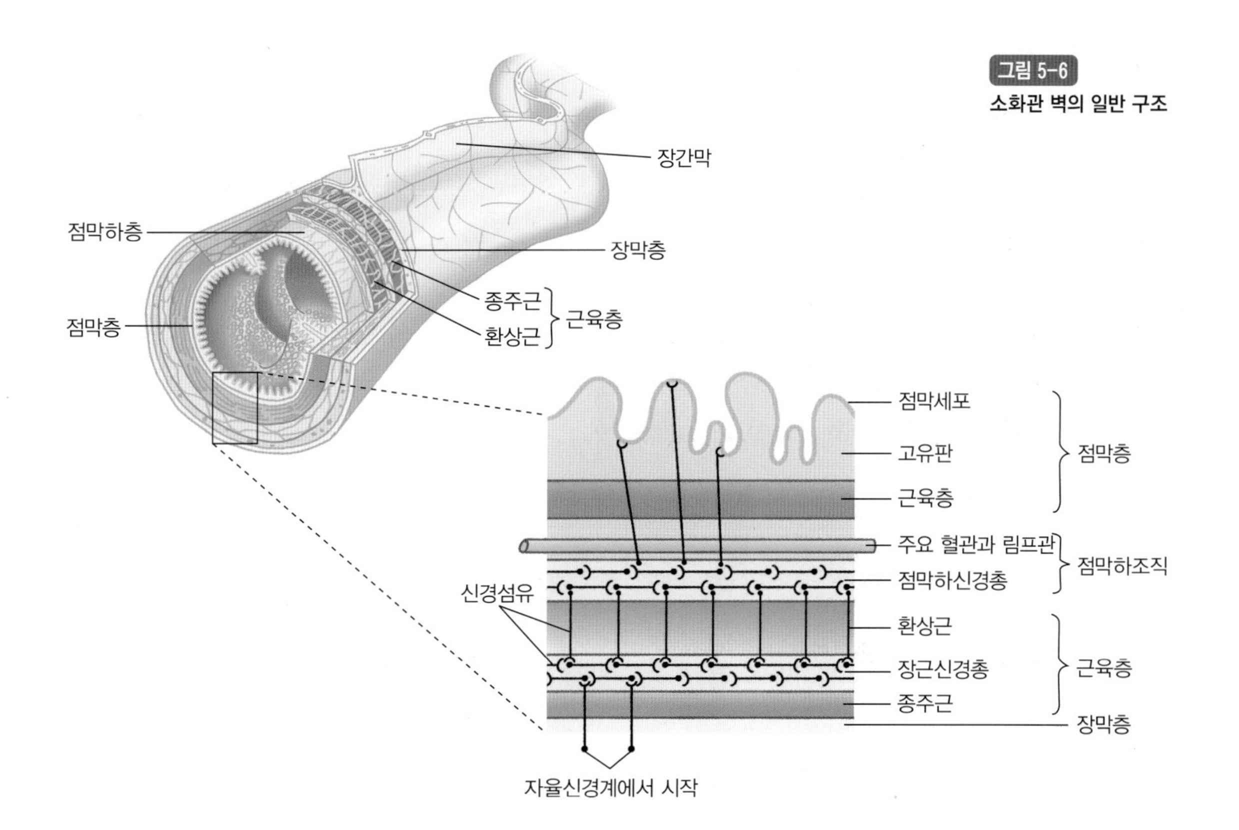


**그림 5-6**
**소화관 벽의 일반 구조**

## 3) 소화액 분비기관(부속 소화기관)

### (1) 타액선

타액선salivary gland은 침샘으로도 불리며, 구강 바닥의 점막 바로 아래에 분포하고 세 곳에 위치하고 있다. 가장 큰 타액선인 이하선parotid glands은 귀 아래에 있고, 악하선submandibular glands은 턱 아래 양쪽에, 설하선sublingual glands은 혀 아래에 위치한다. 타액선은 타액을 구강으로 분비하는 역할을 한다.

### (2) 간

간은 횡경막 아래 오른쪽 상복부에 위치한다. 4개의 엽lobes으로 구성되며, 무게는 1.36 kg 정도이다. 간은 간세포에 산소를 공급하는 간동맥hepatic artery과 소화관에서 혈액으로 흡수된 영양소를 간으로 운반하는 **간문맥**portal vein, 즉 2개의 혈관을 통해 혈액을 공급받고, 간정맥hepatic vein을 통해 혈액을 순환계로 내보낸다. 간은 분비, 저장, 영양소 대사, 해독 등의 다양한 역할을 담당하며, 그중 소화와 관련된 주요 기능은 담즙 생성이다. 담즙에 함유된 중탄산이온bicarbonate ion은 위산을 희석하고 중화하며, 담즙산염bile salt은 지방의 소화와 흡수를 돕는다 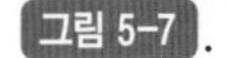.

**간문맥**
위, 소장에서 나온 혈액이 간으로 들어가는 혈관. 주로 장에서 흡수된 영양소들이 간으로 이동하는 통로

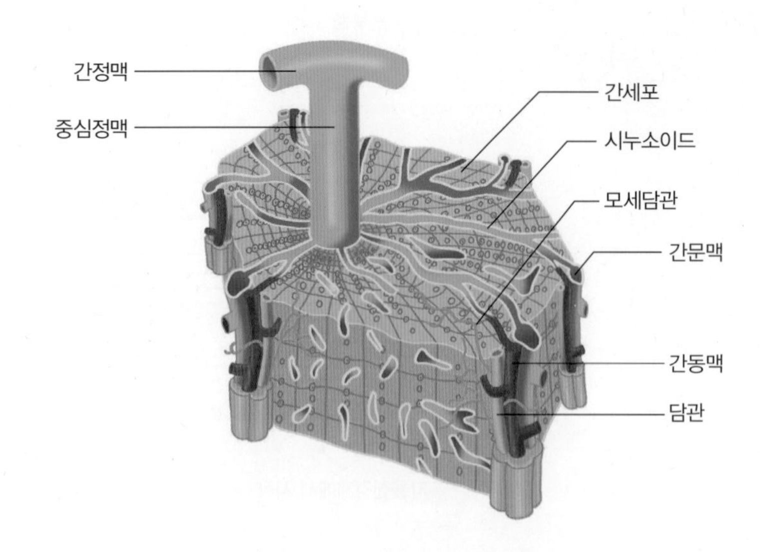


그림 5-7
**간조직의 구조**

알아두기

### 담즙의 기능과 장간순환

담즙은 지방의 유화 과정을 도와주는 소화액으로, 간에서 생성되며 담낭에 농축되었다가 자극이 있을 때 담낭관을 거쳐 십이지장으로 배출된다. 담즙은 담즙산, 콜레스테롤, 레시틴, 지질, 무기염류, 빌리루빈(billirubin) 등의 색소성분으로 구성된다. 담즙산은 간에서 콜산(cholic acid), 데옥시콜산(deoxycholic acid) 등과 글리신(glycine), 타우린(taurine) 등의 아미노산, $K^+$ 혹은 $Na^+$과 결합하여 담즙산염으로 존재한다.

인체가 지방을 섭취하면 담즙의 성분인 담즙산염이 지방을 유화하여 지방이 소화액 내에서 잘 분산되고 소화효소의 작용을 받을 수 있도록 표면적을 증가시킨다. 담즙으로 분비된 담즙산염은 대부분 소장의 끝부분인 회장에서 재흡수되어 문맥을 통해 간으로 들어가 담즙 생성에 재이용된다. 이와 같이 담즙이 소장에서 간으로 재흡수되고 다시 간에서 소장으로 분비되는 과정을 장간순환(enterohepatic circulation)이라고 한다. 소장으로 분비된 담즙의 5% 정도는 재흡수되지 않고 변으로 배설되며, 간은 콜레스테롤을 이용하여 새로운 담즙산염을 합성한다. 소장의 염증, 절제수술 등으로 담즙산의 재흡수가 많이 감소하면 간에서 부족한 담즙산을 한꺼번에 생성하고 분비하기 어려워진다. 이로 인해 지방 소화가 원활하지 않게 되어 지방흡수불량증 등이 발생할 수 있다.

## (3) 담낭

담낭gallbladder은 간의 부속기관으로, 간에서 합성된 담즙이 저장되는 기관이다. 간에서 합성된 담즙은 총간관common hepatic duct을 통해 담낭관cystic duct을 거쳐 담낭으로 들어가 농축 및 저장된다. 음식물이 소화관으로 들어오면 담낭은 수축하며, **오디괄약근**sphincter of Oddi은 이완되어 담낭에 저장된 담즙이 담낭관을 지나 총담관common bile duct을 거쳐 십이지장으로 분비된다 그림 5-8 .

**오디괄약근**
십이지장과 총담관 사이에 존재하는 괄약근. 담즙 분비 시 이완되어 십이지장으로 담즙 분비를 가능하게 함

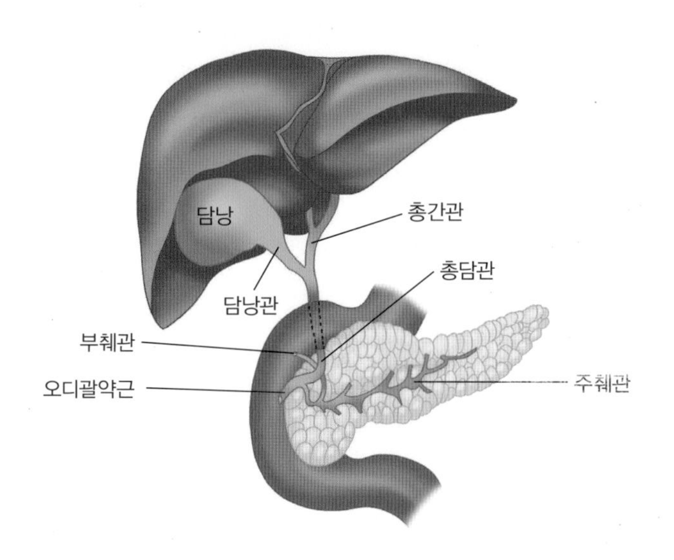


그림 5-8
담도계의 구조

#### (4) 췌장

췌장은 내분비기능과 외분비기능을 모두 수행하는 기관이다. 내분비기능을 담당하는 부분은 췌장섬pancreatic islets 조직으로 구성되어 있으며, 췌장세포가 혈액의 영양 상태에 따라 인슐린insulin이나 글루카곤glucagon을 혈액으로 분비한다.

췌장의 외분비기능을 담당하는 부분은 소화효소를 분비하는 선glands으로 구성되어 있다. 췌장 소화액에는 다량의 중탄산이온이 함유되어 있어 위에서 십이지장으로 이동된 산성 유미즙을 중화하는 역할을 하여 십이지장 점막이 손상되는 것을 막아준다. 췌장에서 소화액을 분비하는 선은 여러 갈래의 관으로 모여 췌관pancreatic duct을 형성한다. 췌관은 총담관과 합류하여 십이지장에 연결된다.

## 2. 소화 과정

소화digestion란 음식물로 섭취된 영양소가 혈액이나 림프로 흡수 가능한 형태까지 작은 분자로 분해되는 과정이다. 소화 과정은 음식물이나 영양소가 저작이나 소화관의 운동 등에 의해 물리적으로 분해되는 기계적 소화, 소화관에서 분비되는 효소에 의한 가수분해 작용인 화학적 소화, 장내 미생물에 의해 이용되어 대사물질의 형태로 분해되는 생물학적 소화로 구분할 수 있다.

### 1) 소화관의 운동

#### (1) 저작

저작은 치아에 의해서 큰 덩어리의 음식물이 잘게 분해되는 과정이며, 이를 통해 음식물이 소화액의 작용을 받는 면적이 넓어져 효과적인 소화가 가능해진다. 저작은 치아를 둘러싸고 있는 입술, 뺨 아래쪽에 위치한 저작근육의 운동과 입안에서 음식물을 이동시키는 혀의 움직임에 의해 발생한다.

### (2) 삼킴

삼킴은 저작된 음식물을 인두를 통해 식도로 넘기는 과정으로, 흔히 연하운동이라고 한다. 삼킴 과정은 인두 근육의 수의적 운동과 반사 작용이 혼합되어 나타난다. 저작된 음식물이 혀 근육에 의해 인두로 이동되면 인두의 접촉 수용체 touch receptor가 자극되며 이로 인해 인두 근육이 반사적으로 수축하여 음식물이 식도로 들어간다. 동시에 연구개가 비강 입구를 덮고, 후두개는 후두를 덮어 음식물이 기도로 넘어가는 것을 방지한다.

### (3) 연동운동과 분절운동(식도, 위, 소장, 대장)

연동운동과 분절운동은 식도, 위, 소장, 대장에 걸쳐 공통적으로 발생하는 소화관 평활근의 수축운동이다. 소화관 내용물이 혼합되면서 구강에서 항문 쪽으로 이동할 때 발생하며, 연동운동과 분절운동은 다음과 같은 차이가 있다 그림 5-9.

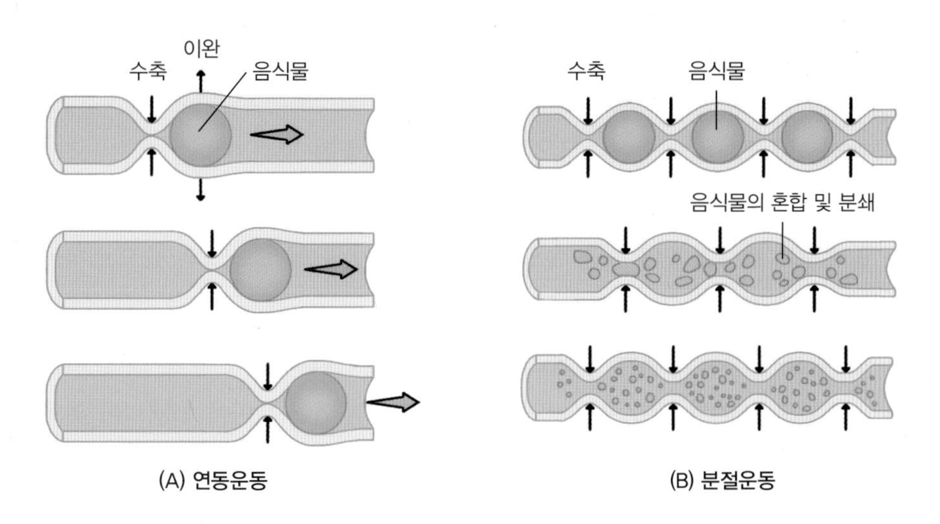


그림 5-9 소화관 운동: 연동운동과 분절운동

❶ 연동운동　연동운동은 소화관이 자극되면 자극을 받는 부위의 위쪽 소화관은 수축하고, 아래쪽 소화관의 평활근은 이완하면서 동시에 이러한 수축과 이완이 소화관의 아래쪽으로 파급되는(연동파) 형태의 운동이다. 주로 위와 소장에서 활발하게 발생하며, 소화관의 환상근과 **종주근**longitudinal muscle이 번갈아 수축하면서 장 내용물을 소화관 아래쪽으로 보내는 역할을 한다.

**종주근**
소화관의 길이에 따라 배열된 근육. 수축 시 소화관의 길이가 짧아지고, 수축과 이완의 반복을 통해 소화관의 내용물이 이동함

❷ 분절운동　분절운동은 소화관의 **환상근**circular muscle에서 발생한 자극에 의하여 시작된다. 일정한 간격으로 환상근이 수축과 이완을 반복함으로써 소화관 직경이 변화하고, 장 내용물의 분리와 혼합도 반복된다. 이 과정을 통해 음식물이 잘게 분해되고 소화액과 잘 섞여 소화효소의 분해 작용이 원활해지며, 소장의 내용물과 소장 점막의 충분한 접촉이 이루어져 흡수가 쉬워진다.

**환상근**
식도, 소장, 대장 등의 소화관을 둘러싸고 있는 고리 모양의 근육. 수축과 이완을 반복하여 소화관의 지름을 좁히거나 넓혀 소화관의 내용물을 분쇄함

### (4) 위 배출

위 배출gastric emptying은 위의 연동운동으로 혼합된 유미즙이 위에서 유문괄약근을 거쳐 십이지장으로 이동하는 과정이다. 위 배출은 유문부 평활근의 수축에 의해 조절되며, 유미즙이 들어가는 십이지장의 상태에 의해서도 영향을 받는다. 예를 들어, 십이지장으로 배출된 유미즙이 많으면 위 배출이 지연되며, 지방이 많은 음식을 섭취할 경우 **엔테로가스트론**enterogastrone 등의 호르몬 분비로 위장운동이 억제되어 배출 속도가 느려진다.

**엔테로가스트론**
소장에서 분비되는 호르몬. 위의 내용물이 십이지장에 도달하면 분비되어 위액과 위산의 분비를 억제함

음식물이 위 안에 들어와서 십이지장으로 배출될 때까지 머무르는 시간은 음식 섭취량과 내용물에 따라 달라지며, 보통 1~4시간이 소요된다. 주요 영양소 중에서는 탄수화물의 배출 속도가 가장 빠르며, 단백질, 지방의 순으로 배출 속도가 느려진다.

위 배출은 정서 상태의 영향도 받는다. 편안하거나 기분이 좋을 때는 위 배출이 촉진되고, 긴장, 공포 상태에서는 위의 운동과 위액 분비가 억제되어 위 배출이 느려진다.

### (5) 대장의 운동과 배변

대장에는 집단운동mass movement이라는 독특한 형태의 이동이 나타난다. 이는 횡행결장과 하행결장에서 주로 나타나는 강력한 연동운동으로, 소화관에 분포된 장 신경총intramural plexus의 국소반사에 의해 발생한다.

대장의 집단운동은 음식물 섭취 등으로 위장이 팽창되면 장 신경총이 흥분되어, 대장 내용물의 상당량이 한꺼번에 대장의 끝부분인 직장으로 이동하게 된다. 대장의 내용물이 다량으로 이동하면 대장 내의 원래 내용물이 있던 자리에 새로 섭취된 음식물이 들어올 수 있는 빈 공간이 마련된다. 대장의 집단운동은 건강한 사람의 경우 하루에 1~2회 정도 발생한다. 집단운동은 아침식사 후 15분경에 가장 활발하며, 10~30여 분 지속되다가 반나절가량 지나면 완전히 멈추게 된다. 집단운동으로 내용물이 이동하여 직장이 가득 차면 직장 벽rectal wall의

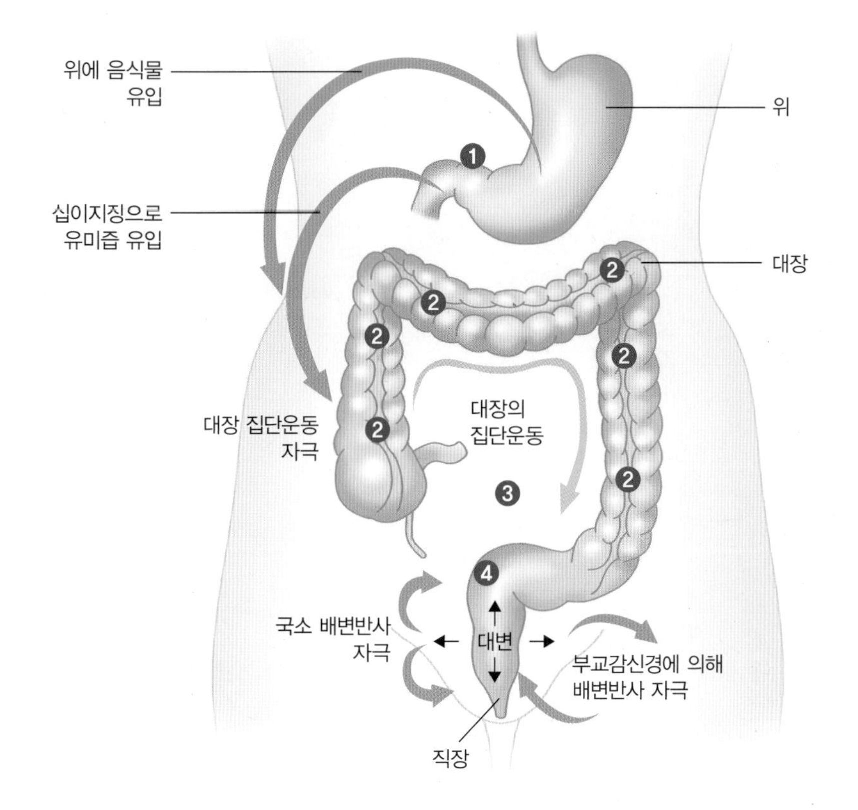


그림 5-10
대장의 운동과 배변반사(원문자 숫자는 배변반사가 발생하는 순서)

알아두기

## 인체 마이크로바이옴(Human Microbiome)

마이크로바이옴이란 '미생물(microbe)'과 '생태계(biome)'를 합친 미생물 군집이 보유한 유전체 전체를 일컫는 개념이다. 그리고 인체 마이크로바이옴(human microbiome)이란 인체에 서식하거나 공존하는 미생물과 그 유전정보 전체를 포함하는 미생물군집으로 정의된다. 인체에 곳곳에 존재하는 미생물 중 많은 수는 소장과 대장에 분포한다. 장내 마이크로바이옴(gut microbiome)은 인체에서는 자연적으로 분해되지 않는 영양소의 분해를 도와 체내에 흡수될 수 있도록 도와주는 역할을 한다. 또한 체내에 유입된 식품성분이나 영양소, 약물에 대한 반응성을 조절하고 대사 작용에 영향을 주는 것으로 알려져 제2게놈(the second genome) 혹은 체내 보조장기(a supporting organ)로도 인식되고 있다. 인체에는 약 100조 마리의 미생물이 존재하는 것으로 추정되는데, 이는 인체를 구성하는 세포수보다 몇 배 더 많은 수이다. 단백질을 만드는 유전자수도 인체보다 300배 넘게 많은 것으로 알려져 인체의 건강에 미생물 유전자가 더 큰 역할을 하고 있음을 시사한다. 인체의 게놈처럼 인체 마이크로바이옴도 각 개인별로 특이적인 미생물 네트워크로 형성되어 있다. 출생 시에는 모체의 태반이나 모유에 의해 영향을 받지만, 이후 성장 과정에서 여러 환경요인과 식사에 의해 건강에 유익하거나 혹은 해로운 형태의 구성으로 바뀔 수 있다.

인체 마이크로바이옴은 인체에 유익하거나 해로운 미생물이 모두 존재하며 서로 균형을 이루고 있다. 이러한 균형이 세균 감염, 식사 상태, 약물 등에 의해 변형되면서 인체가 질환에 취약한 상태가 될 수 있다. 여러 연구들을 통해 미생물 유전자는 인체의 건강과 생명 유지에 필수적이며, 인체가 생성하지 못하는 비타민이나 항염증성 물질을 생성하는 것으로 보고되었다. 특히, 장내 마이크로바이옴이 소화계, 심혈관계, 면역계, 뇌질환까지도 연관이 있다고 보고되면서, 이를 변화시킬 수 있는 식품성분과 식생활 및 건강과의 관계도 주목받고 있다.

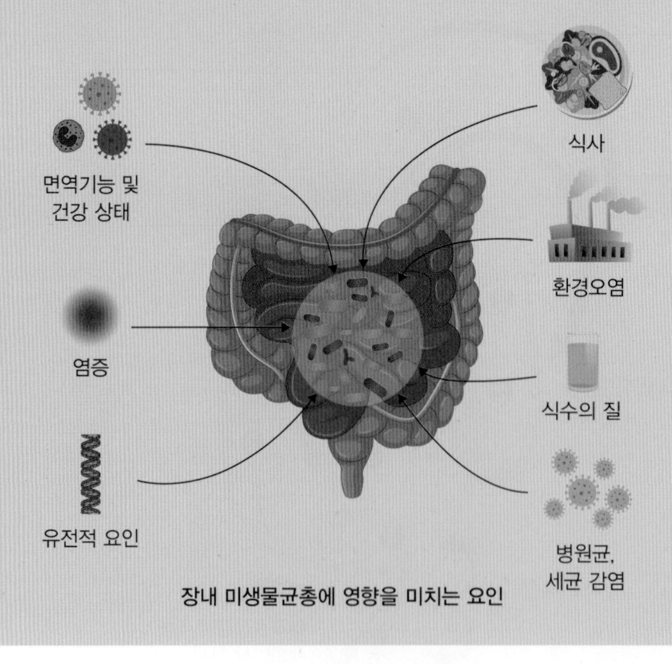


장내 미생물균총에 영향을 미치는 요인

팽창수용기들이 활성화되어 뇌로 신호를 전달하고 인체는 변의를 느끼게 된다. 변의를 느끼면 척추의 엉덩이뼈 부분sacral portion에서 시작되는 부교감신경의 자극으로 골반에 분포한 내장신경pelvic splanchnic nerves이 활성화하여 직장 근육은 수축하고, 내항문괄약근은 이완한다. 대변이 내항문괄약근을 지나 외항문괄약근과 항문거근levator ani muscle을 지나면 배설된다. 그러나 이때 외항문괄약근과 항문거근을 조절하는 운동신경은 대뇌 피질의 운동영역에 의해 활성화되어 근육들을 수축시킨다. 따라서 수의적으로 배변을 억제할 수 있다. 그러나 적절한 시기와 장소에서는 근육들이 이완되어 대변이 체외로 배출된다 그림 5-10.

## 2) 소화액의 분비

### (1) 침

타액saliva은 소화효소, 중탄산염, 점액 등으로 구성된 액체로, 구강의 이하선, 악하선, 설하선에서 분비된다. 이하선은 타액선 중 가장 크며, 소화효소인 아밀라아제(프티알린ptyalin)를 가장 많이 함유하는 타액을 분비한다. 악하선과 설하선은 점액이 함유된 타액을 분비한다. 타액에서 분비되는 아밀라아제는 다당류인 전분을 이당류인 맥아당으로 가수분해한다. 타액은 음식물을 적셔서 저작과 삼킴을 쉽게 해주며, 음식물이 용해된 타액은 **미뢰**taste bud를 자극하여 맛을 느끼게 한다. 이 외에도 타액은 면역글로불린을 함유하고 있어 면역기능을 담당하며, 항균 작용을 하여 구강점막을 보호하고, 치아의 부식을 방지한다.

**미뢰**
혀, 연구개 등에 분포하는 돌기 모양의 조직. 미각수용체가 존재하여 맛을 느끼는 역할을 함

### (2) 위액

위에서 분비되는 위액은 펩시노겐pepsinogen, 염산, 점액, 내인성 인자intrinsic factor 등의 성분을 함유하고 있으며, pH 1.0~1.5 정도의 강산이다. 위 점막의 접힌 구조인 위선은 벽세포parietal cell, 주세포chief cell, 점액을 분비하는 부세포mucous neck cell로 구성되어 있다. 염산은 위의 벽세포에서 분비되어, 단백질 분해효소인

**세크레틴**
위의 내용물이 소장으로 들어오면 분비되는 호르몬. 췌장액과 담즙의 분비는 촉진하고 위장운동은 억제하는 기능을 함

펩시노겐을 펩신pepsin으로 활성화하고, 세균 번식 억제 등의 중요한 역할을 한다. 위산의 분비는 십이지장에서 분비되는 소화호르몬인 **세크레틴**secretin과 엔테로가스트론 등의 분비를 자극한다. 주세포에서 주로 분비되는 펩신은 단백질을 가수분해하는 역할을 한다. 뮤신mucin은 점액성분으로 주로 부세포에서 분비되며, 펩신과 염산에 의해 위 점막이 손상되는 것을 방지한다. 벽세포에서 분비되는 내인성 인자intrinsic factor는 당단백질glycoprotein 구조이며, 비타민 $B_{12}$의 흡수에 필수적인 화합물이다.

### (3) 소장액

소장에서의 화학적 소화는 부속 소화기관인 췌장과 담낭에서 관을 통해 분비되는 췌장액 및 담즙과 소장 점막의 장선에서 분비되는 장액에 의해 이루어진다. 소장에서 음식물의 소화가 대부분 완료되면 영양소의 가장 작은 단위까지 분해되어 탄수화물은 단당류로, 지방은 지방산과 모노글리세리드monoglyceride로, 단백질은 아미노산의 형태로 소장 점막에서 흡수된다. 소장으로 분비되는 소화효소의 종류와 분비기관 및 작용은 표 5-1과 같다.

### (4) 대장의 소화

대장의 점막은 알칼리성의 대장액을 분비하지만, 대장액에는 소화효소가 없어 소화 작용은 일어나지 않는다. 소장의 끝부분인 회맹판ileocecal valve을 통해 대장으로 이동한 내용물은 대장에서 수분과 전해질이 마저 흡수되어 고형화된 변을 형성한 후 배변 과정을 통해 배출된다. 대장에서는 미생물이 번식하며, 장내 세균에 의해 비타민 B 복합체와 비타민 K를 소량 합성한다. 소장 안에서 소화되지 않은 탄수화물과 식이섬유는 대장 미생물에 의해 발효되어 젖산, 아세트산, 단쇄 지방산 및 메탄 등의 기체화합물을 생산한다. 대변은 소장에서 소화되지 않은 음식물의 잔여물과 소화되지 않은 단백질, 지방, 무기질로 구성되며, 여기에 장 분비물, 점액, 탈락된 점막세포 등이 더해져서 형성된다.

표 5-1 소장의 화학적 소화

| 소화액 생성 기관 | 작용 기관 | 소화액 및 효소 | 작용 |
|---|---|---|---|
| 췌장 | 소장 | 중탄산염(sodium bicarbonate) | 위산(유미즙)의 중화 |
| | | 아밀라아제(amylase) | 전분, 글리코겐 → 맥아당, 덱스트린 |
| | | 리파아제(lipase) | 중성지질 → 지방산 + 글리세롤 |
| | | 트립신(trypsin) | 폴리펩티드 내부의 펩티드 결합 분해 → 작은 펩티드 |
| | | 키모트립신(chymotrypsin) | |
| | | 카르복시 말단 펩티드 가수분해효소 (carboxypeptidase) | 펩티드의 카르복실 말단 분해 → 더 작은 펩티드, 아미노산 |
| 간 | 소장 | 담즙(bile) | 지방의 유화 |
| 소장 | 소장 | 중탄산염(sodium bicarbonate) | 위산(유미즙)의 중화 |
| | | 점액(mucin) | 장벽 보호, 윤활 작용 |
| | | 맥아당 분해효소(maltase) | 맥아당 → 포도당 |
| | | 사탕 분해효소(sucrase) | 설탕 → 포도당 + 과당 |
| | | 유당 분해효소(lactase) | 유당 → 포도당 + 갈락토오스 |
| | | 아미노 말단 펩티드 가수분해효소 (aminopeptidase) | 펩티드의 아미노 말단 분해 → 더 작은 펩티드, 아미노산 |
| | | 디펩티드 분해효소(dipetidase) | 디펩티드 → 아미노산 |
| | | 엔테로키나아제(enterokinase) | 트립시노겐 → 트립신 |

# 3. 소화관 기능의 조절

앞서 언급된 소화기관들의 기능은 음식물이 적절한 분량으로 소화관의 각 부위를 이동하고 소화액과 혼합될 수 있도록 조절된다. 이러한 조절이 잘 이루어지지 않는 경우(예: 위 배출이 너무 빠르거나 느린 경우) 음식물의 소화흡수 효율이 감소하거나 소화관이 손상될 수 있다.

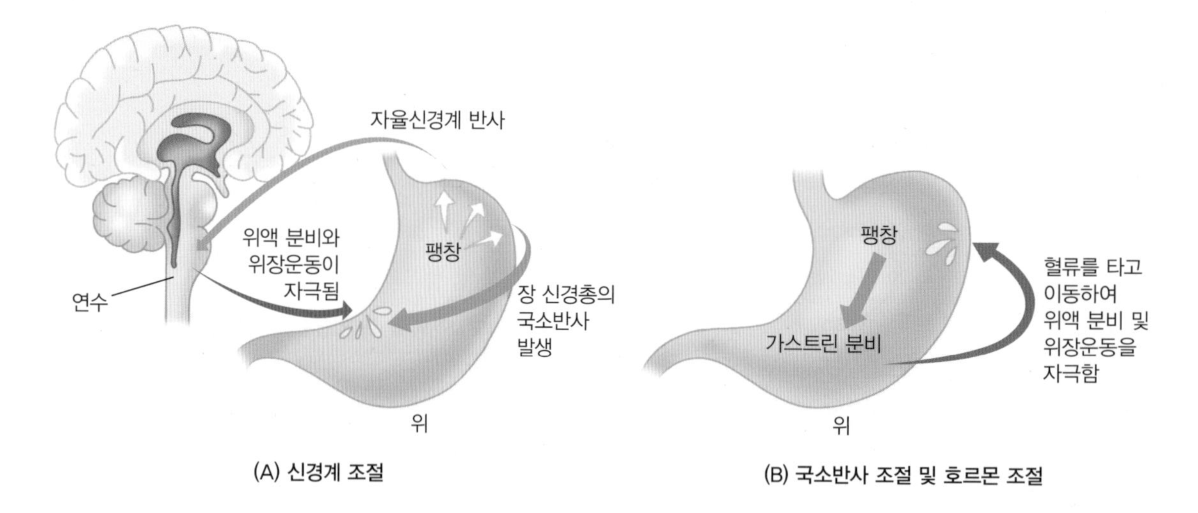


그림 5-11
**소화관의 기능 조절**

소화기능의 조절은 크게 자율신경계, 국소반사, 호르몬의 세 가지 요소에 의해 이루어진다 그림 5-11 .

## 1) 신경성 조절

### (1) 자율신경계

자율신경계autonomic nervous system는 소화관의 근육에 교감신경과 부교감신경이 동시에 분포하여, 뇌간에 위치한 연수의 조절중추를 통해 소화관의 기능을 조절한다. 소화관에서 발생하는 자극은 소화관 벽의 수용기에서 중추신경계로 전달되며, 다시 자율신경을 통해 효과기인 소화관 평활근이나 소화액 분비선의 활성을 변화시킨다. 부교감신경은 주로 소화에 필요한 소화액의 분비와 소화관 운동을 촉진하는 반면, 교감신경은 소화기계의 기능을 억제한다.

**활동전위**
신경섬유와 같은 흥분성 세포에서 자극으로 인해 변화된 세포막 전하 상태

이러한 자율신경계의 조절은 연수를 통한 반사 작용에 의해 이루어진다. 예를 들어, 음식물이 위장으로 들어가면 팽창수용기나 화학수용기를 자극한다. 이때 발생한 **활동전위**active potential가 신경섬유를 따라 연수의 조절중추로 전달된

다. 이에 대한 반응으로 위에서 위액의 생성이 증가하고, 섭취된 식품과 위액의 혼합 과정이 촉진된다.

#### (2) 국소반사

국소반사local reflex는 소화관에서 발견되는 독특한 소화조절체계이다. 국소반사는 소화관에 분포한 신경총의 신경세포에 의해 발생하며, 중추신경계는 관여하지 않는다. 소화관이 팽창되면 소화관 벽에 위치한 팽창수용기를 자극하고, 자극이 발생한 소화관 주변의 분비선과 평활근의 운동이 활발해진다. 예를 들어, 위에 음식물의 유입으로 위벽이 팽창하면 반사적으로 위액의 분비와 위장운동이 활발해진다.

또 다른 국소반사의 예시는 위에 음식물이 유입되어 팽창하면 소화관 신경총을 통해 대장의 평활근으로 자극이 전달된다. 이에 따라 대장 내용물의 집단운동으로 대장 내에 새로 섭취된 음식물이 들어올 공간이 확보된다.

### 2) 내분비 조절

소화관의 점막에 분포된 내분비세포들은 소화관과 부속 소화관의 분비선을 자극하거나 평활근의 운동을 조절할 수 있는 호르몬을 분비한다. 소화관의 내분비세포들은 다른 내분비선과는 달리 호르몬 분비조직이 분리되어 있지 않고 소화관 내강에 바로 노출되어 있다. 따라서 소화관으로 유입되는 음식물이나 소화관에서 분비되는 소화액이 직접 내분비세포를 자극할 수 있다. 예를 들어, 음식물이 위에 들어가면 가스트린 호르몬의 분비가 자극되어 위액의 분비와 위 평활근의 수축이 강화된다.

소화관의 기능을 조절할 수 있는 여러 호르몬 중 구조와 작용 기전이 비교적 잘 규명된 호르몬의 예를 표 5-2에 제시하였다.

**표 5-2** 소화 조절 호르몬의 종류와 특징

| 호르몬 | 생성기관 | 호르몬 분비자극 물질 | 표적기관의 반응 | 분비억제인자 |
|---|---|---|---|---|
| 가스트린 (gastrin) | 위 | 아미노산, 펩티드, 부교감신경 | • 위산 분비 촉진<br>• 위운동 촉진<br>• 소장운동 자극<br>• 점막 증식 촉진 | • 위산<br>• 소마토스타틴 |
| 콜레시스토키닌 (cholecystokinin, CCK) | 소장 | 아미노산, 지방산 | • 위산 분비 억제<br>• 위운동 억제<br>• 췌장액 분비 촉진<br>• 담낭 수축<br>• 오디괄약근 이완 | – |
| 세크레틴 (secretin) | 소장 | 산성물질 | • 위산 분비 억제<br>• 위운동 억제<br>• 췌장 중탄산염 분비 촉진<br>• 담낭 수축 | 소마토스타틴 |
| GIP (gastric inhibitory peptide) | 소장 | 포도당, 지방, 아미노산 | • 위산 분비 억제<br>• 위운동 억제<br>• 인슐린 분비 촉진 | – |

## 3) 소화액 분비의 조절 단계

소화기계에서 신경자극에 대한 반응으로 발생하는 소화관 운동 및 소화액 분비의 조절은 자극을 받는 위치에 따라 뇌상, 위상, 장상의 세 단계로 구분된다.

### (1) 뇌상

뇌상cephalic phase은 시각, 냄새 등의 자극에 의해 소화 작용이 시작되는 단계이다. 인체가 음식물을 보거나 냄새를 맡거나 음식을 생각하는 경우 뇌의 수용체가 자극되어 위액이 다량 분비된다. 이러한 반응은 반복된 경험에 의한 조건반사의 일종으로 전에 먹어 보았던 음식에 대한 특성(맛, 촉감, 냄새)에 대한 기억이 부교감신경을 자극하여 위액 및 **가스트린**gastrin의 분비를 촉진한다.

**가스트린**
위에서 분비되는 호르몬으로, 위장운동과 위액 분비를 촉진함

뇌상에 의한 소화액의 분비는 맛이나 식욕, 기분에 영향을 받으며, 기호에 맞는 음식물을 섭취할 경우 소화액 분비가 활발하게 일어난다. 반면, 두려움을 느끼거나 통증을 겪고 있는 상태에서는 교감신경이 활성화되어 위액 분비와 위장 운동이 억제된다.

### (2) 위상

위상gastric phase은 위에 음식물이 들어오면 위가 확장되거나 음식물에 의한 화학적 자극으로 위액이 다량으로 분비되는 단계이다. 위액 분비 촉진물질은 단백질 식품, 아세틸콜린acetylcholine, 히스타민histamine, 가스트린gastrin 등이며, 매운 음식이나 강한 산 등 자극성이 강한 음식물을 섭취할 때도 위액 분비와 위의 물리적 팽창이 촉진될 수 있다.

### (3) 장상

장상intestinal phase은 소장이 자극되어 나타나는 조절 단계이다. 위에서 내려온 산성 유미즙이 십이지장 점막에 접촉하면 세크레틴이 분비되어 췌장효소와 알칼리성 췌액(중탄산염)의 분비를 촉진한다. 또한 소화된 일부 음식물이 소장 내에 들어오면 위의 기능을 억제하는 신경반사가 나타나고, 위운동과 분비를 억제하는 엔테로가스트론 등의 호르몬이 분비된다. 장상에서 나타나는 위의 활동 감소로 인해 소장은 음식물을 소화하고 흡수할 시간을 확보하게 된다.

## 4. 영양소의 흡수

흡수absorption는 소화된 물질이 순환계 혹은 림프계로 이동하는 과정이다. 흡수는 위에서 시작되며, 알코올이나 아스피린 등의 약물은 위 점막을 통과하여 순환계로 이동할 수 있다. 그러나 영양소의 흡수는 대부분 십이지장과 공장에서 발생하며, 일부는 회장에서도 일어난다. 흡수 과정은 흡수되는 영양소의 종류나 화학적 특성, 체내 영양 상태에 따라 확산이나 능동적 이동을 통해 진행된다.

## 1) 탄수화물과 당의 흡수

탄수화물은 구강과 소화관을 통과하면서 단당류로 가수분해된 후, 주로 소장에서 흡수된다. 포도당과 갈락토오스galactose의 흡수는 장 점막에 존재하는 운반체와 **나트륨 펌프**$Na^+/K^+$ ATPase를 이용한 능동수송에 의해 이루어진다. 이때 포도당과 갈락토오스 운반체는 에너지를 소비하는 나트륨 펌프에 의해 형성된 $Na^+$의 농도 경사를 따라 이동한다. 과당은 운반체를 이용한 촉진확산을 통해 혈액으로 흡수된다.

**나트륨 펌프**
세포막에 존재하는 막단백질로, ATP 분해효소를 함유함. APT 분해 시 발생하는 에너지를 이용하여 칼륨을 세포 안으로 이동시키고, 나트륨을 세포 밖으로 배출함

## 2) 단백질과 아미노산의 흡수

단백질은 소장에서 **펩티드**peptide나 아미노산amino acid으로 분해된 후 흡수된다. 아미노산은 특정 아미노산(중성, 염기성, 산성)만을 운반하는 운반체를 이용하여 능동수송으로 소장세포로 들어간다. 이때 L형이 D형보다 흡수가 빠르다. 펩티드는 장 점막의 상피세포막에 존재하는 펩티드 분해효소에 의해 디펩티드dipeptide나 트리펩티드tripeptide로 분해된 후 다시 아미노산으로 분해되어 흡수된다.

**펩티드**
2개 이상의 아미노산이 결합된 형태 혹은 중합체

## 3) 지질과 지방산의 흡수

**중성지방**
글리세롤(glycerol) 한 분자에 3개의 지방산 분자가 결합된 형태

음식물로 섭취하는 지질은 대부분 **중성지방**triglyceride이다. 중성지방은 소장으로

분비되는 담즙산염에 의해 유화되어 미셀micelle을 형성한 후, 리파아제lipase에 의해 지방산, 글리세롤 및 모노글리세리드로 분해되어 소장 점막세포로 들어간다. 지방산과 모노글리세리드는 장 점막세포 내에서 다시 중성지방으로 재합성되며, 인지질, 콜레스테롤 등과 추가 결합 후 유미지립chylomicron을 형성하여 림프관으로 흡수된다. 림프관으로 흡수된 유미지립은 흉관thoracic duct을 통해 혈액으로 이동된다. 글리세롤과 탄소수가 10~12개인 중간사슬지방산은 수용성이므로 소장 점막세포에서 흡수되어 바로 혈액으로 이동할 수 있다.

### 4) 비타민의 흡수

지용성 비타민은 담즙산염과 결합하여 유화된 미셀의 형태로 소장 점막세포 안으로 이동하며, 유미지립을 형성하여 지질과 동일한 흡수 경로로 흡수된다. 따라서 담즙 분비가 원활하지 않거나 지방 흡수 불량 상태에서는 지용성 비타민의 흡수가 감소한다.

수용성 비타민은 확산이나 단백질과 같은 운반체 수송을 통해 대부분 소장 상부에서 흡수된다. 비타민 $B_{12}$는 위에서 분비되는 내인성 인자intrinsic factor와 결합하여 회장 하부에서 흡수된다.

### 5) 무기질의 흡수

무기질 중 나트륨($Na^+$)은 대부분 소장 상부에서 능동수송으로 흡수되며, 이때 염소이온($Cl^-$)과 중탄산이온($HCO_3^-$)이 함께 흡수된다. 칼슘($Ca^{2+}$)은 십이지장과 공장에서 흡수가 활발하며 비타민 D에 의해 흡수가 촉진된다. 철분은 이온의 형태에 따라 흡수율이 달라진다($Fe^{3+} < Fe^{2+}$). 철분은 주로 십이지장과 공장 상부에서 능동수송으로 흡수된 후, 장 점막세포에서 페리틴ferritin 형태로 저장

된다. 철분은 소화관 내의 다른 영양성분(탄닌, 피트산, 섬유소, 비타민 C)이나 소화액의 성분(염산, 인산염, 중탄산염)에 의해 흡수율이 크게 영향을 받는다.

### 6) 수분의 흡수

하루에 소장으로 유입되는 수분의 양은 음식물, 음료수 및 소화액(타액, 위액, 췌장액, 담즙 및 장액)을 합쳐 약 8~10 L이다. 소장으로 유입된 수분 중 80% 이상이 소장에서 흡수되고 약 1.5 L는 대장에서 마저 흡수되며, 남은 수분(약 200 mL)은 대변으로 배설된다.

MEMO

CHAPTER

# 6 체액, 혈액과 면역
BODY FLUID, BLOOD AND IMMUNITY

체액은 신체 내 모든 수분의 총칭으로, 우리 몸에서 가장 많은 양을 차지하고 있는 단일 구성성분이다. 체액은 신체 각 세포내, 세포 사이 및 혈관에 존재하며, 산소, 영양소 등의 다양한 물질들이 녹아 있는 수용액이다.
혈액은 혈장이라는 액체에 적혈구, 백혈구, 혈소판 등의 혈액세포가 부유 상태로 존재하는 조직이며, 세포내 산소와 영양소 전달, 대사산물 배출을 통해 세포의 생명과 기능을 유지하는 역할을 한다.
면역반응은 체내에 들어온 이물질을 인지하고 중화·제거하는 생리학적 기전이다. 면역체계는 병원체로부터 신체를 보호할 뿐만 아니라 손상 발생 시 죽은 세포를 제거하고 손상을 복구함으로써 항상성을 유지한다.

# 1. 체액

## 1) 체액의 분포

체액은 신체의 세포내와 세포 주위 및 모든 혈관 내에 존재하며, 출생 시 체중의 75~85%를 차지하다가, 나이가 들면서 45%까지 감소한다. 신체 내에서 수분이 차지하는 비율은 각 장기마다 차이가 있다. 뇌와 신장의 80~85%, 심장과 폐의 75~80%, 근육과 피부의 70~75%, 혈액의 50%, 뼈의 20~25%, 치아의 8~10%가 수분으로 이루어져 있다. 지방조직은 신체의 다른 조직들에 비해 체액의 비율이 가장 낮아 체지방이 증가할수록 체액의 비율은 감소한다.

## 2) 체액의 구획

체액은 세포막에 의해 세포내액과 세포외액으로 나뉜다 그림 6-1 표 6-1.

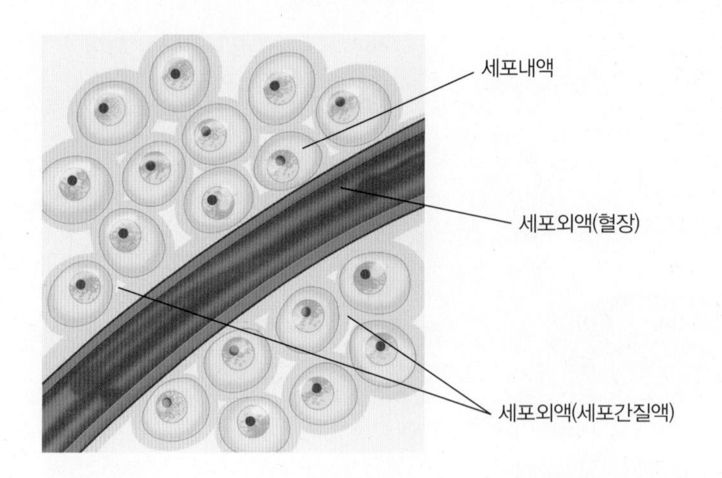


그림 6-1
체액의 구획

**표 6-1** 체액의 구획과 기능

| 구획(체중당 비율, %) | | | 기능 |
|---|---|---|---|
| 총체액<br>(60) | 세포내액(40) | | • 세포의 화학적 기능을 원활하게 하는 수성 매개물 역할<br>• 소화기계 내의 음식물 가수분해<br>• 인체의 구조물 구성 |
| | 세포외액<br>(20) | 간질액<br>(15) | • 세포에 영양분, 수분, 전해질 전달 및 노폐물 운반<br>• 세포 대사를 위한 용매 역할<br>• 관절과 세포막의 윤활과 쿠션 역할<br>• 체온 조절 |
| | | 혈장<br>(5) | • 적혈구와 결합<br>• 혈관용량 유지<br>• 산소 및 이산화탄소 운반 |
| | | 림프액<br>(극소량) | 세포로부터 노폐물을 운반하고, 최종적으로 흉관을 통해 혈액 순환으로 되돌려 보냄 |

### (1) 세포내액

세포내액intracellular fluid, ICF은 세포 안에 존재하는 수분으로, 건강한 성인의 경우 체액의 약 2/3를 차지하고 있다. 세포내액은 대부분이 유기물로 구성되어 있으며, 소량의 무기질도 함유되어 있다. 세포내액의 주요 무기질은 $K^+$, $Mg^{2+}$, $HPO_4^{2-}$이고, $Na^+$, $Cl^-$, $HCO_3^-$은 소량 존재한다.

### (2) 세포외액

세포외액extracellular fluid, ECF은 혈액과 세포를 둘러싸고 있는 공간에 존재하는 체액으로, 총체액의 1/3을 차지하고 있다. 세포외액의 75~80%는 세포 사이와 세포 주위에 존재하는 간질액interstitial fluid이다. 간질액은 혈관과 세포 사이에서 교환되는 가스, 영양소, 대사산물 및 다른 물질들을 이동시키는 역할을 한다. 간질구획은 출혈이나 혈관 부피 감소가 일어나는 동안 혈관 부피를 유지하는 기능을 한다. 세포외액의 나머지 20~25%는 혈액의 액체 부분인 혈장plasma에 존재하며, 여기에는 다양한 혈액세포들이 부유하고 있다.

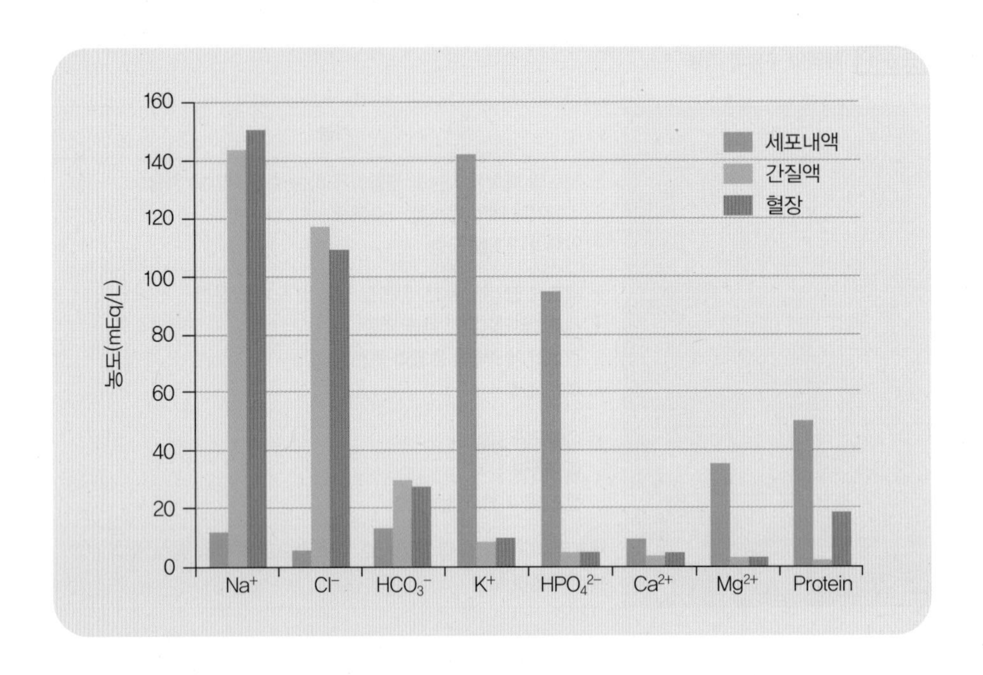


그림 6-2
체액의 전해질과 단백질 조성

세포간질액과 혈장은 혈관벽에 의해 구분되며, 혈장단백질을 제외한 모든 성분들이 모세혈관벽을 통해 자유롭게 이동한다. 따라서 세포간질액과 혈장의 성분 조성은 단백질을 제외하면 매우 유사하다. 세포외액의 주요 양이온은 $Na^+$와 $Ca^{2+}$이고, 음이온은 $Cl^-$, $HCO_3^-$이다 그림 6-2.

## 3) 체액의 이동

### (1) 세포외액과 세포내액 사이의 체액 이동

체액의 항상성 유지를 위해 세포외액과 세포내액은 끊임없이 서로 이동하면서 잘 혼합된다. 세포외액과 세포내액 간 체액의 이동은 삼투평형을 유지하기 위한 삼투압에 의해 일어난다. 혈액의 **삼투질 농도**는 체액의 정상적인 생리적 범위의 지표가 된다. 혈액의 정상 삼투질 농도는 280~320 mOsm/kg $H_2O$이며, 혈청 나트륨, 칼슘, 포도당과 요소의 농도에 의해 계산된다.

**삼투질 농도**
용액의 입자/kg으로 1 kg의 물에 들어 있는 입자수

삼투질 농도가 혈액과 같은 액체를 등장액isotonic solution이라고 한다. 용액의 삼투질 농도가 혈액보다 큰 경우를 고장hypertonic, 낮은 경우를 저장hypotonic이라고 한다. 정상적인 상태에서 세포외액과 세포내액의 삼투질 농도는 같다. 그러나 세포가 고장액에 노출되면 삼투평형을 이루기 위해 세포에서 액체가 빠져나가는 탈수dehydration가 일어나고, 반대로 세포가 저장액에 노출되면 액체가 세포 안으로 들어와서 세포가 팽창하게 된다.

### (2) 혈액과 간질공간 사이의 체액 이동

체액은 모세혈관벽을 통해서만 이동이 가능하며, 동맥이나 정맥의 혈관벽에서는 체액이 이동하지 않는다. 체액은 모세혈관의 동맥말단arterial end에서는 모세혈관에서 간질공간으로, 모세혈관의 끝부분인 정맥말단venous end에서는 간질공간에서 모세혈관 쪽으로 이동한다 그림 6-3. 혈액과 간질액 사이의 체액 분포는 혈액에서 간질액 쪽으로 체액을 보내려는 압력(여과압filtration pressure 또는 정수압hydrostatic pressure)과 간질액에서 혈액으로 체액을 끌어들이려는 혈액교질삼투압

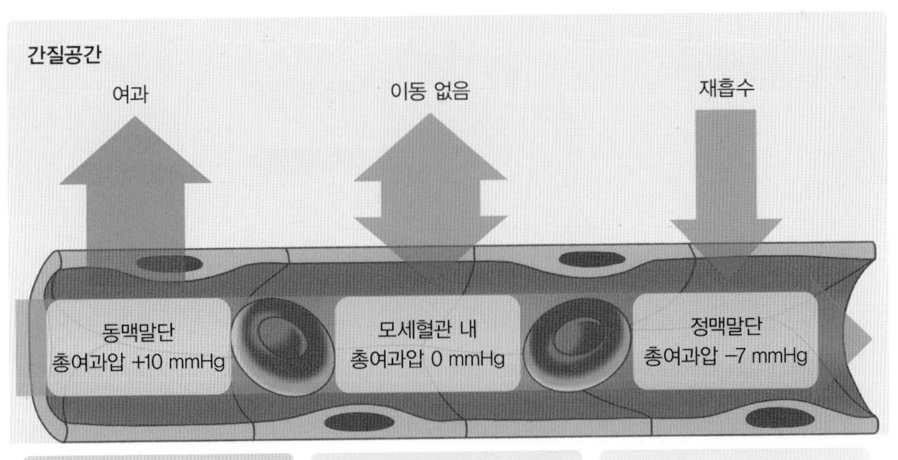


모세혈관의 여과압(35 mmHg)이 혈액교질삼투압(25 mmHg)보다 크므로 수분이 모세혈관에서 간질공간으로 이동

모세혈관의 여과압(25 mmHg)과 혈액교질삼투압(25 mmHg)이 같으므로 수분의 이동 없음

모세혈관의 여과압(18 mmHg)이 혈액교질삼투압(25 mmHg)보다 작으므로 수분이 간질공간에서 모세혈관 내로 이동

**그림 6-3** 모세혈관을 통한 혈장과 세포간질액 사이의 체액 이동

colloidal osmotic pressure 사이의 균형에 의해서 체액이 이동함에 따라 조절된다. 혈액은 단백질 농도가 세포간질액보다 높으므로 혈액의 교질삼투압은 간질액의 교질삼투압보다 높다.

## 4) 체액의 균형: 수분 섭취와 배설의 조절

체액은 대사산물을 배출하고 체온을 유지하는 생리적 역할 때문에 신체에서 계속 빠져나간다. 손실된 체액은 신체의 수분 평형을 유지하기 위해 반드시 보충해야 한다.

사람은 하루에 음식이나 음료의 섭취를 통해 평균 2.2 L, 정상적인 세포 호

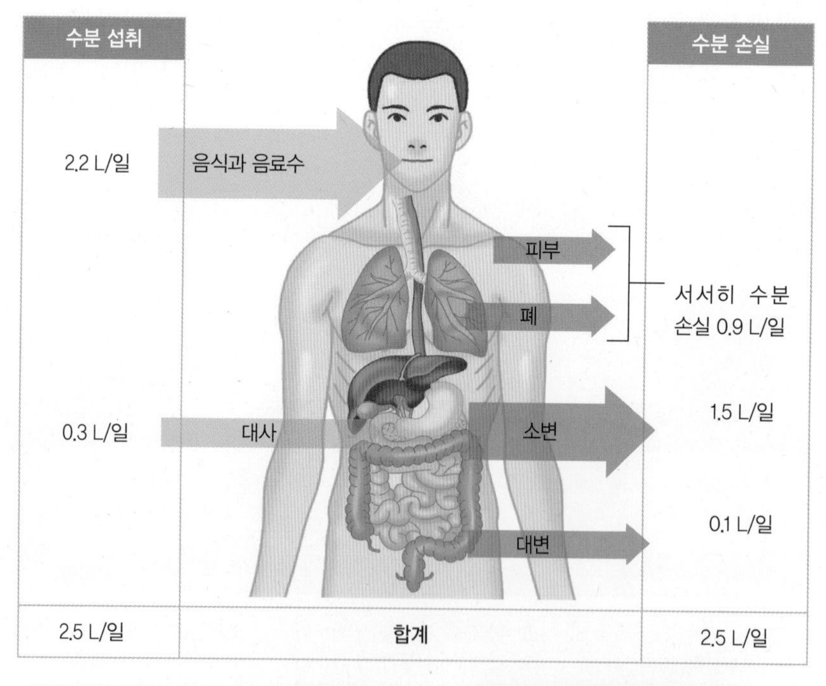


그림 6-4
신체의 수분 균형

흡과정을 통해 0.3 L 정도로 대략 2.5 L의 수분을 섭취한다. 신체의 수분 손실은 자각 손실과 불감성 손실로 구분된다. 자각 손실은 소변이나 대변으로 배출되는 수분과 같이 눈에 보이고 측정 가능한 손실(하루 평균 1.6 L)을 의미한다. 불감성 손실은 호흡 과정에서 손실되거나, 피부를 통해 발산되는 수분으로, 눈에 보이지 않고 측정이 되지 않는 손실(하루 평균 0.9 L)을 의미한다(총배출량 2.5 L). 따라서 섭취한 2.5 L의 수분은 배출되는 2.5 L의 수분과 균형을 이룬다 그림 6-4.

인체는 체액의 균형을 유지하기 위해 수분 섭취량에 따라 수분 배출량을 조절해야 한다. 수분 섭취량은 주로 갈증감각에 의해 결정된다. 음식을 짜게 먹거나 운동으로 땀이 많이 배출되어 체내 수분이 부족해지면, 시상하부의 음수 중

알아두기

### 체액의 불균형: 탈수와 부종

발열, 구토, 설사 증세가 있거나 장시간 심한 활동을 하면서 수분을 보충하지 않으면 체액이 손실되어 탈수(dehydration) 상태가 된다. 반대로 부종(edema)은 간질공간에 체액이 과잉 축적되어 조직이 손으로 느껴질 정도로 붓거나 비대해지는 상태를 말한다. 부종은 간질 부피가 2.5~3 L 정도로 증가해야 명백하게 나타난다. 탈수와 부종의 생리학적 기전 및 증상은 다음과 같다.

| 구분 | 탈수 | 부종 |
|---|---|---|
| 원인 | • 구토나 설사<br>• 소화기계 배액과 흡인<br>• 나트륨과 수분의 소실을 동반한 과도한 발한<br>• 소변을 통해 전해질, 체액, 포도당이 소실되는 당뇨병 케톤산증<br>• 노인이나 무의식 환자의 불충분한 수분 섭취 | • 혈장단백질 감소로 인한 교질삼투압 감소<br>• 모세혈관벽을 통한 체액의 여과율 증가(부전, 정맥 환류량 저하 등)<br>• 모세혈관 투과성의 증가(감염, 알레르기 반응 등)<br>• 림프 순환의 장애(림프관 차단, 수술에 의한 림프절 제거 등) |
| 증상 | • 갈증<br>• 움푹 꺼진 눈<br>• 피부긴장도 감소, 건조한 점막<br>• 체중 감소<br>• 빠르고 약한 맥박(저혈압, 기립성 저혈압)<br>• 피로, 허약, 어지러움, 혼미<br>• 체온 증가 | • 국소적으로 부음(발, 손, 안와 주위, 복수)<br>• 창백함, 회색 혹은 붉은 피부색<br>• 체중 증가<br>• 느리고 강한 맥박(고혈압)<br>• 기면, 발작이 일어날 수 있음<br>• 폐 울혈, 기침, 수포음 |
| 검사 | • 혈액: 헤마토크리트 증가, 전해질 증가<br>• 소변: 높은 비중, 양은 적음 | • 혈액: 헤마토크리트 감소, 혈청 나트륨 감소<br>• 소변: 낮은 비중, 양은 많음 |

추에 있는 삼투압수용기osmoreceptor가 체액의 삼투압 증가를 감지하고, 동시에 구강점막이 건조해져서 갈증을 느끼게 된다. 체내 수분이 부족하면, 바소프레신vasopressin 또는 항이뇨호르몬antidiuretic hormone, ADH과 알도스테론aldosterone에 의해 신장에서 수분이 보유된다. 신체 수분 부족으로 인해 혈액의 삼투압이 상승하면, 시상하부가 자극을 받아 뇌하수체 후엽에서 항이뇨호르몬이 분비된다. 항이뇨호르몬은 신장의 원위세뇨관에서 수분의 재흡수를 증가시켜 소변으로 배출되는 수분의 양을 감소시킴으로써 체내 수분 균형을 이룬다. 또한 체액량이 부족하여 신장으로 유입되는 혈액의 양이 감소하면, 레닌-안지오텐신-알

알아두기

**레닌-안지오텐신-알도스테론 체계(Renin-angiotensin-aldosterone system, RAAS)**

RAAS는 체액 균형과 혈압을 조절하는 호르몬시스템이다. 혈압 및 나트륨 농도가 낮거나, 신장으로 가는 혈류가 줄어들 경우 신장으로부터 레닌이 방출되어 안지오텐시노겐이 안지오텐신 I으로 전환된다. 안지오텐신 I은 폐에서 분비된 안지오텐신전환효소(angiotensin converting enzyme, ACE)에 의해 안지오텐신 II로 전환된다. 안지오텐신 II의 농도가 증가하면 부신피질을 자극하여 알도스테론을 분비하게 된다. 알도스테론은 신장에 직접적으로 영향을 주어 나트륨이온을 보유하게 한다. 나트륨이온의 농도가 증가함에 따라 삼투압이 증가되는데, 이로 인해 혈액량이 정상 수준으로 늘어난다.

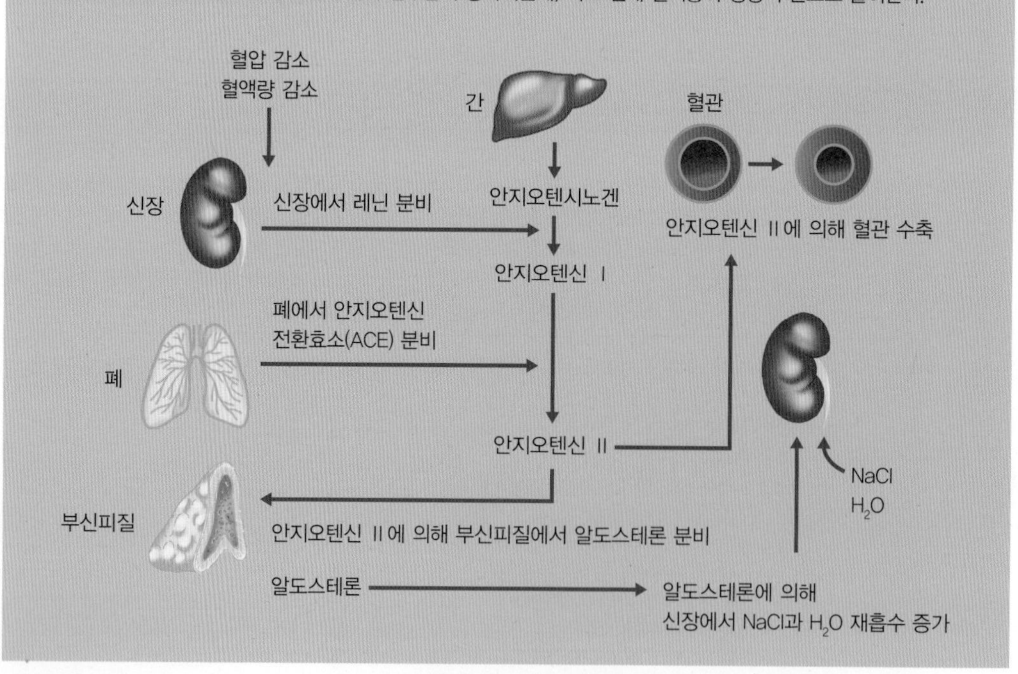

도스테론 체계renin-angiotensin-aldosterone system, RAAS를 거쳐 부신 피질에서 알도스테론이 분비된다. 알도스테론은 원위세뇨관에서 나트륨 체내 보유를 증가시키고, 수분의 배출을 감소시킨다.

## 5) 체액의 pH와 조절: 산-염기 대사 균형

세포내액과 세포외액은 끊임없이 교환되므로 혈장의 pH는 체액의 pH를 대표하는 지표로 사용되며, 혈장 pH의 정상 범위는 7.38~7.42이다. 이산화탄소, 탄산, 인산, 황산 등 세포의 대사 과정에서 생성되는 유기산organic acid과 아미노산, 지방산, 시트르산 회로의 중간산물 및 혐기성 대사 과정에서 발생하는 젖산 등의 유기산은 계속해서 세포외액으로 배출된다. 이처럼 체내에서 많은 양의 산이 생성되더라도 체액의 pH가 일정하게 유지되는 것은 세포내액 및 세포외액에 존재하는 완충제, 호흡을 통한 이산화탄소의 배출, 신장에서의 $H^+$와 $HCO_3^-$의 조절 등 3가지 기전에 의한 것이다.

세포내액과 세포외액에 존재하는 중탄산염-탄산, 단백질, 헤모글로빈, 인산 등의 완충제는 pH의 급격한 변화를 방지하기 위해 과량의 산이나 염기와 즉각적으로 반응하기 때문에 체액의 산-염기 평형을 유지한다. 폐는 호흡률과 호흡의 깊이를 변화시켜 이산화탄소를 방출하거나 보유하기 때문에, 산-염기 평형 유지를 돕는다. 신장에 의한 산-염기 평형은 소변 산성화의 주된 기전, 즉 근위세뇨관에서 중탄산염의 재흡수와 집합관에서 암모늄($NH_4^+$)의 배설을 통한 수소이온($H^+$) 분비 과정에 의해 이루어진다.

# 2. 혈액

혈액은 체중의 약 7~8%(성인 체중 70 kg 기준으로 약 4.9~5.6 kg)를 차지하며, 총부피는 5 L 정도이다. 혈액의 46~63%는 혈장이며, 나머지는 적혈구, 백혈구, 혈소판 등의 혈액세포가 액체인 혈장에 부유 상태로 존재한다. 혈장의 약 90%는 수분이며, 포도당, 호르몬, 효소 그리고 요소, 젖산과 같은 대사 노폐물 등이 용해되어 있다. 혈장은 알부민, 피브리노겐, 글로불린과 같은 단백질도 함유하고 있다. 혈액의 나머지 37~54%는 산소를 운반하는 적혈구red blood cell 또는 erythrocyte, 면역체계에 중요한 역할을 하는 백혈구white blood cell 또는 leukocyte, 혈소판platelets 또는 thrombocyte 등 3가지의 중요한 세포로 구성되어 있다 그림 6-5 표 6-2.

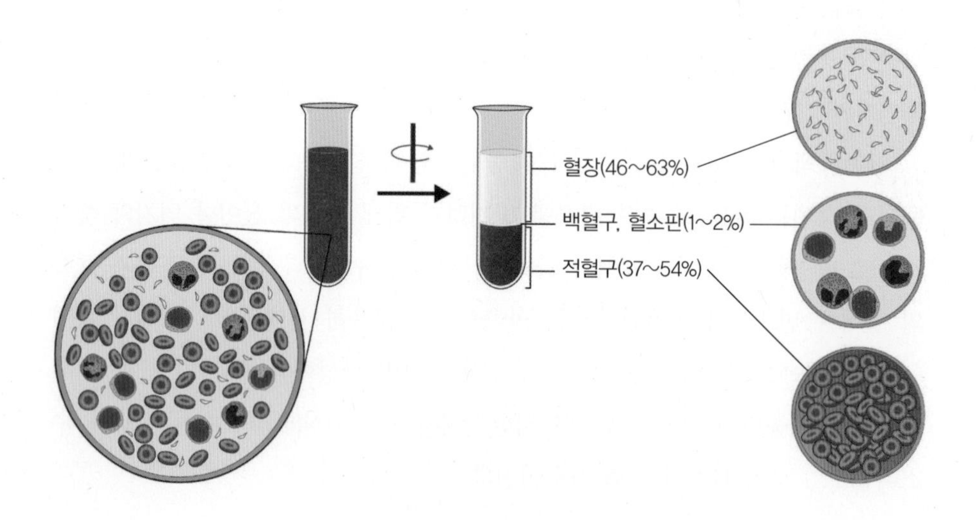


그림 6-5
혈액의 구성

**표 6-2** 혈액의 구성성분과 주요 기능

| 혈액의 구성성분 (혈액 중 차지하는 비율) | 하부 구성성분 (구성성분 중 차지하는 비율) | 종류(해당 성분 중 차지하는 비율) | 생성 장소 | 주요 기능 |
|---|---|---|---|---|
| 혈장 (46~63%) | 수분(92%) | 물 | 장관에 의해 흡수되거나 대사 과정에서 생성 | 물질 운반 매개 |
| | 혈장단백질(7%) | 알부민(54~60%) | 간 | • 혈장삼투압 유지<br>• 물질 운반체 |
| | | 글로불린 (35~38%) | $\alpha$–글로불린: 간 | • 혈장삼투압 유지<br>• 물질 운반체 |
| | | | $\beta$–글로불린: 간 | • 혈장삼투압 유지<br>• 물질 운반체 |
| | | | $\gamma$–글로불린: 혈장세포 | 면역반응 |
| | | 피브리노겐 (4~7%) | 간 | 혈액응고에 필수적인 피브린 섬유 형성 |
| | 조절단백질(< 1%) | 호르몬과 효소 | 다양 | 신체 기능 조절 |
| | 기타 용질(1%) | 영양소, 가스, 노폐물 | 장관에 의해 흡수, 호흡계로부터 교환, 세포 대사 과정에서 생성 | 다양 |
| 혈구 (37~54%) | 적혈구(99%) | 적혈구 | 골수 | 산소와 이산화탄소 운반 |
| | 백혈구(< 1%) | 과립백혈구: 호중구, 호산구, 호염구 | 골수 | 비특이적 면역 |
| | | 무과립백혈구 | 림프구: 골수, 림프조직 | 림프구: 특이적 면역 |
| | | | 단핵구: 골수 | 단핵구: 비특이적 면역 |
| | 혈소판(< 1%) | – | 거핵구(megakaryocyte): 골수 | 지혈 작용 |

알아두기

### 혈액의 기능

- 세포에 산소, 영양소 전달 및 대사 노폐물 회수
- 호르몬 분배
- 체온 조절을 위해 신체 곳곳에 열 확산
- 감염에 대항 및 상처 치유

## 1) 혈액의 구성

### (1) 혈장

혈장은 볏짚 색깔의 액체로, 수분이 전체 무게의 대부분(92%)을 차지하며, 단백질이 약 7%를 차지한다. 나머지 1%는 유기분자(포도당, 아미노산, 지방, 질소노폐물 등)와 이온($Na^+$, $K^+$, $Cl^-$, $H^+$, $Ca^{2+}$, $HCO_3^-$), 호르몬, 효소 및 산소와 이산화탄소 등을 포함한다.

혈장단백질의 54~60% 정도를 차지하는 알부민은 간에서 만들어져 혈액으로 분비된다. 알부민은 지방산과 스테로이드 호르몬을 운반하는 운반체 역할을 하며, 모세혈관 주위의 간질액에서 수분을 모세혈관 안으로 끌어들이는 데 필요한 삼투압을 제공한다. 혈장단백질의 약 35~38%를 차지하는 글로불린은 $\alpha$-글로불린, $\beta$-글로불린, $\gamma$-글로불린의 세 종류가 있다. 이 중 $\alpha$-, $\beta$-글로불린은 간에서 생성되어 주로 지질과 지용성 비타민 운반 및 삼투압 유지에 기여한다. $\gamma$-글로불린은 림프구에 의해 생성되며, 면역에 관여하는 단백질로 항체 또는 면역글로불린으로 잘 알려져 있다. 혈장단백질의 4~7%를 차지하는 피브리노겐은 간에서 생성되는 중요한 혈액응고인자로, 혈액응고 과정에서 불용성의 섬유소(피브린fibrin)로 전환된다. 그 밖에 철 이온을 수송하는 트랜스페린도 간에서 생성되는 혈장단백질에 포함된다.

항응고제(예: heparin, EDTA, sodium citrate 등)를 처리하지 않은 시험관에 채혈하여 방치하면 혈액 속에 용해되어 있는 혈액응고인자들이 활성화되어 혈구들이 엉겨 가라앉는다. 이를 원심분리하면 혈장plasma에서 혈액응고인자와 피브리노겐(섬유소원)이 제외된 혈청serum이 분리된다.

### (2) 혈구

혈액에는 적혈구, 백혈구, 혈소판 등 세 종류의 혈액세포가 존재하며, 각 혈액세포의 특징은 표 6-3에 제시하였다.

**표 6-3** 혈구의 특징

| 성분 | | 단위 | 특징 | 기능 |
|---|---|---|---|---|
| 적혈구 | | $4\sim6.5\times10^6/\mu L$ | • 핵이 없고 양면이 오목한 구조<br>• 헤모글로빈 함유<br>• 100~120일 생존 | 산소와 이산화탄소 운반 |
| 백혈구 | 과립백혈구 | – | • 적혈구 크기의 약 2배<br>• 세포질에 과립 존재<br>• 12시간~3일 생존 | – |
| | 호중성구 | 백혈구의 50~70% | • 2~5엽의 핵<br>• 과립이 연한 분홍색으로 염색 | 포식 작용 |
| | 호산성구 | 백혈구의 1~3% | • 2엽의 핵<br>• 과립이 에오신에 의해 붉게 염색 | • 이물질 해독<br>• 혈전용해 효소 분비<br>• 기생충 감염에 대항 |
| | 호염기성구 | 백혈구의 < 1% | • 엽으로 된 핵<br>• 과립이 헤마톡실린에 의해 파랗게 염색 | 항응고제인 헤파린 방출 |
| | 무과립백혈구 | – | • 세포질에 과립이 없음<br>• 100~300일 생존 | – |
| | 단핵구 | 백혈구의 2~8% | • 적혈구 크기의 2~3배<br>• 핵 모양이 원형에서부터 잎 모양까지 다양함 | 포식 작용 |
| | 림프구 | 백혈구의 20~40% | • 적혈구보다 약간 큼<br>• 핵이 세포의 대부분을 차지함 | 특이 면역반응 제공 |
| 혈소판 | | $150\sim450\times10^3/\mu L$ | • 세포질 조각<br>• 5~9일 생존 | • 혈액응고<br>• 세로토닌(혈관 수축 작용물질) 방출 |

❶ 적혈구 혈액 중 유형성분의 대부분을 차지하는 적혈구erythrocyte[남자 500만/μL(mm$^3$), 여자 450만/μL(mm$^3$)]는 폐에서 세포로 산소를 운반하고, 다시 세포에서 폐로 이산화탄소를 운반하는 기능을 한다. 적혈구는 납작하고 양면이 오목한 원반 구조로 인해 표면적이 넓어서 산소와 이산화탄소를 세포 내외로 빠르게 확산시킨다. 또한 각 적혈구에 포함된 약 3억 개 분자의 헤모글로빈

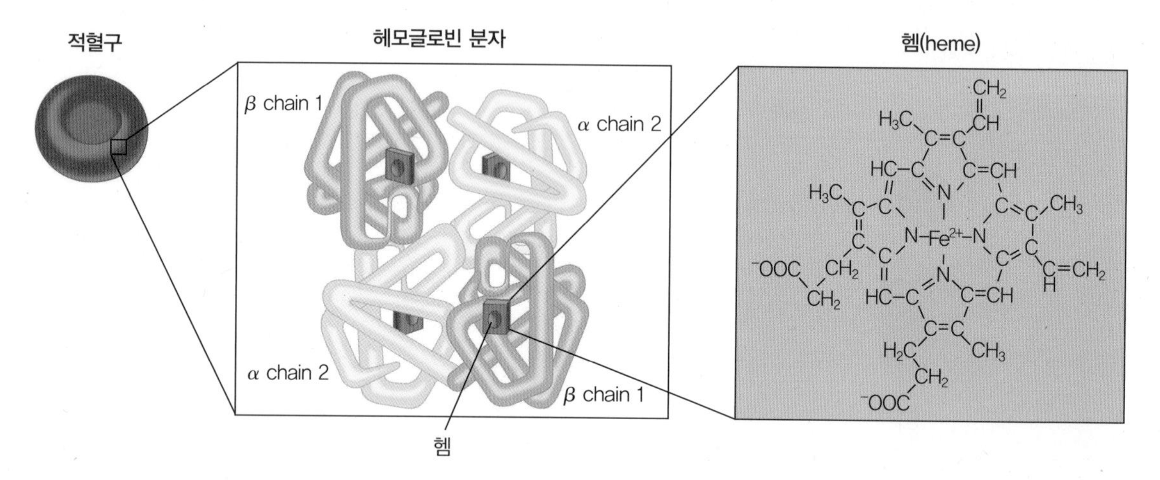


헤모글로빈 분자는 4개의 글로빈 단백질을 포함하고 있으며, 각각은 철을 함유한 하나의 헴 분자와 결합되어 있다.

**그림 6-6**
**헤모글로빈의 구조**

hemoglobin을 구성하는 헴heme 중의 철Fe은 산소 농도가 높은 폐에서는 산소와 결합하여 각 조직으로 운반되고, 산소 분압이 낮은 조직에서는 이산화탄소와 결합하여 폐로 운반된다 그림 6-6. 혈액 내 헤모글로빈의 정상 농도는 남자는 16 g/100 mL, 여자는 14 g/100 mL이다.

건강한 사람의 체내에서 순환되는 적혈구의 총량은 항상 일정하게 유지된다. 그러나 심박출량 감소, 빈혈, 장시간의 운동, 고도가 높은 환경 등 다양한 원인에 의해 산소 농도가 저하되어 신장으로 운반되는 산소의 양이 감소되면, 신장에서 적혈구 조혈 작용을 하는 에리트로포이에틴erythropoietin이 분비되어 적혈구 생성을 촉진한다. 골수에서 생성되는 적혈구는 초당 200만 개 이상의 빠른 속도로 생성되므로, 적혈구 생성을 위해 필요한 인자들이 충분히 존재해야 한다. 적혈구 생성에 필요한 인자는 철, 구리, 아연, 비타민 $B_6$, 엽산, 비타민 $B_{12}$, 단백질, 내적 인자intrinsic factor, IF 등이 있다 표 6-4.

적혈구의 평균 수명은 120일 정도이며, 수명을 다해 세포막이 약해진 적혈구는 골수, 간 및 비장 내에 있는 대식세포에 의해 분해된다. 분해된 적혈구 구성성분 중 헤모글로빈은 글로빈과 헴으로 분리되며, 글로빈은 아미노산풀로 들어가 단백질 합성이나 에너지 생성에 재사용된다. 헴에서 분리된 철이온은 새로

**표 6-4** 적혈구 조혈에 필요한 인자 및 역할

| 인자 | 역할 |
|---|---|
| 철 | 적혈구 내 헤모글로빈의 구성성분 |
| 구리 | 장점막 세포에서의 철 흡수를 촉진하는 헤페스틴(hephaestin)의 구성요소 |
| 아연 | 헤모글로빈의 헴 부분의 합성을 촉진하는 보조효소 |
| 비타민 $B_6$ | 헤모글로빈의 헴을 구성하는 포피린(porphyrin) 고리 합성 |
| 엽산, 비타민 $B_{12}$ | 적혈구 모세포의 DNA 합성과 세포 분열 |
| 단백질 | 헤모글로빈의 단백질 부분인 글로빈 합성 |
| 내적 인자(IF) | 위벽세포에서 분비되는 당단백질, 비타민 $B_{12}$와 결합하여 회장에서 흡수 |

운 헴 합성에 재사용되거나 저장되고, 포피린 고리는 비장에서 빌리버딘biliverdin과 빌리루빈bilirubin으로 전환되어 간에서 담즙 생성에 사용된다. 적혈구의 생성과 파괴 과정은 그림 6-7에 요약하였다.

❷ 백혈구 백혈구leukocyte의 크기는 8~15 $\mu$m, 평균 백혈구 수는 7,000개/$\mu$L(4,000~11,000개/$\mu$L)이다. 적혈구와 달리 백혈구에는 핵과 미토콘드리아가 있다. 백혈구는 아메바운동을 하여 해로운 물질이나 미생물이 침입한 장소 또는 손상된 조직으로 신속히 이동(**화학주성**chemotaxis)하고, 식작용을 통해 신체를 방어한다. 또한 손상된 세포 파편 청소 및 항체 생성 등 신체의 면역기능을 담당한다. 백혈구의 핵은 2~5개의 엽으로 이루어져 있고, 세포질에 다량의 과립을 함유하고 있는 다형핵 과립백혈구polymorphonuclear granulocyte와 하나의 큰 핵을 가지나, 과립을 거의 함유하고 있지 않은 단핵성 무과립백혈구mononuclear granulocyte로 구분된다. 과립백혈구에는 붉은 염료인 에오신에 염색되는 호산성구eosinophil, 염기성의 푸른색 염료인 헤마톡실린에 염색이 잘되는 호염기성구basophil 및 두 염료에 거의 염색되지 않는 호중성구neutrophil가 포함된다. 무과립백혈구에는 림프구lymphocyte와 단핵구monocyte가 있다.

**화학주성**
물질 중에 존재하는 특정 화학물질의 농도 차의 자극으로 생물이나 세포가 이동하는 현상

백혈구의 수명은 수 시간에서 수백 일까지 매우 다양하다. 예를 들어, 호중

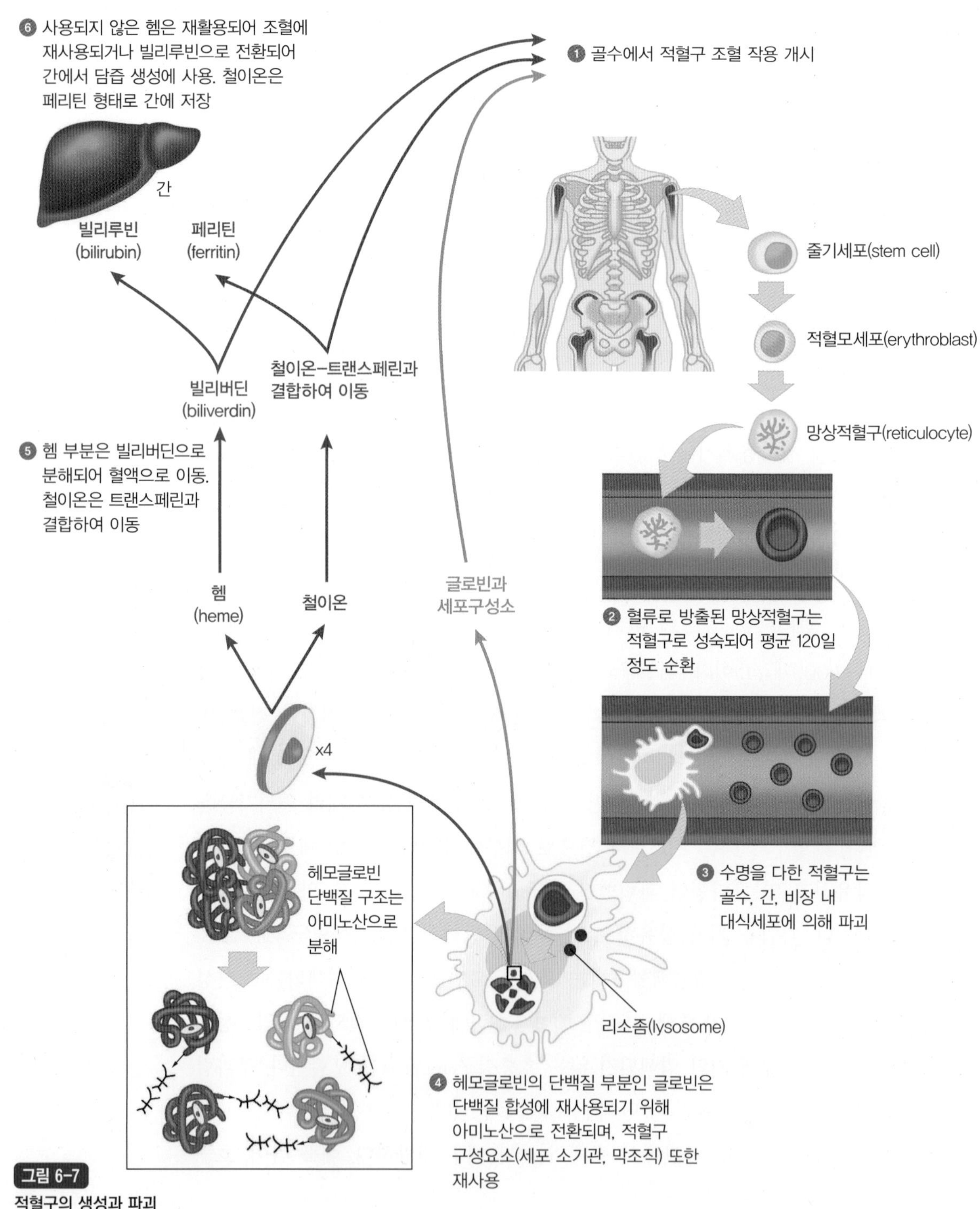


**그림 6-7**
**적혈구의 생성과 파괴 과정**

성구는 염증 발생 후 세균 탐식이 일어나 2~3시간 내에 파괴되지만, 단핵구는 조직으로 이동하여 대식세포로 전환된 후 수개월에서 1년까지도 생존할 수 있다. 각 백혈구의 특징은 표 6-3과 같다.

❸ 혈소판 혈소판platelet, thrombocyte은 골수의 거핵세포megakaryocyte의 세포질 일부가 떨어져 나와 순환계로 방출된 불규칙한 모양의 세포 조각이다. 무색, 무핵이며, 다량의 과립을 함유하고 있는 것이 특징이다. 정상치는 15~45만 개/$\mu$L이고 평균 수명은 3~5일이다. 혈소판은 백혈구처럼 아메바운동을 할 수 있어, 출혈 부위로 이동하여 혈액응고에 중요한 역할을 한다.

## 2) 혈액세포의 형성: 조혈

조혈 과정은 임신 3주째 배아의 난황에서 시작되어 간, 비장, 골수에서 진행되며, 출생 이후에는 혈액세포가 골수에서만 만들어진다. 모든 혈액세포는 골수의 **전분화성 조혈줄기세포**pluripotent hematopoietic stem cell, hemocytoblast로부터 유래된 것이다. 이 세포는 분열되어 모든 혈액세포의 전구체인 골수줄기세포myeloid stem cell와 림프구로 발달하는 림프구형성줄기세포lymphoid stem cell로 나뉜다 그림 6-8.

**전분화성 조혈줄기세포**
모든 종류의 혈액세포의 전구체로 발달할 수 있는 미분화세포

적혈구는 골수줄기세포로부터 전적혈모세포proerythroblast, 적혈모세포erythroblast 및 망상적혈구reticulocyte를 거치면서 생성된다. 적혈구는 성숙 과정에서 핵이 위축되고, 세포내 소기관도 분해되면서 점차 세포의 크기가 줄어든다. 미성숙 적혈구의 마지막 단계인 망상적혈구는 DNA는 없지만 RNA는 갖고 있기 때문에 헤모글로빈을 합성할 수 있다. 그러나 적혈구로 분화되면서 헤모글로빈 합성능력을 잃게 된다. 백혈구 중 과립세포인 호중성구, 호산성구 및 호염기성구와 무과립세포인 단핵구도 적혈구와 마찬가지로 골수줄기세포로부터 분화되어 형성된다. 흉선, 림프절, 비장 및 점막과 관련된 림프조직으로 이동한 림프구형성줄

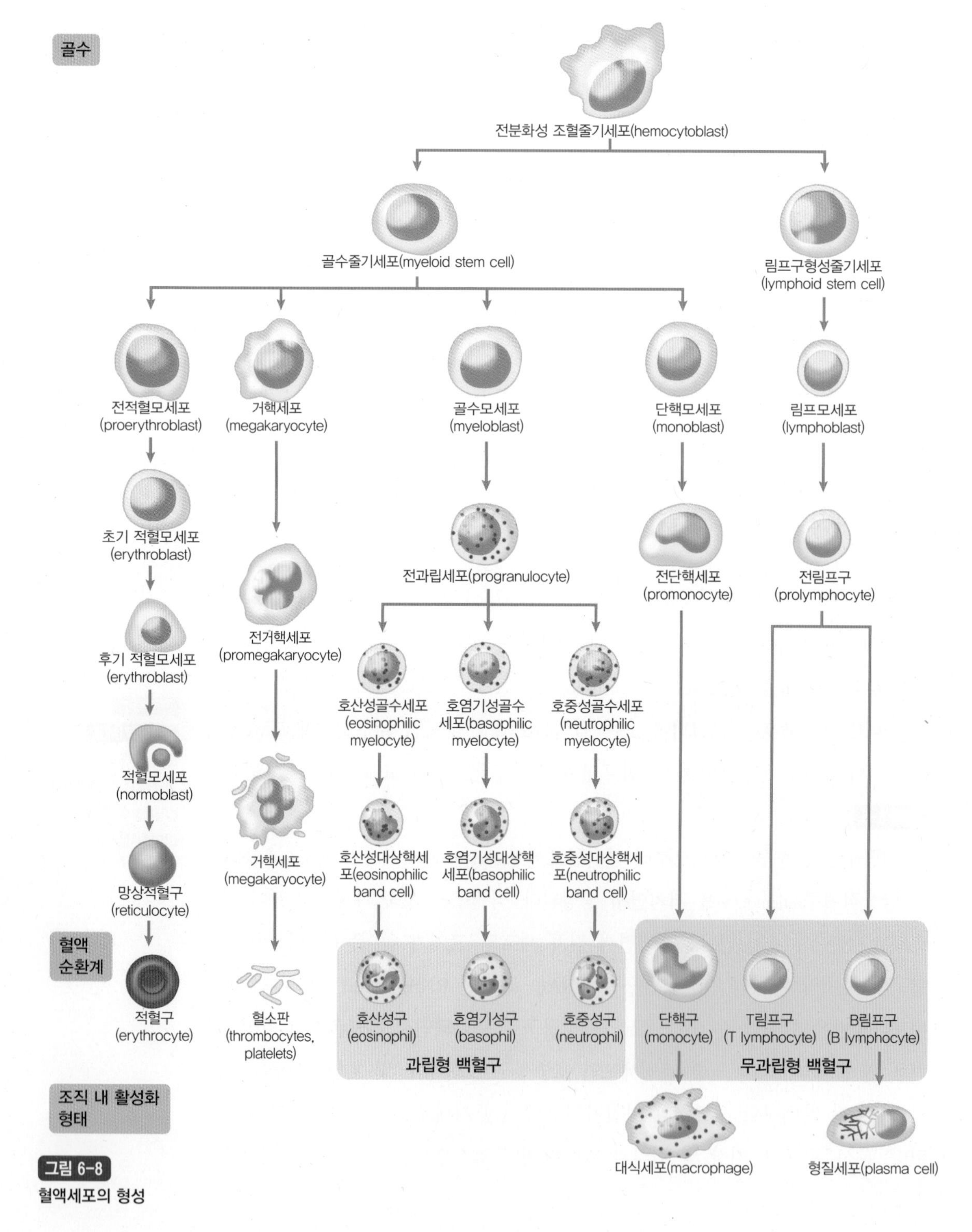


**그림 6-8**
혈액세포의 형성

기세포lymphoid stem cell는 림프아모세포lymphoblast, 전림프구prolymphocyte를 거쳐 T세포와 B세포를 포함하는 림프구로 분화된다.

## 3) 지혈

지혈hemostasis은 혈관이 손상되어 피가 나면 1~3분 후에 피가 멈추는 것을 말한다. 지혈은 상처 부위에서 혈소판과 여러 혈액응고인자들의 상호작용에 의해 혈액이 응고되어 나타나는 생리반응이다. 혈소판이나 혈액응고인자 중 어느 하나라도 부족하거나 기능에 이상이 있으면 지혈이 되지 않아 출혈이 계속된다.

지혈 과정은 ① 국소적인 혈관 수축 → ② 혈소판 마개 형성 → ③ 혈액응고의 3단계로 진행된다 그림 6-9. 즉, 혈관이 손상되면 혈관벽의 평활근이 수축되어 과도한 혈액 손실을 막고, 혈소판이 응집되어 느슨한 형태의 마개platelet plug

알아두기

### 항응고제

혈관이 손상되면 혈액응고 기전을 통해 피가 멈춘다. 만약 혈액응고가 멈추지 않고 계속된다면 어떤 일이 발생할까? 다행히 체내에는 혈액응고 연쇄반응과 피브린 생성을 억제하는 항응고 기전이 있다. 특히, 혈전의 형성빈도가 높고 혈전이 잘 제거되지 않는 사람의 경우 이 혈전들이 뇌, 심장, 폐 등으로 통하는 결정적인 혈관들을 완전히 막아 생명에 치명적인 손상을 줄 수 있으므로 정상적인 항응고 기전은 매우 중요하다. 임상적으로 혈액응고 및 혈전 형성을 방지하기 위한 목적으로 다음과 같은 다양한 항응고제(anticoagulant)가 사용되고 있다.

| 항응고제 | 항응고 기전 |
|---|---|
| 아스피린 | 혈소판 활성인자인 트롬복산 $A_2$의 합성을 촉진하는 효소인 사이클로옥시게나아제(cyclooxygenase, COX) 작용을 억제하여 결과적으로 혈소판 마개 형성을 억제함 |
| 쿠마린(디쿠마롤, 와파린) | 혈액응고인자인 II, VII, IX, X의 합성에 보조인자로 작용하는 비타민 K의 작용을 억제하여 간에서 프로트롬빈의 합성을 감소시킴 |
| 헤파린 | 간에서 합성되는 점성단백질, 항트롬빈 III(혈액응고 과정에서 트롬빈의 효소 작용을 억제하는 단백질)를 활성화함 |
| 구연산염, 에틸렌디아민테트라아세트산(EDTA) | 혈액응고인자 IV($Ca^{2+}$)에 결합하여 프로트롬빈이 트롬빈으로 전환되는 것을 억제함 |

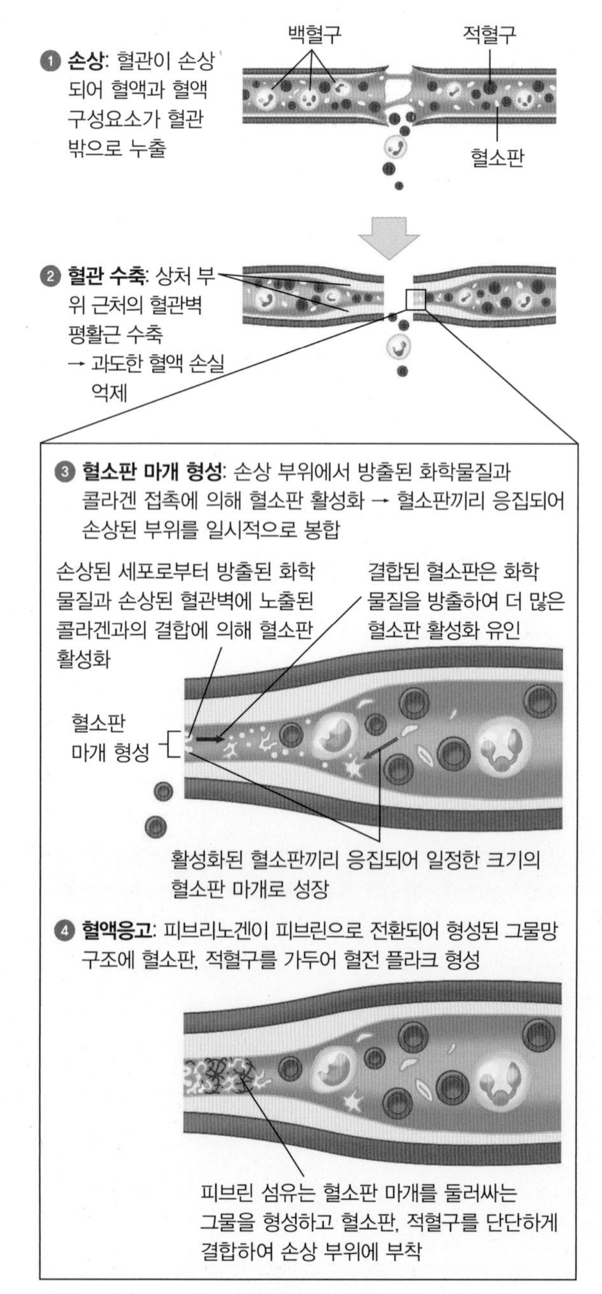


(A) 혈액응고 단계

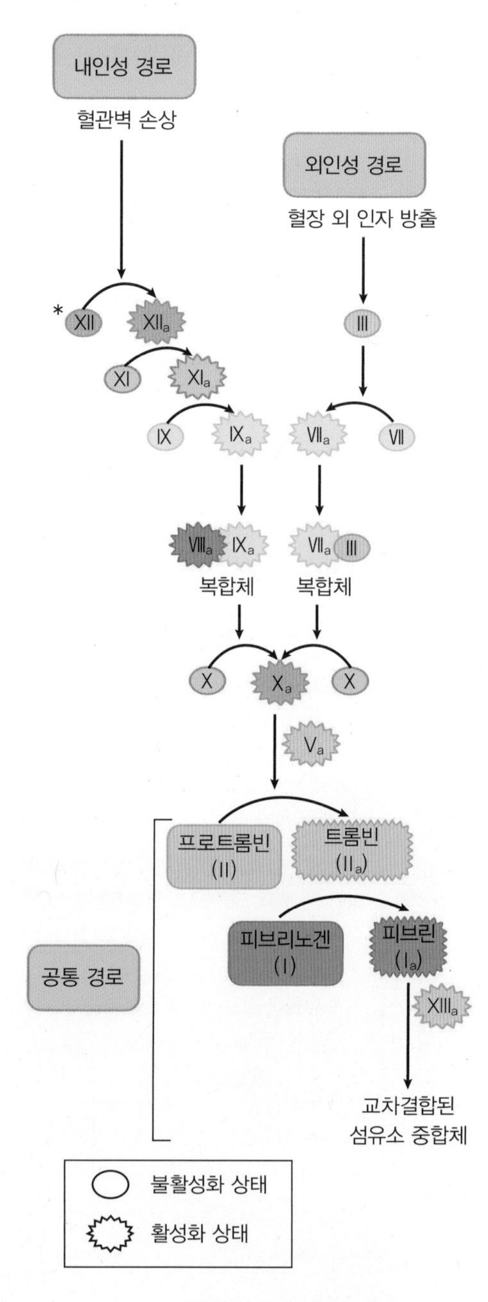


(B) 피브린 합성 연속반응

**그림 6-9 지혈 과정**

* 혈액응고인자(표 6-5 참조)

를 형성하여 손상된 부위를 일시적으로 봉합한다. 마지막으로 반고형 젤인 피브린의 형성에 따른 혈전 플라크plaque 또는 핏덩이blood clot가 생성되어 혈소판 마개를 단단하게 고정한다.

지혈 과정의 세 번째 단계인 혈액응고 과정은 내인성 경로와 외인성 경로에 의한 일련의 연속적인 효소반응이 일어나 수용성인 피브리노겐이 불용성의 피브린으로 전환되는 과정이다 그림 6-9. 내인성 경로는 혈액이 콜라겐에 노출되면 혈장 내에 존재하던 하게만인자(인자 XII)를 비롯한 여러 응고인자들이 차례로 활성화되면서 최종적으로 액체인 피브리노겐(인자 I)이 불용성 피브린 섬유(인자 Ia)로 전환되는 과정이다. 외인성 경로는 혈장 내 인자가 아닌 조직의 트롬보플라스틴(인자 III)이 방출되어 피브린이 빠르게 형성되는 과정이다. 내인성 경로와 외인성 경로는 스튜어트-프라워인자(인자 X)의 활성화 단계에서 합류되어 피브리노겐 단백질을 분해하여 피브린을 형성한다. 피브린은 피브린고정인자(인자 XIII)에

표 6-5 혈액응고인자

| 인자 | 명칭 | 기능 | 경로 |
|---|---|---|---|
| I | 섬유소원(fibrinogen) | 섬유소로 전환 | 공통 |
| II | 프로트롬빈(prothrombin) | 트롬빈(효소)으로 전환 | 공통 |
| III | 조직 트롬보플라스틴(tissue thromboplastin) | 보조인자 | 외인성 |
| IV | $Ca^{2+}$ | 보조인자 | 공통 |
| V | 프로악셀레린(proaccelerin) | 보조인자 | 공통 |
| VII | 프로콘베르틴(proconvertin) | 효소 | 외인성 |
| VIII | 항혈우병인자(antihemophilic factor) | 보조인자 | 내인성 |
| IX | 혈장 트롬보플라스틴 성분(크리스마스인자, Christmas factor) | 효소 | 내인성 |
| X | 스튜어트-프라워인자(Stuart-Prower factor) | 효소 | 공통 |
| XI | 혈장 트롬보플라스틴 전구물질 | 효소 | 내인성 |
| XII | 하게만인자(Hageman factor) | 효소 | 내인성 |
| XIII | 섬유소 안정화인자(fibrin stabilizing factor) | 효소 | 공통 |

알아두기

## 혈액형과 수혈

### • ABO식 혈액형

ABO식 혈액형은 1901년 오스트리아 출신 병리학자인 란트슈타이너(Landsteiner)에 의해 밝혀졌다. 만약 내가 다른 사람의 혈액을 수혈받아야 하는 경우 그 혈액과 내 혈액이 항원-항체 반응에 의해 서로 응집하거나(적혈구끼리 서로 엉켜 작은 덩어리를 형성하는 현상), 용혈이 일어나면 혈관 폐쇄나 신장 손상 등 생명에 치명적인 영향을 줄 수 있다. 이러한 혈액의 응집은 수혈자 혈청 내 항체가 공혈자 적혈구 표면의 항원을 인지하여 나타나는 반응이다. 혈액형은 그림과 같이 적혈구막의 항원과 혈장에 포함된 항체(자연적으로 생성된 항체)의 종류에 따라 A, B, AB, O형으로 분류된다. 즉, A형인 사람에게 B형인 사람의 혈액이 수혈되면, A형인 사람의 혈청 내에 존재하는 항-B항체가 수혈된 B형 혈액의 적혈구 표면의 B 항원을 인지하게 되어 항원항체 결합반응을 일으킨다. AB형은 혈장에 항체가 없으므로 모든 혈액형의 수혈이 가능하다. 항체를 둘 다 가진 O형은 같은 혈액형 이외에는 수혈받을 수 없지만, 적혈구막의 항원이 없으므로 만능공혈이 가능하다.

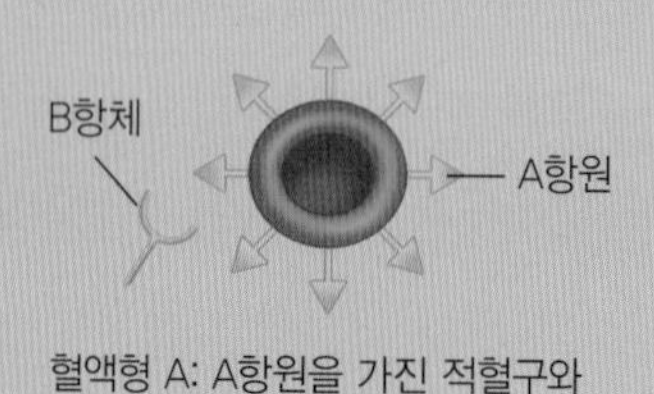


혈액형 A: A항원을 가진 적혈구와 B항체가 포함된 혈장

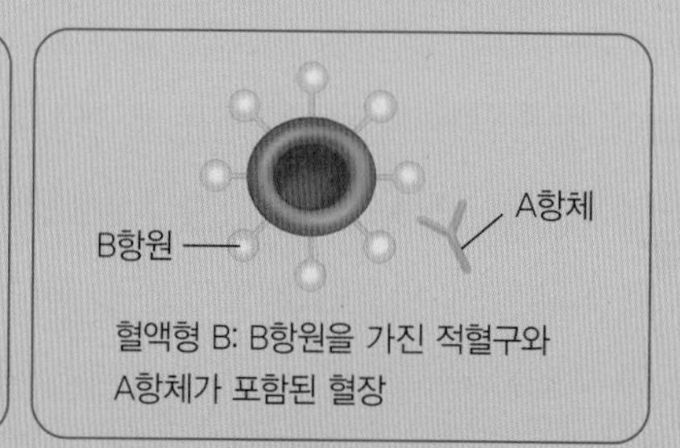


혈액형 B: B항원을 가진 적혈구와 A항체가 포함된 혈장

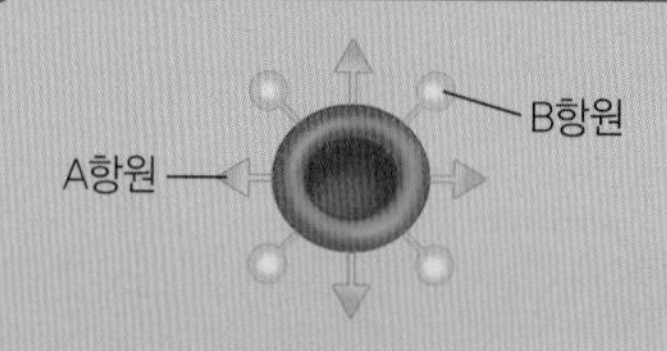


혈액형 AB: A와 B항원을 가진 적혈구와 항체가 없는 혈장

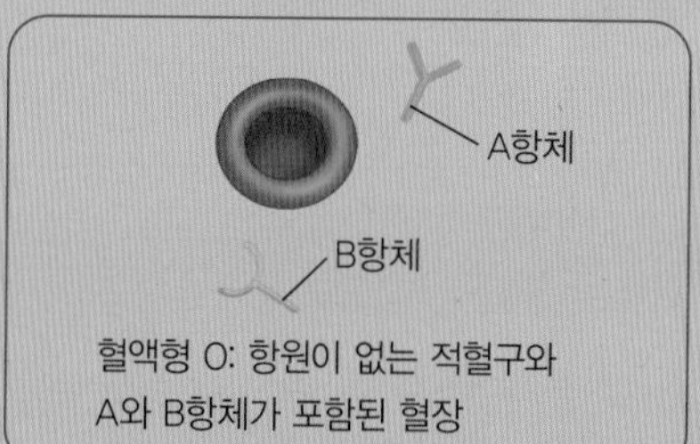


혈액형 O: 항원이 없는 적혈구와 A와 B항체가 포함된 혈장

### • Rh식 혈액형

적혈구에 존재하는 또 다른 항원으로 Rh인자가 있다. 적혈구에 Rh가 있으면 Rh양성(+), 없으면 Rh음성(-)으로 분류한다. ABO식 혈액형과 달리 Rh식 혈액형의 항체는 자연적으로 발생하는 것이 아니라, $Rh^-$인 사람이 $Rh^+$ 혈액에 여러 번 노출될 경우 항-Rh항체가 생긴다. 반대로 $Rh^+$형 혈액은 Rh인자에 대한 항체를 생성하지 못한다. 따라서 $Rh^-$인 사람은 반드시 $Rh^-$형 혈액만 수혈받아야 하지만, $Rh^+$형 혈액은 $Rh^+$형과 $Rh^-$형 모두 수혈 가능하다. 특히, $Rh^-$혈액형은 $Rh^+$형 아기를 출산한 산모에게 큰 문제가 된다. 즉, $Rh^-$형 산모가 첫 번째 임신에서 $Rh^+$형 태아 출산 시 $Rh^+$형 혈액에 노출되어 항-Rh항체를 생산하게 된다. 두 번째 임신한 태아가 $Rh^+$형일 경우 태반을 통해 모체의 항-Rh항체가 태아의 혈액으로 들어오면 태아의 적혈구가 응집·용혈되어 심한 빈혈을 일으키므로 태아가 유산이나 사산될 수 있다. 이를 태아적혈모구증(erythroblastosis fetalis)이라고 한다. 다행히 태아적혈모구증은 $Rh^-$형 산모에게 Rh인자에 대한 항체 형성을 억제하는 RhoGAM을 출산 후 72시간 이내에 주사하여 예방할 수 있다.

의해 그물망 구조가 안정화되며, 그물망 구조에 적혈구를 가두어 혈전 플라크를 형성한다. 혈액응고 과정에 관여하는 인자들은 표 6-5에 제시하였다.

손상된 혈관이 복구되면 응고인자 XII에 의해 활성화된 플라스민(섬유소 용해효소plasmin)이 피브린을 분해하여 혈전이 제거되며, 최종적으로 백혈구의 식작용에 의해 불필요한 혈전이 제거된다.

# 3. 면역

우리는 변화하는 환경에서 살아가면서 다양한 병원균에 끊임없이 노출된다. 이러한 병원균에 노출되었을 때 우리 인체는 이에 대해 방어하는 면역체계를 가지고 있어 질병을 유발하는 병원균으로부터 보호될 수 있다. 면역반응은 체내에 들어온 이물질을 인지하고 중화·제거하는 생리학적 기전이다. 이러한 면역반응은 일차적으로 감염성 질환을 발생시키는 병원균을 제거하는 것뿐 아니라 알레르기나 자가면역 질환에서 나타나는 증상들도 포함한다.

면역체계는 병원체로부터 신체를 보호할 뿐만 아니라 조직 손상 시 죽은 세포들을 제거하고 손상을 복구함으로써 항상성을 유지한다. 또한 비정상적인 세포들을 인지하고 감시하는 작용을 통해 종양세포를 찾아 제거하거나 이식 시 거부 반응을 일으키는 근본적인 기전으로도 작용한다.

면역체계는 크게 선천성 면역innate immunity과 후천성 면역acquired immunity으로 나뉜다. 선천성 면역과 후천성 면역은 각각의 고유 역할을 가지고 이물질이나 병원균에 대응하지만, 상호작용을 통해 각각의 기능을 활성화시키는 데 관여함으로써 면역기능을 강화하기도 한다.

## 1) 선천성 면역

선천성 면역 또는 비특이적 면역nonspecific immunity은 자기self와 비자기non-self를 구별하는 것으로, 감염원, 화학물질, 조직 손상 등에 의한 외부 침입에 대항하는 첫 번째 방어 기전으로 작용한다. 선천성 면역에 해당하는 기관에는 가장 기본적으로 외부와 내부를 차단하는 기능을 가지는 피부, 장점막, 기관지 등이 있다. 이 기관들은 외부의 물질들이 내부에 침입하지 못하도록 물리적인 방어막을 만들어주는 역할을 한다. 하지만 물리적인 방어에도 불구하고 다양한 요인에 의해 조직이나 세포의 손상이 발생하는 경우에는 선천성 면역반응에 관여하는 면역세포들이 작용한다.

면역에 관여하는 세포들은 혈액 내 백혈구들이다. 백혈구들은 골수에서 조혈 작용에 의해 줄기세포로부터 만들어진다. 다양한 혈구세포 중 선천성 면역에 해당하는 백혈구들은 호중성구, 단핵구·대식세포가 포함된다.

### (1) 식세포 작용

호중성구neutrophil는 선천성 면역반응에 가장 먼저 관여하는 세포이다. 혈액 내 가장 흔히 존재하고 이동에 용이하며 외부에서 유입된 박테리아를 제거하는 데 작용한다. 하지만 작용 시간이 다른 면역세포에 비하여 현저하게 짧다. 호중성구가 작용하면서 만들어내는 사이토카인cytokine들은 감염 부위로 단핵구monocyte의 유입을 유도하여 대식세포macrophage로 전환한다. 이를 통해 식세포 작용phagocytosis이 증폭되고 염증 작용이 유도되어 감염 이전의 상태로 회복하기 위한 일련의 과정이 시작된다.

체내에서 식작용을 하는 세포들로는 혈액 내 호중성구와 단핵구, 조직의 대식세포 외에도 간의 쿠퍼세포Kupffer cell, 뇌와 척수의 소교세포microglia, 폐의 폐포 대식세포alveolar macrophage가 있다. 이들은 혈액이나 특정 조직에 상주하면서 식세포 작용을 통해 이물질을 제거한다.

식세포 작용은 이물질을 식세포 안으로 유입시켜 세포의 리소좀lysosome 안

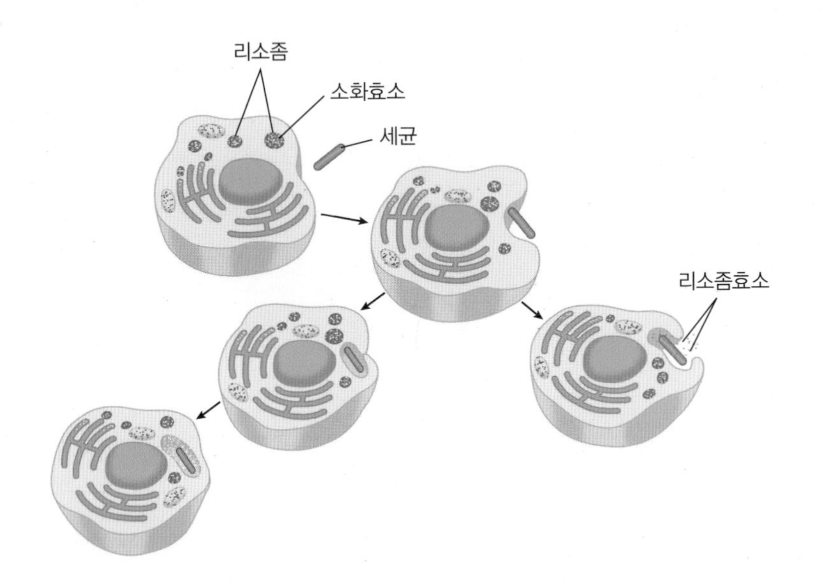


그림 6-10
호중성구와 대식세포 등에 의한 식세포 작용

에 존재하는 효소로 이물질을 분해하고, 더 이상 체내에 유해하지 않은 물질로 전환한다 그림 6-10.

### (2) 보체

보체complement system는 혈액에 존재하는 면역반응에 관여하는 단백질이다. 보체는 항원이나 병원체에서 발견되는 특이적 분자들에 의해 활성화되며, 긴밀하게 조절된 다단계 반응cascade을 통해 면역기능에 기여한다. 이러한 다단계 반응은 결과적으로 최종 물질인 막공격복합체membrane attack complex, MAC를 형성하여 미생물의 세포막에 구멍을 생성함으로써 안팎으로 물질의 이동을 가능하게 하여 미생물을 파괴한다. 또한 미생물에 부착되어 식세포가 이를 공격할 수 있도록 돕는다. 실제로 보체는 선천성 면역 외에도 후천성 면역에 관여하는 B림프구의 활성화를 통해 항원 제거에 기여한다 그림 6-11.

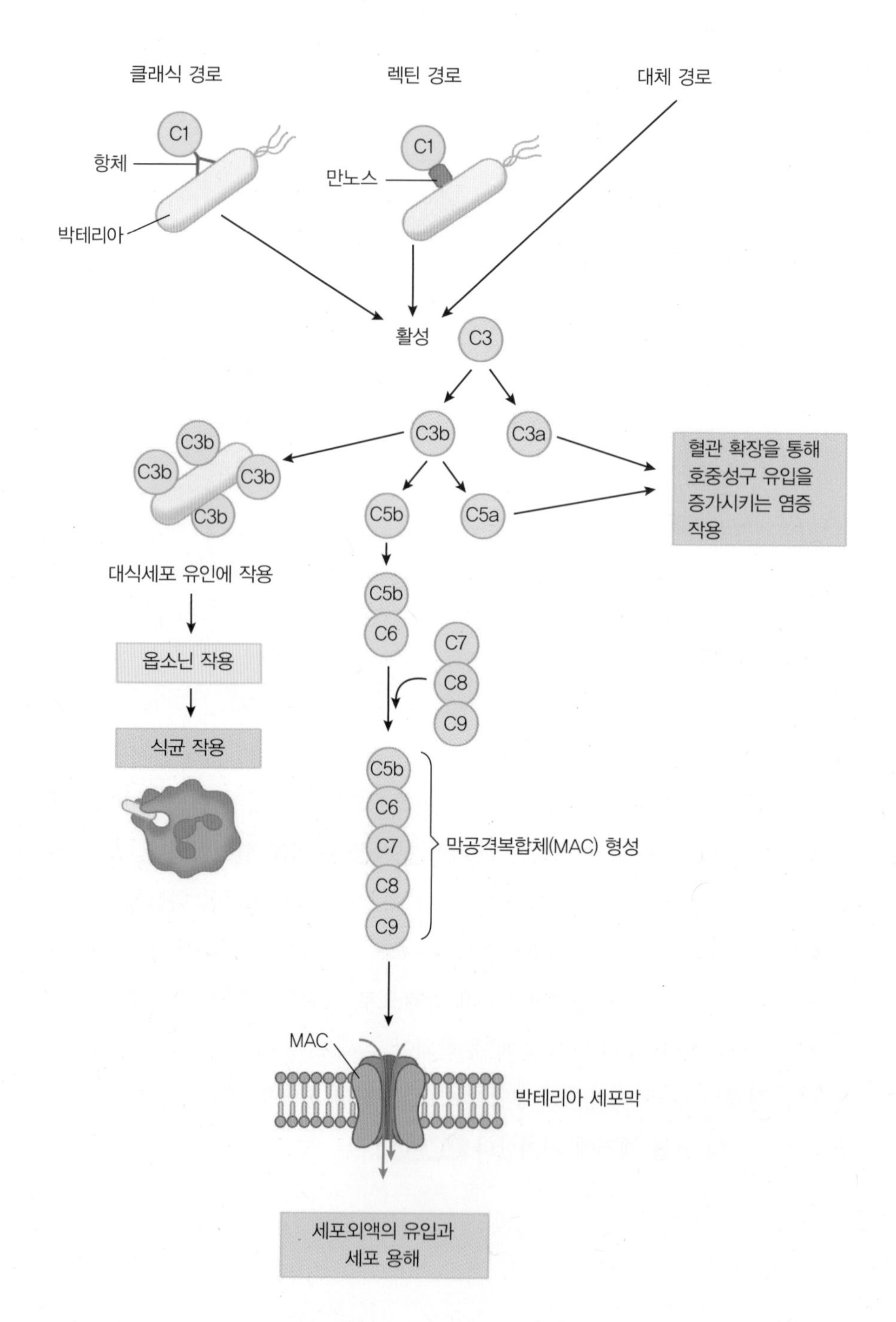


그림 6-11
보체가 미생물을 제거하는 다양한 경로

## 2) 후천성 면역

후천성 면역은 신체에 이미 노출된 적 있는 특정한 외부 물질에 대항하여 선별적으로 나타나는 면역반응이다. 후천성 면역은 크게 두 단계로 이루어지는데, 우선적으로 특정 항원을 인지하고 난 후 항원에 대한 반응을 증폭하여 작용한다. 항원은 일반적으로 외래물질에 부착된 큰 단백질이나 다당류이며 암세포와 같은 신생세포도 항원이 될 수 있다. 특정 자가 면역 질환의 경우는 정상적인 신체의 자기세포막을 항원으로 인지하여 문제가 발생하기도 한다. 후천성 면역에 관여하는 면역세포들은 백혈구 중 림프구에 해당하는 세포들로 흉선thymus에서 유래한 T세포와 골수bone marrow에서 유래한 B세포로 나뉜다.

### (1) T세포

T세포는 흉선에서 성숙하고 분화한 림프구로, 혈액, 림프절, 림프액에 존재한다. T세포는 면역반응에서 담당하는 역할에 따라 도움 T세포helper T cell, 세포독성 T세포cytotoxic T cell, 조절 T세포regulatory T cell로 나뉜다. 도움 T세포는 표면에 있는 특징적인 분자인 $CD4^+$ 때문에 $CD4^+$ 세포라고도 불리며, 어떻게 다양한 항원에 반응할지를 결정하는 데 기여한다. 이는 면역계의 다른 면역세포들과 상호작용하여 그들의 면역학적 활성화와 증식에 도움을 준다. 예를 들어, B세포를 활성화시켜 증식을 돕거나 T8 혹은 $CD8^+$ 세포라고 불리는 세포독성 T세포(Tc)를 활성화하는 데 도움을 준다. 세포독성 T세포는 감염된 세포나 이식된 세포, 종양세포들을 직접 제거하는 역할을 한다. 그리고 조절 T세포는 과다한 T세포 기능에 의해 감염되지 않은 정상적인 세포들까지 과도한 면역 작용에 노출되지 않도록 조절하는 기능을 한다 그림 6-12.

### (2) B세포

B세포는 골수bone marrow에서 분화되며, 세포 표면에는 항원과 직접 결합하는 단백질인 항체antibody를 가지고 있다. 항체는 면역글로불린immunoglobulin, Ig이라

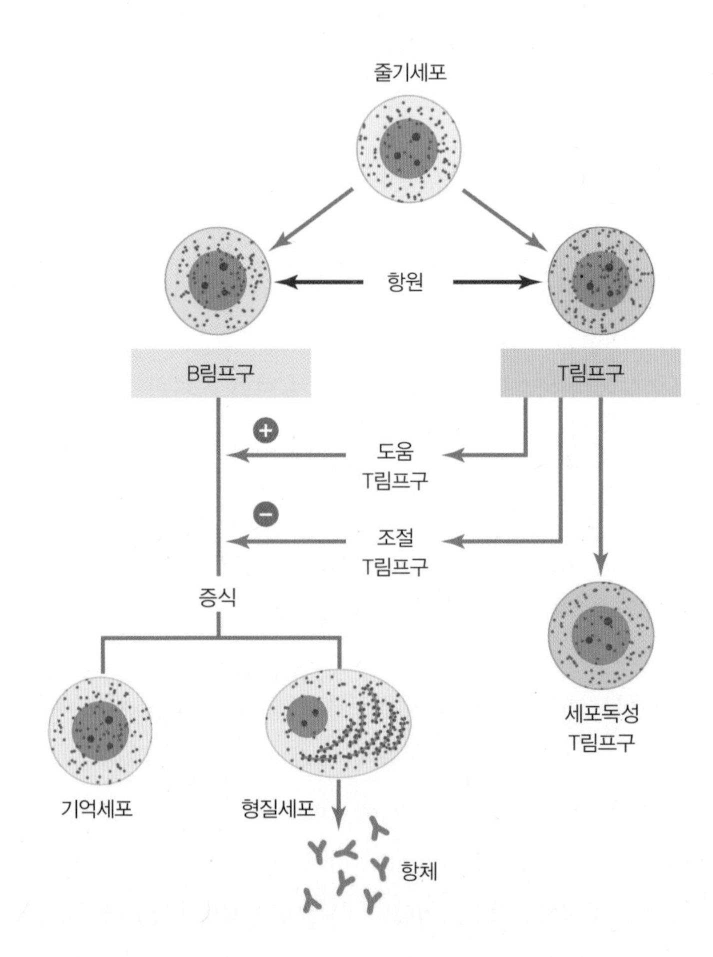


그림 6-12
**후천성 면역에 관여하는 T세포와 B세포의 상호작용**

고도 불리며, 반드시 특이적으로 병원체의 항원에 결합해야만 한다. 항체가 항원에 결합하는 특정 항원 결합 부위는 가변적이어서 다양한 항원에 특이적으로 반응할 수 있다 그림 6-13. 구조의 차이에 의해 구분된 항체는 5가지(IgG, IgA, IgM, IgD, IgE)로 나뉜다. 이 중 IgG는 양이 가장 많고(75%), 혈청과 조직 사이를 쉽게 이동할 수 있어 태반도 통과가 가능하다. IgE는 식품과 동물의 털, 꽃가루와 같은 천식이나 비염 등의 호흡기계 알레르기 질환, 아토피성 피부염 등과 같은 알레르기 질환의 발병과 관련이 있다.

B세포는 항원-항체 상호작용이나 도움 T세포의 자극에 의해 세포 분열이 일어나고, 형질세포plasma cell와 기억세포memory cell로 분화한다 그림 6-14. 형질세포

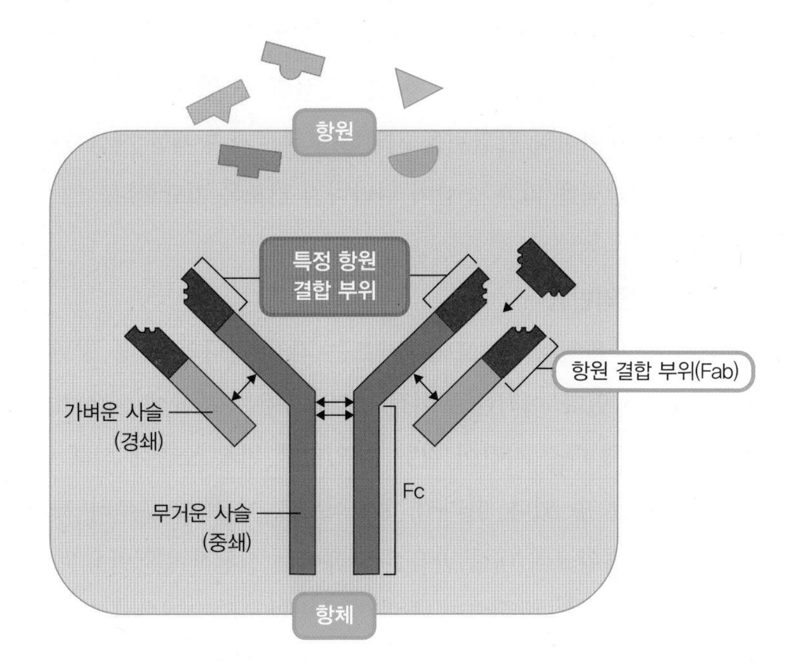


**그림 6-13**
**항체의 구조**

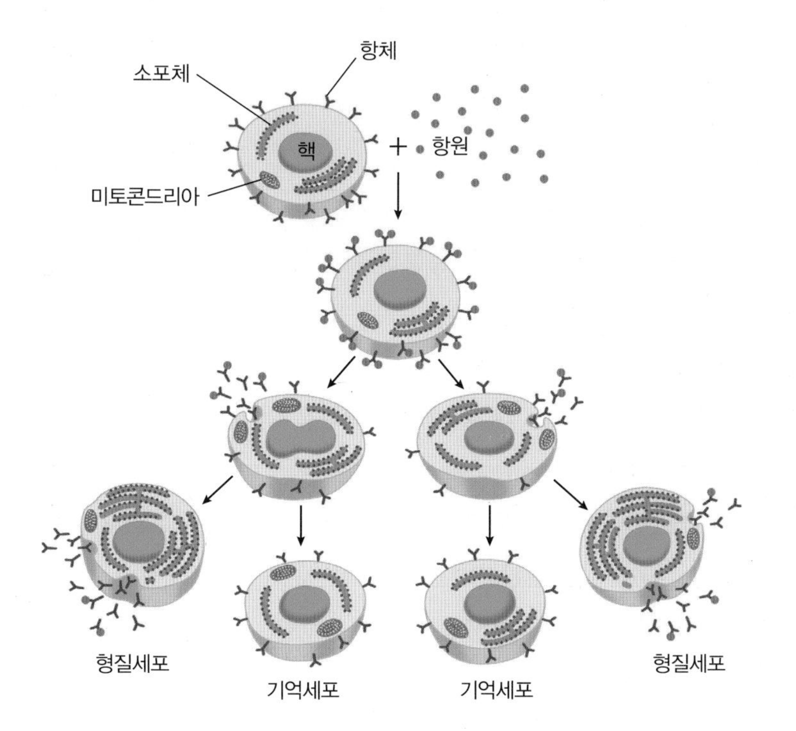


**그림 6-14**
**B세포의 형질세포와 기억세포로의 분화**

는 항체의 효율적인 생산을 촉진하는 소포체로 가득 차 있어 B세포보다 빠른 시간에 효율적으로 많은 양의 항체를 생산할 수 있다. 기억세포는 항원에 반복 노출되었을 때 이전의 감염원을 기억하여 빠르게 항체를 생산하며, 병원균과 같은 이물질의 감염을 막고 증상이 나타나지 않도록 차단한다.

### (3) 후천성 면역반응

후천적 면역반응에서 B세포와 T세포는 각각 하나의 특정 항원만 공격하도록 프로그램되어 있다. 이러한 특이적 면역반응은 병원균에 처음 노출되어 면역반응이 시작될 때 다소 시간이 걸릴 수 있지만, 반복 노출에 의해 좀 더 신속하고 강하게 반응할 수 있다. 따라서, 일반적으로 재감염으로부터 체내를 보호하게 된다. 이러한 병원균에 대한 반응은 처음에는 선천적 면역반응에 의해 시작하지만, 선천성 면역반응 이후에도 남아 있는 병원균을 제거하기 위해 후천성 면역체계가 활성화된다. 후천성 (특이적) 면역체계는 병원균을 직접 제거하거나, 병원균에 꼬리표를 달아 표시하여 비특이적 세포들에게 쉽게 노출되도록 병원균들을 변형한다. 실제로 선천성 면역과 후천성 면역은 독립적으로 작용하기도 하지만, 두 면역 체계가 상호의존적으로 협력하며 함께 작용하기도 한다. 그림 6-12.

❶ 항원에 대한 1차 반응 　병원균의 독성이나 노출 정도가 약하면, 특이적 면역반응에서의 1차 반응은 보통 감염을 충분히 막을 수 있는 선천성 면역세포들에 의한 식세포 작용에 의해서 시작된다. 이 과정을 통해 체내에 노출된 항원은 90% 정도 제거할 수 있다. 대식세포가 병원균을 포식하여 분해하면, 일부 물질은 병원균 유래 항원으로서 T세포에 제시하는 역할을 하게 된다. 이 과정을 통해 항원에 노출된 도움 T세포(Th)는 활성화되고, 다른 면역세포들을 활성화시키는 물질인 사이토카인들을 분비한다. 또한 B세포가 형질세포plasma cell 또는 항체 형성 세포antibody-forming cell로 분화되도록 사이토카인들을 분비한다. 형질세포는 B세포보다 크며, 짧은 시간에 다량의 항체를 생산할 수 있어 항원을 제거하는 데 효율적으로 작용한다.

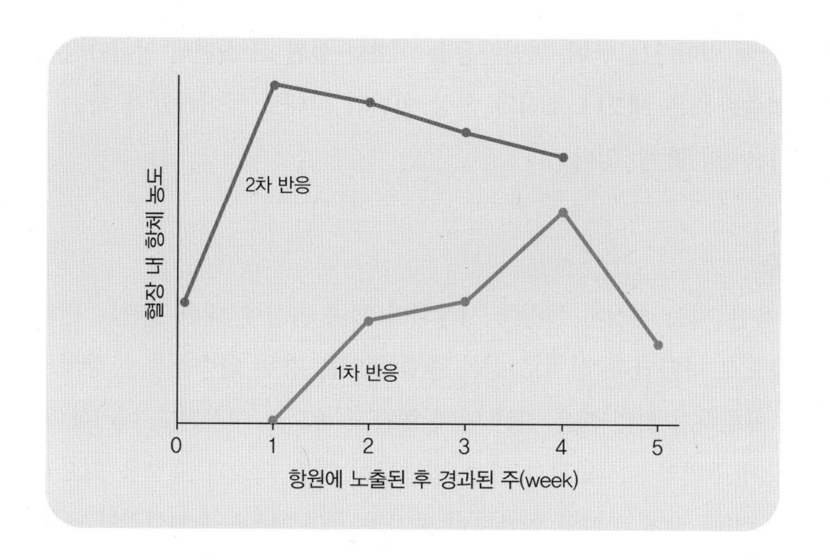


그림 6-15
**후천성 면역반응에서 1차 반응과 2차 반응에서의 항원 노출 시간에 따른 항체 농도 비교**

❷ 항원에 대한 2차 반응　항원에 대한 1차 반응이 일어나는 동안에 T세포와 B세포의 일부는 기억세포memory cell가 되어 2차 반응에 기여한다. 같은 항원에 반복 노출되어 나타나는 2차 반응은 항원에 이미 노출된 기억세포에 의해 1차 반응보다 더욱 빠르고 강하게 진행된다. 기억세포는 수명이 길어 최소 20년, 때로는 일생 동안 재감염으로부터 우리 몸을 보호할 수 있다. 대표적인 예는 예방접종을 통해 유해 병원균에 대한 1차 반응을 경험하게 하여 같은 병원균에 반복 노출되었을 경우 신속하게 병원균을 제거할 수 있도록 면역기능을 강화하는 것이다 그림 6-15.

## 3) 염증반응

염증inflammation은 다양한 원인으로 인한 세포 손상에 대한 선천적이며 비특이적 반응이라고 할 수 있다. 세포 손상은 물리적 손상이나, 감염, 화학적 노출, 알레르기 유발 항원과 같은 외부의 침입에 의해 발생된다. 염증반응은 국소적이지만 전신적 염증반응으로 진행될 수 있다. 염증반응은 상처 발생 후 수 초에서 수 분 안에 일어나는 반면, 면역반응은 이보다 훨씬 더 천천히 일어난다. 일반적으로 염증반응은 세포나 조직의 손상 이전의 상태로 돌아가고자 하는 항상성 유지 기전이라 할 수 있다.

### (1) 염증

염증반응은 세포 손상과 동시에 시작되며 체내 손상에 대한 혈관의 변화와 세포 반응으로 나타난다. 상처로 인한 출혈이 있을 경우, 염증반응은 상처 부위의 출혈을 제한하기 위해 짧은 시간 안에 혈관 수축으로 시작된다. 이러한 반응 뒤에는 상처 주변의 모세혈관과 다른 혈관들이 혈관 확장과 팽창을 일으키게 된다. 이로 인해 상처 주변의 혈류량이 증가하고 염증반응의 전형적인 증상인 발적(붉어짐), 발열, 부종, 통증, 비정상적인 기능 등이 동반된다. 상처 부위에 증가된 혈류량은 상처 치유 과정에서 필요한 산소와 영양소를 공급해준다. 동시에, 상처의 치료에 필요한 세포들의 이동을 증가시키고, 감염을 예방하며, 상처 주변에 존재하는 독소를 제거한다. 또한, 혈류량 증가로 발생한 통증은 움직임을 제한하여 추가적인 상처 발생을 저해하도록 한다. 혈관 확장은 혈관의 침투성을

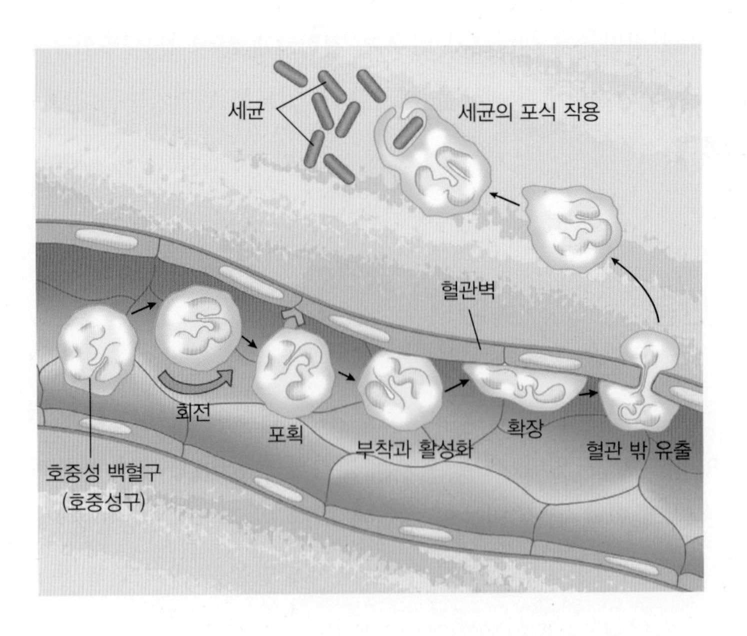


그림 6-16
초기 염증 과정 중 호중성구의 감염 부위로의 이동

증가시켜 손상 부위에 단백질과 면역세포들의 이동을 용이하게 해주어 상처 치유를 촉진한다.

염증에 대한 초기 세포반응은 식세포 작용phagocytosis이다. 호중성구와 대식세포와 같은 선천성 면역세포들이 식세포 작용을 위해 감염 부위로 이동하여 병원균과 같은 미생물과 외부 잔해들을 파괴하며, 손상으로 인해 죽은 세포를 제거한다 그림 6-16.

### (2) 발열

우리 몸에서 열이 오르게 되면 이는 병이 생겼다는 신호로 생각할 수 있다. 발열fever은 전신성 염증반응의 대표적인 특징이다. 염증 과정 중에 대식세포가 분비하는 다양한 염증성 사이토카인들은 시상하부hypothalamus에 작용하여 체온을 증가시켜 열이 나게 한다. 이를 통해 감염된 미생물(바이러스)의 복제를 막고 면역세포들의 활성을 증가시키는 역할을 한다.

## 4) 알레르기 반응

알레르기 반응은 과민반응hypersensitivity이라고도 한다. 알레르기 반응은 외부의 알레르기성 항원인 알러젠allergen에 반복적으로 노출되어 민감화 반응sensitization에 의해 발생한다. 일반적으로 알레르기를 일으키는 물질들은 대부분의 사람들에게는 무해하게 작용하지만, 알러젠에 반응하는 특정 사람들에게는 과민성 면역반응을 일으킨다.

IgE와 관련된 알레르기 반응은 특정 식품이나 꽃가루, 포자, 동물의 털이나 피부각질, 먼지, 진드기 등을 포함하여 호흡기 항원을 포함한다. 이러한 항원들이 체내에 유입되어 B세포와 결합하여 IgE를 분비하게 되면 비만세포mast cell를 활성화한다. 활성화된 비만세포는 히스타민을 포함한 다양한 매개체를 분비하며, 이는 재채기, 충혈된 눈, 콧물, 호흡기 문제를 발생시킨다. 항원이 포함된 식품을

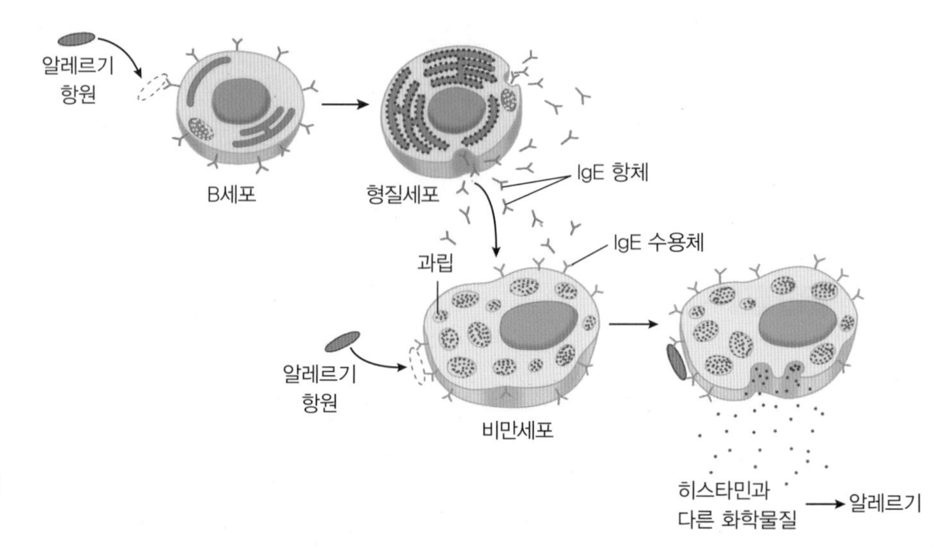


**그림 6-17**
**IgE에 의한 알레르기 반응**

섭취한 경우에도 점액의 비만세포의 활성화로 인해 경구 염증, 구내염, 경련, 구역질, 설사, 가스, 발진(두드러기), 호흡기 문제가 발생할 수 있다. 알레르기 반응으로 인해 피부세포로부터 분비된 히스타민은 혈관의 팽창, 체액 유출, 부종을 유발하여 발진과 가려움증을 일으킨다. 가장 심각한 알레르기 반응은 과민성 쇼크 상태인 아나필락시스anaphylaxis로, 호흡 곤란을 일으키며, 심각한 경우는 사망에 이르게 할 수 있다.

알레르기와 관련된 항원이 점막을 통해 유입되면 도움 T세포 중 알레르기 반응에 관여하는 Th2 세포를 활성화시켜 IL-4를 분비하고, 더 많은 B세포로부터 IgE를 만들어낸다. IgE는 비만세포에 부착되어 히스타민과 같은 매개체를 분비하도록 유도한다. 이는 평활근 수축과 혈관침투성vasopermeability 증가를 초래하여 호흡곤란을 포함한 다양한 알레르기 증상을 유발한다 그림 6-17.

## 5) 면역결핍

면역결핍은 면역세포의 기능이 저하되어 나타나는 증상이다. 이는 주로 개발도상

국에서는 영양불량으로 인해 발생되며, 선진국에서는 유전적 장애, 감염성 질병 human immunodeficiency virus, HIV 감염 또는 면역억제 치료법의 결과로 나타난다.

### (1) 영양불량과 면역결핍

영양불량malnutrition은 면역결핍immunodeficiency을 초래할 수 있다. 이는 단순히 음식 섭취량의 문제가 아니라 단백질, 에너지, 비타민과 무기질 등 다양한 영양소들의 부족이나 과잉에 의해 선천성 면역과 후천성 면역기능이 저하되는 것으로 알려져 있다. 따라서, 최적의 면역기능을 유지하려면 적절한 영양 상태를 유지하는 것이 중요하다.

### (2) 후천적 면역결핍

면역체계는 다양한 항암 약물에 의해 기능이 억제되거나 HIV를 포함한 감염으로 인해 특정 면역기능이 저하될 수 있다. HIV의 감염은 도움 T세포의 기능 저하가 일어나 후천성 면역결핍증acquired immune deficiency syndrome, AIDS의 원인이 된다. 또한, 조직이나 장기이식을 하는 경우 이식 거부를 예방하기 위해 면역 억제제를 사용할 경우 발생할 수 있다.

알아두기

## 면역 관련 용어

- 골수(bone marrow): 뼈의 중앙에 위치하며, 성인에서 미숙 림프구를 비롯한 모든 순환 혈액세포들이 생성되고 B세포 성숙이 일어나는 부위
- 과민성 쇼크(anaphylactic shock): 생명을 위협하는 IgE를 매개로 하는 알레르기 반응. 입술과 얼굴이 부어오르거나 구토, 설사 증상이 나타나며, 호흡이 어려워지거나 갑자기 혈압이 떨어지기도 함. 아나필락시스(anaphylaxis)라고도 함
- 과민증상(hypersensitivity): 자기항원에 대한 면역반응이나 해롭지 않은 비병원성 물질에 반응하는 해로운 면역반응
- 기억세포(memory cell): 같은 항원에 반복되어 노출될 때 만들어지는 세포로, 같은 항원 노출 시 더 빠르고 강화된 반응을 매개하는 후천성 면역세포에 관여하는 B 또는 T림프구에 해당됨. 기억세포는 처음 림프구가 항원으로 자극을 받았을 때 생성되며, 항원이 제거된 후에도 여러 해 동안 기능이 정지된 상태로 생존함
- 단핵세포, 단핵구(monocyte): 골수 유래 순환 혈액세포의 한 유형으로, 조직 대식세포의 전구세포. 단핵구세포는 염증 부위로 활발하게 동원되며, 그곳에서 대식세포로 분화됨
- 대식세포(macrophage): 혈액 단핵구에서 유래한 조직-기반 포식세포로, 선천 및 적응면역반응에서 중요한 역할을 함. 활성화된 대식세포는 미생물을 포식하여 죽이고, 염증성 사이토카인을 분비하며, 도움 T세포에 항원을 제시함
- 도움 T세포(helper T cell, TH): T림프구의 기능적 소집합의 하나. 주요 작동기능은 세포-매개 면역반응에서 대식세포를 활성화시키고, 체액면역반응에서 B세포 항체 생산을 촉진함
- 두드러기(hives): 알레르기 반응 때문에 나타나는 빨간 혹을 동반한 가려운 피부 상태
- 리소좀(lysosome): 단일막으로 둘러싸인 소포. 단백질 분해효소 및 핵산분해효소와 같은 가수분해효소가 들어 있으며, 식세포 작용이나 음세포 작용에 의해 세포 안으로 들어온 물질을 분해하고 세포 구성성분의 분해를 조절함
- 막공격복합체(membrane attack complex): 보체의 활성화 단계의 최종 요소들로 구성된 용해성 복합체. 보체의 활성화가 일어난 표적세포막에 형성되어 세포에 치명적인 이온 및 삼투압 변화를 통해 표적세포를 제거함
- 면역결핍(immunodeficiency): 면역체계에 필요한 요소의 부족이나 결함 때문에 생기는 면역반응의 결핍
- 면역글로불린(immunoglobulin) E, IgE: 즉각적 과민반응(알레르기)의 매개체로 잘 알려진 면역글로불린의 한 종류
- 보체(complement): 상호 간 또는 면역계통의 여러 분자들과 상호작용함으로써 선천면역 및 적응면역반응에서 중요한 작동요소들을 생성하는 혈청 및 세포표면 단백질
- 비만세포(mast cell): 알레르기 반응의 주 작동세포. 이 세포는 골수 전구세포에서 유래하고, 혈관 가까운 조직에 존재하며, 매개체들로 과립 내용물의 방출뿐 아니라 다른 매개체의 합성과 분비를 함
- 사이토카인(cytokine): 면역 및 염증반응의 매개체로 작용하는 분비단백질들. 선천성 면역반응에서는 주로 대식세포(macrophage)와 자연세포독성(NK)세포가 생산되고, 후천성 면역반응에서는 T림프구가 생산됨
- 선천성 면역(innate immunity): 체내에 선천적으로 가지고 태어나는 면역으로, 물리적으로 방어막이 될 수 있는 신체 기관들과 혈액 내의 백혈구가 관여함
- 세포 매개성 면역(cell mediated immunity): T림프구가 매개하는 적응면역의 한 유형. 포식세포 내에서 생존하거나 비포식세포를 감염시키는 미생물에 대한 방어 기전
- 세포독성 T세포(cytotoxic T cells): 바이러스나 그 외에 세포내 미생물로 감염된 숙주세포를 인식하고 죽이는 것이 주요 작동기능인 T림프구의 한 유형
- 식균 작용(phagocytosis): 대식세포와 호중구에 의해 미생물들을 감싸서 빨아들임
- 알레르기 항원(allergen): 알레르기 반응을 유발하는 항원
- 알레르기, 과민반응(allergy): 해롭지 않은 비병원성 물질에 의해 나타나는 부적절하고 해로운 면역반응. 과민성 질환으로도 불림
- 억제 T세포(suppressor T cell): 다른 작동 T림프구의 활성화와 기능을 차단하는 T세포

(계속)

- 자가면역(autoimmunity): 자기항원(self antigen)에 대한 면역반응으로 다양한 질환의 발생과 관련됨
- 자가항체(autoantibody): 자기항원에 특이적인 항체
- 자연독성세포(natural killer cell, NK cell): T세포와는 다른 골수 유래 림프구의 한 종류. 선천성 면역반응에서 미생물에 감염된 세포를 죽이고 대식세포를 활성화시킴
- 주조직적합복합체(major histocompatibility complex, MHC): T림프구가 인식하는 펩티드-결합, 고도 다형분자를 지정하는 유전자가 포함된 복합체로 세포매개성 면역에 관여하며, 이식 거부 반응 등에 반응함
- 즉각적 과민증상(immediate hypersensitivity): 알레르기를 일으키며, IgE 및 항원-매개 조직 비만세포 그리고 호염기구 활성화에 의존하는 면역반응 유형. 비만세포와 호염기구는 혈관 투과성 증가, 혈관 확장, 기관지와 내장의 평활근 수축, 염증 등을 일으키는 매개체를 방출함
- 천식(asthma): IgE 알레르기 반응이나 비알레르기성 요소에 의해 유발되는 만성적인 염증성 폐질환. 기도의 염증반응과 회복 가능한 기도가 막히는 증상을 초래함
- 체액성 면역(humoral immunity): 적응면역반응의 한 유형으로 B림프구가 생산하는 항체가 매개함. 체액면역은 세포외 미생물 및 그 독소에 대항하는 주 방어 기전
- 항원(antigen): 항체 또는 T세포 항원 수용기(TCR)에 결합하는 분자. 면역체계에서 병원체와 변형된 세포를 인지할 때 사용되며 면역원(immunogen)이라고도 함
- 항원제시세포(antigen-presenting cell, APC): 단백질 항원의 펩티드(peptide) 조각을 세포 표면의 주조직적합복합체(MHC) 분자에 결합하여 전시함으로써 항원-특이 T세포를 활성화시키는 세포
- 항체(antibody): 당단백질의 일종으로 면역글로불린(Immunoglobulin)으로도 불리며, 항원과 결합한 B림프구에서 만들어짐. 항원을 중화하고, 도움체 활성화, 포식작용 촉진, 미생물 파괴 등 다양한 기능을 수행함
- 형질세포(plasma cell): 최종 분화된 항체-분비 B림프구로 계란 모양, 한쪽으로 치우친 핵, 핵-주변 halo를 비롯한 특징적인 조직학적 모양을 가짐
- 호산성구(eosinophil): 골수 유래 과립세포로, 즉각적인 과민반응에 관여하여 많은 알레르기의 발병 과정에 기여함
- 호중성구(neutrophil): 혈액 내 가장 많은 백혈구로, 다형핵백혈구라고도 하며 염증 부위에 동원되어 미생물을 포식하고 효소로 소화할 수 있음. 세균감염에 대한 급성 염증반응에 관여함
- 후천성 면역(acquired immunity): 출생 후 감염체에 대한 노출로 자극을 받아 일어나는 면역반응으로 림프구가 관여함. 같은 감염체에 반복적으로 노출되는 경우 더욱 빠르고 강하게 반응함. 체액성 면역과 세포 매개성 면역이 포함됨
- 흉선(thymus): 골수 유래 전구세포로부터 T림프구가 성숙하는 장소
- 히스타민(histamine): 비만세포의 과립에 저장된 혈관활성 아민으로 즉각적인 과민반응의 중요한 매개체들 중 하나임. 혈관 확장, 모세혈관의 투과성 증대, 기관지 수축에 관여함
- B림프구 또는 B세포(B cell): 골수에서 유래된 림프구. 항체를 생산할 수 있는 유일한 세포이며, 체액성 면역반응에서 중요한 역할을 함
- CD: 'Custer of differentiation'으로 지칭되는 면역계통의 여러 유형의 세포 표면에 발현되 분자
- CD4: 항원제시세포에서 제II주조직적합복합체(MHC)와 상호작용하는 도움 T세포에서 뚜렷하게 발견되는 마커
- CD8: 표적세포에서 제I주조직적합복합체(MHC)와 상호작용하는 세포독성 T세포에서 뚜렷하게 발견되는 마커
- Th1 세포: 도움 T세포의 한 기능적 소집합(subset)으로, 인터페론(interferon)-$\gamma$를 비롯한 특정 부류의 사이토카인을 분비함. 주요 기능은 감염, 특히 세포내 미생물에 대한 포식세포-매개 방어를 자극함
- Th2 세포: 도움 T세포의 한 기능적 소집합으로, 인터루킨(IL)-4 및 IL-5를 비롯한 특정 부류의 사이토카인을 분비하여 면역글로불린 E(IgE) 및 호산구/비만세포-매개 면역반응의 자극과 Th1 반응을 억제함
- T세포(T cell): 흉선(thymus)에서 분화하는 림프구로, 세포 매개성 면역에 관여함

# CHAPTER 7 심혈관계 CARDIO VASCULAR SYSTEM



심혈관계는 심장과 혈관으로 이루어져 있으며, 몸의 각 부위 간의 영양소, 물, 기체, 호르몬, 세포에서 제거되는 노폐물 등을 수송하는 역할을 한다.

심장은 흔히 사랑, 용기와 같은 감정을 대표하는 기관으로 표현되지만 실제로 심장은 펌프 작용을 하는 근육이다. 심장이 수축하면 강하면서 탄력성이 큰 동맥과 소동맥, 그리고 얇은 벽으로 이루어진 모세혈관을 통해 산소, 영양소, 무기질 및 기타 물질들이 세포나 조직으로 들어간다.

조직과 세포에서 대사 과정 중에 생성된 노폐물은 모세혈관벽을 통해 혈액으로 들어오고 정맥을 거쳐 심장으로 되돌아간다. 우리 신체 내 이 복잡한 혈관망의 길이는 약 150,000 km로, 이는 지구를 네 바퀴나 돌 수 있는 거리다.

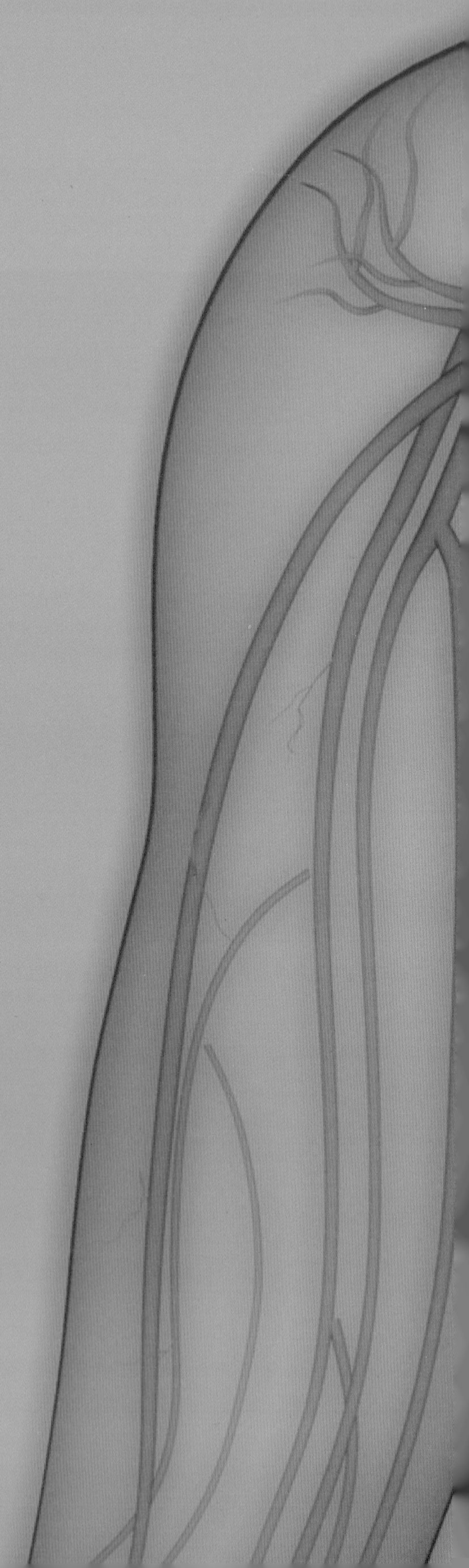

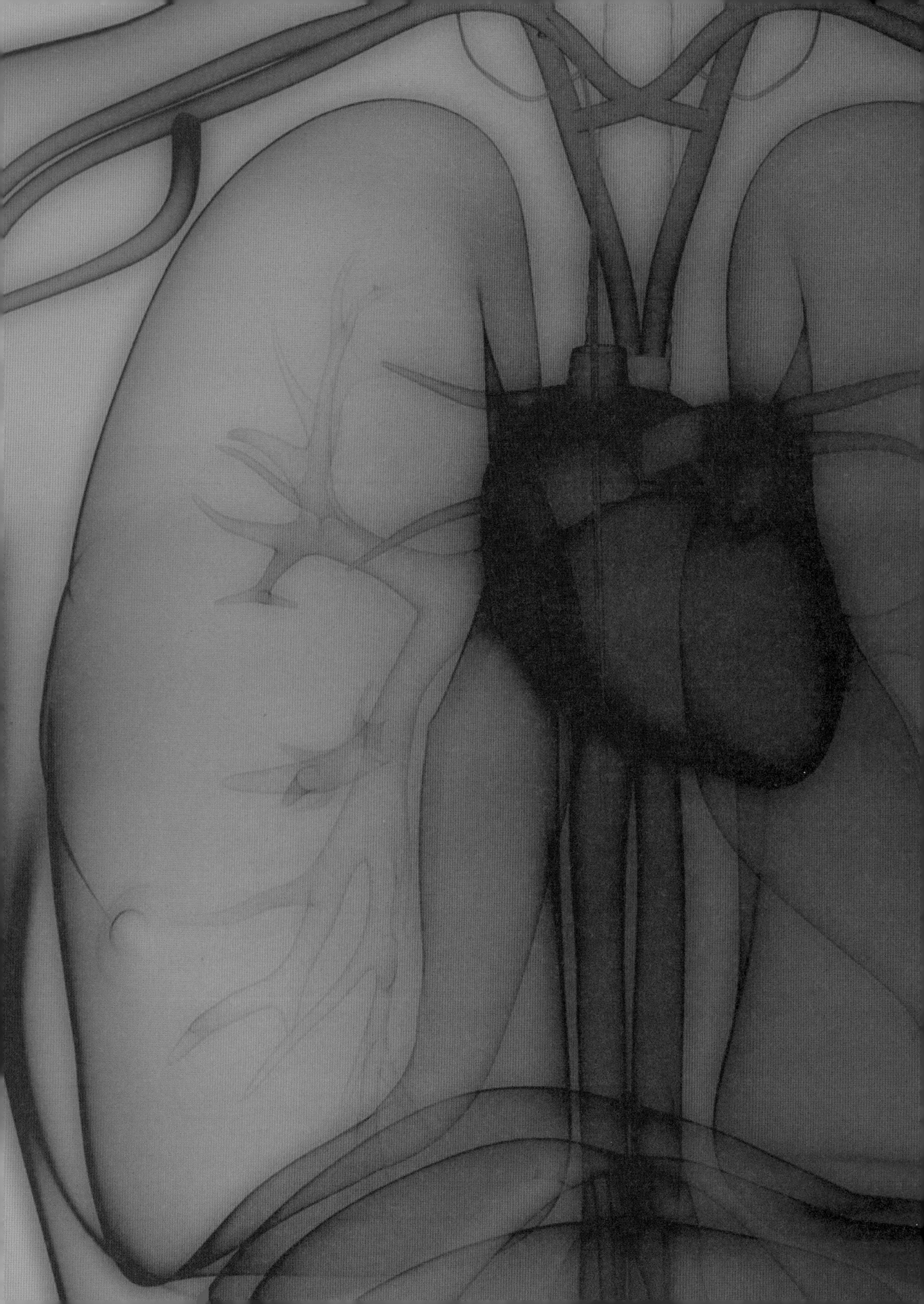

# 1. 심장

## 1) 심장의 구조

심장은 흉강 중앙에 위치하며, 주먹만 한 크기의 근육기관으로 좌우 폐에 둘러싸여 있다. 심장은 심장막pericardium이라는 섬유질 주머니에 의해 둘러싸여 있다. 심장막 안쪽에는 액체가 채워져 있으며, 이는 심장이 심장막 안에서 박동할 때 윤활제로 작용한다. 심장은 중격septum에 의해 좌심과 우심으로 나뉘며, 각각 상부(심방)atrium와 하부(심실)ventricle로 구분되어 있다. 또한 심장은 탄력성이 강한 심근으로 구성되어 있는데, 심실의 심근벽은 심방의 심근벽보다 두껍고, 좌심실벽이 우심실벽보다 3배 정도 두껍다. 심장의 구조와 심장 내 혈액의 흐름은 그림 7-1 에 제시하였다.

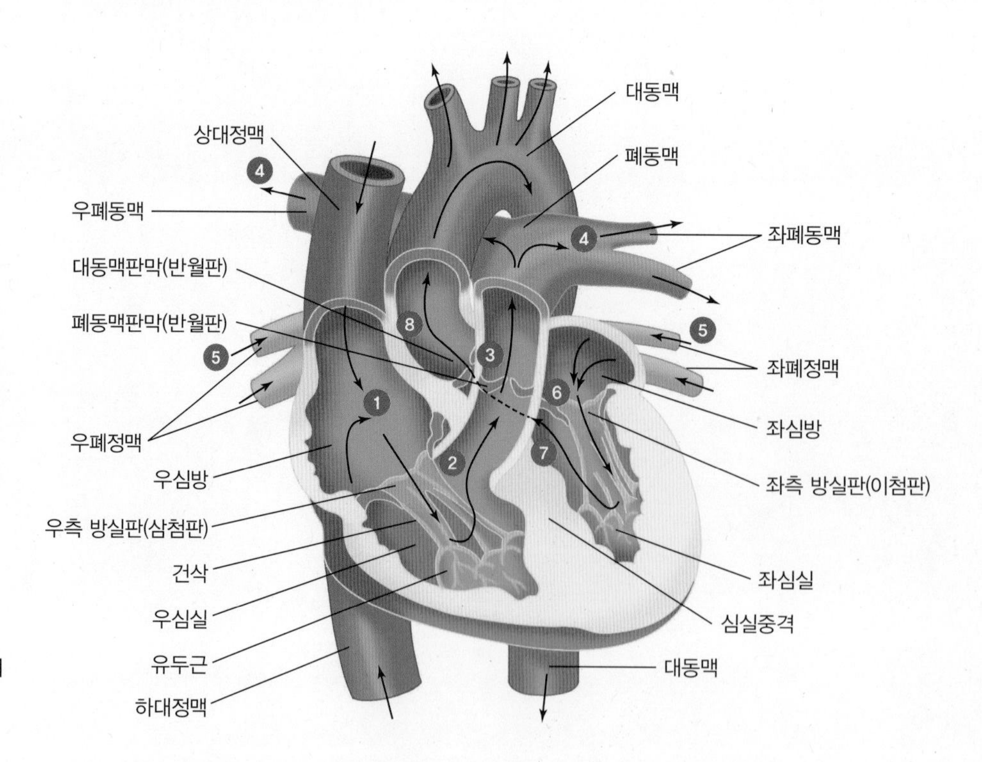


그림 7-1
**심장의 구조와 심장 내 혈액의 흐름**

심방과 심실 사이에 있는 방실판막atrioventricular valve은 혈액이 심방에서 심실로 이동하도록 하며, 심실에서 심방으로 혈액이 역류하는 것을 방지하는 역할을 한다. 우심실과 우심방 사이의 방실판을 삼첨판tricuspid valve, 좌심방과 좌심실 사이의 방실판을 이첨판bicuspid valve 또는 승모판(가톨릭 주교의 모자 모양)mitral valve이라고 한다. 심실과 동맥 사이에는 반월판막(반달 모양)semilunar valve이 있다. 좌심실과 대동맥 사이에 위치한 대동맥판막aortic valve은 대동맥에서 좌심실로의 혈액 역류를, 우심실과 폐동맥 사이에 위치한 폐동맥판막pulmonary valve은

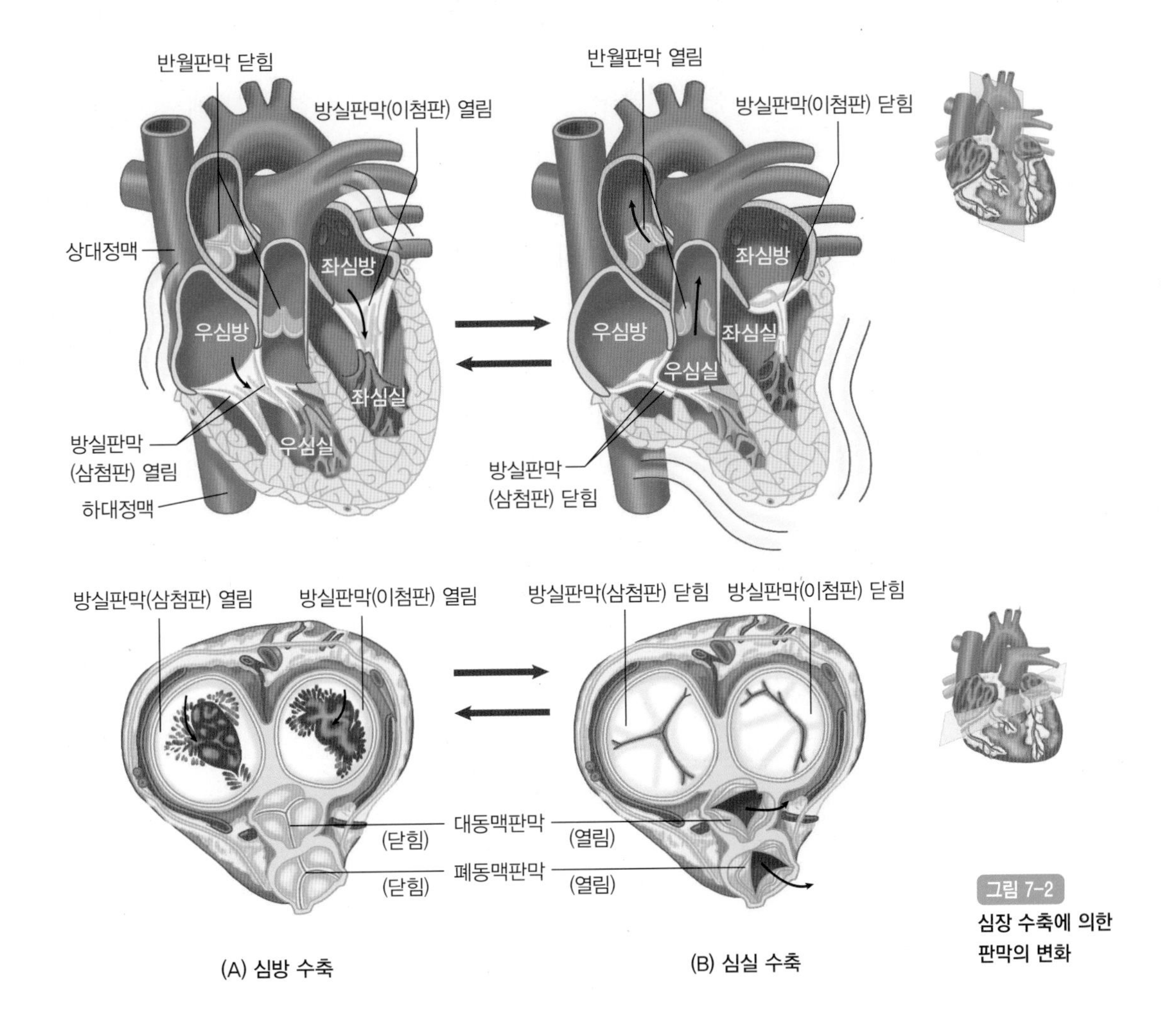


그림 7-2
심장 수축에 의한 판막의 변화

폐동맥에서 우심실로의 혈액 역류를 막아주는 역할을 한다.

심방 수축기 동안에는 방실판막이 열려, 혈액이 심방에서 심실로 흘러 들어간다 그림 7-2A. 반면, 심실 수축기에는 심실 내압이 심방의 압력보다 커져서 방실판이 닫히며, 심실의 혈액이 심방으로 역류하는 것을 막아준다. 이때 대동맥판막과 폐동맥판막이 열려서 좌심실의 혈액은 대동맥으로, 우심실의 혈액은 폐동맥으로 이동한다 그림 7-2B. 심실 수축 시 방실판이 심방으로 밀려 올라가는 것을 막기 위해 방실판은 건삭chordae tendineae이라고 하는 콜라겐 힘줄로 심실벽에 돌출해 있는 유두근papillary muscle에 단단히 고정되며, 이로 인해 혈액의 역행이 방지된다.

심장은 혈관을 통해 혈액을 순환시키는 펌프 역할을 하며, 1분에 평균 70회 정도 박동한다. 심장의 근육세포는 심장의 박동에 맞춰 매번 수축하며, 평생 30억 번 정도 수축한다. 심장 근육은 심내막, 심근, 심외막의 세 층으로 구성되어 있다 그림 7-3. 외막과 내막은 상피세포와 결체조직으로 이루어져 있다. 가운데 층인 심근은 심벽 두께의 75% 정도를 차지한다. 심근은 구조상 골격근과 같은 횡문근으로 이루어져 있으나, 골격근보다 근육세포가 작고 조밀하며 다량의 미토콘드리아를 함유하고 있어 지속적인 에너지 공급이 가능하다.

심근은 지속적으로 활동하므로 많은 양의 영양소와 산소가 필요하며, 이는

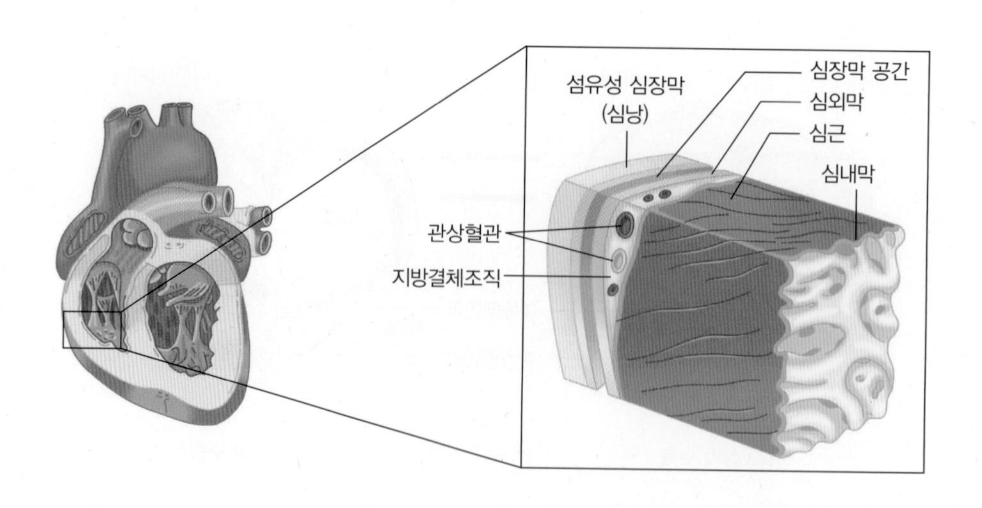


그림 7-3
**심장 근육의 구조**

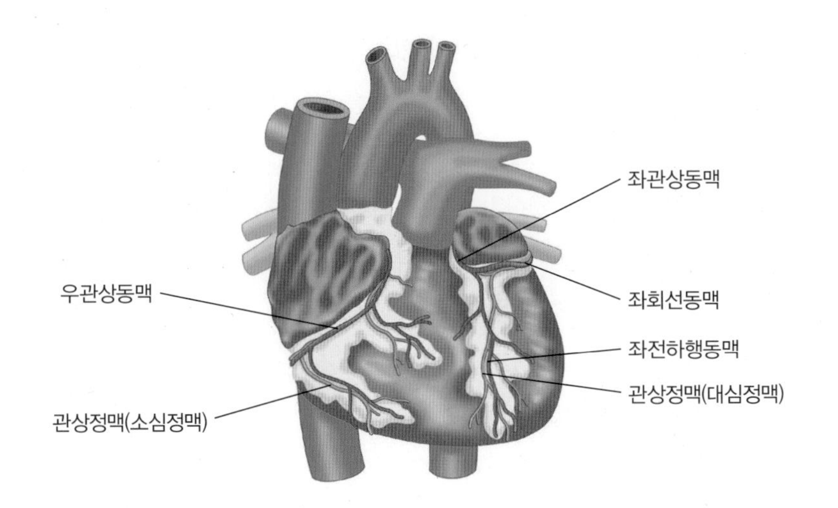


그림 7-4
**관상동맥과 관상정맥**

관상동맥coronary artery을 통해 공급받는다. 관상동맥은 대동맥으로부터 뻗어 나와 우관상동맥과 좌관상동맥으로 나뉘며, 다시 두 갈래로 갈라져 형성된 좌전하행동맥, 좌회선동맥으로 이루어진다. 보통 모든 동맥은 심장이 수축할 때 혈액이 공급되지만, 관상동맥은 심장이 수축을 끝내고 이완할 때 대동맥을 타고 나갔던 혈액이 역류하여 공급된다. 심장이 수축할 때 관상동맥은 수축 상태로 인해 혈액이 들어가지 못하지만, 심장이 이완되면 관상동맥도 함께 넓어져 혈액을 공급받게 된다. 관상동맥으로 이루어진 3개의 동맥 중 좌전하행동맥은 심실중격과 좌심실의 전벽과 측벽을, 좌회선동맥은 좌심실의 측벽과 하벽을, 우관상동맥은 우심실과 심실중격의 혈액 공급을 담당한다. 심근 내 모세혈관을 거친 혈액은 관상정맥을 거쳐 관상정맥동을 통해 우심방으로 되돌아간다 그림 7-4 .

## 2) 심장의 기능과 조절

심장은 평생 일정한 속도로 끊임없이 수축하여 혈액을 순환시킨다. 심장은 필요에 따라 자율신경에 의해 박동을 감소 또는 증가시키지만, 심근 자체로부터 발생하는 수축신호에 의해 박동이 가능한 조직이므로, 심장을 몸통에서 제거하고 모든 신경을 절단해도 심근세포가 살아 있는 한 수축할 수 있다.

### (1) 심장박동의 발생(흥분)과 전도

심장이 지속해서 혈액을 순환시키기 위해서는 일정한 주기로 활동전위가 발생해야 한다. 심근의 수축은 활동전위가 1회 발생할 때마다 1회 수축하며, 1분 동안 심장이 수축한 횟수를 심박동수heart rate라고 한다. 심장 대부분은 수축기능이 있는 심근세포로 구성되어 있지만, 약 1%의 심근세포는 수축기능을 하지 않는 대신 자동으로 전위를 발생시킬 수 있는 자동능automaticity이 있다. 따라서 중추신경이 차단되더라도 심장은 수축할 수 있다. 이러한 기능을 하는 세포를 결절세포nodal cell라고 하며, 동방결절sinoatrial node, SA node과 방실결절atrioventricular node이 있다. 이 결절세포들은 방실다발, 푸르키니에 섬유와 함께 전도계conducting system라고 알려진 회로망을 구성한다. 이 특별한 조직들은 율동적인 전기 자극을 형성하며, 전류를 다른 심근섬유보다 더 쉽게 전파한다. 즉, 전도계의 적절한 기능으로 심방과 심실이 율동적이고 연속적으로 수축함으로써 심장박동을 효율적으로 유지한다.

상대정맥 인근의 우심방에 위치한 동방결절에서 탈분극에 의한 최초의 활동전위가 발생한 후(❶), 우심방 심방중격에 위치한 방실결절(❷)을 통해 방실다발atrioventricular bundle, His bundle로 전달된다(❸). 방실다발은 좌우 다발가지left and right bundle branch로 나뉘며(❹), 심실벽 내에 있는 심장전도근육섬유인 푸르키니에 섬유purkinje fiber(❺)로 전달된다 그림 7-5. 푸르키니에 섬유의 흥분은 동시에 좌우 심실의 수축을 일으키고, 혈액을 폐순환 및 체순환으로 내보낸다. 동방결절에서 발생한 활동전위는 매우 빠른 속도로 심방에 전달되어 심방의 수축을 일으킨다. 그러나 방실결절을 거치는 동안 활동전위 전달 속도가 매우 느려지는 방실지연A-V delay이 나타난다. 방실지연으로 인해 심방의 수축이 완료되어 혈액이 완전히 심실로 이동한 후에 심실이 수축하게 된다. 만약 방실지연이 없다면 심방과 심실이 거의 동시에 수축하게 되어 혈액이 심방에서 심실로 유입되지 못하므로 심장은 펌프기능을 수행할 수 없게 된다.

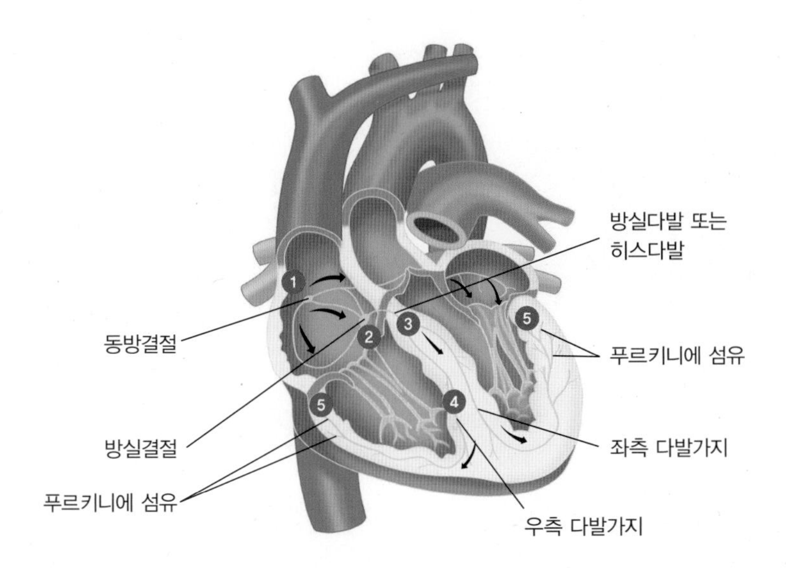


그림 7-5
**심근 전도계**

방실결절이나 푸르키니에 섬유 등의 다른 세포들도 자발적으로 흥분할 수 있으나, 속도가 동방결절에 비해 상당히 늦으므로 정상 상태에서는 동방결절이 심박조율기(향도잡이)pacemaker가 되어 심장의 박동을 조절한다.

### (2) 심근의 활동전위

다른 근육처럼 심근도 세포 내외의 이온 농도 차에 의해 안정막전위가 유지된다. 심근세포의 안정막전위는 주로 $K^+$의 평형전압equilibrium potential에 의하며, $Na^+$펌프에 의해 유지된다. 심근세포의 활동전위가 다른 골격근과 신경세포의 활동전위와 다른 점은 $Ca^{2+}$의 유입에 의한 활동전위의 기간이 길어지는 현상이다. 심근세포의 활동전위는 다음의 5단계로 나뉜다 그림 7-6.

- **4단계(안정막전위)**: 심근의 안정막전위는 −80~−90 mV 정도이다.
- **0단계(탈분극)**: 동방결절에서 유래한 활동전위에 의한 자극을 받으면, 1~2 msec 내 $Na^+$ 통로fast acting sodium channel에 의해 세포내로의 $Na^+$ 유입이 급속히 증가하여 탈분극이 유발된다. 막전위가 +20 mV에 도달하면

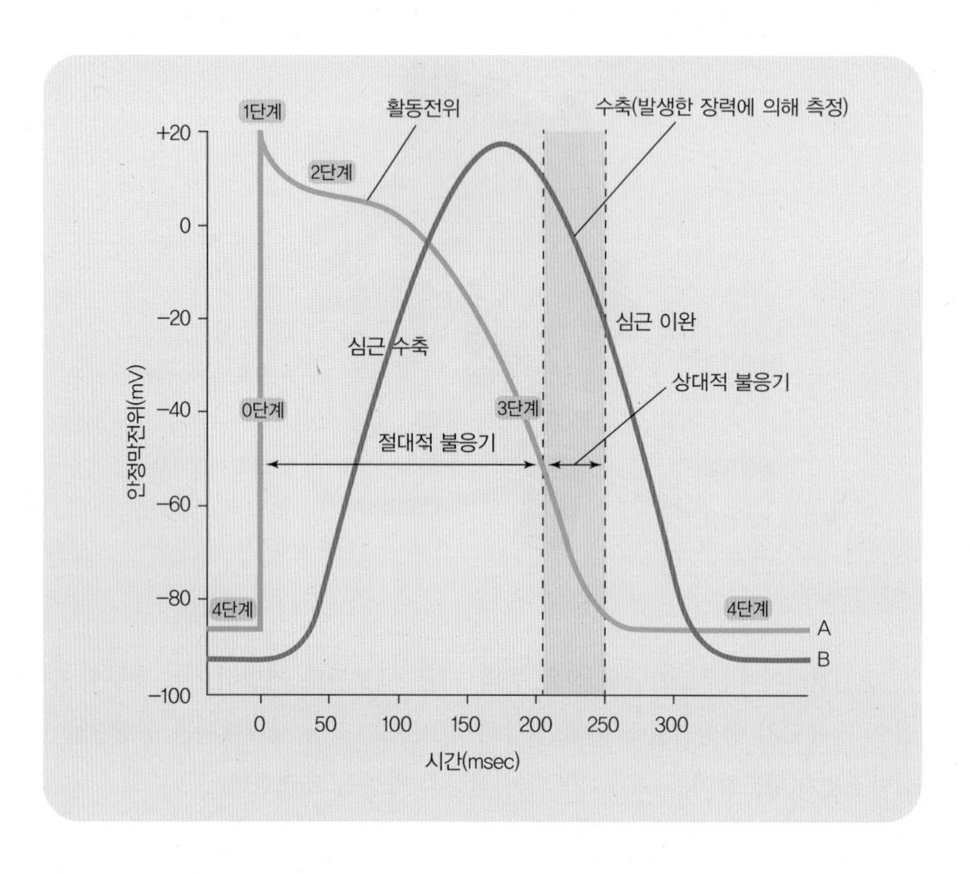


그림 7-6
**심근 활동전위와 심근 수축**

$Na^+$ 채널이 닫힌다.

- **1단계(초기 재분극)**: $Na^+$ 채널이 닫히면 $K^+$ 채널이 열리고, $K^+$ 이온이 세포 밖으로 잠깐 빠져나가면서 재분극화가 이루어진다.
- **2단계(유지 단계)**: 다른 근육과 달리 심근은 탈분극 후 전압이 바로 감소하지 않고 약 200 ms 동안 유지된다. 이는 세포 내로 $Ca^{2+}$ 유입이 증가하고, $K^+$ 채널이 닫혀 $K^+$ 방출이 감소하기 때문이다. 이 기간에는 다른 자극이 발생해도 심근이 반응하지 않으므로 절대적 불응기absolute refractory period라고 한다.
- **3단계(빠른 재분극)**: 이후 심근세포에서 $K^+$를 방출하여 안정막전위를 회복시킨다. 이 기간에는 정상보다 큰 자극에 의해 활동전위를 일으킬 수 있으므로 상대적 불응기relative refractory period라고 한다.

알아두기

## 심전도

심전도(electrocardiogram, ECG 또는 EKG)란 심장이 수축함에 따라 심박동과 함께 발생하는 활동전위의 변화를 측정·기록한 것을 말한다. 심장 심전도상에는 P파, QRS파, T파로 구별되는 세 가지의 파장이 나타난다. 심전도의 변화는 심전도를 발생시키는 심장 근육의 변화인 심장운동의 변화를 의미하므로 심장질환을 진단하는 데 매우 중요하다.

- P파: 동방결절을 통해 심방에 전달된 자극이 심방을 탈분극시키면서 나타나는 파장이다. P파는 약 0.08초 소요되며, P파가 시작되고 약 0.1초 후 심방이 수축한다.
- QRS파: 심실의 탈분극 시 나타나며, 심실 수축 이전에 실행된다. 소요시간은 약 0.008초이다.
- T파: 심실의 재분극 시에 나타나며, 약 0.16초 소요된다. 재분극은 탈분극보다 천천히 진행되어, QRS파보다 길게 벌어지고 진폭도 더욱 낮게 나타난다. 심방의 재분극은 크기가 작아 일반적으로 큰 QRS파에 가려 나타나지 않는다.

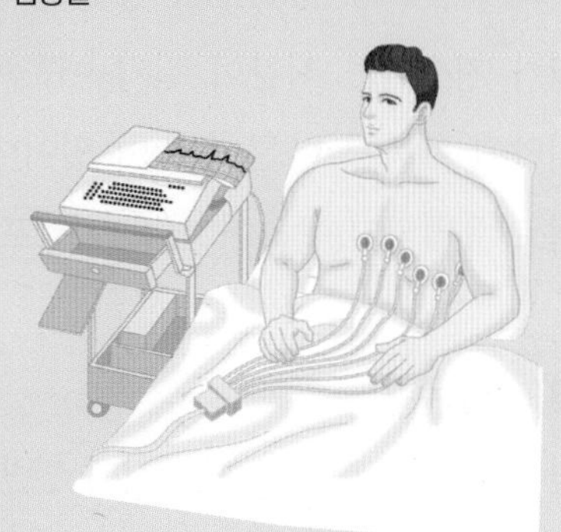
심전도 측정

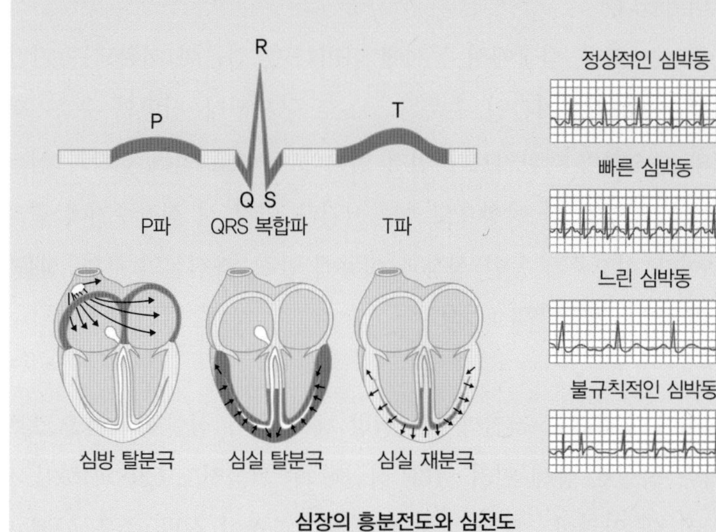

심장의 흥분전도와 심전도

- **4단계(안정막전위)**: 이후 $K^+$는 다시 세포내로 들어오고, 세포내에 있는 $Na^+$는 방출되어 이온 조성이 정상적으로 회복된다.

심근의 수축은 활동전위가 생기고 수 msec 후에 시작하여 안정막전위로 복귀하기까지 약 200 msec 동안 최대로 유지된다 그림 7-6. 이처럼 심근의 활동전위가 지속되는 시간이 길기 때문에, 골격근과 달리 심근세포는 이전의 수축이 이완될 때까지 다른 수축이 일어나지 않는다. 심근이 계속 수축하면 혈액이 심실로 유입되지 못하여 심장은 펌프기능을 수행할 수 없게 된다.

### (3) 심장주기

앞서 살펴본 심근의 활동전위 발생 및 전도 과정에 의해 심방과 심실은 수축과 이완을 반복하며 심장주기를 형성한다. 심장주기cardiac cycle는 심장이 한번 박동하기 시작하여 다음번 박동할 때까지 이루어지는 혈류 및 혈압과 관련된 모든 활동을 의미한다.

심장주기는 좌우 심장에서 동시에 나타나며, 심근이 이완되는 기간인 이완기diastole와 수축되는 기간인 수축기systole로 구분된다. 심방의 수축기와 이완기는 심실의 수축기와 이완기보다 먼저 일어나며, 이로 인해 심방과 심실은 교대로 수축하여 혈액을 한 방향으로 이동시킨다. 안정 시 심장주기에 걸리는 시간은 0.8초이다. 심장주기 동안 심장과 대동맥 압력, 좌심실의 부피, 심음 및 심전도와의 관련성은 그림 7-7 과 같다.

1. 심실이 수축하기 직전까지는 심방 내 압력이 심실보다 높으므로 방실판막이 심실로 향해 열려 있다. 심실이 수축(심전도 QRS파)하기 시작하면, 심실 내 압력이 심방보다 높아져 방실판막이 심방 쪽을 향해 닫히면서 첫 번째 심음이 들린다($S_1$, 'lub'). 이때 반월판막이 아직 열리지 않은 상태에서 심실이 계속 수축하면 심실 내 부피는 변화하지 않고 압력만 급격히 상승하게 된다. 이 시기를 등용성 심실수축기isovolumetric contraction phase

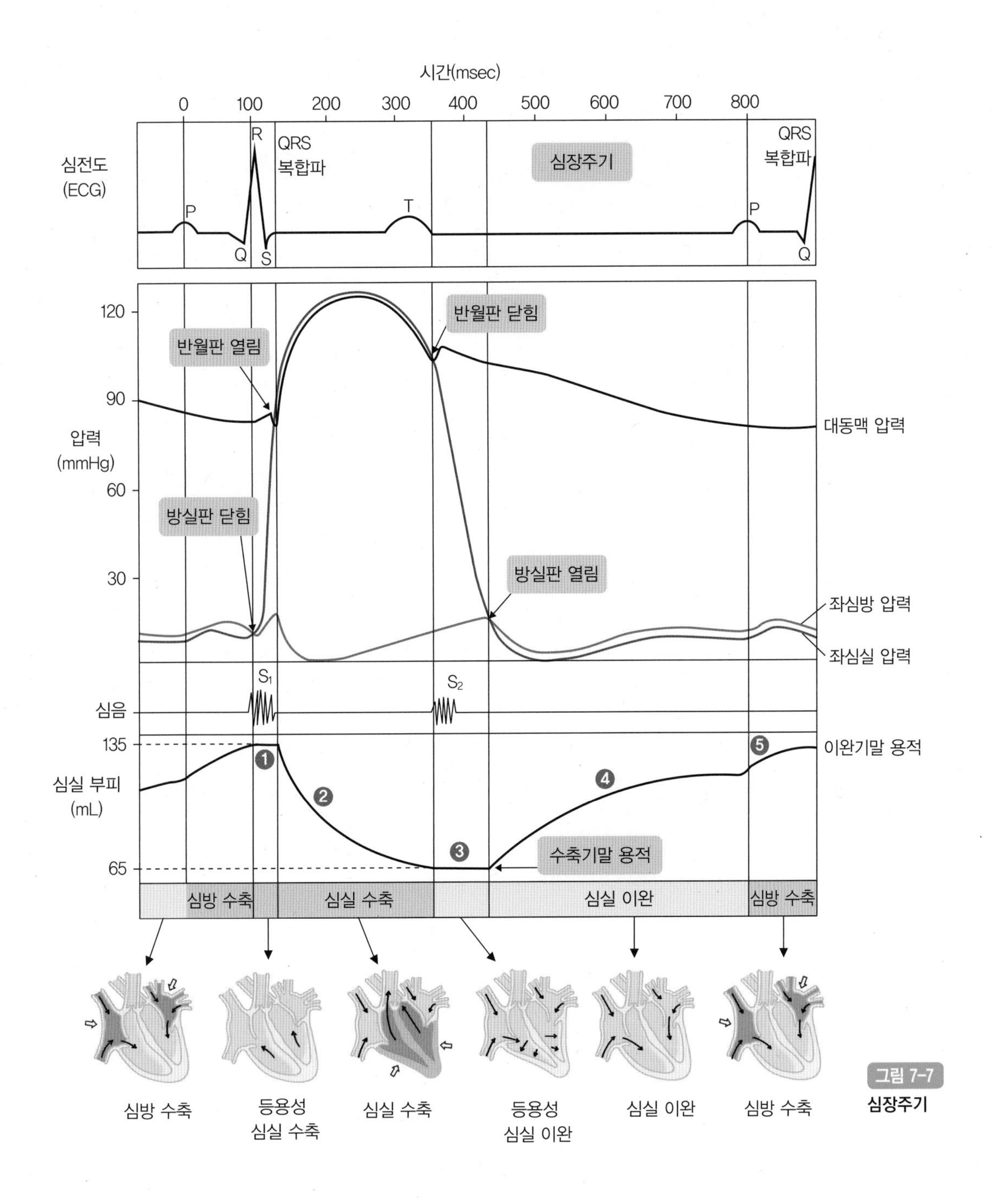
시간(msec)
0
100
200
300
400
500
600
700
800
심전도
(ECG)
R
QRS
복합파
심장주기
QRS
복합파
P
T
P
Q
S
Q
120
90
60
30
압력
(mmHg)
반월판 닫힘
반월판 열림
대동맥 압력
방실판 닫힘
방실판 열림
좌심방 압력
좌심실 압력
$S_1$
$S_2$
심음
135
65
심실 부피
(mL)
이완기말 용적
수축기말 용적
심방 수축
심실 수축
심실 이완
심방 수축
심방 수축
등용성
심실 수축
심실 수축
등용성
심실 이완
심실 이완
심방 수축

그림 7-7
**심장주기**

라고 한다.

❷ 심실의 계속된 수축으로 인해 심실 내 압력이 증가하여 대동맥·폐동맥의 압력보다 커지면, 닫혀 있던 반월판막이 대동맥·폐동맥 쪽을 향해 열리면서 혈액이 심장으로부터 박출된다(심실 1회 수축 시 혈액 박출량 70~80 mL). 이때 좌심실 및 대동맥의 압력은 약 120 mmHg(우심실 및 폐동맥의 압력 25 mmHg)로 상승하며, 심실의 부피는 감소한다. 혈액 박출 후 심실에 남아 있는 혈액량을 수축기말 용적end-systolic volume, ESV이라고 한다.

❸ 심실의 압력이 대동맥·폐동맥의 압력보다 낮아지면 반월판막이 심실을 향해 닫히면서 두 번째 심음($S_2$, 'dup')이 들린다. 좌심실의 압력이 0 mmHg로 떨어지는 동안 대동맥의 압력은 80 mmHg로 감소한다. 방실판막이 열리지 않은 채로 심실이 확장되어 심실 내 압력이 급격히 떨어지는 시기를 등용성 심실이완기isovolumetric relaxation phase라고 한다.

❹ 심실이 계속해서 이완되면서 심실 내 압력이 심방보다 떨어지면 방실판막이 심실을 향해 열리면서 혈액이 심방으로부터 심실을 향해 빠른 속도로 유입된다.

❺ 이후 심방의 탈분극화(심전도 P파)에 의해 심방이 수축하면서 심방에 남아 있는 혈액이 방실판막이 닫히기 전까지 심실로 계속 이동한다(심실유입기ventricular filling). 이때 심실에 남아 있는 혈액량을 이완기말 용적end-diastolic volume, EDV이라고 한다.

### (4) 심박출량의 조절

심장이 1분 동안 박출하는 혈액의 총량을 심박출량cardiac output이라고 한다. 이는 심장이 1회 박동 시 방출하는 혈액량인 심박동량stroke volume과 1분 동안 박동하는 횟수인 심박동수heart rate에 의해 결정된다. 안정 시 심박동량은 약 70 mL이며, 심박동수는 개인에 따라 차이가 있으나, 약 70~75회이다. 건강한 성인의 심박출량은 안정 상태에서 5 L/분이고, 운동 시에는 20~35 L/분까지 증가한다.

심박출량 = 심박동수 × 심박동량

심박출량은 심박동수와 심박동량에 영향을 주는 요인에 의해 변화되며, 그 요인에는 교감신경, 부교감신경, 심방반사 등이 있다. 교감신경의 활성은 아드레날린과 노르아드레날린의 분비를 촉진하여 심박동수를 증가시킨다. 반면, 부교감신경의 활성화는 아세틸콜린의 분비를 촉진하여 심박동수를 감소시킨다.

동방결절에 대해 신경 또는 호르몬의 자극이 전혀 없을 때 심박동수는 약 100회/분의 속도로 박동한다. 그러나 뇌간의 연수에 위치한 심장조절중추 cardioregulatory center는 부교감(미주)신경을 자극하여 안정기의 심박동수를 70~75회/분의 속도로 늦춘다. 반면, 운동을 하거나 스트레스를 받을 경우 시상하부에 의해 조절되는 교감신경이 활성화되어 심박동수를 증가시킨다 그림 7-8. 그 밖에 압력수용기baroreceptor 자극 감소 시 심박동수가 증가하며, 체온, 약물, 동맥혈 가스 분압, 호르몬 및 전해질 농도의 변화 등도 심박동수에 영향을 미친다.

정맥을 통해 심장으로 들어오는 혈액량(정맥환류량)이 증가하면 이완기말 심

그림 7-8
**심박동수의 조절**

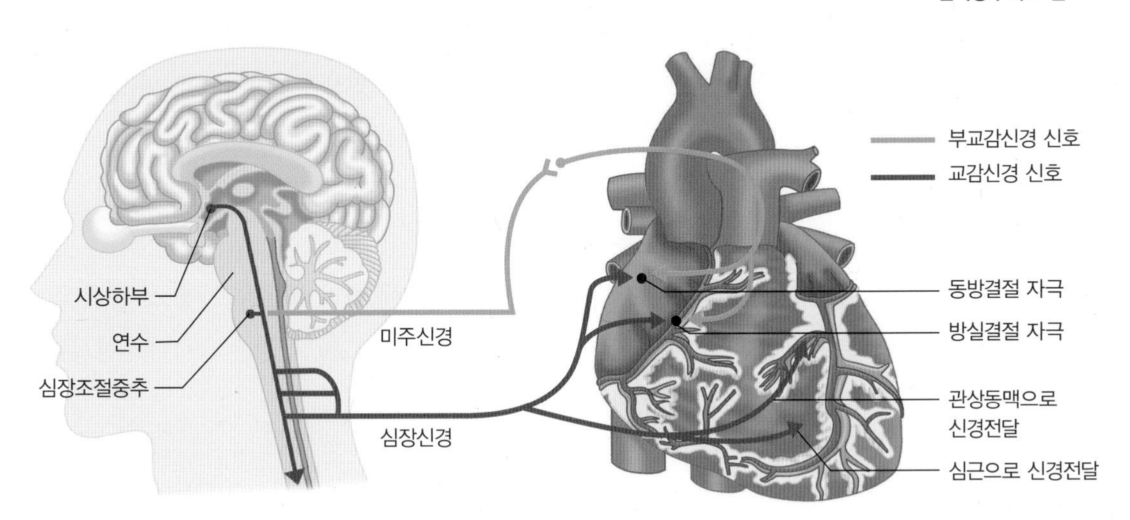

실용적이 증가하고, 심실용적이 증가할수록 근섬유가 늘어나 심박동량이 증가하게 된다(**프랭크-스탈링의 법칙**Frank-Starling law). 또한 교감신경의 활성은 심근수축 및 이완 속도를 증가시켜 심박동량을 증가시키는 반면, 부교감신경의 활성은 심박동량을 감소시킨다. 이들 자율신경계 외에 칼슘, 아드레날린 등도 심박동량에 영향을 미친다.

**프랭크-스탈링의 법칙**
이완기말 심실용적이 증가할수록 심박동량이 증가하는 현상

# 2. 혈액 순환과 혈관계

## 1) 혈액의 순환체계

심장으로부터 나온 혈액은 대동맥, 동맥, 세동맥을 거쳐 모세혈관에 도달하여 혈액과 세포 사이의 물질교환을 한 후 다시 세정맥, 정맥, 대정맥을 통해 심장으로 되돌아온다. 이러한 혈액의 순환은 체순환계systemic circulation와 폐순환계pulmonary circulation로 구분된다 그림 7-9. 체순환계는 좌심실에서 시작하여 대동맥으로 뻗어 나와 여러 동맥을 거쳐 세동맥으로 나뉜다. 세동맥은 약 100억 개의 분지를 이룬 모세혈관을 통해 온몸의 모든 조직을 순환한 뒤, 다시 세정맥, 정맥을 지나 하대정맥과 상대정맥을 통해 우심방에 이르는 순환을 한다. 폐순환계는 우심실에서 나간 혈액이 폐동맥, 폐 전체를 순환하는 모세혈관, 폐정맥을 거쳐 좌심방으로 돌아오는 순환계이다.

혈액의 체내 분포는 각 기관의 대사요구량에 따라 다르다. 안정 시 순환계 혈액 분포 비율은 전신정맥은 60~75%, 폐는 10~12%, 심장은 8~11%, 전신동맥은 10~12%, 모세혈관은 4~5% 정도이다.

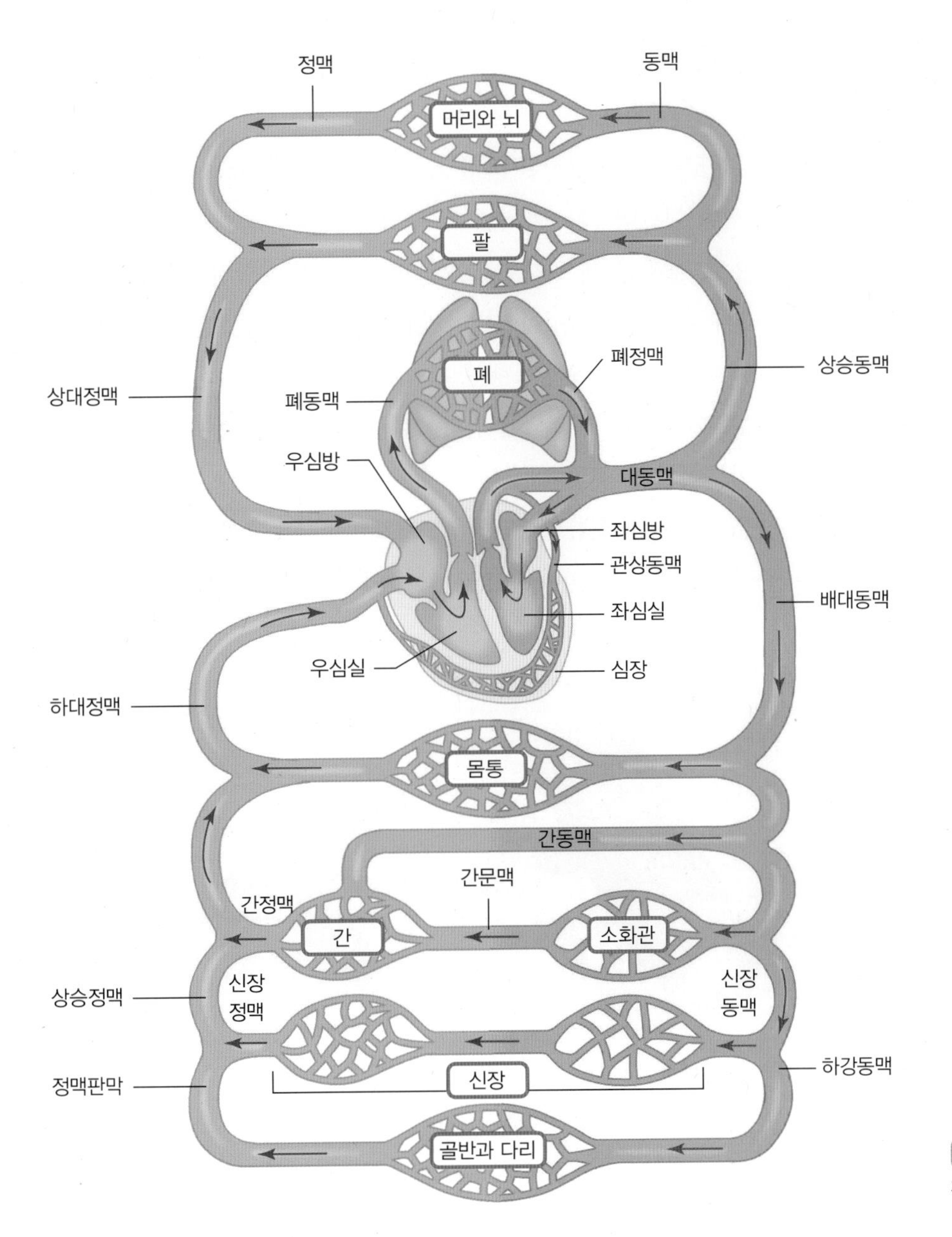


그림 7-9
**체순환계와 폐순환계**

## 2) 혈관의 구조

동맥과 정맥은 결합조직으로 구성된 바깥층, 평활근으로 구성된 중간층, 탄력조직과 내피로 구성된 혈관내막의 3개 층으로 구성되어 있다. 동맥의 중간층은 두꺼운 평활근층으로, 평활근 세포 사이사이를 탄력섬유가 포함된 결합조직이 메우고 있다. 따라서 탄성과 신축성이 크다. 반면, 정맥의 중간층은 얇고 탄성이 작다. 정맥 안쪽 곳곳에 있는 일방통행성 판막one-way venous valve은 혈액의 역류를 막고 심장으로 혈액이 잘 유입되게 한다. 모세혈관은 근육층이 없고 단층의 내피세포로만 이루어지나, 곳곳에 수축성 세포인 혈관주위세포pericyte가 붙어 있어 모세혈관을 수축시켜 혈류를 조절한다. 모세혈관벽은 혈액과 조직액 간에 효율적으로 물질을 교환할 수 있는 구조로 되어 있다 그림 7-10.

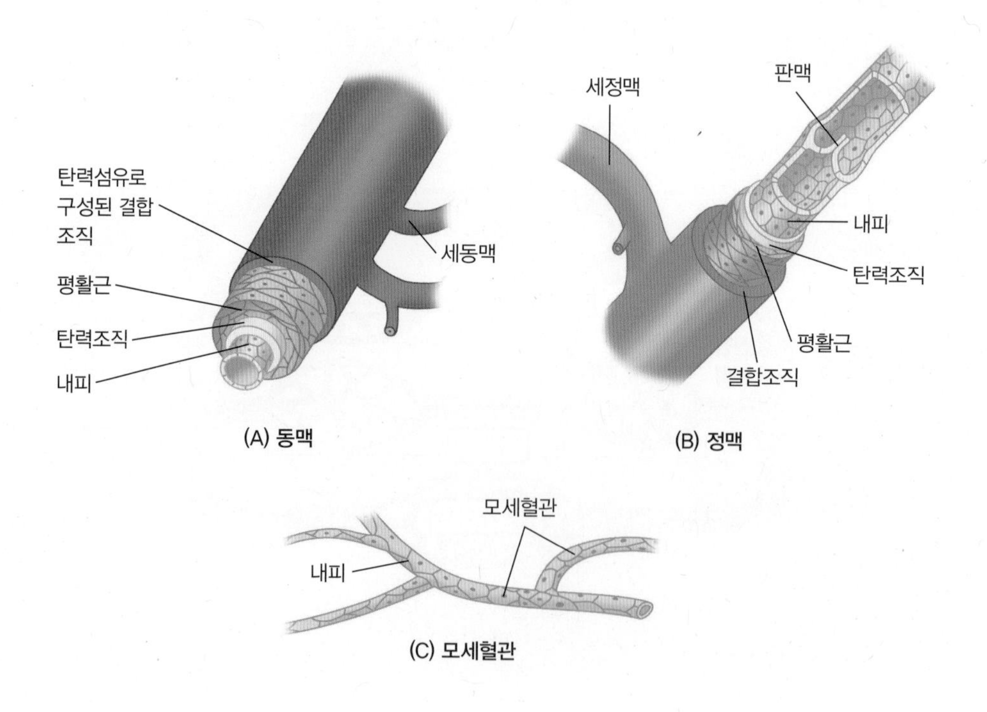


그림 7-10
혈관의 구조

## 3) 혈관의 기능

### (1) 동맥계

❶ 동맥 동맥계arterial system는 대동맥aorta, 동맥artery, 세동맥arteriole으로 이루어져 있다. 대동맥은 동맥 중 가장 내경이 크고 두꺼운 혈관으로, 주로 탄력섬유로 이루어져 있어 심장에서 박출되어 나오는 다량의 혈액을 임시로 수용할 수 있다. 심실의 수축으로 박출된 혈액은 총경동맥, 쇄골하동맥 등을 통해 말초혈관으로 이동된다. 이때 한꺼번에 많은 양의 혈액이 말초로 운반되지 못하므로 일시적으로 대동맥과 동맥에 수용되면서 혈관의 압력이 높아지는데, 이를 동맥혈압(또는 혈압)이라 한다. 동맥 내의 압력은 혈액이 모세혈관을 거쳐 다시 심장으로 되돌아오게 하는 원동력이 되며, 초기에는 높았다가 체순환을 거치면서 점차 감소한다.

혈압은 심장으로부터 박출된 혈액량, 혈관벽의 탄력성, 말초혈관으로 유입된 혈액량에 따라 결정된다. 동맥압의 최고치(심실 박출량이 최대일 때, 평균 120 mmHg)를 수축기혈압systolic blood pressure, 최저치(심실 방출이 시작되기 직전, 평균 80 mmHg)를 이완기혈압diastolic blood pressure이라고 하며, 수축기혈압과 이완기혈압의 차이를 맥압pulse pressure이라고 한다.

❷ 세동맥 세동맥은 주로 평활근으로 이루어져 있어 혈액 순환 시 저항혈관으로 작용하며, 혈액이 모세혈관으로 유입되는 것을 조절한다. 세동맥은 혈압 유지를 위해 필요한 경우 수축과 이완을 통해 혈류를 조절할 수 있으며, 조절방법은 외인성 조절과 국소적 조절이 있다 표 7-1.

세동맥 혈류의 외인성 조절은 신경계와 호르몬계에 의해 이루어진다. 신경계 조절은 주로 교감신경에 의해 이루어지며, 안정 시 세동맥은 교감신경에서 분비된 노르에피네프린과 $\alpha$-아드레날린 수용체와의 결합을 통해 항상 수축 상태를 유지한다. 모세혈관 이외의 모든 혈관은 신경지배를 받으나, 신경지배의 강도와 기능은 기관 및 혈관계의 부분에 따라 다양하다. 호르몬계에 의한 혈류 조절은

**표 7-1** 세동맥의 혈류 조절인자

| 구분 | | 혈류 조절인자 | |
|---|---|---|---|
| | | 혈관 수축 | 혈관 이완 |
| 외인성 조절 | 신경계 | 교감신경(노르에피네프린) | 일산화질소를 방출하는 뉴런들 |
| | 호르몬계 | • 에피네프린($\alpha$-아드레날린 수용체 결합)<br>• 안지오텐신 II<br>• 바소프레신 | • 에피네프린($\beta_2$-아드레날린 수용체 결합)<br>• 심방나트륨이뇨인자 |
| 국소적 조절 | 인접분비 작용물질 | • 엔도텔린-1<br>• 에이코사노이드(예: 트롬복산)<br>• 세로토닌 | • 산소↓, $K^+$↑, $CO_2$↑, $H^+$↑<br>• 아데노신<br>• 에이코사노이드(예: 프로스타글란딘 $E_2$)<br>• 일산화질소<br>• 염증성 분비물질(히스타민, 브라디키닌) |

주로 부신 수질에서 분비되는 에피네프린에 의해 이루어진다. 에피네프린은 세동맥 평활근의 $\alpha$-아드레날린 수용체와 결합하면 혈관이 수축된다. 반면, 간, 심장, 골격근 혈관에서 주로 발견되는 $\beta_2$-아드레날린 수용체와 결합하면 혈관이 이완된다. 신장에서 분비되는 레닌의 작용으로 생성되는 안지오텐신 II는 강력한 혈관수축물질이며, 심장 등에서 분비되는 심방나트륨이뇨인자artrial natriuretic factor는 강력한 혈관이완물질이다.

세동맥의 국소적 조절은 신경이나 호르몬의 작용과는 별개로 이루어지는 기전으로, 각 조직의 필요에 따라 세동맥 벽의 평활근이 수축·이완되어 혈류가 조절되는 것을 의미한다. 예를 들어, 운동 중에 골격근의 대사가 증가하여 산소 농도는 감소하고, 이산화탄소, 수소이온 등의 대사산물 및 생성과 함께 간질액의 $K^+$의 농도가 증가하면, 세동맥이 이완된다. 이를 능동적 충혈active hyperemia이라고 한다. 또한 세동맥 평활근에 인접한 내피세포로부터 분비된 여러 가지 물질(인접분비 작용물질)이 국소적 혈류 조절에 관여하는데, 히스타민은 혈관을 확장하며, **에이코사노이드**eicosanoids는 종류에 따라 혈관을 확장하거나 수축시킨다. 혈액 내피세포에서 만들어지는 산화질소nitric oxide, NO는 강력한 혈관확장제이며, 엔도텔린endotheilin은 강력한 혈관수축제이다. 세로토닌은 혈관수축물질

**에이코사노이드**
탄소 20개를 기본 골격으로 하는 호르몬과 유사한 작용을 하는 지용성 물질의 총칭

로, 출혈의 조절에 중요한 역할을 한다. 키닌kinin의 일종인 브래디키닌bradykinin은 세동맥 확장, 모세혈관 투과성 증가, 세동맥 평활근의 수축을 촉진한다.

### (2) 미세순환계

심혈관계의 궁극적인 목적은 혈액을 통해 운반된 물질을 조직으로 이동하고 조직으로부터 노폐물을 혈액으로 이동하는 것인데, 모세혈관이 바로 혈액과 조직 간의 물질교환이 이루어지는 장소이다. 모세혈관은 대부분의 세포와 0.1 mm 정도로 매우 가까운 거리에 분포해 있고, 모세혈관을 지나가는 혈류 속도가 0.1~1 mm/sec로 매우 느려서 혈액과 조직 간의 물질교환이 효율적으로 이루어진다. 모세혈관의 관류 조절에 세동맥, 세정맥이 관여하므로, 이들을 모세혈관과 함께 미세순환계microcirculation system라는 하나의 기능적 단위로 간주한다. 모세혈관은 세동맥에 직접 연결되지 않고, 세동맥에서 분지된 후세동맥metarteriole과 연결된다. 후세동맥은 세동맥과 세정맥이 직접 연결되는 주관thoroughfare channel의 역할을 한다. 후세동맥과 모세혈관 사이의 연결통로에 위치하는 전모세혈관괄약근precapillary sphincter은 평활근조직으로, 모세혈관벽에 있는 수축성의 혈관주위세포와 함께 미세순환계의 혈류를 조절한다 그림 7-11 .

모세혈관에서의 물질교환은 주로 확산, 소포수송 등에 의해 이루어진다. 혈액에 용해된 작은 용질이나 기체는 확산에 의해 이동하는 반면, 부피가 큰 단백질과 같은 물질은 대부분 소포수송에 의해 이동된다.

### (3) 정맥계

모세혈관으로부터 심장으로 연결되는 정맥계venous system는 대정맥vena cava, 정맥vein, 세정맥venule으로 이루어져 있다. 정맥계는 압력이 낮게 유지되며, 혈액이 다량 유입되어도 압력 변화가 거의 없다. 따라서 모세혈관으로부터 심장은 혈액이 되돌아가는 통로 및 혈액을 저장하는 용량혈관capacity vessel 역할을 하며, 총혈액량의 75% 정도가 정맥계에 존재한다. 정맥벽은 주로 콜라겐 섬유로 이루어진 결합조직과 약간의 평활근으로 구성되어 있다. 따라서 정맥에는 많은 양의 혈액

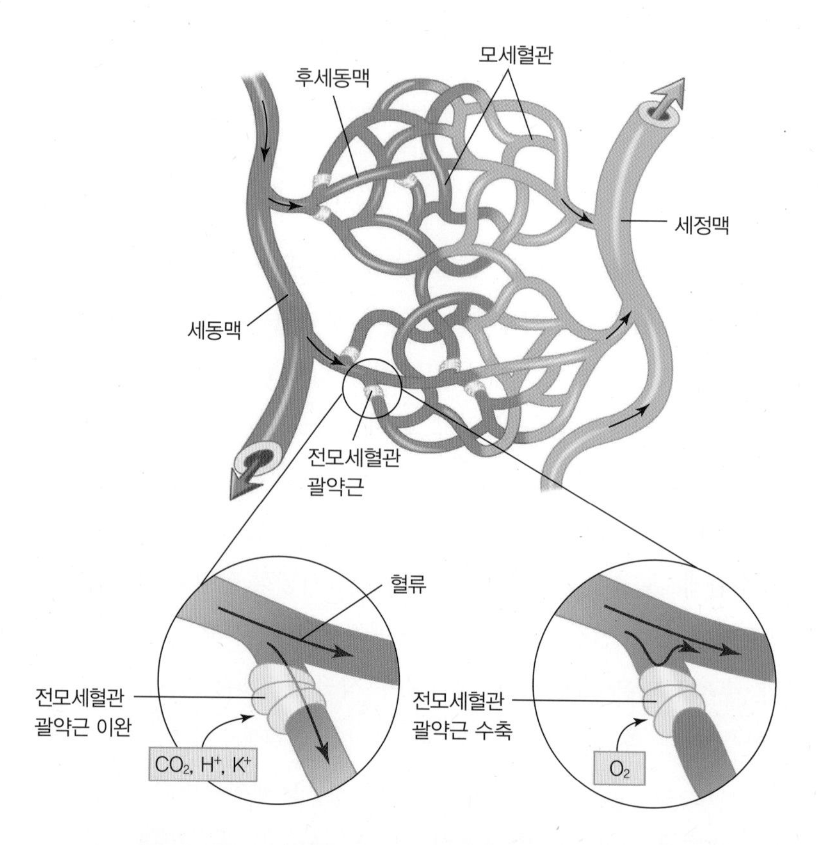


그림 7-11
**미세순환**

전모세혈관괄약근이 이완하면 혈액은 모든 모세혈관을 흘러 지나가고, 전모세혈관괄약근이 수축하면 혈류는 모세혈관을 지나가지 않고 후세동맥을 흘러 지나간다.

이 존재하지만 압력이 매우 낮다. 정맥의 혈액이 우심방으로 원활하게 되돌아오기 위해 여러 가지 방법이 사용된다. 그중 하나는 상지나 하지정맥벽에 세로로 배열된 평활근 섬유인 일방통행성 판막으로, 이는 혈액의 역류를 방지한다. 또한 정맥 주변을 둘러싸고 있는 골격근이 수축할 때의 압력이 충분히 커서 혈액이 심장으로 이동하는 것을 돕는다. 이러한 작용을 정맥펌프venous pump 또는 근육펌프muscle pump라고 한다. 하지정맥leg vein과 달리 복부정맥abdominal vein 및 흉부정맥thoracic vein에는 판막이 없다. 그러나 숨을 들이쉴 때 횡격막이 하강하여 복강 내용물이 정맥을 압박하고, 흉곽 내압이 음압을 형성하기 때문에 정맥으로부터 심장으로 가는 혈류를 촉진한다. 이는 호흡과 관련이 있어서 호흡펌프

respiratory pump라고도 한다. 이 외에도 심장 근처에서의 혈류 이동은 심장 자체의 운동에 의해서도 증가한다. 정맥과 세정맥의 팽창 및 수축은 교감신경계 활성에 의해 조절된다.

간, 신장, 그리고 뇌하수체를 통과하는 혈액은 모세혈관, 정맥을 거쳐 심장으로 이동되는 일반적인 체순환과는 달리 연속적으로 연결된 2개의 모세혈관을 거쳐 심장으로 들어오며, 이러한 혈관의 연결을 문맥계portal venous system라고 한다.

## 4) 혈액량과 혈압의 조절

교감신경계는 스트레스 또는 신체활동으로 혈압이 변화할 때 빠른 속도로 혈압을 정상적으로 유지한다. 예를 들어, 운동 시 교감신경계는 심박동수와 심박동량을 증가시키고, 혈관의 수축과 이완을 조절한다. 이러한 조절 기전을 통해 운동 시 혈압이 경미하게 증가한다.

교감신경 외에 경동맥동carotid sinus과 대동맥궁aortic arch에 존재하는 동맥압력수용체arterial baroreceptor 또한 단기간의 혈압 조절을 가능하게 한다 그림 7-12. 압력수용체는 뇌로 가는 혈압(경동맥 압력수용체)과 몸으로 가는 혈압(대동맥 압력수용체)에 반응하여 활동전위를 발생시켜 연수의 심혈관중추cardiovascular center에 전달한다. 예를 들어, 아침에 침대에서 일어나 바닥에 발을 딛는 순간 중력에 의해 혈액이 아래쪽으로 몰리면, 경동맥과 대동맥 압력수용체에서 혈액량 및 혈압의 감소를 감지하여 신호를 심혈관중추로 보내 심박동수를 증가시키고 혈관을 수축시킨다. 이로 인해 혈압이 약간 증가하여 뇌로 가는 혈류가 유지된다.

교감신경계 및 압력수용체에 의한 조절 기전은 혈압의 단기 조절에는 중요한 역할을 하지만, 혈압의 장기적 조절에 중요한 역할을 하는 것은 호르몬에 의한 혈액량의 변화이다. 예를 들어, 운동 중에 땀이 분비되어 체내 수분이 감소하면 시상하부에서 혈액삼투압 농도의 증가가 감지되고, 뇌하수체 후엽으로부터 항

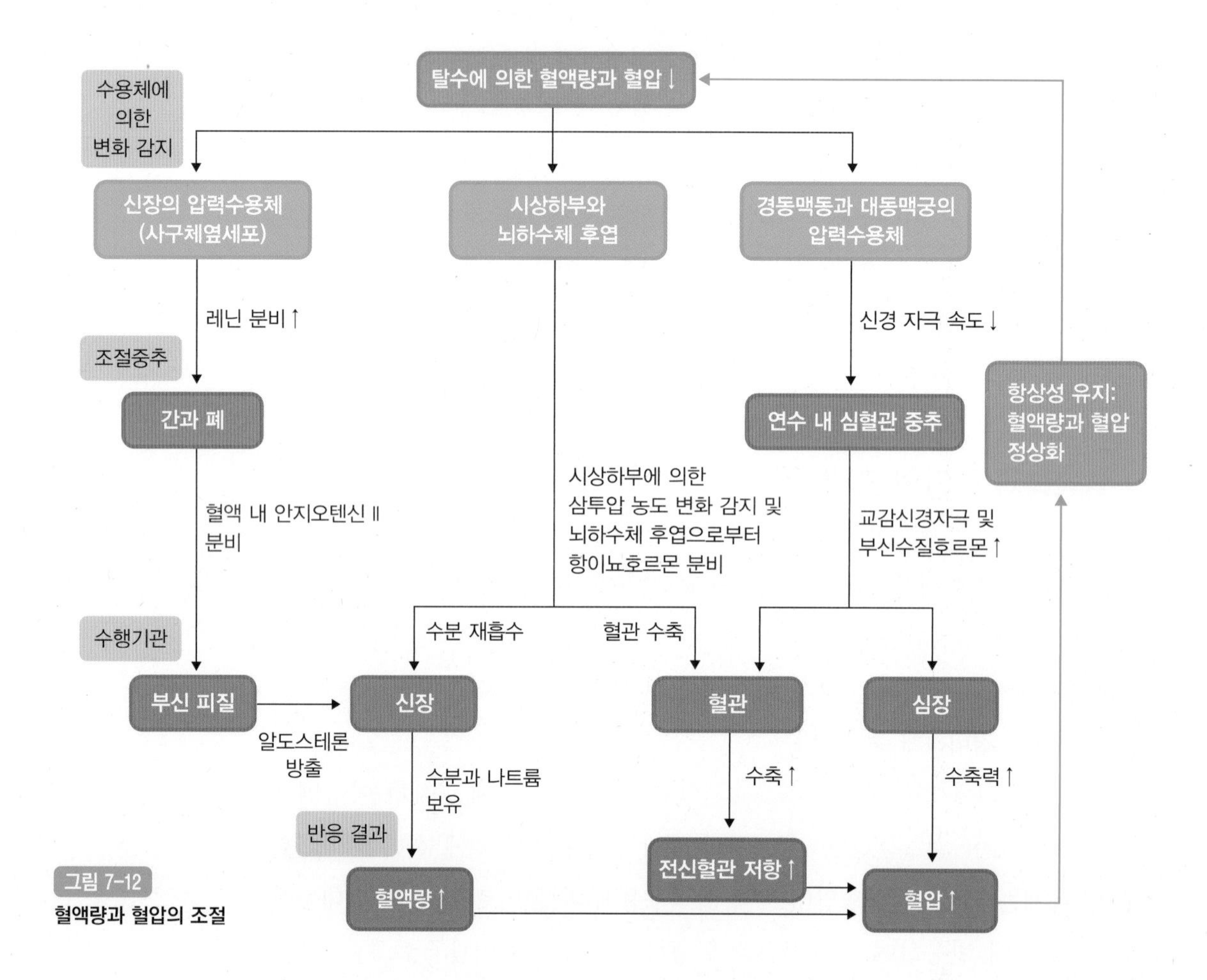


그림 7-12
**혈액량과 혈압의 조절**

이뇨호르몬(또는 바소프레신)이 분비된다. 이 호르몬은 신장에서 수분의 재흡수를 증가시켜 혈액량과 혈압이 정상적으로 유지된다. 또한 신장의 압력수용체에서 혈액량의 감소가 감지되면 신장에서 레닌이 분비되고, 레닌은 강력한 혈관 수축물질인 안지오텐신 II를 활성화하여 혈압을 높이게 된다. 안지오텐신 II는 알도스테론과 항이뇨호르몬 분비를 촉진하여 신장에서 수분의 재흡수를 증가시키고, 뇌의 갈증중추를 자극하여 수분 섭취를 증가시킨다. 이를 통해 체내 수분이 정상화되면 이 호르몬들의 농도는 다시 휴지기 상태로 돌아간다.

반면, 물을 너무 많이 마시면 심방나트륨이뇨인자가 신장에서 이뇨를 증가시켜 혈액량이 정상으로 유지된다. 혈액량의 조절은 교감신경이나 압력수용체에 의한 조절에 비해 시간이 오래 걸리지만, 혈압 조절에서 가장 중요한 결정인자이다.

알아두기

### 림프계와 림프 순환

림프계(lymphatic system)는 혈관처럼 온몸에 퍼져 있는 기관이다. 림프계는 모든 기관과 조직들 사이사이에 흩어져 있는 림프모세관(lymphatic capillary), 림프모세관이 합류되어 형성된 림프관(lymphatic vessel), 림프관 사이사이에 위치하며 림프액을 여과해주는 림프절(lymph node), 편도선, 흉선, 비장과 같은 림프기관(lymphoid organ)으로 구성된다.

림프절은 림프구(lymphocyte), 대식세포가 있어서 외부 세균이나 병원균으로부터 우리 몸을 보호하는 역할을 한다. 림프모세관(lymph capillary)은 한쪽 끝이 막혀 있고 투과성이 매우 크며, 모세혈관으로 들어가지 못하고 간질액에 남아 있던 과다한 수분, 단백질을 비롯한 모든 성분을 흡수하여 다시 혈관으로 되돌려주는 청소부 역할을 한다. 림프계는 심장과 같은 펌프는 없지만, 근육운동으로 발생하는 압력에 의해 이동하며, 림프관 곳곳에는 판막이 있어 림프액이 한 방향으로 이동할 수 있다. 림프관은 최종적으로 좌우 쇄골하정맥(subclavian vein)을 통해 혈관과 합쳐져서 심장으로 연결된다.

손상, 수술 등으로 림프계가 막히거나 혈장단백질 부족으로 인해 모세혈관을 통한 혈액의 여과량이 많을 경우 간질액이 과잉 축적되며, 이때 부종(edema)이 나타난다.

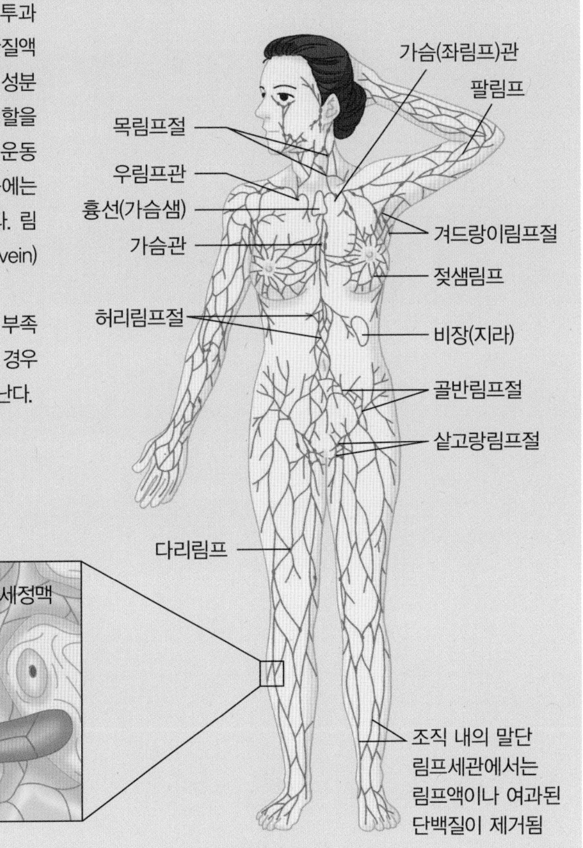

CHAPTER

# 8 호흡기계
## RESPIRATORY SYSTEM

1. 호흡기계의 구조와 기능
2. 호흡운동
3. 폐의 용적과 용량
4. 기체 운반과 교환
5. 호흡의 조절
6. 환기장애와 호흡이상

인체의 모든 세포는 생명 유지와 에너지 이용을 위해 산소를 공급받으며 산소 이용과 에너지 발생의 결과로 이산화탄소를 생성한다. 호흡(respiration)은 생명체가 산소를 얻고 이산화탄소를 외부로 배출하는 기체의 교환 과정이다.

호흡기계는 기체 교환이 발생하는 폐와 기체의 통로가 되는 코, 인두, 후두, 기관지로 구성된다. 또한 호흡기계는 공기 중의 산소를 획득하여 세포로 이동시키고 세포에서 배출된 이산화탄소를 공기 중으로 배출하는 기체 교환을 담당하며, 체액의 산-염기 평형을 조절하는 역할을 한다. 호흡 과정은 기체 농도, 신경계 조절, 신체활동 등 여러 요인에 의해 영향을 받는다.

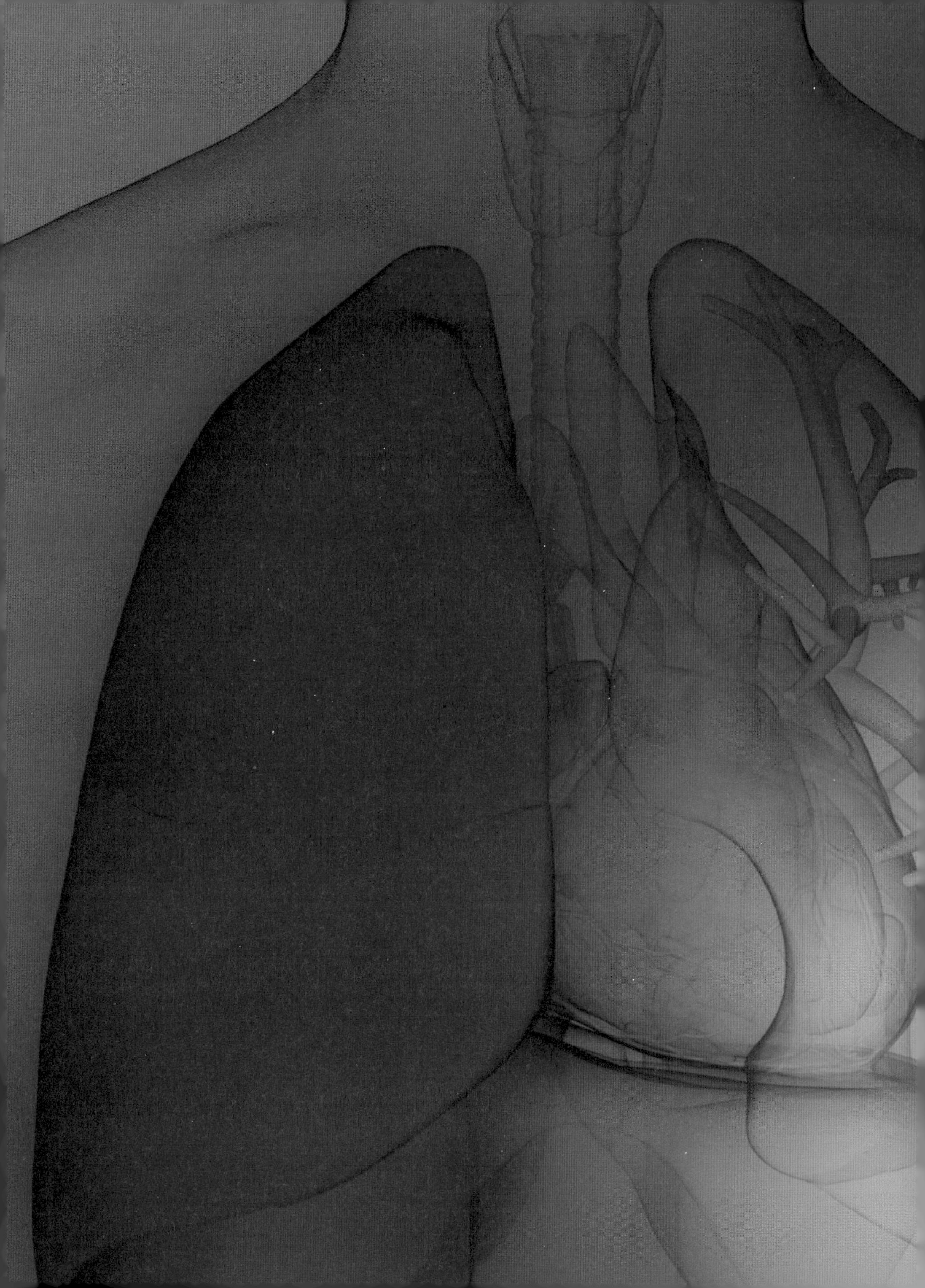

# 1. 호흡기계의 구조와 기능

인체의 호흡기계는 코, 인두, 후두, 기관, 기관지 및 폐로 구성되며, 공기의 이동에 관여하는 횡경막, 늑간근도 호흡기계에 포함될 수 있다. 호흡기계는 코, 인두, 후두, 기관지 등 기체 교환 없이 공기의 통로 역할만 하는 전도영역conducting zone과 호흡성 세기관지, 폐포낭, 폐포 등 혈액과의 기체 교환이 일어나는 호흡영역respiratory zone으로 구분하기도 한다 그림 8-1 .

## 1) 호흡기계의 구조

### (1) 코와 비강

코nose와 비강nasal cavity은 호흡기계에서 공기가 처음 접촉하는 곳으로 인두까지 연결된다. 비강의 바닥과 측면에는 구강과 비강을 분리하는 구개palate가 있

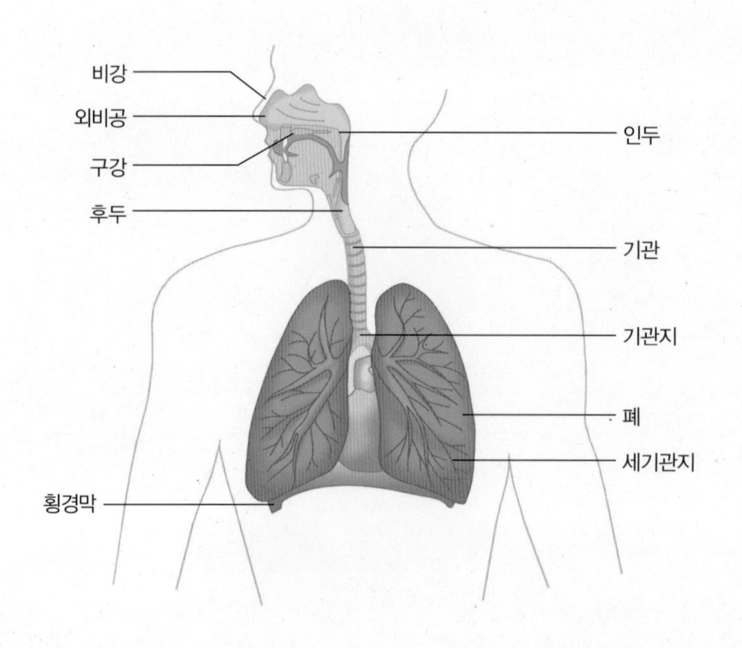


그림 8-1
호흡기계의 구조

다. 비강 안쪽은 점막과 혈관이 분포되어 점액을 분비하며, 공기 중의 이물질을 차단한다. 점막의 섬모세포cilia는 오염된 점액을 인두로 이동시켜 배출한다. 비강 점막에 분포된 혈관은 코로 유입된 공기가 인두로 이동하기 전에 온도를 올려준다. 비강 점막에는 후각수용기olfactory receptor가 분포하여 냄새를 감지한다.

### (2) 인두와 후두

인두pharynx 혹은 목구멍throat은 소화기계와 호흡기계가 공유하는 구조로, 공기, 음식물, 수분이 이동할 수 있다. 후두larynx는 인두 하부에 위치하며, **성대**vocal cords 위쪽에 후두개epiglottis라는 납작한 연골이 있어 음식물을 삼키는 동안 후두 입구를 닫아서 음식물이 후두로 들어가는 것을 막는다. 후두가 확장된 부분이 성대이며 공기가 지나면서 진동하여 소리를 만들어낸다.

**성대**
후두구를 가로질러 분포된 탄성조직. 공기가 지나면서 발생하는 성대의 움직임과 떨림으로 발성이 가능함

### (3) 기관 및 기관지

기관trachea은 후두에서 흉강까지 확장된 관으로, 공기가 폐로 들어가는 통로이며, 좌우 양쪽 기관지bronchi로 갈라진다. 기관 및 기관지는 결합조직과 C형의 연골로 지지되는 평활근으로 구성되어 있다. 기관과 기관지에는 점액을 분비하는 점막세포와 섬모가 있어 이물질이 들어오면 후두 쪽으로 이동시켜 제거하는 역할을 한다.

### (4) 폐

폐lung는 호흡을 담당하는 주요 기관이며, 오른쪽 폐는 세 겹, 왼쪽 폐는 두 겹의 엽으로 되어 있다. 각각의 폐엽은 결합조직에 의해 소엽으로 분리된다. 양쪽 폐의 내부는 기관지가 세기관지bronchiole로 갈라진 구조로 되어 있다. 각각의 세기관지들은 더 가는 형태로 갈라지며, 끝에서 공기주머니가 포도송이 형태로 군집을 이룬 폐포pulmonary alveoli와 연결된다. 사람의 폐는 양쪽 각각 3억 개 정도의 폐포로 이루어져 있다 그림 8-2 .

폐포의 바깥쪽은 얇은 결합조직이 둘러싸고 있으며, 아주 가는 모세혈관이

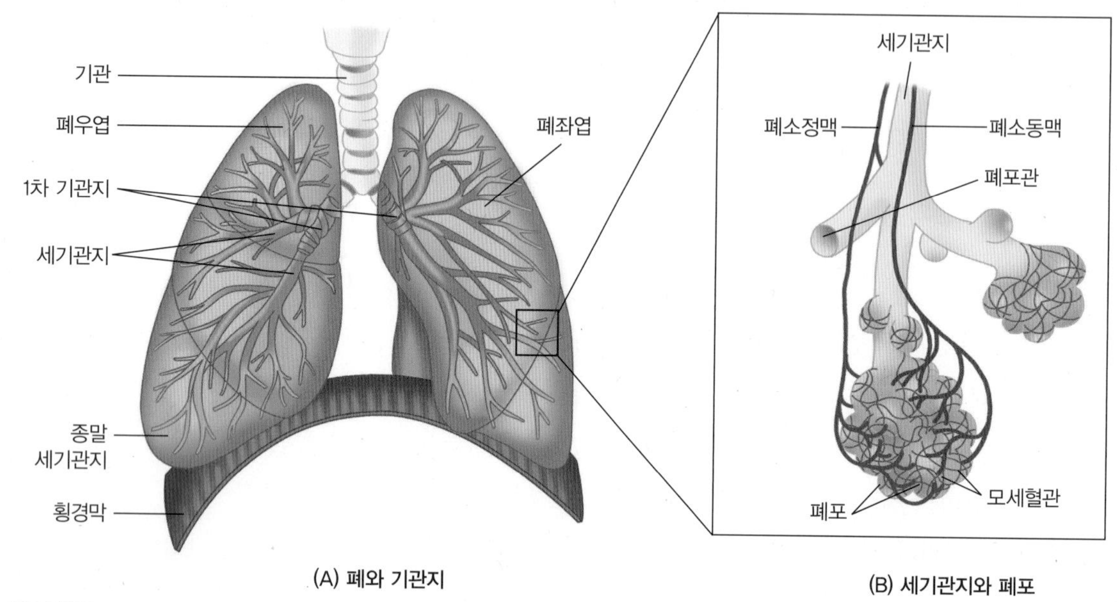


(A) 폐와 기관지

(B) 세기관지와 폐포

그림 8-2
**폐, 기관지, 폐포의 구조**

그물 모양으로 분포되어 있다. 따라서 폐포와 혈관 사이에서 많은 양의 산소와 이산화탄소의 기체 교환이 가능하다. 폐포의 내부 표면에는 얇은 막이 있어 공기가 폐포 안을 이동할 때 마찰저항을 유발하지만, 숨을 들이쉴 때는 폐포가 급격히 늘어나는 것을 방지한다. 건강한 사람은 폐포막에서 표면활성제surfactant가 생성되는데, 표면활성제는 인지질의 일종으로 폐포의 표면장력을 약화하여 폐포가 쉽게 확장할 수 있도록 해준다.

폐포막에 있는 확장수용기stretch receptor의 자극은 미주신경을 통해서 연수로 전달된다. 폐포와 연결된 세기관지의 평활근은 자율신경계의 지배를 받고 있다. 부교감신경이 흥분하면 세기관지는 수축되어 환기 속도와 양이 줄어들고, 교감신경이 흥분하면 세기관지가 확장되어 환기 작용이 활발하게 일어난다.

> **늑막**
> 흉벽과 폐 양쪽의 이중벽으로 이루어진 구조. 이중벽 사이에 늑막액이 존재하여 호흡 시 마찰을 감소시키는 역할을 함

폐는 흉강thoracic cavity 안에 위치하고 있으며, 좌우 각 폐엽은 견고한 섬유상 막인 **늑막**pleura으로 구성된 늑막강pleural cavity으로 싸여 있다. 늑막강은 늑막액pleural fluid으로 채워져 있는데, 늑막액은 호흡 시 폐와 흉강의 형태가 변형되는 동안 폐와 흉강의 표면에 분포한 늑막끼리 잘 미끄러질 수 있도록 윤활제 역할

을 한다. 흉강은 갈비뼈(늑골), 흉골, 갈비뼈근육(늑간근) 등의 조직으로 구성되며, 횡경막diaphragm에 의해 복부와 분리된다.

## 2) 호흡기계의 기능

### (1) 산소 공급 및 이산화탄소 배출

호흡기계의 주요 기능은 대사 과정에서 필요한 산소를 체내로 유입시키고, 각 세포에서 에너지 대사 결과로 생성된 이산화탄소를 외부로 배출하는 기체 교환이다.

산소는 코, 인두, 후두, 기관지를 거쳐 폐포의 모세혈관을 통해 혈액 속으로 들어가서 각 조직세포로 운반된다. 세포에서 유기물의 대사 결과로 이산화탄소가 생성되면 혈액으로 방출되어 탄산의 형태로 폐에 운반되고, 내쉬는 숨인 호기exhalation에 의해 체외로 배출된다.

### (2) 산-염기 평형

호흡은 체내의 대사 과정에서 생성되는 탄산과 같은 휘발성 산volatile acid을 지속적으로 배출한다. 이에 따라 체액의 산-염기 평형이 조절되며, pH가 7.2~7.4의 범위로 유지된다.

### (3) 수분과 열 방출

호흡을 통한 수분 방출은 발한과 함께 인체가 체온을 조절하는 중요한 방법 중 하나이다. 호흡을 통한 성인의 1일 수분 배출량은 약 400~500 mL이다. 이는 의식적으로 잘 감지되지 않아 불감성 수분손실insensible water loss이라 하며, 추운 겨울에 입김이 서리는 현상을 통해 인지할 수 있다.

#### (4) 발성

후두개 아래쪽으로 연결된 탄성조직인 성대는 공기가 지나가면서 진동을 일으켜 소리를 만들어내는 역할을 하며, 이러한 성대의 움직임과 떨림을 통해 발성이 가능하게 된다.

## 2. 호흡운동

### 1) 호흡 과정

호흡 과정은 폐환기, 외호흡, 내호흡의 세 과정으로 구분할 수 있다 그림 8-3 .

#### (1) 폐환기

폐환기pulmonary ventilation는 대기와 폐포 사이의 공기 교환으로, 들숨과 날숨을 통해 체내외의 공기가 호흡기계를 통해 이동하는 과정이다. 일반적인 호흡을 의미하며, 산소 농도가 높은 대기 중의 공기는 흡입하고, 이산화탄소 농도가 높은 폐포 내 공기를 체외로 배출하는 과정이다.

#### (2) 외호흡

외호흡external respiration은 폐포로 유입된 외부 공기 중의 산소와 혈액에 있는 이산화탄소의 교환 과정이다. 산소가 많은 대기 중의 공기는 폐포 내로 흡입하고, 이산화탄소가 높은 폐포 내 공기를 체외로 배출한다. 모세혈관과 폐포 사이에서 산소와 이산화탄소의 이동은 분압 차에 의한 확산을 통해 이루어진다 그림 8-4 .

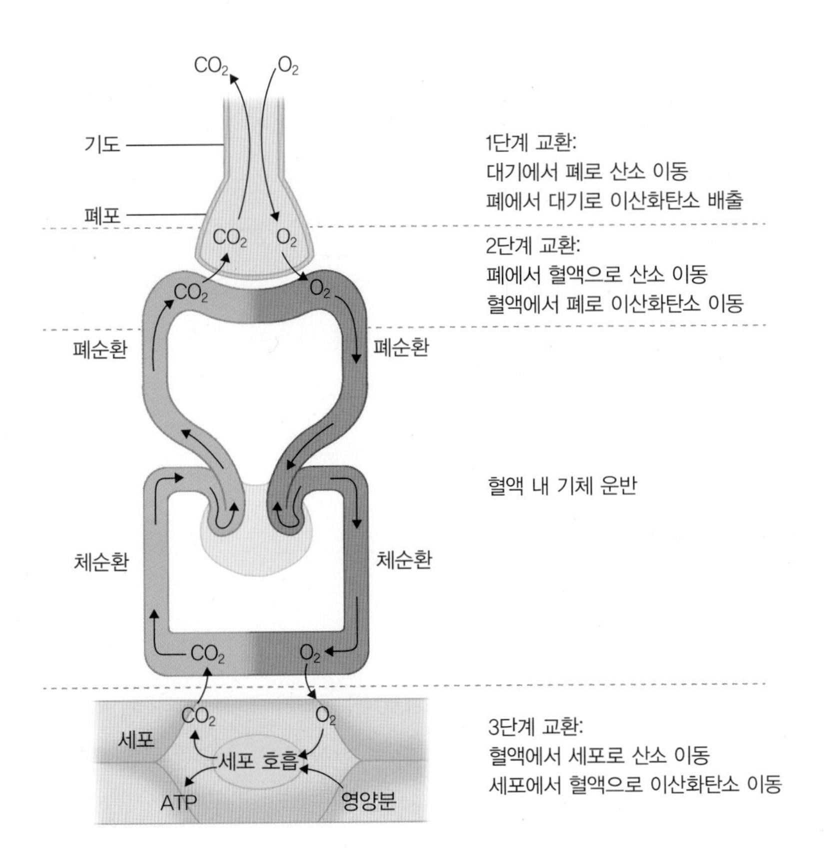


**그림 8-3**
**호흡 과정**

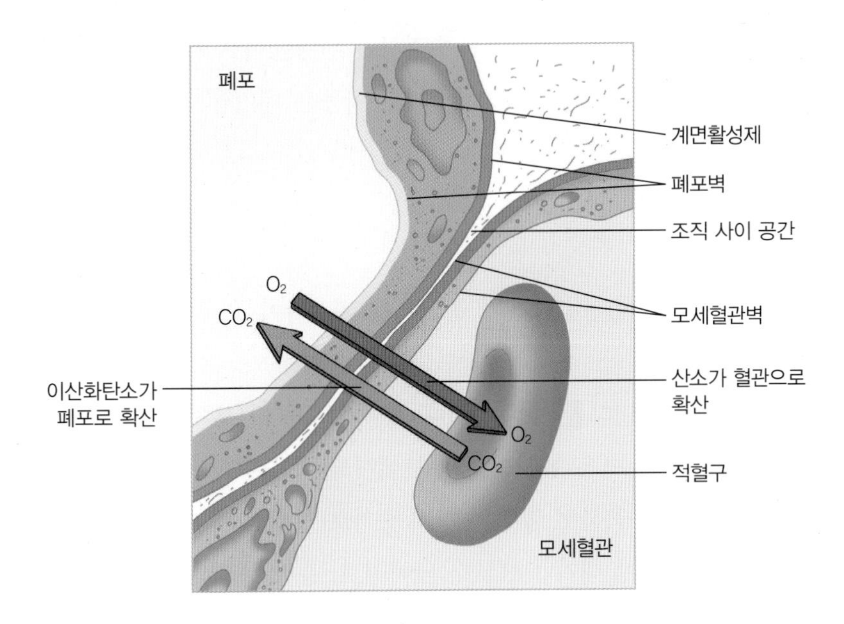


**그림 8-4**
**기체 교환**

### (3) 내호흡

내호흡internal respiration은 혈액과 조직세포 사이의 산소와 이산화탄소의 교환 과정이다. 외호흡을 통해 폐포에서 혈액으로 이동된 산소는 조직으로 전달되어 세포의 영양소 대사 과정에서 소모되고 에너지를 생성한다. 이때 발생한 이산화탄소가 세포에서 혈액으로 배출되므로 이러한 일련의 과정을 세포호흡cellular respiration이라고도 한다. 내호흡 시에 소비된 산소에 대한 생성된 이산화탄소량의 비율을 호흡지수respiratory quotient, RQ라고 한다. 일반적으로 탄수화물의 호흡지수는 1, 단백질은 0.8, 지방은 0.7이다.

## 2) 호흡운동

호흡은 외부의 공기를 폐 안으로 들여보내는 흡기inspiration와 폐 속의 공기를 외부로 배출하는 호기expiration가 반복되는 현상이다. 호흡운동은 횡격막과 늑간근의 규칙적인 수축과 이완을 통해 이루어진다. 횡경막diaphragm은 흉강과 복강의 경계를 이루는 얇은 막으로, 횡경막이 수축하면 길이가 줄어든다. 횡경막은 이완 상태일 때는 둥근 돔dome 형태이나, 수축하면 편평한 구조가 되어 흉강의 면적을 증가시키는 역할을 한다. 호흡 시 공기의 이동은 대기압과 폐압의 차이에 의해 발생한다 그림 8-5.

**흉곽**
가슴의 골격, 갈비뼈가 바구니 모양으로 이루어져 있으며 심장, 폐, 식도 등을 보호함. 호흡 시 갈비뼈를 연결하는 근육들의 수축·이완으로 움직이며 호흡을 원활하게 함

### (1) 흡식운동

휴식 상태에서 공기를 들이마시는 흡기 동안에는 횡경막이 수축하고 갈비뼈에 부착된 외늑간근external intercostal muscle이 수축하면서 **흉곽**rib cage을 들어올려 흉강의 전후 부피를 증가시킨다 그림 8-5. 이때 쇄골과 흉골에 부착되어 있는 목빗살근sternocleidomastoid muscle은 흉곽을 윗부분에서 들어올린다. 흡입을 더 깊게 하면 근육들이 더 많이 수축하여 흉강의 부피 증가로 인해 압력차가 더 커진다. 따라서 폐 안의 공기압력이 대기압보다 더 낮아지고, 흉강 내외의 압력차가 형

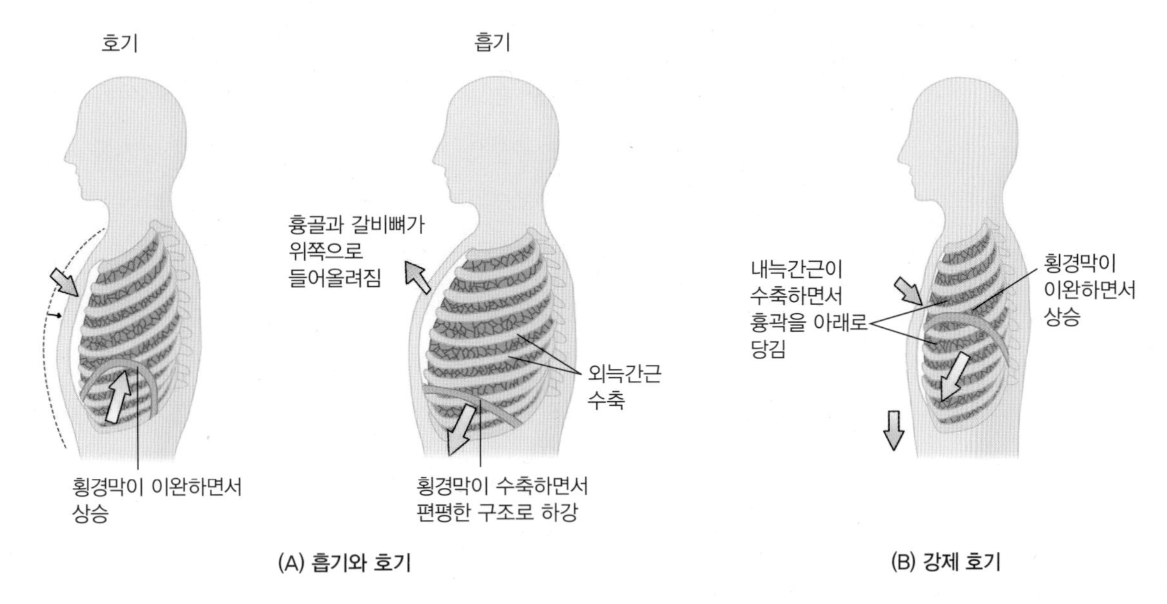


**그림 8-5**
**호흡운동**

성되면서 공기가 폐 안쪽으로 유입된다. 흡식운동은 근육의 수축에 의해 이루어지므로 에너지를 소모하는 능동 과정이다.

### (2) 호식운동

일반적으로 휴식 상태에서 호기는 횡경막의 근육과 외늑간근이 이완되면서 발생한다. 근육의 이완으로 흉강이 좁아지고 폐내압이 대기압보다 높아지면서 공기가 폐 바깥으로 배출된다. 횡경막이 이완하여 발생하는 호기 동안에는 폐의 바깥 부분을 둘러싸고 있는 내장늑막visceral pleura이나 가슴측막parietal pleura을 구성하는 탄성섬유가 수축하여 폐의 부피를 줄이고, 공기가 수동적으로 빠져나갈 수 있게 한다.

### (3) 강제 호기

강제 호기forced expiration는 숨을 활발하거나 깊게 내뱉는 과정이다. 이 과정에서 횡경막과 외늑간근은 휴식 상태의 호기와 마찬가지로 이완한다. 그러나 의식적으로 숨을 더 뱉을 때 내늑간근internal intercostal muscle이 수축하여 흉곽을 아래로 당기고, 복근은 수축하여 복강구성물을 위로 올라가게 한다. 이러한 수축 과정은 흉강의 부피를 더욱 감소시키고 흉강 내의 압력을 증가시켜 공기가 바깥으로 나가게 한다. 강제 호기 때 흉부와 복부의 근육이 수축하여 공기를 밀어내는 압력이 높아지면 폐포나 호흡세기관지가 쪼그라들 수 있다. 따라서 폐포 내에서는 공기를 일부 가두어서 폐포가 찌그러지는 것을 방지한다.

공기의 이동 속도도 압력에 영향을 준다. 호흡을 빠르게 하면 호흡세기관지에 가해지는 압력이 줄어들고 기관지가 쉽게 닫혀 폐포를 드나드는 공기량이 줄어든다. 입을 크게 벌리고 천천히 호흡하면 기도의 저항이 커지고 공기의 이동이 더 느려져 좁은 기도가 길게 열리고 더 많은 공기를 내쉴 수 있게 된다.

# 3. 폐의 용적과 용량

폐용적과 폐용량은 호흡 시 폐에 드나드는 공기의 양을 나타내는 지표이다. 폐용적과 폐용량은 연령, 성별, 신체 상태에 따라 차이가 난다.

## 1) 폐용적

폐용적lung volume은 일회 호흡용적, 흡기 예비용적, 호기 예비용적, 잔기용적으로 구분된다. 일회 호흡용적tidal volume, TV은 안정호흡 시, 1회 호기 또는 흡기하는 공기량이다. 흡기 예비용적inspiratory reserve volume, IRV은 안정 시에 1회 흡기 후 최대로 더 흡입할 수 있는 기체량이다. 호기 예비용적expiratory reserve volume, ERV은 안정 시에 1회 호기 후 최대로 더 배출할 수 있는 기체량이다. 잔기용적residual volume, RV은 최대로 강제 호식한 후 폐 안에 남아 있는 기체량이다 그림 8-6 .

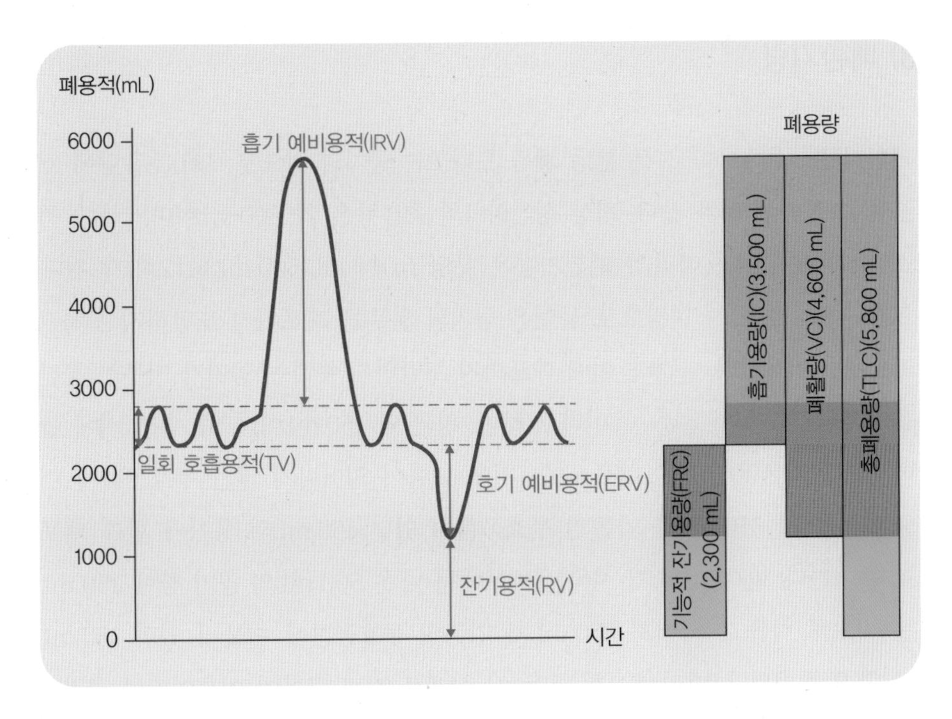


그림 8-6
폐용적과 폐용량

## 2) 폐용량

폐용량lung capacity은 흡기용량, 기능적 잔기용량, 폐활량 및 총폐용량으로 구분되며, 폐용적을 이용하여 계산한다. 흡기용량inspiratory capacity, IC은 안정 시 호기가 끝난 후 최대로 흡입 가능한 기체량으로, 일회 호흡용적과 흡기 예비용적의 합(IC = TV + IRV)이다. 기능적 잔기용량functional residual capacity, FRC은 안정 시 호식이 끝난 후 폐 내에 남아 있는 기체량으로, 호기 예비용적과 잔기용적의 합(FRC = ERV + RV)이다. 폐활량vital capacity, VC은 최대로 흡기한 후에 최대로 호식할 수 있는 기체량(VC = TV + IRV + ERV)으로 폐 기능 판정에 주로 사용되는 지표이다. 총폐용량total lung capacity, TLC은 최대로 흡기 시 폐 안에 수용할 수 있는 기체량으로, 4개의 폐용적을 모두 합친 양(TLC = VC + RV)이다.

### 3) 폐환기량

폐환기량minute ventilation은 분당 폐를 드나드는 공기의 양으로, 1회 호흡량에 호흡률을 곱한 수치와 같다. 정상 성인의 1회 호흡량은 약 500 mL이며, 1분에 최소 12회 호흡한다. 따라서 폐환기량은 분당 6,000 mL(500 mL × 12회)가 된다. 그러나 1회 호흡 시 비강으로 들어온 공기의 일부는 폐포까지 도달하지 못하고 기도에만 머물렀다 나간다. 이때 폐포까지 도달하지 못하는 공기가 머무는 공간을 **무효공간**anatomic dead space이라고 하며, 평균 약 150 mL이다. 즉, 흡기 시에 들어오는 공기 500 mL 중 150 mL는 기체 교환이 일어나지 않는 무효공간에 머물고, 나머지 350 mL가 기존의 무효공간에 있던 150 mL의 공기와 함께 폐포로 들어간다. 반대로, 호기 시에는 폐포에서 나온 500 mL의 공기 중에 150 mL는 기도에 머물고, 나머지 350 mL가 기존의 무효공간에 머물러 있던 150 mL와 함께 호기된다. 따라서, 1회 호흡 시 실제로 기체 교환이 이루어지는 공기량은 350 mL이다 그림 8-7.

**무효공간**
호흡 시 기도로 들어온 공기가 폐포에 도달하지 못하고 호기 때 배출되면서 혈액과의 기체 교환이 일어나지 않는 공간

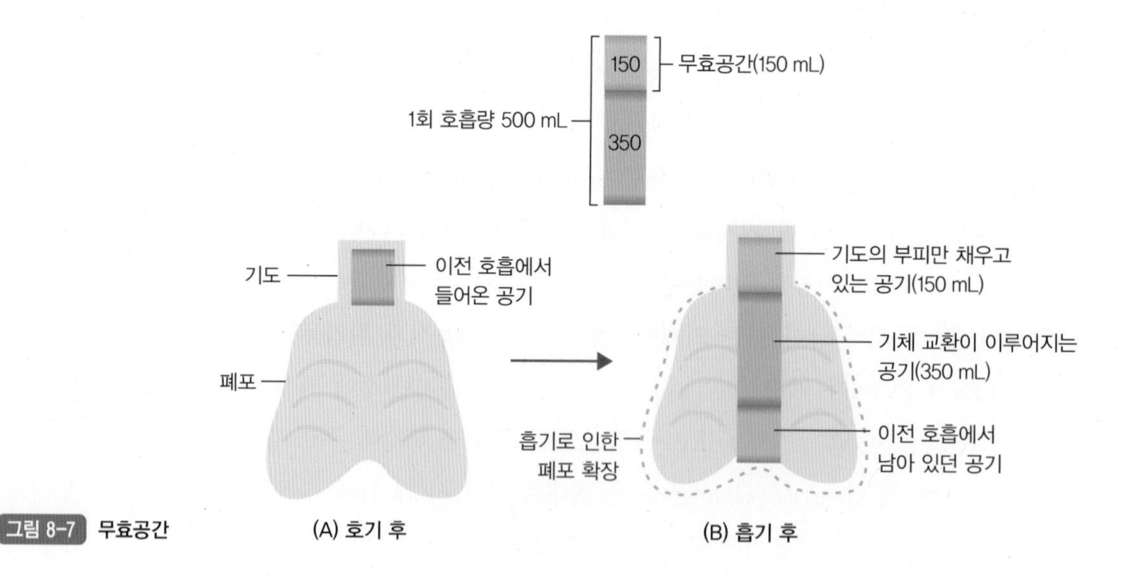


그림 8-7 무효공간

### 4) 폐포환기량

호흡기로 들어온 공기는 모두 폐포에 도달하지 못하므로 실제 기체 교환에 이용되는 공기량은 폐포환기량alveolar ventilation으로 계산할 수 있다. 이는 분당 폐포에 도달하는 신선한 공기의 양으로 정의된다.

> **폐포환기량(mL/min)**
> = [1회 호흡량(mL/호흡) − 무효공간(mL/호흡)] × 호흡률(호흡수/min)

이러한 폐포환기량은 호흡의 깊이에 의해 크게 영향을 받는다 표 8-1.

**표 8-1 여러 가지 호흡방법에 따른 폐포환기량**

| 호흡방법 | 분당 호흡률 | 1회 호흡량(mL) | 폐환기량(mL/min) | 폐포환기량(mL/min) |
|---|---|---|---|---|
| 정상 호흡 | 12 | 500 | 6,000 | 12 × (500 − 150) = 4,200 |
| 깊고 느린 호흡 | 6 | 1,000 | 6,000 | 6 × (1,000 − 150) = 5,100 |
| 얕고 빠른 호흡 | 40 | 150 | 6,000 | 40 × (150 − 150) = 0 |
| 깊고 빠른 호흡 | 24 | 250 | 6,000 | 24 × (250 − 150) = 2,400 |

표 8-1에서 보는 것처럼 폐포환기량을 증가시키기 위해서는 호흡률을 높이는 것보다 호흡을 깊게 하는 것이 더 효과적이다.

## 4. 기체 운반과 교환

산소는 폐포와 폐포를 둘러싸고 있는 모세혈관의 기체 교환pulmonary gas exchange

을 통해 혈액으로 들어가 각 조직으로 운반된다. 세포에서 발생한 이산화탄소는 혈액을 통해 폐포로 운반된 후 체외로 배출된다. 혈액과 폐포 또는 조직세포 사이의 기체 교환은 기체의 분압 차이로 인한 확산diffusion에 의해 발생한다 표 8-2.

표 8-2 폐포, 동맥혈, 정맥혈의 기체분압

| 기체 | 폐포(mmHg) | 동맥혈(mmHg) | 정맥혈(mmHg) |
|---|---|---|---|
| 산소분압($PO_2$) | 105 | 100 | 40 |
| 이산화탄소분압($PCO_2$) | 40 | 40 | 46 |

## 1) 산소의 운반과 교환

### (1) 산소의 이동 과정

호흡기로 유입된 공기 중의 산소는 분압 차이에 의해 폐포에서 혈액 속으로 이동한다. 그러나 물에 대한 용해성이 낮으므로 산소의 대부분(97%)이 적혈구 내에 있는 혈색소인 헤모글로빈hemoglobin, Hb과 결합하여 옥시헤모글로빈oxyhemoglobin, $HbO_2$의 형태로 산소가 필요한 조직으로 운반된다. 조직 내 모세혈관을 지나는 동맥혈의 산소분압(약 100 mmHg)은 조직 내 산소분압(약 40 mmHg)보다 높아 혈색소에 결합하고 있던 산소는 해리되어 확산에 의해 조직으로 이동한다. 혈액의 산소분압과 헤모글로빈의 산소포화도(%)의 관계를 나타낸 곡선을 옥시헤모글로빈 해리곡선이라고 한다.

### (2) 산소의 해리곡선과 영향 요인

조직으로 이동하는 산소의 양은 산소분압 외에도 이산화탄소 농도, 온도, 2,3-디포스포글리세르산diphosphoglyceric acid, DPG과 같은 대사물질에 영향을 받으며, 이는 **옥시헤모글로빈 해리곡선** oxyhemoglobin dissociation curve의 변화로 알 수 있다 그림 8-8.

혈액의 이산화탄소분압이 증가하면 수소이온 농도가 증가하여 pH가 감소한다. 혈액의 pH가 낮아지면 헤모글로빈의 산소에 대한 친화력이 감소하여 같은 산소분압에서 더 많은 산소를 조직으로 방출하게 된다. 즉, 옥시헤모글로빈에서 해리되는 산소가 많아지고 헤모글로빈의 산소포화도가 감소되어 옥시헤모글로빈 해리곡선이 오른쪽 아래 방향으로 이동한다.

대사가 활발하거나 운동에 의해 열 생산이 많아진 조직은 산소필요량이 높아 헤모글로빈에서 산소의 해리를 촉진한다. 따라서 혈액의 온도가 상승하면 옥시헤모글로빈 해리곡선이 오른쪽 방향으로 이동한다. 적혈구의 해당 과정glycolysis에서 생성되는 화합물인 DPG는 헤모글로빈에 결합하여 헤모글로빈의 산소친화력을 감소시키고, 조직으로 산소 이동을 증가시킨다. 이 경우에도 옥시헤모글로빈 해리곡선이 오른쪽으로 이동한다.

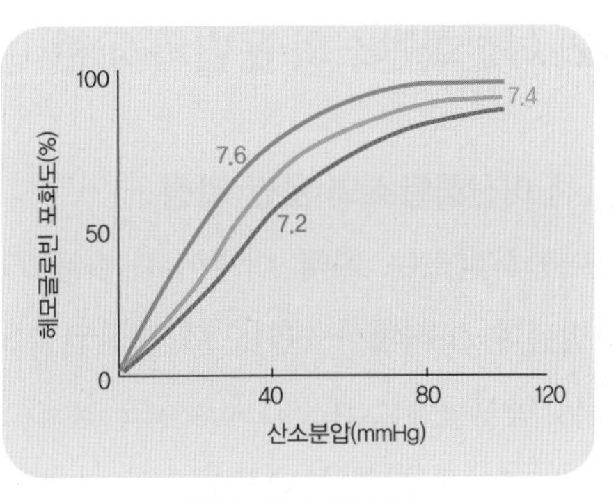


(A) 혈액 pH의 영향

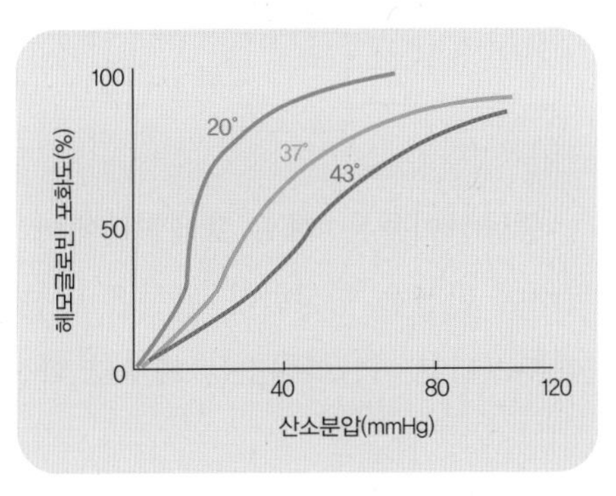


(B) 온도의 영향

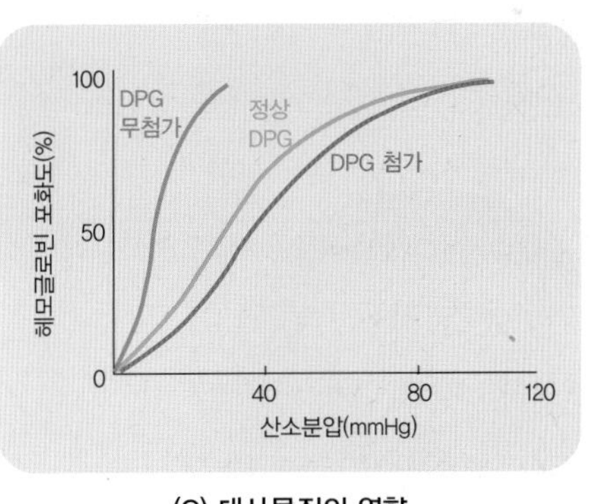


(C) 대사물질의 영향

**옥시헤모글로빈 해리곡선**
온도, pH 등 특정조건에서 산소와 헤모글로빈이 결합된 정도를 나타낸 곡선. 산소가 운반체인 헤모글로빈에서 분리되어 조직으로 공급되는 정도를 알 수 있음

**그림 8-8** 옥시헤모글로빈 해리곡선에 영향을 주는 요인

## 2) 이산화탄소의 운반과 교환

### (1) 이산화탄소의 운반 과정

이산화탄소는 혈액 내에서 대부분(65~75%) 중탄산이온($HCO_3^-$)의 형태로 운반된다. 조직에서 혈액으로 확산된 이산화탄소는 적혈구로 들어가 적혈구 내에서 탄산탈수소효소carbonic anhydrase, CA의 촉매 작용으로 물과 결합하여 탄산($H_2CO_3$)을 거쳐 중탄산이온으로 전환된다 그림 8-9.

$$CO_2 + H_2O \leftrightarrow H_2CO_3 \leftrightarrow H^+ + HCO_3^-$$

중탄산이온은 폐포 모세혈관에서 적혈구로 운반되고 수소이온($H^+$)과 재결합하여 탄산을 형성한다. 탄산은 탄산탈수소효소의 작용으로 이산화탄소와 물로 분리되고 이산화탄소는 폐포로 확산되어 호기를 통해 체외로 배출된다.

그림 8-9
이산화탄소의 운반

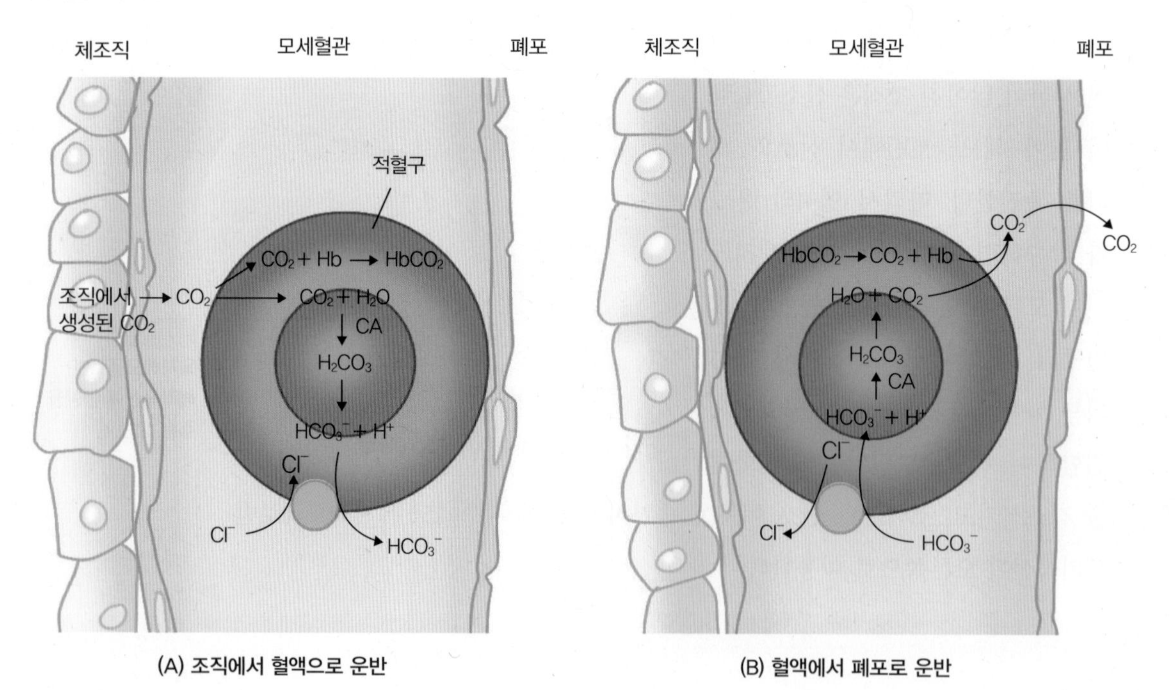

$$H^+ + HCO_3^- \rightarrow H_2CO_3 \rightarrow CO_2 + H_2O$$

이산화탄소의 약 20%는 적혈구의 헤모글로빈과 결합하여 카르바미노 헤모글로빈carbamino hemoglobin, $HbCO_2$ 형태로 운반된다. 이산화탄소는 산소보다 물에 대한 용해도가 상대적으로 높다. 따라서 조직에서 확산된 이산화탄소의 일부(5~10%)는 이산화탄소 자체로 혈장과 적혈구에 용해되어 운반된다.

### (2) 이산화탄소의 운반과 산-염기 평형 조절

이산화탄소는 적혈구 내에 탄산탈수소효소에 의해 수소이온을 생성하므로 산-염기 평형과도 밀접한 관련이 있다. 적혈구에서 이산화탄소와 물의 결합으로 생성된 탄산은 폐 모세혈관에서 다시 이산화탄소로 전환되므로 휘발성 산volatile acid이라고 하며 호흡을 통해 대기로 배출된다. 만약 충분한 호흡을 하지 못하면 혈액의 이산화탄소분압이 증가하여 혈장 수소이온 농도가 증가하고, pH가 정상 범위보다 낮아져 호흡성 산혈증respiratory acidosis이 발생할 수 있다. 반대로, 환기가 과도한 경우 이산화탄소가 생산량보다 많이 배출되어 혈중 수소이온 농도가 감소하고 호흡성 염기혈증respiratory alkalosis이 발생할 수 있다.

알아두기

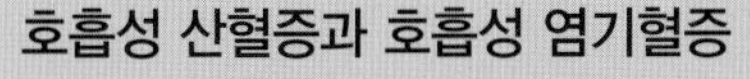

#### 호흡성 산혈증과 호흡성 염기혈증

호흡성 산혈증(respiratory acidosis)은 호흡 저하로 인해 혈액에 탄산과 이산화탄소가 증가하여 혈액의 pH가 감소한 상태를 말한다. 이 상태는 호흡기 장애, 폐와 심장질환 등으로 인해 이산화탄소 배출이 원활하지 않은 경우 발생한다. 이때 혈액의 이산화탄소분압이 상승하여 혈중 수소이온 농도가 증가하며, 주로 산소 부족으로 인한 두통, 피로, 불안 등이 나타나고 신경증상, 혼수 상태 및 심하면 사망에 이를 수 있다.

호흡성 염기혈증(respiratory alkalosis)은 과환기 등 호흡 과다로 혈액 중 이산화탄소가 손실되어 혈액의 pH가 증가한 상태를 말한다. 이 상태는 산혈증에 비해 드물게 발생하지만, 혈액의 이산화탄소를 과다 손실할 경우 나타난다. 이는 과호흡, 불안, 고산지대에서 산소 부족으로 인한 배기의 자연적 감소, 폐렴 등에 의해 발생할 수 있다.

# 5. 호흡의 조절

건강한 일반 성인의 일반적인 호흡률은 분당 12~20회 정도이며, 활동 상태에 따라 호흡 속도가 변하고 폐환기량도 증가하거나 감소한다. 호흡 조절은 신체 각 부위에서 기체 교환의 필요성을 감지할 수 있는 수용기receptor, 뇌에 있는 호흡 중추와 호흡근의 운동에 의해 이루어진다.

## 1) 신경조절

뇌의 호흡중추는 연수와 뇌교의 아랫부분에 위치하며, 호흡운동에 관여하는 횡격막과 늑간근의 수축과 이완 조절을 통해 호흡률과 호흡의 깊이를 조절한다. 호흡중추에서 발생한 활동전위는 횡경막 신경의 신경섬유를 따라 횡경막으로 전달된다. 이 외에도 다른 호흡근육들이 척추의 신경섬유를 통해 호흡중추의 활동전위를 전달받는다. 호흡중추의 활성은 이산화탄소 농도, pH, 산소 농도, 감정 등에 의해 달라진다 그림 8-10 .

기도를 둘러싸고 있는 평활근의 수축과 이완은 자율신경계에 의해 조절된다. 부교감신경의 자극은 평활근을 수축시켜 기도를 좁아지게 하고, 교감신경의 자극은 평활근을 이완시켜 기도를 확장하고 호흡을 촉진한다.

## 2) 화학적 조절

혈액의 이산화탄소 농도와 pH는 호흡중추에 영향을 미치는 가장 중요한 요소로, 화학수용기를 통해 자극을 전달하고 호흡을 조절한다. 혈액 내의 화학적 변화 상태를 감지하는 말초화학수용기peripheral chemoreceptor는 경동맥소체carotid

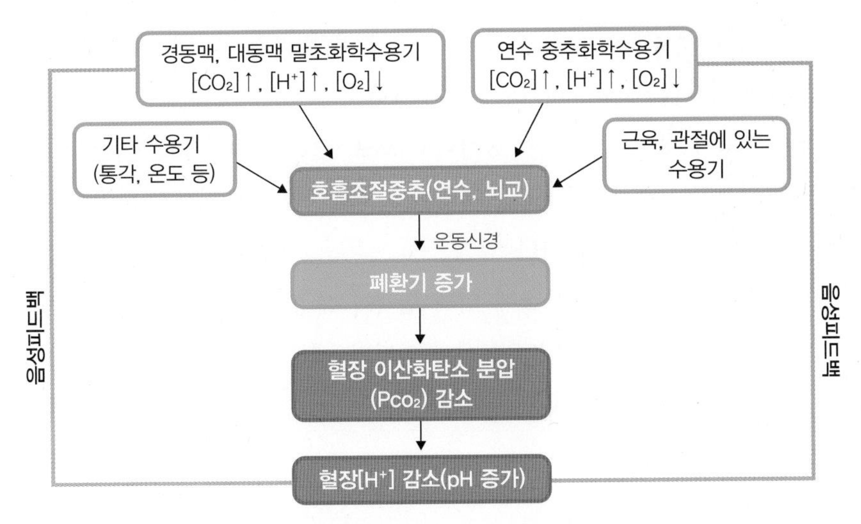


(A) 신경계 호흡중추에 의한 호흡 조절

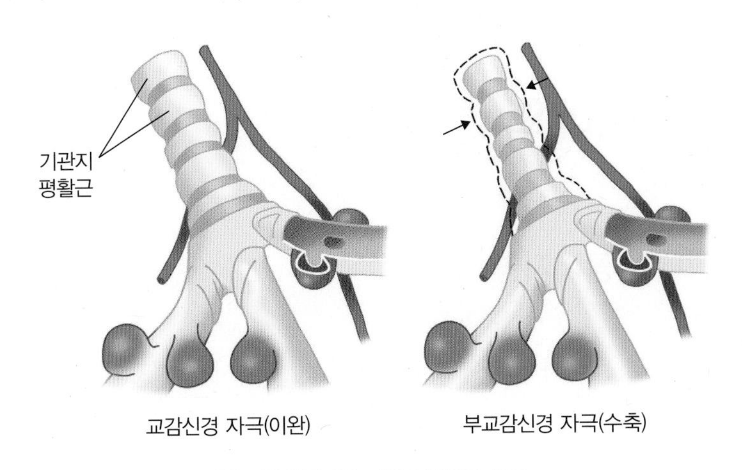


(B) 자율신경계의 기관지 평활근 조절

**그림 8-10**
**호흡의 조절**

bodies와 대동맥소체aortic bodies에 존재하고, 중추화학수용기central chemoreceptor는 연수에 존재한다. 말초화학수용기는 동맥의 산소분압이 감소하거나 수소이온 농도가 증가할 때 자극되며, 중추화학수용기는 수소이온이 혈액-뇌장벽을 통과하지 못하므로, 주변 뇌척수액에 머물면서 농도가 증가하면 중추화학수용기를 자극하여 호흡을 증가시킨다. 특히, 연수의 화학수용기는 혈액 이산화탄소 농도 변화에 민감하게 반응한다.

이산화탄소 농도의 증가와 pH의 감소는 호흡중추를 강하게 자극하여 호흡의 속도와 깊이를 증가시켜 이산화탄소의 배출을 늘린다. 반대로, 혈액에서 이산화탄소의 농도가 감소하고 pH가 증가하면 호흡 속도가 느려지고 호흡의 깊이가 감소한다. 혈액의 산소 농도는 호흡 저하나 과호흡 시 크게 변하지 않아, 호흡 조절에는 큰 영향을 미치지 않는다.

이산화탄소 외에도 대사산물에 의해 혈액이 산성화되거나 체온이 상승하는 경우 호흡조절중추가 자극되어 호흡이 촉진된다. 예를 들어, 격렬한 운동으로 혈액의 젖산이 증가하면 말초화학수용기의 자극으로 인해 호흡이 촉진되어 이산화탄소의 배출이 증가한다.

# 6. 환기장애와 호흡이상

## 1) 환기장애와 공기저항

산소가 순환계로 들어가서 조직으로 전달되기 위해서는 폐포와 모세혈관 사이의 공기 이동이 원활해야 한다. 모세혈관 내부에서 발생하는 기체 압력은 호흡 시 계속 변하며, 혈류 및 폐포의 압력에 영향을 미친다. 폐포의 압력이 모세혈관 압력보다 커지면 모세혈관이 좁아지고, 폐포로 혈액 공급을 제한하여 기체 교환이 느려진다. 모세혈관압이 폐포압을 초과하는 경우에도 폐포에서 혈액으로 이동하는 산소 부족으로 인해 혈관 수축이 일어나며, 결과적으로 혈류와 환기를 감소시키는 환기장애로 나타난다.

기도에서 공기의 이동은 혈관에서 혈액 이동처럼 저항을 발생시킨다. 저항은 이동물질의 점성, 관의 길이와 지름에 의해 결정된다. 기체의 압력이 높고 기도가 좁을수록 공기 이동에 대한 저항이 많이 발생한다. 또한 기도를 둘러싸고 있는 평활근의 자율신경계 조절도 저항에 영향을 준다. 부교감신경의 자극은 평활근을 수축시켜 기도를 좁히고 저항을 증가시킨다. 반면, 교감신경은 평활근을 이완시켜 기도를 넓히고 저항을 감소시켜 공기 이동을 원활하게 한다.

## 2) 호흡이상

### (1) 천식

천식은 흡기보다 호기가 어려운 호흡이상 현상이다. 천식환자의 호흡기계는 항원, 약물 등의 자극에 대한 반응으로 평활근의 긴장이 증가하여 공기 흐름에 대한 저항이 증가되어 있다. 결국 호흡세기관지와 폐포에 도달하는 공기량이 줄어들어 폐포에서 계속 공기를 가두려는 현상이 나타나고 흉곽이 커진다. 이때 숨을 더 잘 쉬기 위해 인위적으로 더 많은 호흡근육이 강제 흡기에 사용되면서 수축되면 흉곽 부피는 더 증가하지만, 폐압을 감소시키기 위한 호흡 부담도 더 커져 호흡수가 늘어나고 호흡 깊이가 얕아진다.

### (2) 무호흡

무호흡은 호흡운동이 정지되는 현상이다. 강제적인 심호흡을 지속할 경우 혈액 내 이산화탄소분압이 급격히 감소하여 호흡중추에 작용하는 자극이 감소되면서 호흡이 일시 정지된다. 보통 일시적 호흡 정지 후 이산화탄소분압이 정상 범위로 돌아오면 자연스럽게 호흡이 다시 시작된다.

### (3) 호흡곤란

호흡곤란은 의식적으로 노력하지 않으면 호흡운동이 어려운 현상이다. 이는 폐포와 모세혈관 세포막의 손상으로 인해 발생하는 경우가 많으며, 혈관 투과성이 증가하여 먼저 폐부종이 나타난다. 이어서 폐포 계면활성제의 생성이 감소하여 기관지와 폐포의 수축 및 폐쇄가 발생하고, 모세혈관 수축으로 이어져 폐포와 혈액 간 기체 교환에 장애가 발생하면서 호흡이 어려워진다.

#### (4) 체인스톡 호흡

체인스톡 호흡Cheyne-Stokes respiration은 무호흡과 호흡곤란이 계속 되풀이되는 현상이다. 주로 호흡중추의 기체분압에 대한 민감성이 감소하여 발생하므로 무호흡과는 차이가 있다.

체인스톡 호흡은 호흡중추의 감수성이 저하된 상태로, 혈액 내 이산화탄소 분압이 평소보다 높아야 호흡이 발생된다. 이로 인해 정상적인 호흡운동이 어려워지는 호흡곤란 증상이 나타날 수 있다. 흡기 후 호기 시에 이산화탄소가 다시 배출되면 혈액 내 이산화탄소 분압이 다시 낮아지고 호흡이 정지되는 무호흡이 나타난다. 이는 주로 중추신경계 이상, 마약 중독, 일산화탄소 중독 상태에서 많이 나타난다.

MEMO

CHAPTER

# 신장
# RENAL SYSTEM

1. 신장의 구조
2. 신장의 기능

항상성을 조절하는 과정으로 인체 내 다양한 세포, 조직, 기관들은 기능을 유지하기 위해 혈액을 통해 산소와 영양분을 공급받고 대사산물을 제거하는 과정을 끊임없이 반복하고 있다. 이러한 순환 과정에서 중요한 역할을 하는 조직이 신장이다.
신장은 지속적으로 혈액을 여과하여 대사산물인 소변을 형성하는 주요 기관이다. 신장은 혈액 여과, 소변 생성, 체내 수분 조절, 체내 이온의 항상성 유지, 약물 배설, 산-염기 평형, 소변 배출 등 다양한 생리 작용에 관여한다.

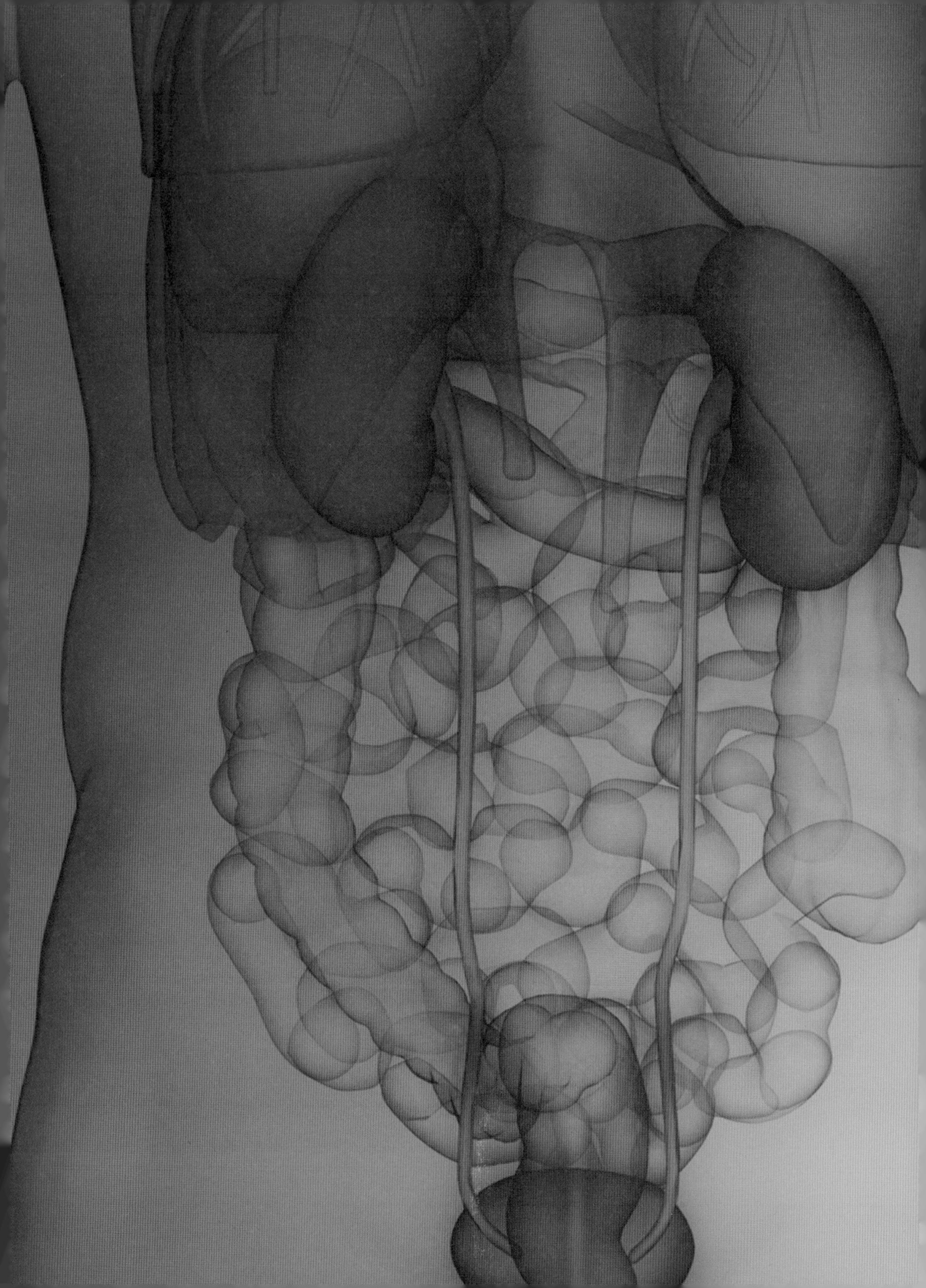

# 1. 신장의 구조

신장은 횡경막과 간 아래 척추를 중심으로 양쪽에 2개로 이루어져 있다. 각각의 신장은 하행동맥과 연결된 신동맥으로부터 지원을 받고 있다. 신장으로부터 나온 혈액은 신정맥을 통해 바깥쪽으로 이어져 있다 그림 9-1.

**네프론**
신장의 최소 기능 단위

신장은 100만 개 이상의 **네프론**으로 구성되어 있다 그림 9-2. 네프론은 소변을 만드는 신장의 기능적인 주요 단위이다. 네프론은 세뇨관tubule과 연결된 작은 혈관으로 구성되어 있으며, 모세혈관 여과에 의해 형성된 여과액은 세뇨관으로 흘러 들어가 소변을 형성한다. 네프론은 신장의 여과장치로, 혈액을 사구

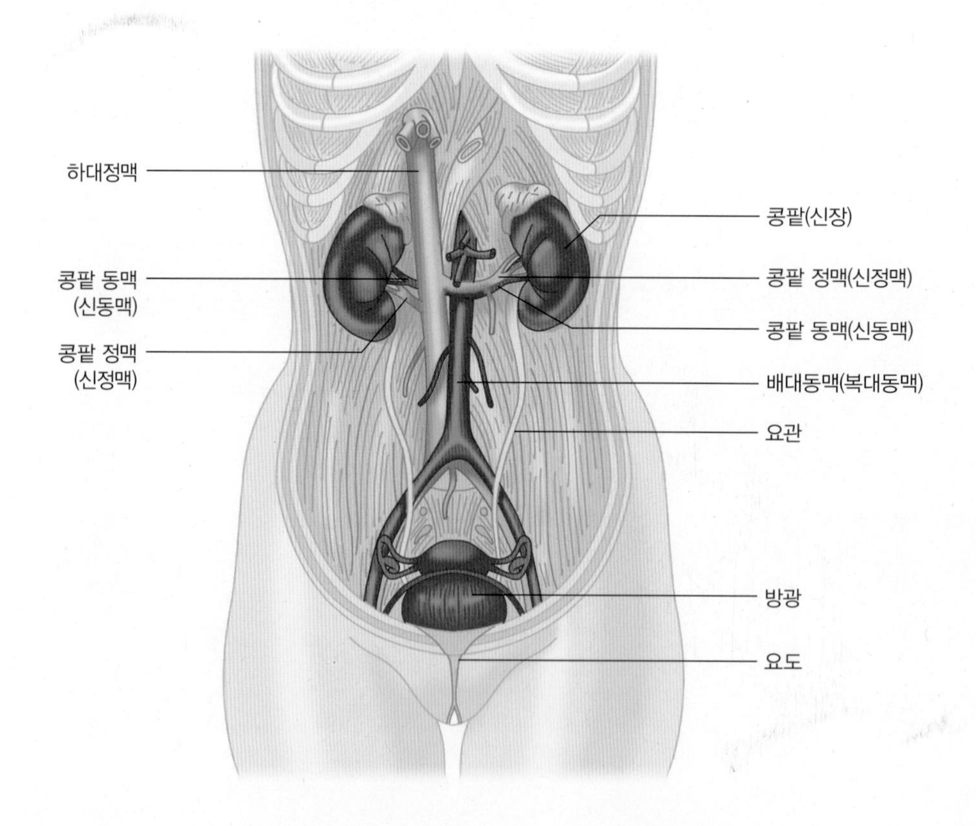


그림 9-1
**신장과 관련 혈관의 구조**

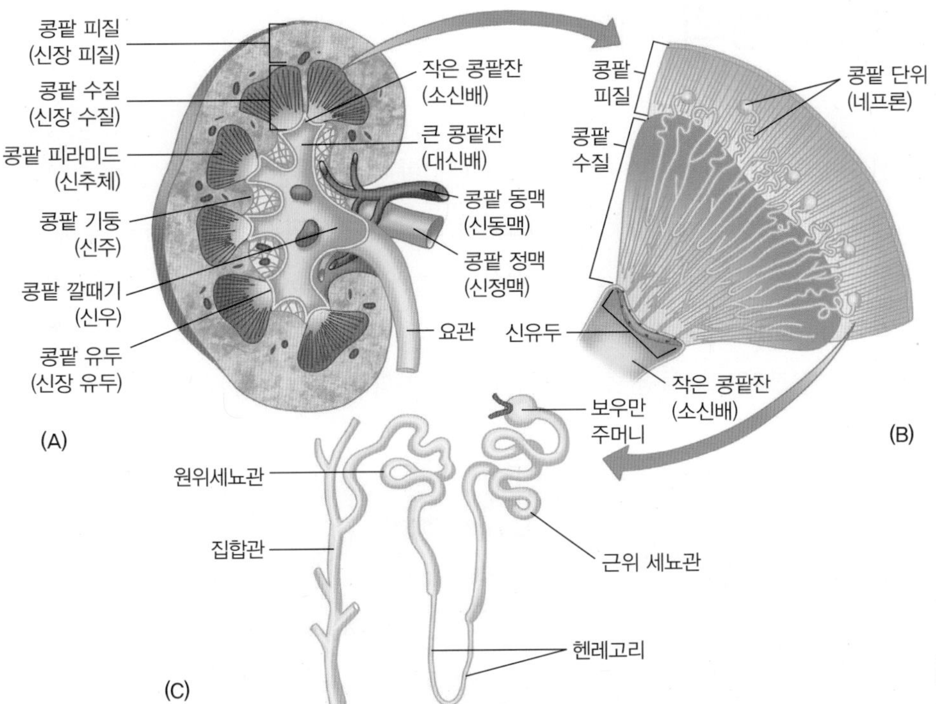


**그림 9-2**
**신장과 네프론의 구조**

체로 보내주는 구심성 세동맥afferent arterioles, 모세혈관으로 이루어진 폐쇄 캡슐, 여과된 혈액을 모으는 보우만주머니Bowman's capsule 등으로 구성되어 있다. 사구체 모세혈관에 의해 여과되고 남은 혈액은 원심성 세동맥efferent arterioles을 통해 방출된다. 원심성 세동맥은 아래쪽으로 향하며, 세뇨관 주변 모세혈관peritubular capillary이라고 알려진 모세혈관 덩어리 안에 있는 네프론에 둘러싸여 루프를 이룬다. 이러한 세뇨관 주변의 모세혈관과 이와 연결된 직행혈관vasa recta은 소엽간 interlobular 정맥을 이루며, 이들은 신정맥 안에 모여 있다.

# 2. 신장의 기능

신장의 기능은 단순히 소변의 생성과 배설만을 위한 것이 아니다. 신장은 여과, 재흡수, 분비 과정을 거치면서 세뇨관과 모세혈관 사이의 물질 이동을 통해 대사산물이나 이물질 등의 노폐물 배설, 수분과 이온 조절을 통한 혈액량과 삼투압의 조절, 산-염기 조절, 호르몬 분비 등의 다양한 기능을 수행한다 그림 9-3. 이러한 신장의 기능들을 소변 생성 과정에 따라 순차적으로 설명한다.

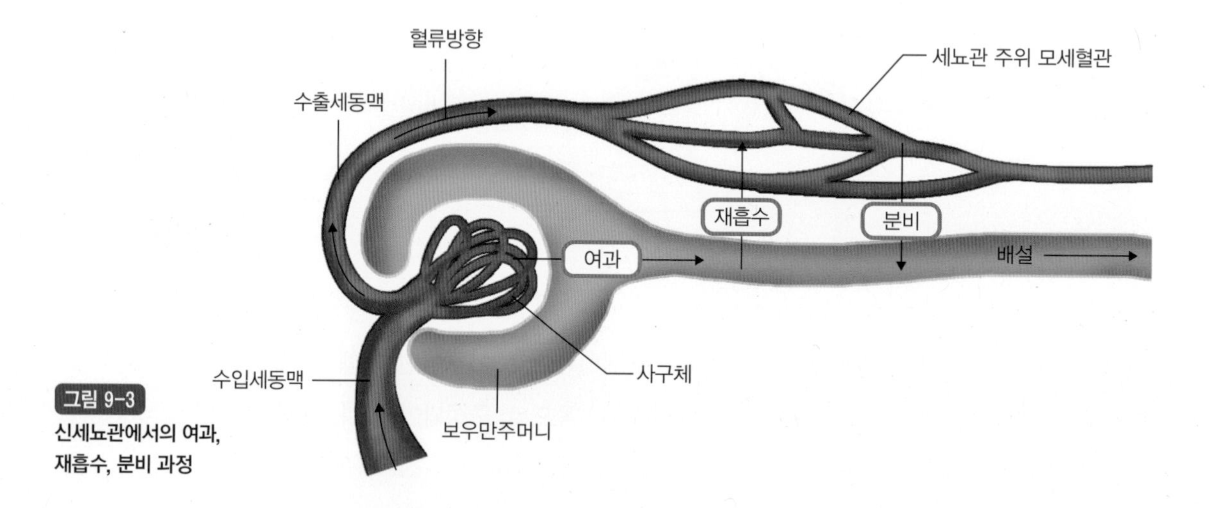


그림 9-3
신세뇨관에서의 여과, 재흡수, 분비 과정

## 1) 사구체 여과

소변이 만들어지는 과정은 혈액이 사구체를 거치면서 모세혈관을 구성하고 있는 수많은 혈관내피세포들 사이에 있는 작은 틈으로 여과되는 것에서 시작된다 그림 9-4. 이는 혈액에 존재하는 수분, 이온, 포도당, 아미노산 등이 사구체의 모세혈관으로 싸인 보우만주머니로 여과되는 것으로, 구심성 세동맥 내 혈액의 수압hydrostatic pressure이 여과되도록 하는 힘을 제공한다.

실제로 사구체 모세혈관은 단백질이나 적혈구 등을 여과하지 않는다. 한 가

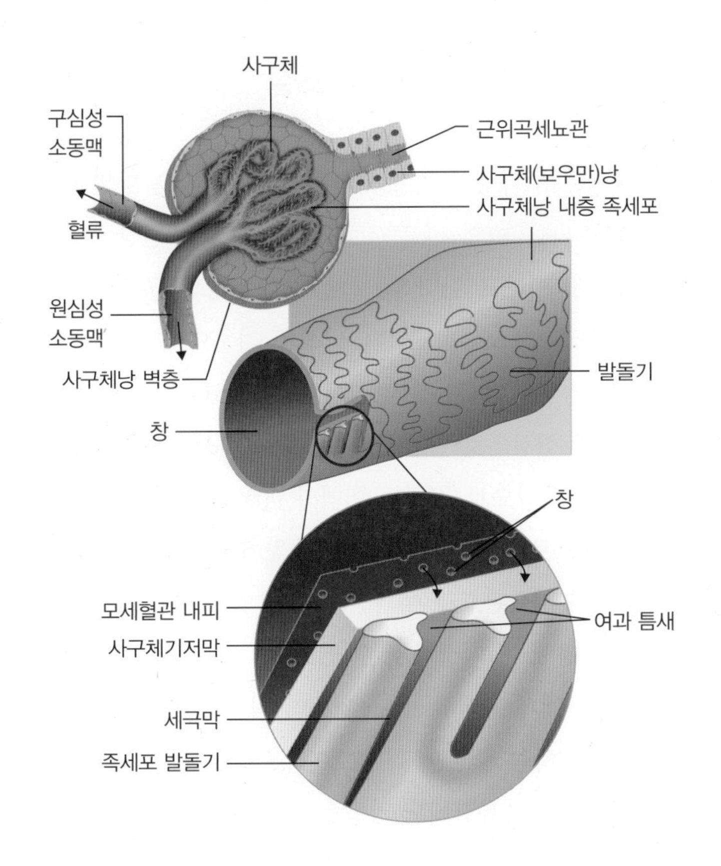


그림 9-4 사구체와 사구체낭의 구조

지 이유는 단백질이나 적혈구의 크기 때문이기도 하지만 모세혈관을 싸고 있는 기저막이 음전하를 띠고 있어 기저막과의 반작용으로 밀어내는 힘이 커지기 때문이다. 또 다른 이유는 보우만주머니와 접하고 있는 기저막 바깥쪽에 존재하는 족세포podocyte가 모세혈관과 직접적으로 접해 있지 않고 틈새가 좁아, 분자량이 작은 물질들만 통과할 수 있기 때문이다. 족세포는 독특한 형태의 상피세포로 수천 개의 발돌기를 가지고 있으며, 이러한 발돌기 사이에 좁은 틈새가 있어 혈액의 물질들이 사구체낭 쪽으로 여과되도록 하는 통로 역할을 한다.

실제로 단백질은 혈액 내 삼투압을 유지하는 데 중요한 역할을 하기 때문에 투과되지 않은 단백질과 함께 수분의 일정량은 혈액으로 되돌아간다. 혈관의 수압이 높아지면 여과량이 증가하고, 반대로 수압이 낮아지면 여과량이 줄어든다.

## 2) 사구체 여과율과 신장의 혈류량 조절

사구체 여과율
모든 네프론에서 청소된 혈액의 분당 측정량으로 중요한 항상성 지표

사구체의 모세혈관은 투과성이 높고 표면적이 넓어, 많은 양의 여과액을 생성한다. **사구체 여과율**gomerular filtration rate, GFR은 분당 두 신장에서 생성되는 여과액의 양을 말한다. 이라고 한다. 사구체 여과율은 평균적으로 남성은 분당 125 mL, 여성은 분당 115 mL 정도이며, 남성을 기준으로 환산하면, 시간당 7.5 L, 하루 180 L에 해당한다. 이는 분당 심박출량(약 5,000 mL)의 25%에 해당하는 혈액(1,250 mL)이 신장으로 공급되며, 이 중 10%에 해당하는 혈액(125 mL)이 여과된다. 나머지 신장으로 공급된 혈액의 90%는 여과되지 않고 원심성 소동맥을 통해 신정맥으로 이동한다. 총 혈액량을 5.5 L로 계산하면 총 혈액량이 매 40여 분 정도마다 세뇨관으로 여과되는 것을 알 수 있다. 따라서, 사구체 여과율은 신장의 혈류량에 따라 달라질 수 있다.

구심성afferent 세동맥과 원심성efferent 세동맥 직경의 크기는 사구체 여과율과 신장의 혈류량을 조절하는 중요한 요인으로 작용한다. 신장 세동맥의 직경은 혈관 내 수압과 여과, 신장 혈류량에도 영향을 미친다. 사구체 여과율은 모든 네프론에서 청소된 혈액의 분당 측정량으로, 중요한 항상성 지표로 사용된다. 높은 신장 혈류량은 대사량이 높은 신장 세포들에 충분한 산소와 영양분을 공급하는 중요한 역할을 한다.

사구체 여과율과 혈류량은 다양한 호르몬에 의해 조절된다. 교감신경계에서 분비하는 에피네프린은 구심성afferent 세동맥에 존재하는 수용체에 작용하여 혈관 수축을 일으킨다. 혈관 수축은 사구체의 수압 및 신장의 혈류량을 감소시킨다. 이는 사구체 여과율과 신장으로의 혈류량을 감소시키고 혈액을 근육으로 분산하는데, 일시적으로는 문제가 없지만 계속 지속되면 혈액 내 이온 불균형을 초래하고 네프론으로의 혈액 공급이 부족해질 수 있다.

안지오텐신 II는 사구체 여과율과 신장혈류에 이중 효과dual effect를 가진다. 저농도의 안지오텐신 II는 원심성 세동맥의 수축을 초래하여 혈류에 대한 저항을 증가시키고 구심성 세동맥을 거친 혈액에 대한 역압back pressure을 발생시킨

다. 이는 신장의 혈류량을 감소시키는 반면, 수압을 높이고 사구체 여과율을 증가시킨다. 고농도의 안지오텐신 II는 구심성 세동맥에 존재하는 수용체와 결합하여 사구체 여과율과 신장혈류를 감소시킨다. 이는 탈수 상태에서 소변으로 수분이 손실되는 것을 막는 기전으로 작용한다.

우심방으로부터 분비되는 심방나트륨이뇨펩티드atrial natriuretic peptide, ANP는 구심성 세동맥과 원심성 세동맥에 모두 작용하여 혈류량을 증가시키는 역할을 한다. 심방나트륨이뇨펩티드는 구심성 세동맥을 확장하고 원심성 세동맥을 수축하여 사구체 여과율과 신장 혈류량을 증가시킨다. 심방나트륨이뇨펩티드는 혈액량이 증가했을 때 분비되므로 신장세포에 충분한 영양을 공급하는 데 기여할 수 있다.

### 3) 보우만주머니에서의 여과

사구체의 모세혈관에서 자유롭게 이동이 가능한 물이나 나트륨이온, 칼륨이온, 칼슘이온, 탄산이온, 수소이온, 염소이온, 아미노산, 포도당, 대사산물, 독소나 약물들은 보우만주머니로 여과가 가능하다. 사구체 여과는 비선택적으로 자유롭게 이루어지는 반면, 네프론에서 영양소나 이온의 재흡수는 매우 선택적으로 이루어진다. 이러한 선택적 재흡수 과정은 대사산물이나 이물질을 제거하기 위한 기전으로 작용한다.

### 4) 근위세뇨관에서의 물, 영양소, 이온의 이동 및 재흡수

네프론의 보우만주머니에 모아진 사구체 여과액glomerular filtrate은 단순하게 압력 차에 의해 근위세뇨관으로 이동하고 물과 이온들은 여과액에서 세포외액 쪽으로 이동한다. 세포외액 쪽으로 이동한 물과 이온들은 근위세뇨관 세포들을 거쳐

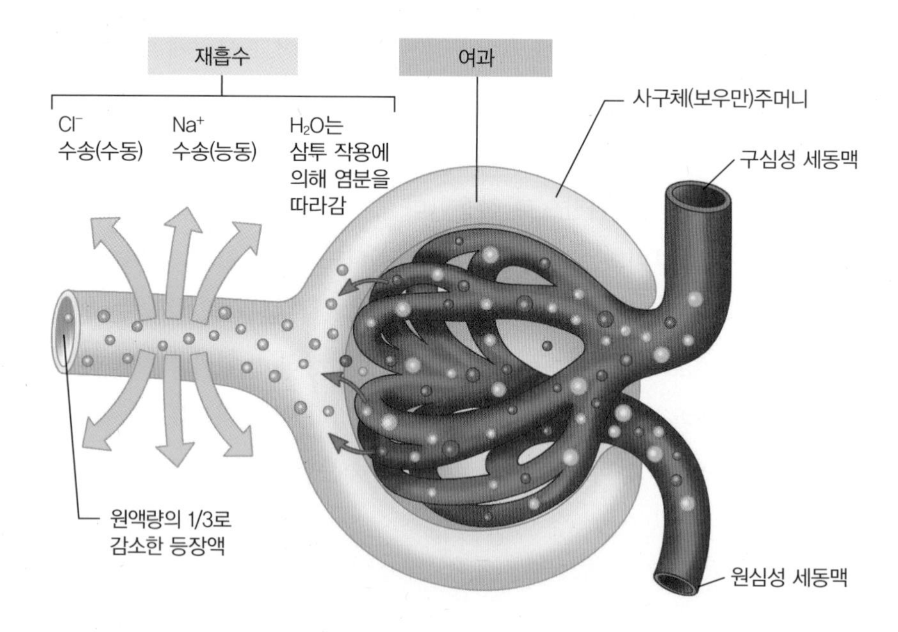


**그림 9-5** 보우만주머니에서의 여과와 근위세뇨관에서의 물과 이온의 재흡수

근위세뇨관 모세혈관으로 이동하여 다시 혈액으로 합류하게 된다 그림 9-5.

나트륨은 사구체 여과가 자유롭기 때문에 여과액 내의 농도는 높지만 근위세뇨관 세포내의 농도는 낮기 때문에 자연적으로 농도 차가 발생하게 된다. 이 농도 차는 공동수송cotransport이나 능동수송active transport에 있어 중요한 수단으로 사용될 수 있다. 특히, 포도당, 아미노산, 인산, 황산, 젖산이나 분자량이 작은 물질들이 근위세뇨관 세포 안으로 이동하는 데 중요한 역할을 한다 그림 9-6. 근위세뇨관 안으로 이동한 나트륨은 $Na^+/K^+$ ATPase에 의해 다시 혈액으로 이동하면서 ATP를 사용한다. 근위세뇨관으로 나트륨이온이 들어가는 또 다른 과정은 $Na^+/H^+$ 교환에 의해서 이루어진다. 이는 나트륨을 세뇨관 세포 안으로 들여보내고 수소이온을 여과액으로 다시 내보냄으로써 과도한 수소이온을 제거하는 방법으로 ATP를 사용하지 않는다. 이러한 과정들을 통해 나트륨이온은 여과액에서 세포외액을 통해 모세혈관으로 되돌아가게 된다. 이는 탈수 상태에서 안지오텐신이 분비되어 나트륨과 수분이 세뇨관으로부터 재흡수되는 과정을 설명할 수 있다.

근위세뇨관의 칼슘은 농도 차에 의해 상피세포의 칼슘채널을 통과하고, 반대

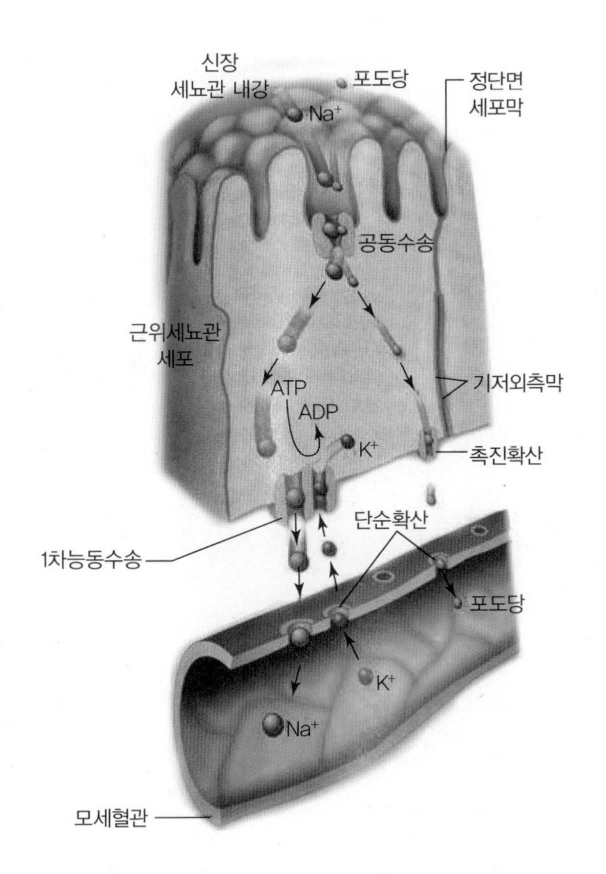


그림 9-6
**근위세뇨관에서 포도당의 재흡수 기전**

쪽 막의 $Na^+/Ca^{2+}$ 교환기exchanger에 의해 $Ca^{2+}$은 방출되고 $Na^+$은 유입된다. 이 과정에서 여과된 칼슘의 약 65%가 근위세뇨관에서 재흡수된다.

사구체에서 여과된 이온의 67% 정도는 근위세뇨관을 거쳐 재흡수된다. 이는 근위세뇨관 근처의 세포외액의 삼투압을 증가시켜 여과된 수분의 약 67%를 같이 재흡수한다. 또한, 사구체에서 여과된 포도당과 아미노산은 이곳에서 100% 재흡수된다.

## 5) 헨레고리에서의 수분과 이온들의 재흡수

근위세뇨관과 연결된 헨레고리loop of Henle의 시작점에서는 근위세뇨관에서 수분

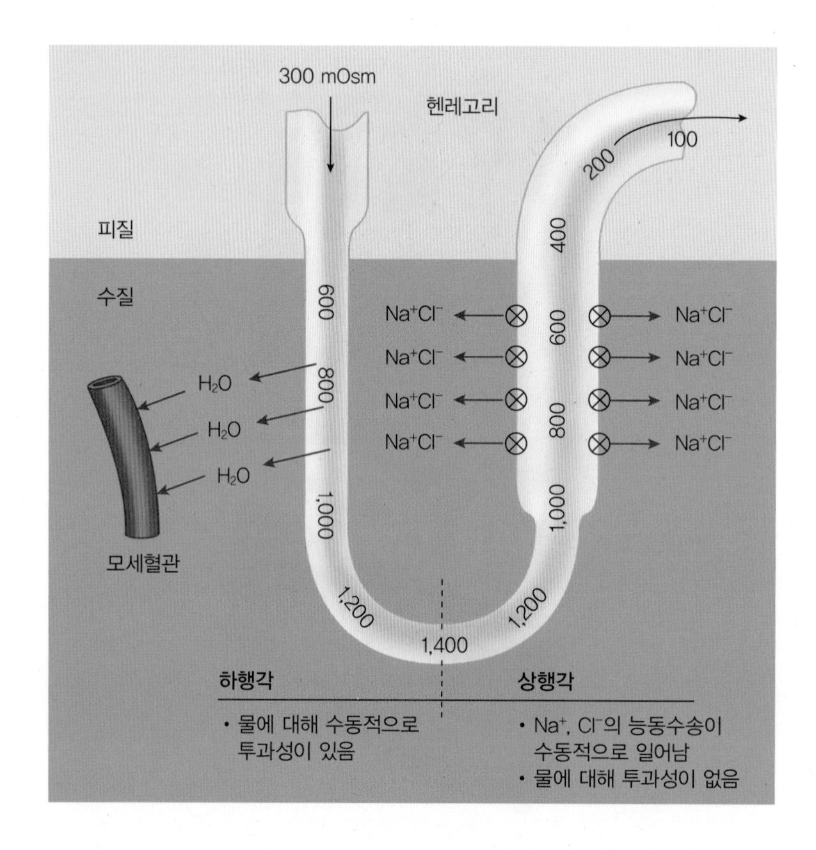


**그림 9-7**
**헨레고리에서의 수분과 NaCl의 이동**

**아쿠아포린**
헨레고리에서 물이 통과하도록 하는 역할을 하는 단백질

과 이온들이 같이 흡수되는 작용에 따라 전체 부피만 차이가 있을 뿐, 여과액과 혈액에서의 삼투압은 300 mOsm로 차이가 없다. 하지만 헨레고리를 통과하는 동안 부피와 삼투압이 달라진다 **그림 9-7**. 헨레고리 하행관의 세뇨관 세포에 대한 연구는 많지 않지만 미토콘드리아가 적고 나트륨이 통과할 수 없다. 반면, 물이 잘 통과하도록 **아쿠아포린**aquaporin 단백질을 가지고 있어 여과액으로부터 물을 세포외액으로 이동시키며, 이를 세뇨관 주변 모세혈관으로 재흡수될 수 있게 한다. 따라서, 헨레고리의 하행관을 통해 여과액이 이동하는 동안 부피가 감소하면서 삼투압이 증가하게 된다. 수분이 공급되지 않은 상태에서 헨레고리의 아랫부분에서 NaCl의 농도는 최고치가 되고 삼투압은 1,400 mOsm까지 올라간다.

가는 상행 헨레고리에서는 NaCl이 운반체transporter를 통해 농도 차이를 이

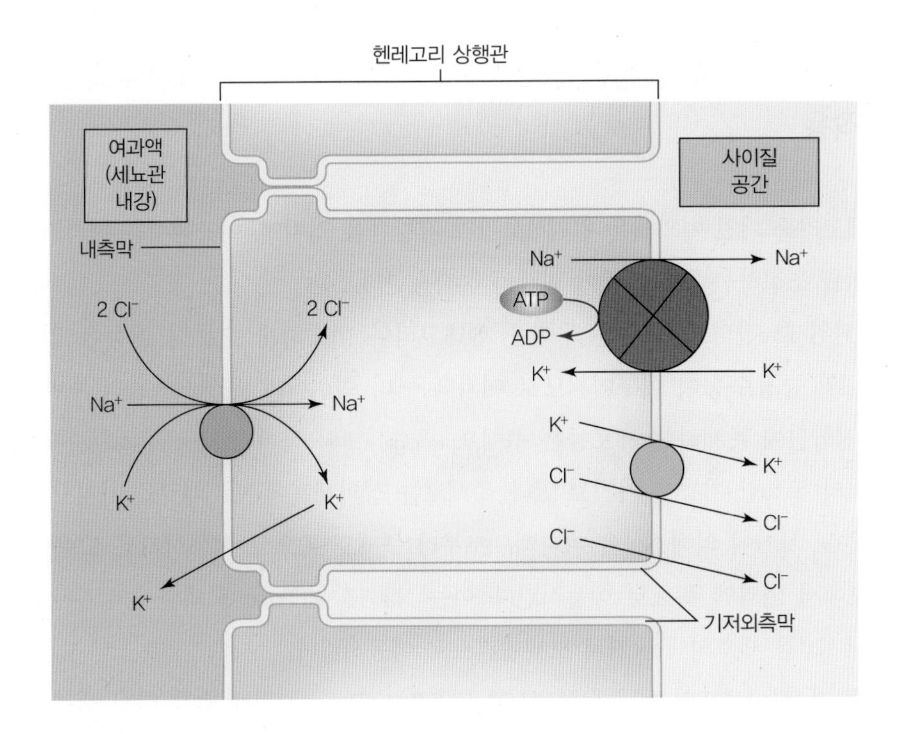


그림 9-8
**헨레고리 상행관에서의 $Na^+$, $K^+$, $Cl^-$의 이동**

용하여 수동적으로 이동한다. 이곳에서 수분은 이동하지 않고, NaCl의 투과만 가능하기 때문에 삼투압이 감소하여 수질medulla 부분의 상행관 끝에는 400 mOsm까지 다다른다.

헨레고리 상행관의 두꺼운 부분에 존재하는 세포들은 미토콘드리아의 수가 많고 대사가 매우 활발하다. 여과액에 닿은 부분에는 $Na^+/K^+-2Cl^-$ 운반체가 있어 에너지의 사용 없이 전자전달을 통해 이 세 가지 이온들을 세포 안으로 유입시킨다. 또한, $Na^+/H^+$ 교환기exchanger가 있어 $Na^+$를 유입시키고 $H^+$를 방출한다. 이러한 교환 단백질들은 수동적으로 작동하며, $Na^+$은 $Na^+/K^+$ ATPase에 의해 혈액으로 능동적으로 방출된다. 이 외에도 여과액에 포함된 양이온들 중 $Na^+$, $K^+$ 이외의 $Ca^{2+}$과 $Mg^{2+}$ 등의 양이온들도 세포외액으로 이동하기 쉬워지면서 두꺼운 상행관의 삼투압이 감소하게 된다 그림 9-8.

## 6) 원위세뇨관과 집합관에서의 수분 조절 및 이온의 재흡수와 분비 작용

헨레고리를 거친 여과액은 원위세뇨관과 집합관을 거치며, 이곳에서는 여과액의 부피를 조절하는 호르몬들이 민감하게 작용한다.

원위세뇨관의 앞부분은 두꺼운 헨레고리와 비슷하게 수분의 이동은 없이 NaCl의 능동수송이 이루어지므로 여과액은 더 희석된다. 원위세뇨관의 후반부와 집합관에 존재하는 세포들은 주세포principal cell와 사이세포intercalated cell이며, 각각의 독특한 기능을 가지고 있다. 주세포는 상피세포에 $Na^+$ 채널을 가지고 있어 농도 차이에 의해 $Na^+$을 여과액으로부터 주세포 쪽으로 이동시키고, $K^+$은 주세포에서 여과액 쪽으로 이동시킨다. 이는 $Na^+/K^+$ ATPase에 의한 능동수송을 통해 $Na^+$를 세포외액을 거쳐 모세혈관으로 이동시킨다.

한편, 사이세포의 여과액 쪽에서는 $K^+/H^+$ ATPase에 의해 $K^+$를 다시 세포 안으로 이동시키고 $H^+$을 여과액으로 방출한다. 또 다른 능동수송으로 $H^+$ ATPase는 수소이온을 여과액으로 이동시킨다. 이 두 가지 과정은 물과 이산화탄소를 통해 탄산을 만드는 과정에서 생성된 $H^+$ 이온을 제거하고 혈액을 완충하는 역할을 하는 중탄산이온을 생성하는 데 사용된다.

원위세뇨관과 집합관은 다양한 호르몬에 민감하게 작용한다. 헨레고리 상행관과 원위세뇨관이 만나는 곳에 세뇨관, 구심성 세동맥과 원심성 세동맥 사이에 사구체 곁세포 또는 방세포juxtaglomerular cell라고 불리는 세포들이 모여 있다. 이 세포들은 여과액의 부피를 감지하는 기능을 한다. 특히, 여과액 내 감소된 $Na^+$의 흐름을 감지하여 레닌을 분비하고, 레닌은 안지오텐신 I을 II로 전환하며 부신피질에서 알도스테론을 분비한다. 알도스테론은 헨레고리 상행관과 원위세뇨관 세포에 작용하여 상피세포의 $Na^+$ 채널을 증가시키고, 혈관 쪽 세포외액과 접한 세포막에 $Na^+/K^+$ 펌프와 ATP 생산을 촉진하여 $Na^+$의 재흡수를 증가시킨다. 결과적으로 $Na^+$의 재흡수와 함께 수분의 재흡수도 증가시켜 혈액의 부피를 증가시키는 반면, 소변의 부피는 감소시키는 역할을 한다.

또 다른 호르몬인 **항이뇨호르몬**은 집합관의 아쿠아포린 단백질의 수를 증가시키는 방법으로 수분 조절에 관여한다. 항이뇨호르몬은 뇌하수체 후엽에서 분비되는 호르몬으로, 탈수 시 시상하부에 있는 삼투수용체osmoreceptor 세포가 혈액의 삼투압이 증가하는 것을 감지하면 분비된다. 아쿠아포린은 세포외액으로 수분의 공급을 증가시킨다. 알도스테론과 항이뇨호르몬은 수분과 나트륨의 흡수 과정에 함께 작용한다. 알도스테론이 나트륨을 세포외액으로 유입시켜 삼투압을 높이면 항이뇨호르몬은 아쿠아포린을 통해 수분을 재흡수하여 소변으로 배설되는 수분의 양을 감소시킨다 그림 9-9.

**항이뇨호르몬**
뇌하수체 후엽에서 분비되는 호르몬으로 수분과 혈압조절에 중요한 역할을 함

수분이 부족하지 않을 경우에는 원위세뇨관의 여과액은 희석되어 있고, 대부분의 수분과 이온들은 이미 재흡수가 일어난 상태이다. 아쿠아포린이 없는 경우, 집합관에서 수분의 이동이 불가능하기 때문에 원위세뇨관과 유사한 삼투압을 유지한 상태로 과잉의 수분이 배설된다.

원위세뇨관에서는 칼슘이온의 평형도 조절된다. 혈중 칼슘 농도가 낮아지면 부갑상선에서 **부갑상선호르몬**이 분비되는데, 이는 원위세뇨관에서도 작용한

**부갑상선호르몬**
부갑상선에서 혈중 칼슘 농도가 낮아지면 분비되는 호르몬

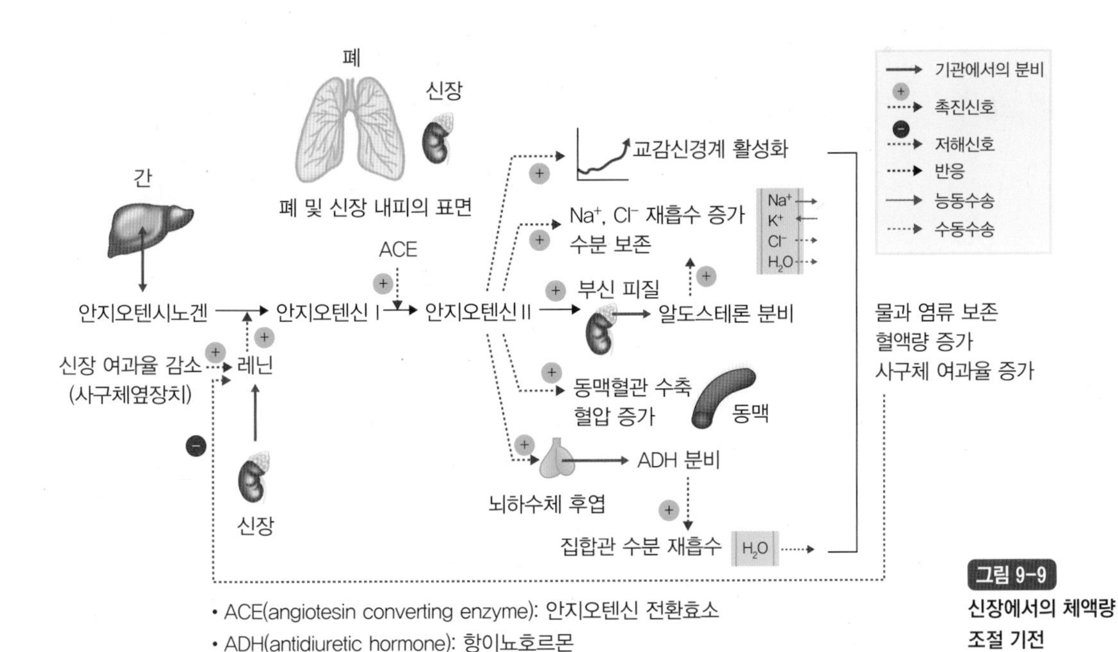


그림 9-9
**신장에서의 체액량 조절 기전**

다. 부갑상선호르몬은 간에서 생성된 25-하이드록시 콜레칼시페롤을 신장에서 1,25-디하이드록시 콜레칼시페롤(활성형 비타민 $D_3$)로 전환하여 칼슘의 흡수를 촉진한다. 또한 원위세뇨관의 여과액 쪽에 존재하는 막의 칼슘 채널Ca channel을 통해 여과액으로부터 $Ca^{2+}$의 이동을 증가시키고, 반대쪽 막의 $Na^+/Ca^{2+}$ 교환기와 $Ca^{2+}$ ATPase를 통해 혈액 쪽으로 칼슘의 이동을 증가시켜 칼슘의 재흡수를 조절한다 그림 9-10.

집합관 주변의 간질액에서 세포외액의 높은 삼투압에 작용하는 또 다른 중요한 물질은 요소urea이다. 간의 아미노산 대사 과정에서 생성된 암모니아는 소량이라도 독성이 강하므로 요소로 전환된다. 요소는 사구체에서 여과되며, 네프론 어디에서도 이동이 불가능하다. 따라서 요소는 집합관까지 여과된 상태로 이동한다. 이때 집합관에서는 요소가 집합관 밖으로 이동할 수 있는데, 요소의 투과성은 항이뇨호르몬의 영향을 받게 된다. 요소는 삼투압에 따라 세포외

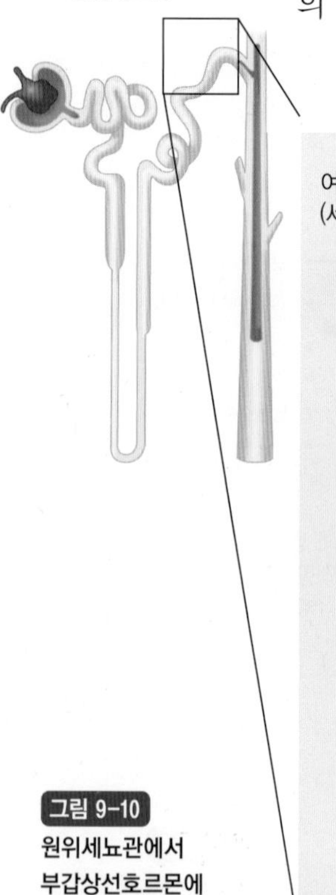


**그림 9-10**
**원위세뇨관에서 부갑상선호르몬에 의한 $Ca^{2+}$의 조절**

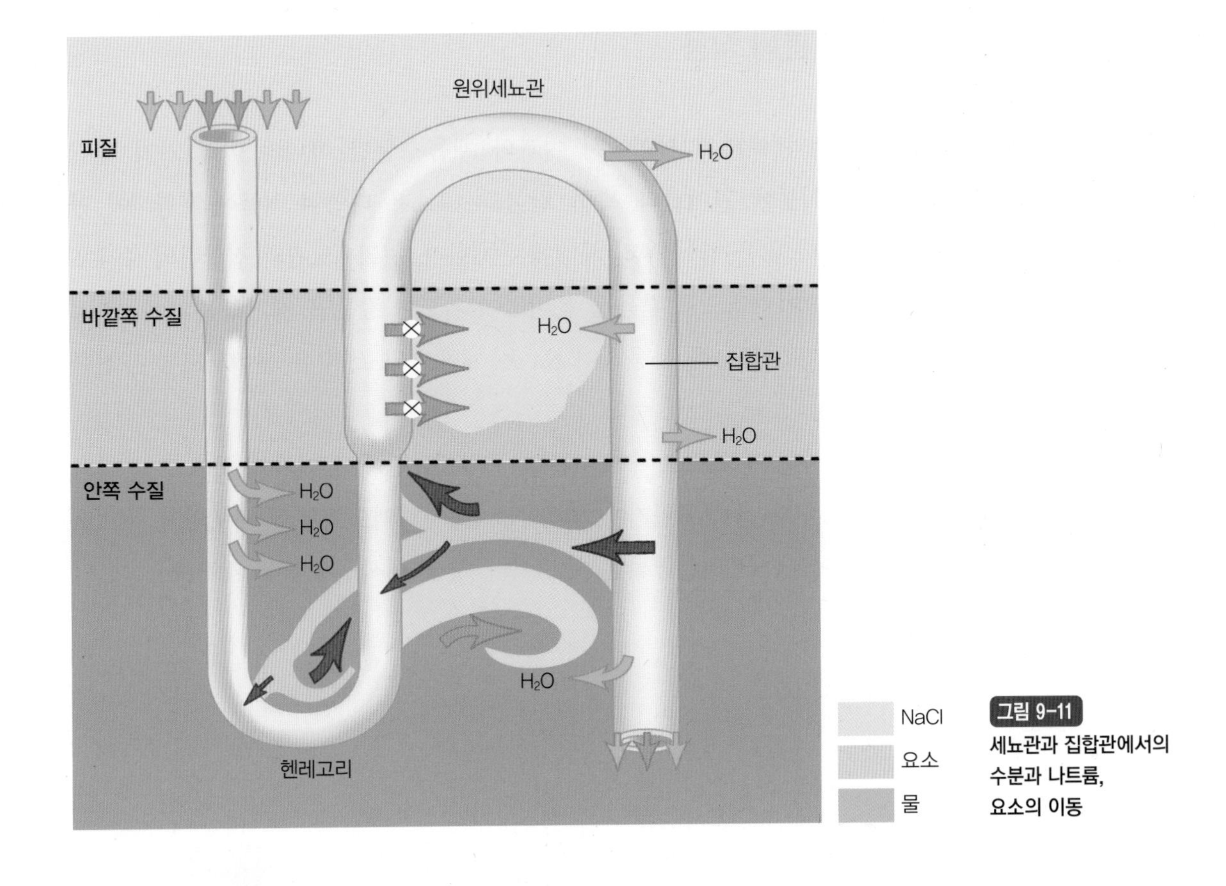


**그림 9-11** 세뇨관과 집합관에서의 수분과 나트륨, 요소의 이동

액으로 이동하면서 농도 차이를 증가시켜 수분과 함께 집합관 밖으로 이동한다. 이러한 과정을 통해 노폐물인 요소도 소변의 농도 조절에 이용될 수 있다 그림 9-11.

심장 박동 1회당 심장에서 박출된 혈액의 25% 정도의 혈액이 신장으로 이동하고, 이 중 10% 정도만 여과가 일어난다. 신장은 여과와 재흡수, 분비 과정을 통해 혈액 내 이온 조성과 영양소를 보존하며, 초과된 수분과 함께 대사산물과 노폐물을 배설한다.

## 7) 신장의 분비 작용

신장은 혈액과 여과액 사이에서 여과와 재흡수뿐만 아니라 여러 가지 물질의 분비와 이동에 관여한다. 특히, 칼륨potassium은 다양한 식품에 포함되어 있어 필요량보다 많은 양이 우리 체내에 존재한다. 원위세뇨관과 집합관의 주세포principal cell는 여과액으로 칼륨을 분비하여 과도한 칼륨을 제거하는데, 이 과정에서 $Na^+/K^+$ ATPase를 사용하여 $Na^+$은 재흡수되고, $K^+$은 분비되도록 조절한다 그림 9-12.

이와 유사한 방법으로 수소이온도 근위세뇨관에서 여과액 쪽으로 분비되는데, 이때는 $Na^+/H^+$ 교환기에 의해 $Na^+$은 여과액으로부터 세포외액 쪽으로 이동한다. 이러한 분비기능들은 약물이나 약물 대사물질들을 제거하는 데 사용된다.

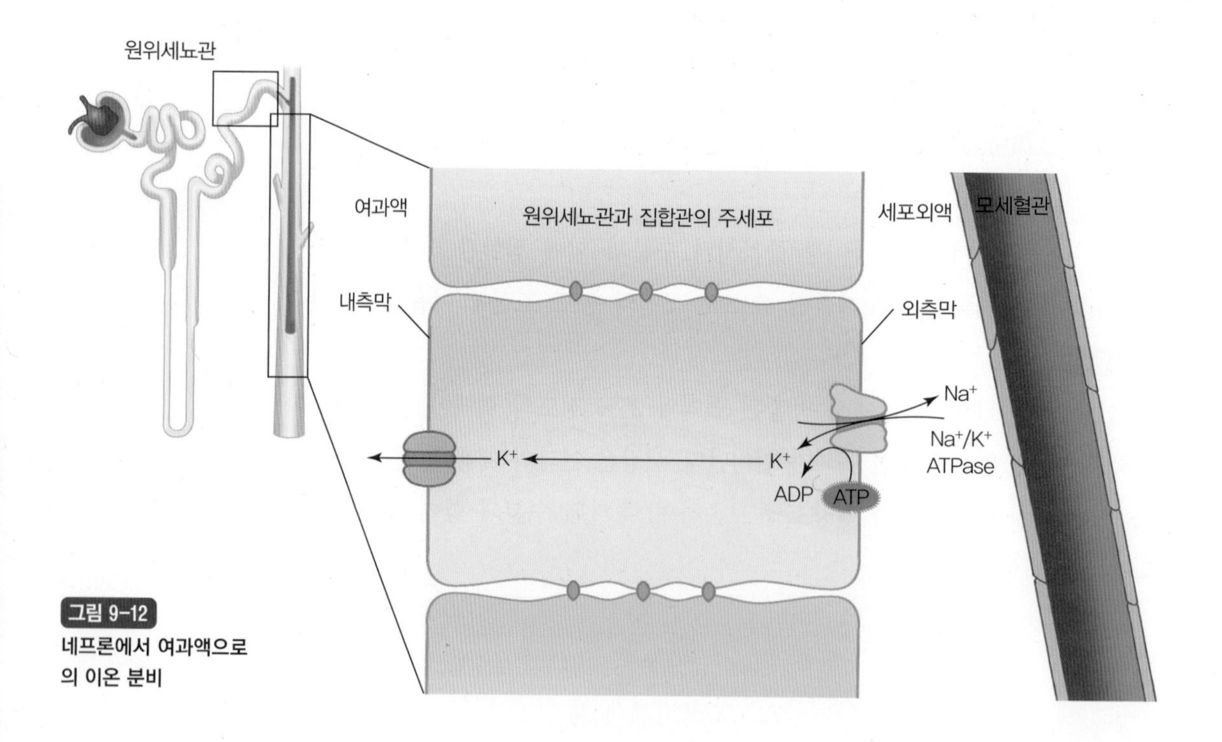


그림 9-12
네프론에서 여과액으로의 이온 분비

## 8) 소변의 배설

소변은 여과, 재흡수, 분비 과정을 거쳐 집합관에 모인 여과액으로, 요관ureter을 거쳐 방광에 모이게 된다. 방광에 모인 소변의 배뇨urination는 자율신경계와 체성신경계somatic nerve system의 상호작용을 통해 조절된다.

방광은 평활근smooth muscle으로 이루어져 있으며, 교감신경sympathetic nerve이 활성화되면 방광이 이완되어 소변이 채워지게 된다. 일정량의 소변이 채워지면 방광벽이 확장되면서 스트레치 수용체stretch receptor가 이를 감지하고 골반의 구심성afferent 신경세포를 통해 정보를 대뇌로 전달한다. 이러한 정보 전달을 통해 자발적으로 방광의 괄약근이 열리면 압력차에 의해 소변이 방출된다.

방광에는 내괄약근internal sphincter과 외괄약근external sphincter이 존재하여 소변의 배출을 조절한다. 교감신경이 활성화되면 방광이 이완되어 방광의 용적이 늘어나도 내괄약근이 수축되어 있어 소변이 배출되지 않는다. 반면, 부교감신경parasympathetic nerve이 활성화되면 교감신경이 억제되고 배뇨근이 수축되면서 방광이 수축되어 소변을 배출한다. 외괄약근은 골격근으로 수의적으로 조절이 가능하다. 요의를 느껴도 어느 정도 배뇨를 억제할 수 있는 것은 외괄약근을 수의적으로 조절할 수 있기 때문이다.

## 9) 중탄산이온을 이용한 산-염기의 조절

우리 체내는 항상성을 유지하기 위해 일정 상태의 pH를 유지한다. 세포외액의 pH는 7.4로 유지되며, 0.2 정도만 변해도 건강에 심각한 문제가 초래될 수 있다. 체내 pH 조절은 호흡계와 신장계에 의해 이루어지며, 이를 통해 적정 pH가 유지된다.

혈액에서 산-염기를 조절하는 물질은 중탄산이온($HCO_3^-$)이며, 이는 이산화

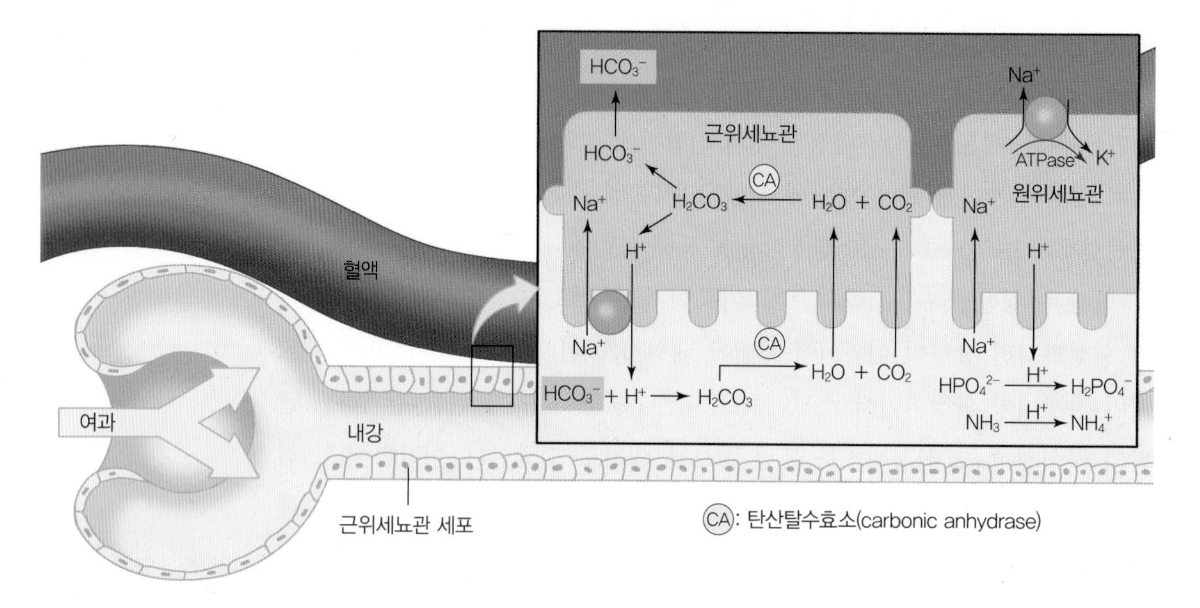


**그림 9-13**
**근위세뇨관에서의 수소 이온과 중탄산이온을 통한 산-염기 평형**

탄소와 물이 탄산탈수효소carbonic anhydrase, CA의 반응에 의해 생성된다.

$$H_2O + CO_2 \rightleftharpoons H_2CO_3 \rightleftharpoons H^+ + HCO_3^-$$

실제로 이산화탄소는 호흡을 통해 제거된다. 앞에서 설명한 바와 같이, 신장은 네프론을 따라 수소이온의 제거에 주요한 기능을 한다. 그뿐만 아니라 중탄산이온을 재흡수함으로써 혈액 내의 산-염기 균형을 조절하는 중요한 역할을 한다. 수소이온과 중탄산이온은 근위세뇨관에서 자유롭게 이동하는데, 중탄산이온이 재흡수되지 않은 경우, 산-염기 균형이 깨진 것으로 볼 수 있다. $Na^+/K^+$ ATPase에 의해 $Na^+$은 근위세뇨관 세포로 들어가고, 중탄산염에 의해 생성된 수소이온은 $H^+$ ATPase에 의해 에너지를 사용하며 여과액으로 제거된다. 여과액에서 수소이온은 중탄산이온과 만나 탄산탈수효소에 의해 다시 물과 이산화탄소가 된다. 물은 네프론에서 재흡수되고, 이산화탄소는 신장의 세뇨관으로 다시 들어와 세포내 물분자와 합쳐져 중탄산이온을 만드는 데 사용된다. 이러한 과정들을 통해 수소이온은 여과액으로 나가고, 중탄산이온은 다시 여과액으로부터 혈액으로 되돌아온다. 이 과정에서 중탄산이온은 나트륨이온과 함께 운반체에 의해 혈액으로 이동한다 그림 9-13.

여과액에서 수소이온은 소변에서의 완충 역할을 하는 인산과 결합하거나 글루타민 탈아미노 그룹의 산물인 암모니아($NH_3$)와 결합한다. 암모니아는 막을 통과하여 여과액으로 확산되고, 수소이온과 결합하여 암모늄이온을 형성하지만, 다시 혈장막plasma membrane을 통과할 수 없다. 따라서, 암모늄이온은 여과액에 포함되어 배출된다. 신장에서 배출하려고 하는 이온은 수소이온인 반면, 폐에서는 이산화탄소로 배출하기 때문에 이산화탄소와 물이 결합하여 중탄산을 만든다. 이는 수소와 중탄산이온으로 분해되므로 실제로 산-염기 균형은 신장뿐 아니라 폐가 같이 조절하는 기전이라 할 수 있다.

체내에는 체액의 pH 변화를 최소화하기 위해 다양한 방어 시스템이 존재한다. 그러나 원인에 따라 pH를 정상으로 유지하기 어려워 **산과다증**이나 **산성혈증**acidosis 또는 **알칼리혈증**alkalosis이 발생할 수 있다.

**산과다증, 산성혈증** 혈액의 pH가 정상 농도보다 낮아진 상태

**알칼리혈증** 혈액의 pH가 정상 농도보다 높아진 상태

산과다증은 체내에 산이 축적되거나 또는 염기base가 손실되었을 때 체액의 수소이온 농도가 증가하여 혈장의 pH가 감소된 상태를 의미하며, 이때 pH가 낮아진 원인에 따라 두 가지로 구분한다. 즉, 호흡 문제로 인해 발생한 경우 호흡성 산과다증respiratory acidosis이라 하고, 대사 문제로 인해 수소이온이 축적되거나 염기가 손실된 경우 대사적 산과다증metabolic acidosis이라 한다.

알칼리혈증은 체내의 산이 손실되었거나 염기가 축적되어 체액의 수소이온 농도가 감소되어 혈액의 pH가 상승된 상태를 말하며, pH가 증가된 원인에 따라 두 가지로 구분하여 설명한다. 즉, 호흡 문제로 인해 발생한 경우 호흡성 알칼리혈증respiratory alkalosis이라 하고, 대사 문제로 인해 산이 손실되거나 염기가 축적된 경우 대사성 알칼리혈증metabolic alkalosis이라 한다. 세포에서는 이산화탄소($CO_2$) 생성이 증가하여 물($H_2O$)과 반응하여 탄산($H_2CO_3$)을 생성하고, 이는 다시 수소이온을 생성한다. 수소이온과 이산화탄소는 호흡조절중추를 자극하여 호흡의 속도와 깊이를 증가시킴으로써 폐를 통해 이산화탄소 배출을 촉진하고, 체액 내 이산화탄소와 수소이온 농도를 낮춰 pH를 조절한다.

### 10) 조혈 작용

신장에서는 적혈구의 분화와 증식, 성숙에 관여하는 에리트로포이에틴erythropoietin을 생성한다. 따라서 신기능이 떨어지면 조혈 작용에 문제가 생겨 빈혈이 발생할 수 있다.

MEMO

CHAPTER

# 10 근육 MUSCLE



근육은 에너지 대사의 중요한 축으로, 다양한 대사 질환의 병리 기전과 밀접하게 연관되어 있다. 따라서 근육의 구조, 근수축과 조절, 근섬유의 특성, 기질 대사를 학습함으로써 근육 내 생화학과 생리학에 대해 파악할 수 있다. 특히, 영양학적 중재와 연관성이 높은 인슐린 저항성, 근감소증, 기초대사량 증진 등은 근육이 조절하는 핵심 생리 기전이다.

# 1. 근육의 구조

우리 몸의 근육은 크게 골격근, 심근, 평활근으로 구분된다. 근육은 기능에 따라 자신의 의지로 수축을 조절할 수 있는 수의근과 수축을 조절할 수 없는 불수의근으로 나눌 수 있으며, 형태에 따라 가로무늬근과 민무늬근으로 분류된다. 골격근은 뼈나 힘줄에 연결되어 신체 운동을 조절하는 근육이며, 심근은 심장에서만 발견되는 근육으로, 체내 혈액 순환에 관여한다. 평활근은 위, 방광, 혈관과 같은 내장이나 관을 형성하여 체내 기능을 수행한다 표 10-1.

세 종류의 근육은 각각 다른 형태적 특징을 보인다. 골격근은 긴 원통형의 섬유로 이루어져 있고, 다수의 핵을 가진 다핵세포로, 명확한 가로무늬가 있다. 심근은 짧고 가지를 친 섬유로 이루어져 있으며, 하나 또는 두 개의 핵을 가지고 있고 역시 가로무늬를 보인다. 반면, 평활근은 방추형 세포로 이루어져 있고 하나의 핵을 가지며, 골격근 및 심근과는 달리 무늬를 보이지 않는다 그림 10-1.

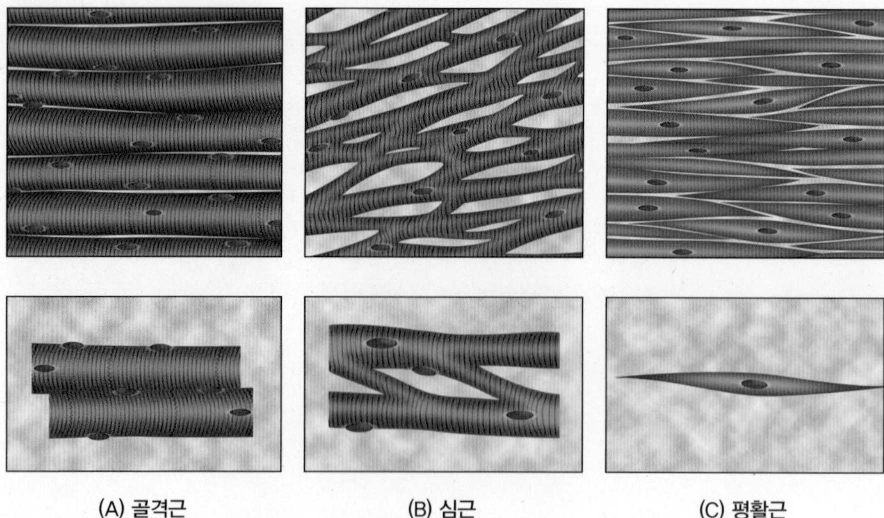


그림 10-1
골격근, 심근, 평활근의 형태적 특징

표 10-1 **기능 및 형태에 따른 근육의 분류**

| | | |
|---|---|---|
| 기능 | 수의근 | 골격근 |
| | 불수의근 | 심근, 평활근 |
| 형태 | 가로무늬근 | 골격근, 심근 |
| | 민무늬근 | 평활근 |

근육은 수많은 근섬유(❶)와 결합조직으로 이루어진다. 근육세포는 근섬유 다발을 이루며, 각 근섬유는 결합조직으로 둘러싸여 근내막(❷)을 이룬다. 근육의 결합조직은 뼈나 연골에 붙어 있는 힘줄에 연결되어 있다. 힘줄 내 섬유 모양의 결합조직은 불규칙한 배열로 근상막(❸)을 형성하여 근육을 감싼다. 이러한

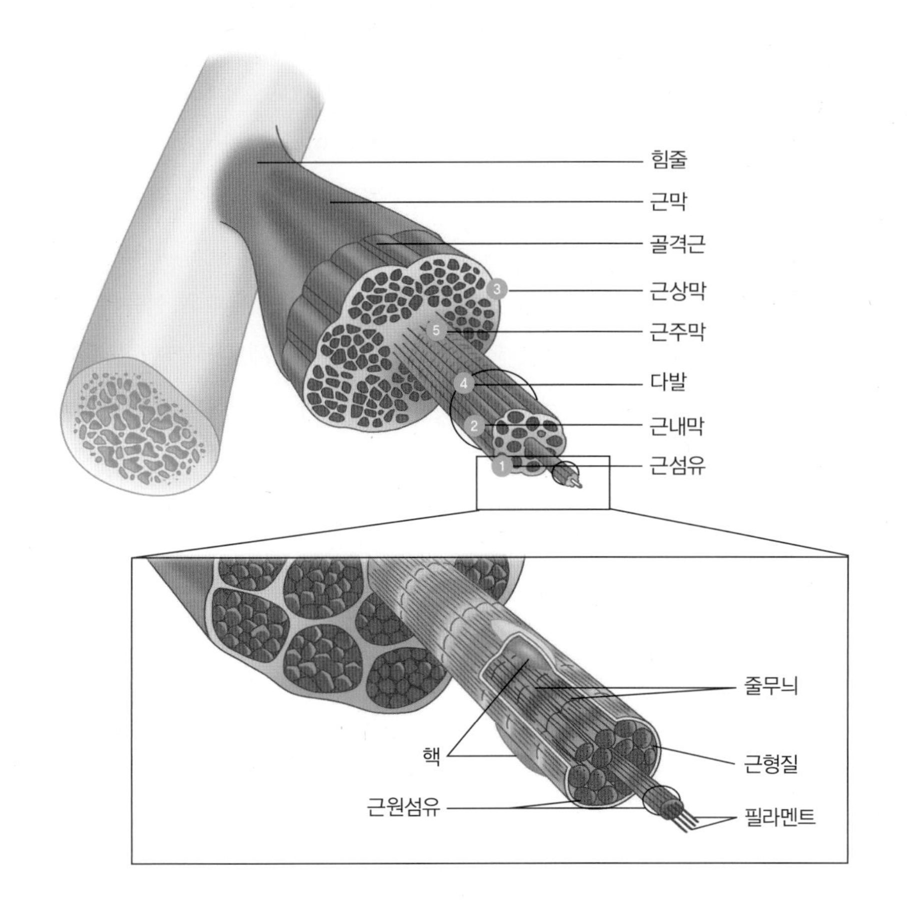


그림 10-2
**근육의 구조**

막은 근육의 중심부로 뻗어나가 기둥이나 다발(❹)로 세분화된다. 세분화된 각각의 근다발들은 근주막(❺)으로 알려진 결체조직막에 의해 둘러싸이게 된다. 힘줄, 근상막, 근주막, 근내막과 같은 결합조직이 연속적으로 연결되어 있기 때문에 근섬유는 수축할 때 힘줄에 강하게 결합된다 그림 10-2.

근섬유 역시 미토콘드리아, 소포체 등의 세포소기관을 가지고 있다. 그러나 근섬유는 다른 세포와 달리 여러 개의 핵을 가지는 다핵세포이다. 각각의 근섬유는 미분화세포, 단핵화세포와 같은 여러 개의 배아근세포를 단일한 원통형, 다핵세포로 융합함으로써 형성된다. 골격근 분화는 태어나는 시기에 완료되며, 섬유들은 유아기에서 성인기까지 지속적으로 증가한다. 성인 근섬유의 직경은 보통 10~100 $\mu$m이고, 최대 20 cm까지 이른다. 이러한 근섬유의 유지와 기능의 핵심은 세포핵에 있다. 세포핵은 근섬유 전체에 걸쳐 분포하며, 유전자 발현과 단백질 합성을 조절한다. 근섬유가 부상으로 인해 손상되거나 파괴될 경우, 다른 근섬유로 대체되지 않는다. 그러나 골격근은 **수반세포**로 알려진 미분화 줄기세포를 포함한 적응성 조직adaptable tissue으로, 부상이나 손상에 대응할 수 있다. 수반세포는 일반적으로 근섬유를 따라 세포막과 주변의 기저막에 위치하며, 평소에는 휴지 상태로 있다가 긴장이나 부상 시 활성화되며, 미토콘드리아가 증식된다. 활성화된 수반세포는 분화되어 딸세포를 낳는데, 이는 새로운 섬유의 형성을 위해 융합되거나 손상된 근섬유를 결합할 수 있는 근아세포의 역할을 한다. 근육이 운동에 의해 비대해지는 것 또한 수반세포의 증가 및 분화와 관련되어 있다.

**수반세포**
말초신경에서 신경세포의 표면을 덮는 길쭉한 신경 아교세포로, 근육세포의 전구체가 됨

근세포를 고배율의 전자현미경으로 관찰하면 수많은 근원섬유로 구성되어 있는 것을 확인할 수 있다. 근원섬유는 직경이 약 1 $\mu$m로, 근섬유의 한쪽 끝에서 다른 끝까지 평행하게 이어지며, 섬유의 끝에 있는 힘줄에 연결된다. 근원섬유는 매우 조밀하게 모여 있어 세포내막과 미토콘드리아 등의 세포소기관은 서로 근접한 근원섬유 사이의 좁은 세포질에 존재한다.

근섬유의 가장 두드러진 특징은 줄무늬 형태를 띤다는 점이다. 이러한 줄무늬는 어두운 영역과 밝은 영역이 교차되어 만들어진다. 근섬유를 전자현미경으로 관찰해보면 특유의 줄무늬가 나타나지 않고, 대신 줄무늬를 만드는 어두운

영역의 A band와 밝은 I band가 각각의 근원섬유 내에서 관찰된다 그림 10-3. 서로 다른 근원섬유의 어둡고 밝은 띠가 수직으로 정렬되어 근섬유의 한 면에 쌓여 있으며, 각각의 근원섬유가 일반 광학현미경으로는 보이지 않기 때문에 근섬유를 관찰할 때 줄무늬가 있는 것처럼 보인다.

근원섬유는 근미세섬유라고 불리는 더 작은 구조로 세분화된다. 근원섬유의 종단면을 고배율의 현미경으로 관찰해보면, A band는 110 **옹스트롬**(Å) 정도의 두꺼운 필라멘트를 포함하여 어둡게 관찰된다. 반면, I band는 50~60 옹스트롬 정도의 얇은 필라멘트를 포함하여 밝게 관찰된다. 얇은 필라멘트(두꺼운 필라멘트 직경의 약 절반)는 주로 **액틴**과 수축 작용에서 중요한 역할을 하는 트로포닌, **트로포미오신**과 같은 단백질로 구성된다.

**옹스트롬(Å)**
빛의 파장 길이를 나타내는 단위

**액틴**
근육의 주요 단백질로, 미오신과 함께 근원섬유의 기본을 이룸

**트로포미오신**
근원섬유의 구성 단백질 중 하나로, 액틴의 이중나선 구조의 홈을 따라 위치함

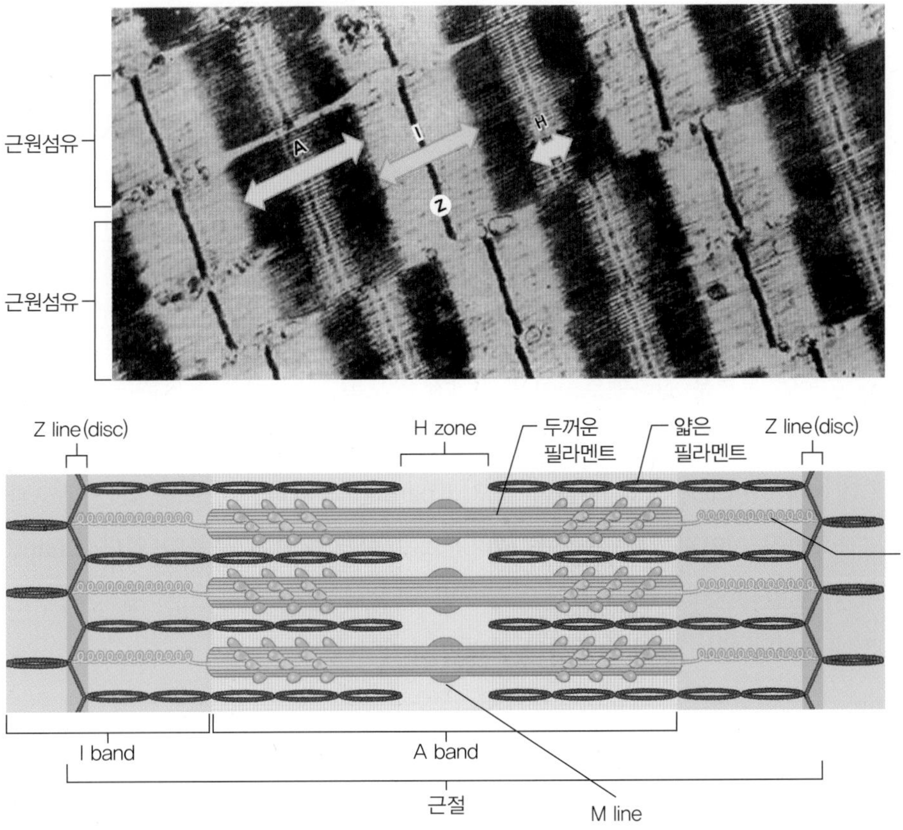

그림 10-3
**필라멘트에 의해 나타나는 근육의 줄무늬**

알아두기

### 트로포닌

트로포닌은 근원섬유의 구성단백질 중 하나로, 액틴 및 트로포미오신과 상호작용한다. 교차다리가 액틴에 결합하는 것을 억제하는 트로포닌 I, 트로포미오신과 결합하는 트로포닌 T, 칼슘과 결합하는 트로포닌 C 등 3개 단백질의 복합체로 구성되어 있다.

**미오신**
근육의 주요 단백질. 액틴과 함께 근원섬유의 기본을 이루며, 머리와 꼬리 부분으로 구성됨

두꺼운 필라멘트는 대부분 **미오신**으로 구성되어 있다. 각 미오신은 얇은 꼬리 모양이며, 2개의 코일형의 가벼운 펩티드 사슬과 2개의 무거운 펩티드 사슬, 그리고 미오신 머리로 구성되어 있다. 근육 수축을 위한 미오신의 ATPase 활성은 미오신 머리에 의해 조절된다.

근원섬유 내의 I band는 두꺼운 필라멘트 사이의 밝은 부분을 말하며, 얇은 필라멘트만 포함되기 때문에 밝은색을 띤다. 그러나 얇은 필라멘트는 I band에만 있는 것은 아니며, A band의 중앙 부분까지 확장된다. 두꺼운 필라멘트와 얇은 필라멘트가 A band의 양 끝에 겹치기 때문에 A band의 양 끝은 중앙 부분보다 더 어둡다. A band 중앙의 밝은 부분은 두꺼운 필라멘트만 포함하며, H zone이라고 한다. 각 I band의 중앙에는 얇고 짙은 Z disk가 있다. 한 쌍의 Z disk 사이에서 두꺼운 필라멘트와 얇은 필라멘트는 반복적인 패턴을 보이며 근수축의 기본적인 역할을 하는데, 이를 근절이라고 부른다.

M line은 근절에서 A band의 중심 단백질 필라멘트에 의해 생성되며, 수축하는 동안 두꺼운 필라멘트들이 분리되지 않도록 A band의 두꺼운 필라멘트를 고정한다. 또한 인체에서 가장 큰 단백질인 티틴 필라멘트는 길이가 1 $\mu$m이며, Z disk에 아미노산 말단 부분이 있고, I band를 통과하는 스프링 같은 부분과 M line까지 이어져 있는 두꺼운 필라멘트에 길게 결합된 부분이 있다. I band 내 티틴 필라멘트의 스프링 같은 부분은 근육이 짧을 때는 크게 접히지만, 근육이 늘어날 때는 풀려 수동적인 장력이 유지된다.

# 2. 근수축

## 1) 근수축활주설(Sliding filament theory of muscle contraction)

근육생리학에서 말하는 '수축'은 반드시 '짧아짐'을 의미하는 것은 아니다. 이것은 근섬유 내에서 힘을 발생시키는 교차 다리cross-bridge의 활성화를 나타낸다. 근육이 수축할 때, 개별적인 근섬유가 짧아지면서 근육의 길이가 감소한다. 근섬유의 단축은 근원섬유가 짧아짐에 따라 발생하며, 이는 Z disk에서 다음 Z disk까지의 거리가 짧아지기 때문이다. 근절의 길이는 짧아지지만, A band의 길이는 짧아지지 않고, 대신 서로 근접한 A band 간 간격이 좁아지는 것이다. 따라서 연속적인 A band 사이의 거리를 나타내는 I band의 길이는 감소한다

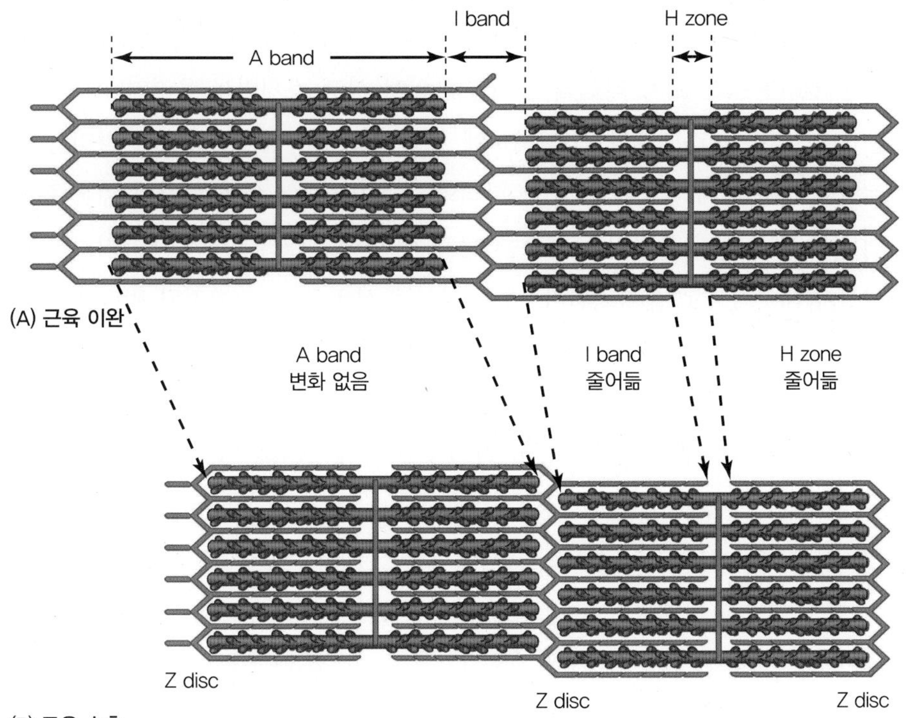


그림 10-4
근수축의 원리

알아두기

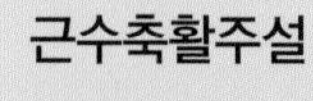

**근수축활주설**

근수축활주설은 1954년 헉슬리(Hugh Huxley)와 한슨(Hanson)이 주장한 근수축과 이완에 대한 유일한 가설이다. 지금까지 밝혀진 근세포의 미세구조와 잘 들어맞는 이론으로 인정되고 있다.

그림 10-4 . 그러나 I band를 구성하는 얇은 필라멘트는 짧아지지 않는다. 따라서 근육이 수축하는 동안 근절의 길이가 짧아지는 것은 각 필라멘트의 길이가 짧아져서가 아니라, 두꺼운 필라멘트 사이로 얇은 필라멘트가 미끄러져 들어가기 때문에 발생한다.

## 2) 교차 다리(Cross-bridge)

앞에서 언급했듯이 근육이 수축할 때 각 근절에서 겹치는 두꺼운 필라멘트와 얇은 필라멘트가 교차 다리의 움직임에 의해 서로 스치면서 움직인다. 수축하는 동안 얇은 필라멘트의 액틴 분자에 붙어 있는 각 미오신의 교차 다리는 보트의 노처럼 움직인다. 많은 교차 다리의 움직임은 Z disk에 부착된 얇은 필라멘트에 힘을 가해 근절의 중심부를 향해 이동한다. 필라멘트가 미끄러지고 각 근절이 내부적으로 짧아지면서, 각 근절의 중심은 근육의 고정된 말단으로 향한다. 그러므로 근섬유의 힘과 움직임을 발생하는 능력은 수축 단백질 액틴과 미오신의 상호작용에 따라 결정된다. 필라멘트의 미끄러짐 현상은 미오신에서 액틴으로 뻗어나가는 다수의 교차 다리에 의해 생성된다. 이 교차 다리는 두꺼운 필라멘트의 축에서 뻗어 나와 결합을 형성하는 미오신 단백질의 일부이며, 미오신 단백질에는 교차 결합의 역할을 하는 2개의 '머리'가 있다. 근절의 한쪽에 있는 미오신 단백질의 머리는 반대쪽 근절에 존재하는 액틴 단백질과 교차 다리를 형성하여 액틴을 중심 쪽으로 당길 수 있다 그림 10-5 .

액틴 분자는 2개가 얽힌 나선형 사슬 모양이며, 다른 액틴 단위체와 포개져

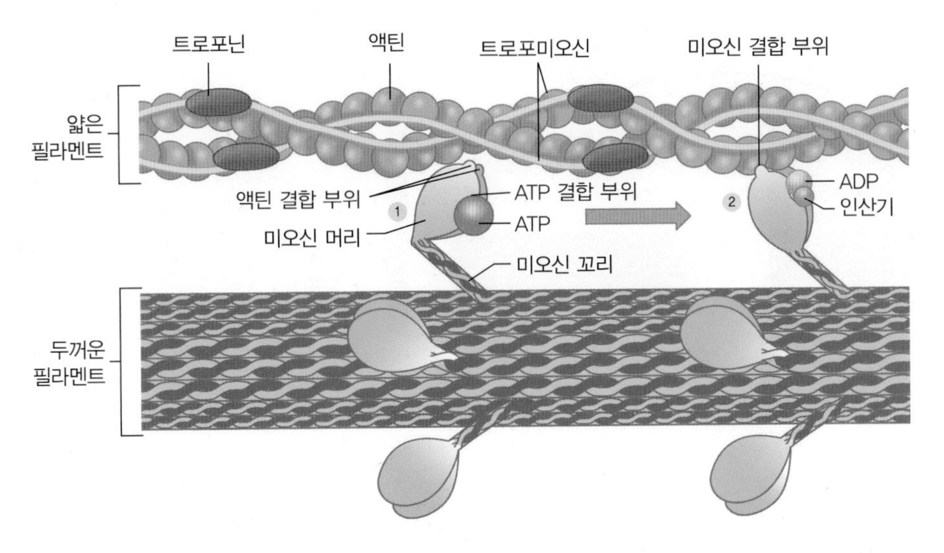


그림 10-5
**미오신 머리의 활성화**

합쳐지는 단일 폴리펩티드로 구성된 구형 단백질이다. 이 사슬은 얇은 필라멘트의 중심부를 이룬다. 각 액틴의 분자는 미오신을 위한 결합 부위를 갖고 있다. 반면, 미오신은 2개의 커다란 폴리펩티드인 무거운 사슬과 4개의 더 작고 가벼운 사슬로 구성되어 있다. 각 미오신 분자의 꼬리는 두꺼운 필라멘트의 축을 따라 놓여 있으며, 2개의 구형 머리는 교차 다리를 형성하면서 필라멘트 축 밖의 측면으로 뻗어 있다. 각 구형 머리는 2개의 결합 부위를 포함하는데, 하나는 액틴, 다른 하나는 ATP와 작용한다. 액틴 결합 부위와 밀접하게 관련된 ATP 결합 부위는 결합된 ATP를 ADP와 인산기로 분리하여 수축을 위한 에너지로 사용하는 ATPase라는 효소로 작용한다.

ATP의 가수분해 반응은 미오신의 머리가 액틴에 결합하기 전에 선행된다. 가수분해된 인산기는 미오신 머리에 결합하며, 그로 인해 총의 해머 부분과 유사하게 위로 젖혀지는 구조로 변화된다. 이렇게 미오신 머리의 구조가 바뀌게 되면 수축에 필요한 잠재적인 에너지가 생기며, 이때 액틴과 결합하여 에너지를 방출할 준비를 마친 상태가 된다.

교차 다리가 얇은 필라멘트에 결합되어 이동하는 시간 동안 발생하는 순서를 교차결합주기라고 한다. 이는 4단계로 구성되어 있다 그림 10-6 .

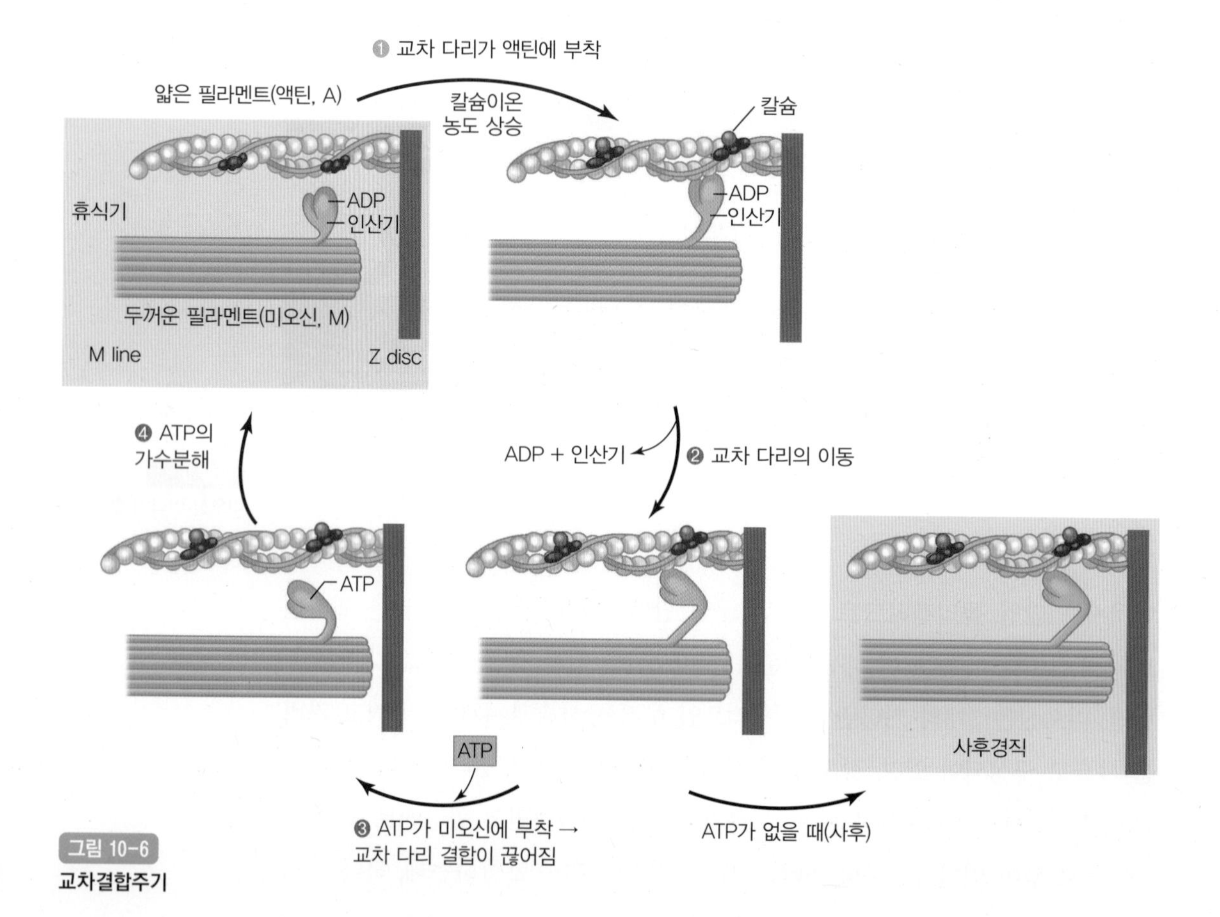


그림 10-6
**교차결합주기**

(1) 교차 다리가 얇은 필라멘트에 부착된다.

(2) 교차 다리가 이동하여 얇은 필라멘트에서 장력을 발생시킨다.

(3) 교차 다리로부터 얇은 필라멘트를 떼어낸다.

(4) 교차 다리는 다시 얇은 필라멘트에 부착되어 주기를 반복한다.

### 3) 근수축의 조절

액틴 필라멘트 또는 F-액틴은 300~400개의 구형 서브 유닛(G-액틴)으로 형성된 중합체이며, 이중으로 배열된 나선 형태로 꼬여 있다. 트로포미오신으로 알려진 단백질은 G-액틴 단량체의 나선형 사이의 그루브에 존재한다. 트로포미오신은 얇은 필라멘트당 40~60개가 존재한다. 트로포미오신은 액틴 단량체 7개 정도의 길이로, 2개의 폴리펩티드 사슬로 구성된 막대 모양의 분자이다. 이 트로포미오신 분자는 부분적으로 각 액틴 단량체가 미오신에 결합하는 부분을 덮어 교차 다리가 액틴과 결합하는 것을 방지한다.

트로포닌은 액틴에 직접적으로 달라붙지 않고, 트로포미오신에 부착되어 있는 단백질을 말한다. 트로포닌은 액틴과 트로포미오신과 상호작용하며, 교차 다리가 액틴에 결합하는 것을 억제하는 트로포닌 I, 트로포미오신과 결합하는 트로포닌 T, 칼슘과 결합하는 트로포닌 C 등 3개 단백질의 복합체로 구성되어 있다.

트로포닌과 트로포미오신은 액틴과 결합하는 교차 다리를 조절하기 위해 함께 작용하여 근육 수축과 이완을 위한 스위치 역할을 한다. 이완된 근육에서 얇은 필라멘트인 트로포미오신은 교차 다리와 액틴 사이의 결합을 차단한다. 따라서 근육이 다시 수축하기 위해 교차 다리가 액틴에 부착되려면 트로포미오신을 이동시켜야 하며, 이때 트로포닌과 칼슘의 상호작용이 필요하다. 교차 다리가 액틴에 결합하고 주기를 시작하기 위해서는 트로포미오신 분자가 액틴의 차단된 위치로부터 떨어져야 한다. 트로포닌과 칼슘의 결합은 트로포미오신을 이동시켜 액틴 내 미오신 결합 부위와 미오신의 교차 다리가 결합할 수 있도록 만든다. 반대로 트로포닌에서 칼슘이온이 제거되면 이 과정이 역전되어 수축 활동이 중단된다. 따라서 세포질 내 칼슘이온 농도는 칼슘이온에 의해 사용되는 트로포닌 부위의 수를 결정하며, 이는 교차 다리에 사용할 수 있는 액틴 부위의 수를 결정한다.

## 4) 근소포체

**종말수조**
골격근 섬유 내에서 규칙적인 간격으로 쌍을 이루는 근소포체의 세관

**가로세관**
골격근의 세포막에서 세포 내부로 연결되는 가는 관 모양의 구조물

**디히드로피리딘 수용체**
디히드로피리딘 계열의 혈관 확장제에 높은 친화성을 보이는 막단백질

**리아노딘 수용체**
근소포체의 종말수조에 존재하는 거대 막단백질

근육의 소포체는 대부분의 세포에서 발견되는 소포체와 유사한 구조를 가지고 있다 그림 10-7 . 이 구조물은 각 근원섬유 주변에 일련의 소매 모양의 구획sleeve like segments을 형성한다. 각 구획의 끝에는 일련의 작은 관상 동맥 소자로 서로 연결되는 **종말수조**라고 하는 2개의 영역이 있다. 종말수조에 저장된 칼슘은 막 자극을 받은 후 방출된다.

별도의 관형 구조물인 **가로세관**은 근소포막 사이에 놓여 있으며, 근소포막과 인접한 부분의 종말수조와 밀접하게 관련되어 있다. 가로세관과 종말수조들은 A band와 I band가 만나는 근절에서 근원섬유를 둘러싸고 있다. 가로세관의 루멘lumen은 근섬유를 둘러싼 세포외액과 계속 이어져 있으며, 세포막처럼 가로세관막은 활동전위를 전파할 수 있다. 따라서 세포막에서 시작된 활동전위는 섬유 표면과 가로세관을 통해 내부로 빠르게 전달되며, 이를 통해 가로세관의 활동 전위는 칼슘 방출과 결합된다. 가로세관과 종말수조는 가로세관막과 근소포체막으로 밀접하게 연결된다. 가로세관에 존재하는 **디히드로피리딘**dihydropyridine, DHP **수용체**는 전압에 민감한 칼슘 채널로, 칼슘을 유도하지 않고, 전압 센서로서 기능한다. 대조적으로, 근소포체의 **리아노딘**ryanodine **수용체**는 칼슘 채널을 형

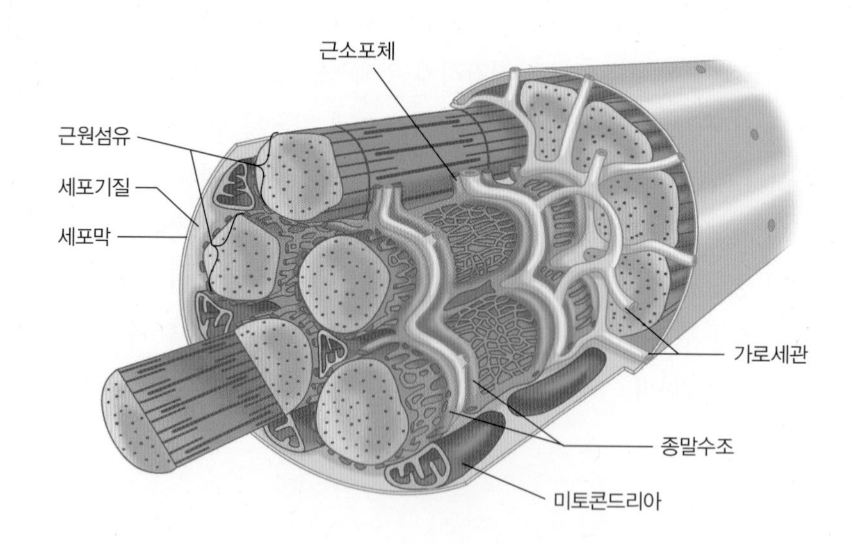


그림 10-7
**근섬유의 근소포체**

성한다. 가로세관의 활동전위 동안, DHP 수용체 단백질 내의 전하를 가진 아미노산 잔기가 구조 변화를 일으키고, 리아노딘 수용체를 개방한다. 따라서 칼슘은 근소포체의 종말수조로부터 세포질로 방출되어 교차결합주기를 활성화시킨다.

## 5) 근수축에서 칼슘의 역할

이완된 근육에서 트로포미오신이 액틴과 교차 다리의 결합을 막을 때, 근형질 내의 칼슘 농도는 매우 낮아진다. 이때 근수축 자극에 의해 근육 내 칼슘 농도가 상승하면, 칼슘의 일부는 트로포닌에 결합한다. 이후 트로포닌 복합체와 함께 결합되어 있는 트로포미오신을 이동시켜 교차 다리가 액틴에 결합하게 한다. 이로 인해 동력행정power stroke이 발생되어 근육이 수축될 수 있다 그림 10-8.

얇은 필라멘트 내의 트로포닌-트로포미오신 복합체의 위치는 조절이 가능하다. 칼슘이 트로포닌에 부착되지 않은 경우, 트로포미오신은 미오신 머리와 액틴 결합을 방해하는 위치에 존재하여 근수축을 억제한다. 칼슘이 트로포닌에 결합되면, 트로포닌–트로포미오신 복합체의 위치가 바뀌어 미오신의 머리는 액틴에 결합하며, 칼슘이 트로포닌에 결합되어 있는 동안 근수축이 지속된다.

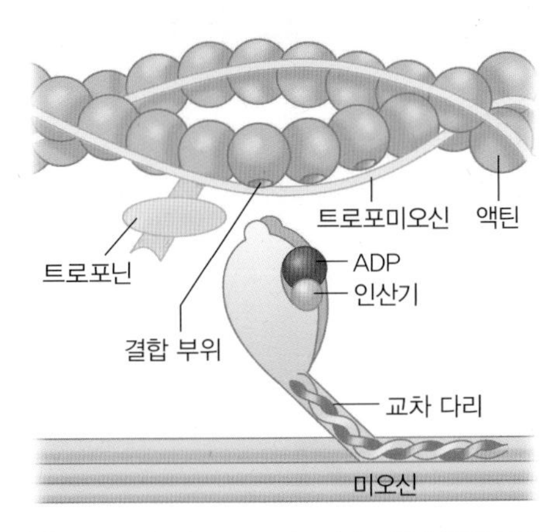


(A) 근육 이완 시: 트로포미오신이 결합 부위를 막음

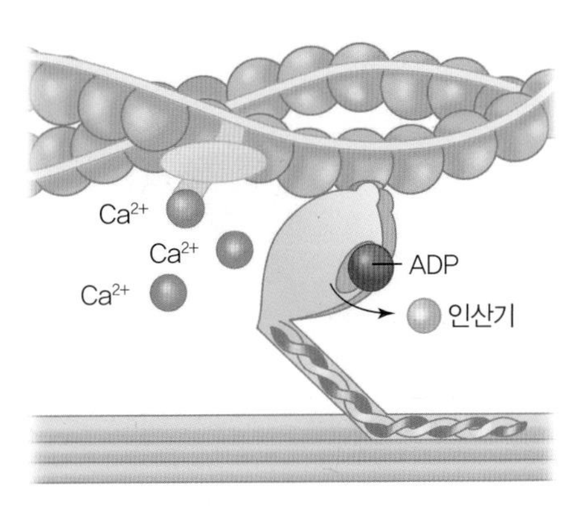


(B) 근육 수축 시: 미오신 머리가 액틴에 부착

그림 10-8 근수축에서 칼슘의 작용

## 6) 근수축의 종류

수축하는 근육에 의해 어떤 물체에 가해지는 힘을 근육 장력이라고 하며, 물체에 의해 근육에 가해지는 힘은 하중이다. 근육 장력과 하중은 반대의 힘이다. 섬유 길이의 수축 여부는 장력과 하중의 상대적인 크기에 따라 결정된다. 물체를 움직이게 하려면 근섬유의 수축에 의해 발생하는 장력이 반대 하중보다 커야 한다. 예를 들어, 이두박근의 수축에 의해 무게를 들어올릴 때 생기는 힘은 물체에 작용하는 중력보다 크다. 근섬유 하나가 수축하여 생성하는 장력은 수축을 방해하는 힘을 극복하기에 불충분할 수 있지만, 수많은 근섬유가 함께 수축하면 방해하는 힘을 극복하여 팔을 구부리고 힘을 발휘할 수 있다.

등척성 수축은 근육이 수축되지만, 길이는 짧아지지 않는 것을 말한다. 예를 들어, 등척성 수축은 무거운 무게를 들어올리기 위해 팔뚝을 부분적으로 구부

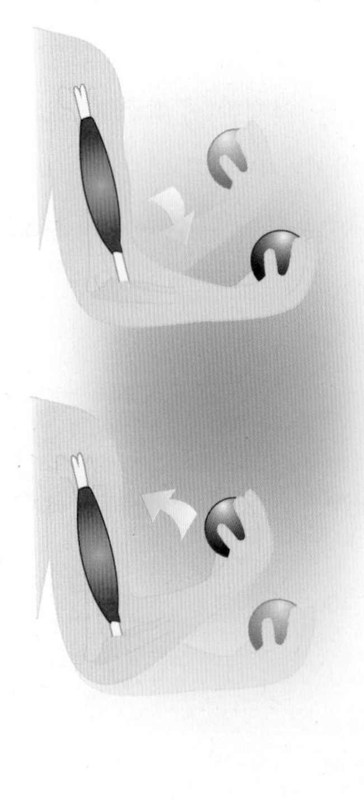

(A) 등장성 수축

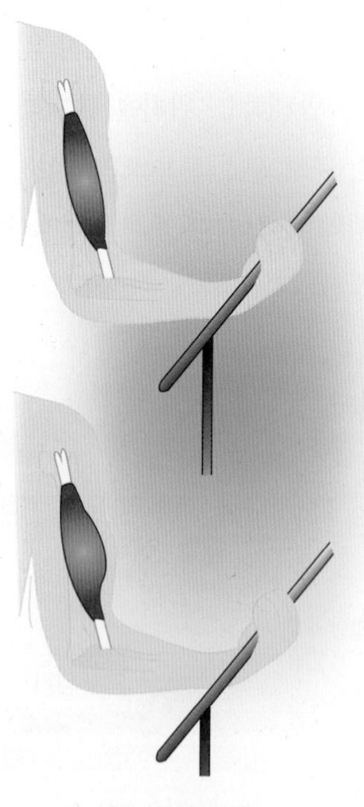

(B) 등척성 수축

그림 10-9 등장성 수축과 등척성 수축

린 상태를 계속해서 유지할 때 생길 수 있다. 이 경우, 근육을 짧아지게 하기 위해 더 많은 근섬유를 모집함으로써 생성되는 근육의 장력의 양을 증가시킬 수 있다. 이때 등척성 수축은 등장성 수축으로 변환된다 그림 10-9.

# 3. 흥분수축결합

## 1) 수축과 이완

흥분수축결합excitation-contraction coupling, ECC은 근섬유 세포막에서 액틴 전위가 앞에서 설명한 교차 다리의 활성화를 유도하는 과정을 말한다.

근수축은 충분한 양의 칼슘이 트로포닌에 결합할 때 일어나며, 이는 **근형질**의 칼슘 농도가 높아지는 경우 발생한다. 따라서 근육의 이완은 칼슘이 근형질을 나와서 근소포체로 활발하게 이동하여 근형질 내의 칼슘 농도가 적정 수준 이하일 때 발생한다.

**근형질**
근세포에서 근원섬유를 제외한 세포질

이완된 근섬유에서 칼슘의 대부분은 근소포체 내의 종말수조에 저장된다. 근섬유가 운동신경이나 전기적인 충격에 의해 수축되도록 자극될 때, 저장되어 있던 칼슘은 수동확산을 통해 근소포체 내 리아노딘 수용체에서 방출된다. 칼슘 방출 채널은 전위의존적 칼슘 채널보다 약 10배 더 크기 때문에 근형질로의 칼슘 확산은 더욱 활발하게 이루어진다. 확산된 칼슘은 트로포닌에 결합하여

알아두기

**흥분수축결합**

흥분수축결합은 신경 자극에 의해 신경의 흥분이 근세포로 전달되고, 근섬유의 세포막에서 발생한 흥분이 근육 수축을 유도하는 과정을 설명한다. 이는 전기적인 자극이 기계적인 반응으로 이어지는 일련의 과정을 나타낸다.

근수축을 촉진할 수 있으며, 근섬유가 더이상 자극을 받지 않을 때는 칼슘은 근소포체로 다시 이동하여 저장된다 그림 10-10 .

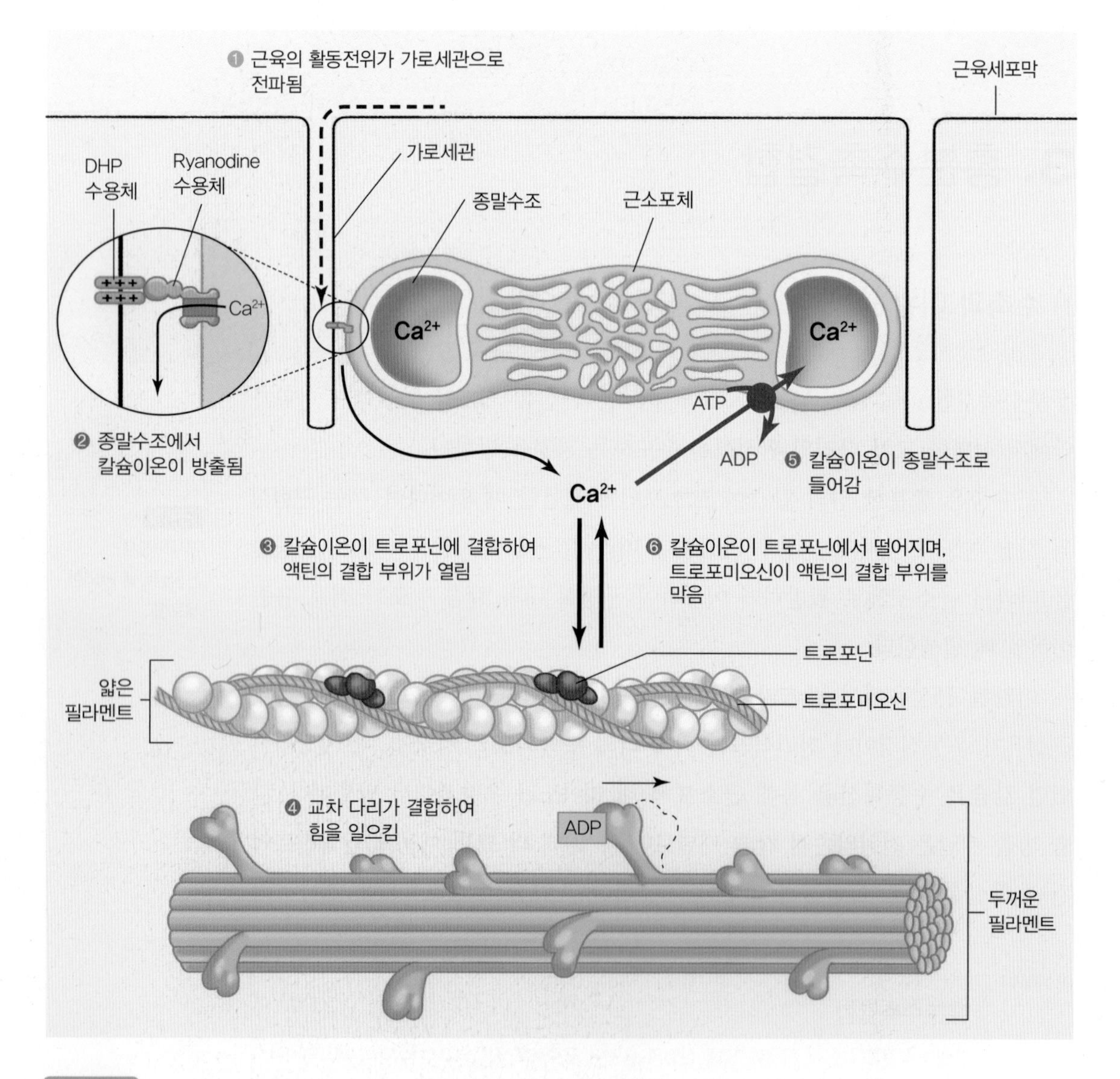


그림 10-10
**근소포체에서 칼슘의 방출과 흡수**

운동신경세포와 근섬유 사이의 시냅스인 신경근 접합부(운동종판)에서 축삭말단으로의 아세틸콜린 방출은 근섬유의 전기적 활성화를 일으킨다. 종판전위는 역치값 이상의 탈분극에 도달하면 활동전위를 생성한다.

가로세관은 전위의존적 칼슘 채널인 DHP를 포함하여 막 탈분극에 반응한다. 가로세관이 활동전위를 전달할 때 DHP는 구조 변화를 겪으며, 이는 근소포체 내 칼슘 방출 채널의 개방을 유도한다. 결과적으로 칼슘이 근형질로 방출되어 근형질의 칼슘 농도를 높이고, 근수축을 자극한다.

교차 결합을 멈추기 위해서는 활동전위의 발생을 중지해야 한다. 칼슘 방출 채널이 닫히면 칼슘은 더 이상 종말수조 밖으로 확산될 수 없다. 근소포체 내의 칼슘이 운반되는 능동수송 펌프인 $Ca^{2+}$-ATPase 펌프는 칼슘을 축적하여 근형질 내 칼슘 농도의 상승을 막는다. 이것은 칼슘이 트로포닌에 결합하는 것을 저지하여, 트로포미오신이 미오신의 머리 부분과 액틴에 결합하는 것을 막고 근이완을 유도한다. 능동수송 펌프는 ATP의 가수분해에 의해 동력을 받기 때문에 ATP는 근수축뿐만 아니라 근육 이완 시에도 필요하다.

## 2) 막 흥분: 신경근 접합부(Membrane excitation: The neuromuscular junction, NMJ)

골격근에 대한 신경섬유의 자극은 이러한 유형의 근육에서 활동전위가 시작되는 유일한 기전이다. 근섬유를 자극하는 뉴런은 운동 뉴런으로 알려져 있으며, 세포체는 뇌간 또는 척수에 위치하고 있다. 운동 뉴런의 **축삭돌기**는 **수초**가 형성되어 있으며, 몸에서 가장 큰 직경의 축삭돌기이다. 따라서 그들은 빠른 속도로 활동전위를 전파할 수 있어 중추신경계의 신호가 지연 없이 근섬유로 이동할 수 있다. 각각의 운동 신경은 전구 모양의 말단 형태로 개별적인 근섬유의 표면과 접촉하는 많은 가지들로 나뉜다. 이러한 말단은 그룹으로 배열되어 있고, 운동종판이라고 하는 근섬유 표면에 특수한 연결 구조를 만들며, NMJ 신경근육 접합부를 형성한다 그림 10-11 .

**축삭돌기**
신경세포를 구성하는 부분. 신경세포의 세포체에서 길게 뻗어 나와 활동전위를 전달함

**수초**
신경섬유를 둘러싸는 피막. 절연체의 역할을 함

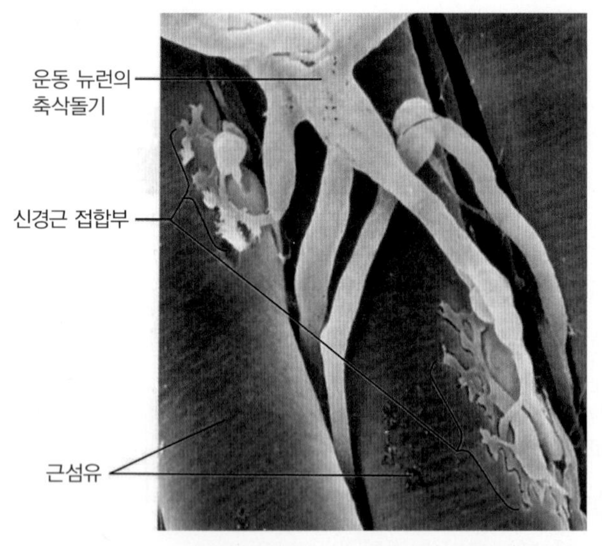


(A) 전자현미경으로 관찰한 신경근 접합부의 미세 구조

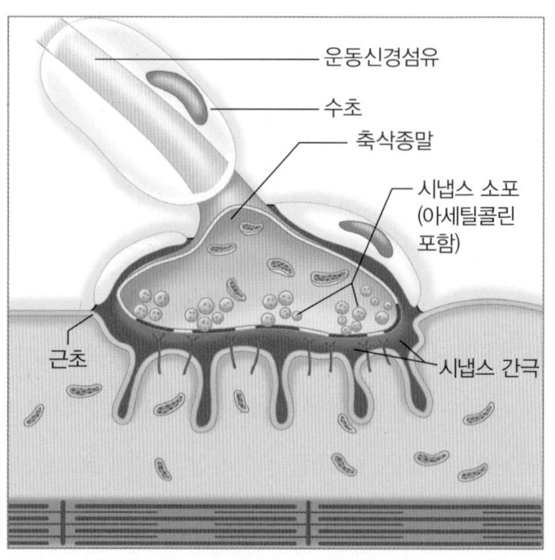


(B) 신경근 접합부의 구조

그림 10-11
**신경근 접합부**

> **시냅스**
> 뉴런 사이의 접합부. 이곳에서 한 뉴런에서 다른 뉴런으로 신경자극이 전달됨

운동 뉴런 축삭돌기말단(축삭종말)은 신호전달물질인 아세틸콜린을 포함한 많은 소포를 가지고 있다. 휴식 시(정지 시), 즉 신경자극을 받지 않을 때 소수의 소포들은 신경세포를 추출하는 아세틸콜린과 같은 과정(세포외유출 exocytosis)에 의해 뉴런과 근섬유 사이의 **시냅스** 틈새로 아세틸콜린과 같은 신경전달물질을 방출한다. 아세틸콜린은 틈을 통해 퍼지고, 시냅스 후 운동종판에 있는 특정 아세틸콜린 수용체 단백질과 반응한다. 이 수용체는 통합 이온 채널을 포함하고 있어, 주로 나트륨과 같은 작은 양이온을 내부로 이동시킨다. 이러한 양이온의 움직임은 운동종판전위endplate potential, EPP를 발생시킨다.

운동 뉴런의 작용전위가 축삭말단에 도달하면 세포막을 탈분극시켜 전압에 민감한 칼슘 채널을 열고, 칼슘 이온을 세포외액에서 축삭말단으로 확산시킨다. 이 칼슘은 아세틸콜린을 함유한 소포의 막이 뉴런 원형질 막과 융합하여 아세틸콜린을 축삭말단과 운동종판을 분리하는 세포 밖으로 방출한다. 아세틸콜린은 축삭말단에서 운동종판으로 확산되어 이온성 수용체ionotropic receptors에 결합한다. 아세틸콜린의 결합은 각각의 수용체 단백질에서 이온 채널을 개방한다.

나트륨이나 칼륨 이온 모두가 이들 채널을 통과할 수 있다.

하지만 작용전위가 신경근 접합부의 앞쪽 신경 말단에 도달하면, 칼슘 이온의 막투과성이 향상된다. 이로 인해 동시에 수백 개의 소포에서 아세틸콜린이 세포 외로 배출된다. 배출된 아세틸콜린은 틈을 통해 퍼지고, 시냅스 후 막에 있는 많은 수용체들을 자극한다. 따라서 근섬유에서 활동전위를 유발하기 위한 임계값을 초과하는 EPP를 생성한다. 이렇게 발생된 탈분극의 전류는 시냅스 후 접합부를 둘러싼 근육막에 활동전위를 유발하기에 충분하다.

시냅스 접합은 신경계에서 아세틸콜린 매개 시냅스에서와 마찬가지로 아세틸콜린을 분해하는 효소인 **아세틸콜린 에스테라아제**를 함유하고 있다 그림 10-12 . 콜린은 축삭돌기 터미널로 다시 운반되며 새로운 아세틸콜린의 합성에 다시 사용된다. 수용체에 결합된 아세틸콜린은 신경세포와 근육막 사이의 틈에서 유리

**아세틸콜린 에스테라아제**
신경의 시냅스에 분포하는 아세틸콜린의 분해효소. 이 효소에 의해 아세틸콜린이 콜린과 아세트산으로 분해됨

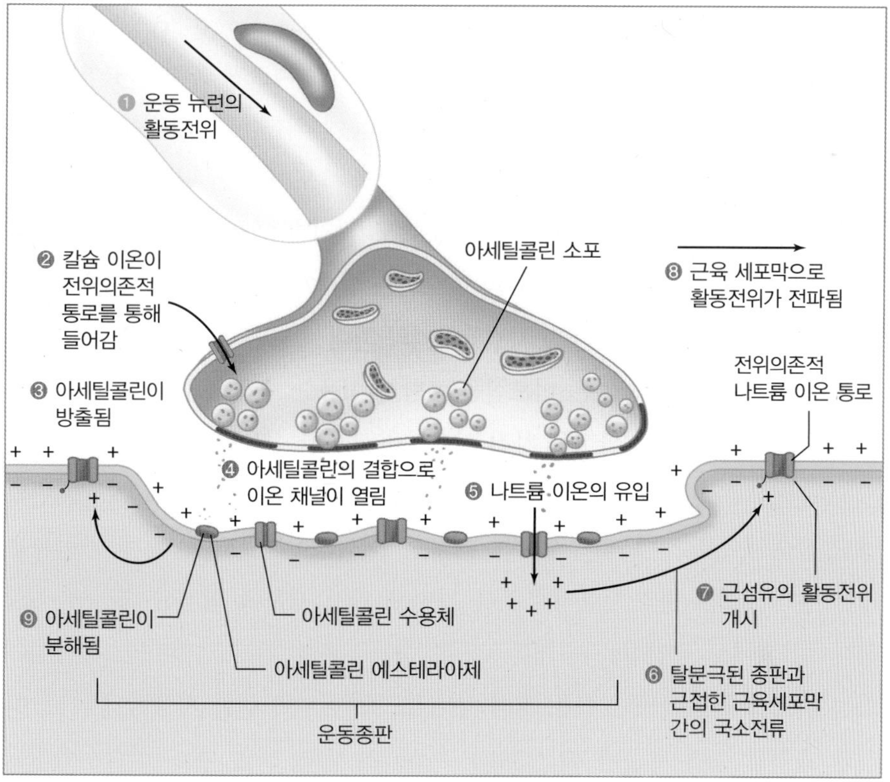

그림 10-12
**신경근 접합부에서 활동전위 전달 과정**

된 아세틸콜린과 평형을 이룬다. 아세틸콜린은 아세틸콜린 에스테라아제에 의해 분해되므로 수용체에 결합하는 아세틸콜린은 감소한다. 아세틸콜린과 결합된 수용체가 더 이상 존재하지 않을 때, 종판의 이온 채널이 닫힌다. 탈분극된 종판은 휴지전위로 되돌아가며, 이후 도착한 다른 신경세포의 활동전위에 의해 방출된 아세틸콜린에 후속 반응할 수 있다.

# 4. 근섬유의 분류

근섬유는 수축 속도(최대 장력에 도달하는 데 필요한 시간)를 기준으로 지근섬유slow-twitch, type 1 fiber와 속근섬유fast-twitch, type 2 fiber로 분류할 수 있다. 일반적으로 팔은 다리보다 속근섬유가 많아서 다리에 비해 빠르게 움직일 수 있다. 신체 부위에 따라 수축 속도가 다른 것은 ATPase에 의한 ATP 가수분해 속도의 차이와 관련이 있다. 예를 들어, 연구자들은 수축 속도가 느린 넙치근과 수축 속도가 빠른 요근 사이에서 ATP 가수분해 속도가 최대 6배 차이가 난다는 결과를 밝혀냈다. 속근섬유과 지근섬유의 미오신은 형태가 달라 ATP를 사용하는 최대 속도가 다르다. 이에 따라 교차결합주기의 최대 속도와 최대 단축 속도가 결정된다. ATPase 활성이 높은 미오신을 포함한 섬유는 속근섬유로 분류된다. 대조적으로 낮은 ATPase 활성을 가진 미오신을 포함한 섬유는 지근섬유이다.

속근섬유는 지근섬유보다 모세혈관 및 미토콘드리아가 적고 미오글로빈의 양도 상대적으로 적다. 따라서 속근섬유는 백색근이라고도 한다. 속근섬유는 많은 양의 글리코겐과 당분해효소를 가지고 있기 때문에 혐기성 대사에 적합하다. 이 외에도 중간섬유는 기본적으로 속근섬유를 가지고 있지만, 속근섬유와는 다르게 높은 산화능력을 지녀 상대적으로 피로에 대한 저항력이 높다. 이러한 호기성 능력 때문에 중간섬유는 type 2a fiber 또는 빠른 산화섬유라고

알아두기

**근감소증의 병태생리**

우리 몸은 연령이 증가함에 따라 다양한 생리학적 변화를 겪는다. 근감소증(sarcopenia)이란 노인에게서 주로 관찰되는 질환으로, 연령의 증가와 동반되는 근육량 및 근력의 감소를 말한다. 근감소증에서 관찰되는 근육의 위축과 손실은 주로 속근섬유와 연관된다.
근육량의 감소는 부적절한 영양 섭취, 특히 권장 섭취량 미만의 단백질 섭취로부터 유발될 수 있다. 또한 코르티솔의 상승, 테스토스테론 분비 감소와 같은 내분비 기능 이상도 근감소증의 병인으로 작용한다. 염증성 사이토카인(inflammatory cytokine)은 근원섬유 단백질의 분해를 촉진하고 단백질 합성을 감소시켜 근감소증을 유발한다. 세포 수준에서의 근감소증의 병인은 세포자멸사의 증가, 단백질 이화 작용의 촉진, 근육 재생을 수행하는 위성세포의 활성 저하로 알려져 있다.

불린다.

반면, 이를 제외한 나머지 속근섬유는 혐기성 능력을 가지고 있으며, 당 분해 속도가 빠르기 때문에 빠른 해당섬유라고 한다. 그러나 빠른 해당섬유가 모두 비슷한 것은 아니며, 수축 속도와 당분해 능력이 서로 조금씩 다르다. 어떤 동물에서는 극단적인 빠른 해당섬유를 type 2b 근섬유로 부른다. 사람의 빠른 해당섬유는 다른 미오신 단백질을 가지며, type 2b 근섬유보다 더 낮은 산화능력을 가지므로 type 2x 근섬유로 불린다. 사람이 최대로 운동을 하는 동안, type 2x 근섬유에서 ATP와 크레아틴 인산의 고갈 속도가 가장 빠르다.

# 5. 근육 대사

## 1) 최대 산소섭취량

**최대 산소섭취량**
단위 시간 내에 최대로 섭취할 수 있는 산소의 양. 개인의 운동능력을 판단하는 지표로 이용됨

운동의 강도는 개인이 최대로 유산소 운동을 할 수 있는 능력에 따라 다르게 느껴진다. 호기성 호흡에 의한 산소 소비의 최대 비율은 **최대 산소섭취량** 또는

호기성 용량이라고 불리며, 종종 $V_{max}$와 같은 약식으로 표현된다. 사람이 러닝머신이나 사이클 운동을 할 때, 장치를 사용하여 공기의 환기와 산소의 흡기량, 호기량을 정확하게 측정할 수 있다. 일반적으로 최대 산소섭취량은 운동 중 심박수 및 운동량과 관련이 있는 방정식을 사용하여 추정한다. 최대 산소섭취량은 주로 사람의 나이, 체중 및 성별에 의해 결정된다. 남성이 여성보다 15~20%가 높으며, 남녀 모두 20세일 때 가장 높다. 최대 산소섭취량은 주로 앉아서 일을 하는 사람은 체중 킬로그램당 약 12 mL이고, 젊은 남자 운동선수는 킬로그램당 약 84 mL이다. 몇몇 세계 정상급 운동선수들은 연령대와 성별이 같은 일반인보다 평균 두 배에 달하는 최대 산소섭취량을 보인다. 이것은 주로 유전적인 요인 때문인 것으로 보이나, 최대 산소섭취량은 훈련을 통해 약 20%를 증가시킬 수 있다.

근육은 적당한 강도의 운동을 하는 데 필요한 에너지의 15~30%, 매우 고강도의 운동을 하는 데 필요한 에너지의 약 40%를 혈장 포도당으로부터 얻는다. 따라서 간에서 포도당 생산량을 늘리지 못하면 운동 시 저혈당증이 생길 수 있다. 간은 주로 저장된 글리코겐을 분해하여 포도당을 생산하지만, 운동 시간이 길어지면 아미노산, 젖산 및 글리세롤을 이용하여 간에서 더 많은 양의 포도당을 생성해낸다.

### 2) 산소부채(Oxygen debt)

**산소부채**
운동 중 산소섭취량이 증가할 때 운동 후 회복기에 필요량 이상의 산소를 섭취하는 것

산소섭취율은 사람이 운동을 멈추면 즉시 운동 전 수준으로 돌아가는 것이 아니라, 일정 시간 동안 계속 호흡하면서 천천히 되돌아온다. 과정에서 생긴 여분의 산소는 운동 중에 발생하는 **산소부채**를 없애는 데 사용된다. 산소부채는 혈액의 헤모글로빈과 근육의 미오글로빈에서 저장된 산소의 양을 포함한다. 저장된 여분의 산소는 운동 중 신진대사에 필요하며, 혐기성 대사 과정에서 생성된 젖산의 대사에 사용된다.

### 3) 골격근의 에너지 대사

근육에 의해 소비된 에너지의 약 70%는 근수축을 위해 근육 내 ATPase에 의해 사용되며, 약 30%는 주로 근이완을 위해 근소포체에 의한 칼슘의 운반에 사용된다. 운동하지 않는 골격근은 지방산의 호기성 호흡으로부터 에너지를 얻으며, 운동 중에는 근육의 글리코겐과 포도당이 에너지원으로 사용된다. 운동 중에 골격근이 수축하면 근절로 GLUT4의 이동을 촉진하기 때문에 혈액으로부터 공급된 포도당을 사용할 수 있다. 이것은 주로 근절의 표면에 존재하는 가로세관에서 발생한다.

운동 강도가 높을수록 이동하는 GLUT4가 더 많아지며, 따라서 포도당 흡수 속도도 더욱 빨라진다. 이는 인슐린의 작용과 비슷하다. 그러나 운동과 인슐린이 GLUT4의 이동을 자극하는 신호 기전이 서로 다르므로, 영향도 다르다. 결과적으로 운동은 체내 포도당의 흡수 증가와 함께 글리코겐 합성의 억제 및 지방산의 흡수 및 산화를 촉진한다. 섬유가 수축 작용을 지속하려면 신진대사가 수축하는 동안 분해되는 만큼 빠르게 ATP를 생성해야 한다.

근섬유가 ATP를 생성할 수 있는 세 가지 경로는 다음과 같다.

(1) 크레아틴 인산염에 의한 ADP의 인산화
(2) 미토콘드리아에서 ADP의 산화적 인산화
(3) 세포질에서의 분해 과정에 의한 ADP의 인산화

### 4) 크레아틴 인산

짧은 시간에 고강도의 운동을 하는 경우, ATP는 혐기성 대사 및 호기성 호흡으로 보충되는 것보다 빠르게 사용되어야 하며, 이때 ATP를 빠르게 재생성하는 것이 중요하다. ATP의 신속한 생성은 ADP와 근세포 내 다량의 에너지를 함유

**크레아티 인산**
$C_4H_{10}N_3O_5P$. 크레아티닌의 아미노기에 인산이 결합한 화합물. 근육에서 에너지의 저장체로 이용되어 근수축의 에너지원으로 중요한 역할을 함

하고 있는 화합물로부터 유래된 무기 인산염인 **크레아틴 인산**creatine phosphate, CP 또는 크레아틴 인산염과 결합하여 이루어진다. 크레아틴 인산에 의한 ADP의 인산화는 수축을 시작할 때 빠르게 ATP를 생성한다.

근세포 내 크레아틴 인산 농도는 ATP 농도의 3배 이상이며, ADP에 직접적으로 인산기를 줄 수 있는 형태로 준비되어 있다. ADP와 크레아틴 인산으로부터 ATP를 생성하는 것은 매우 효율적이므로, 격렬한 운동으로 인해 ATP의 분해 속도가 급격히 증가하더라도 근육의 ATP 농도는 아주 약간 감소한다. 크레아틴과 인산염 사이의 화학 결합이 끊어질 때 방출되는 에너지양은 ATP 말단의 인산 결합이 끊어질 때 방출되는 양과 유사하다.

크레아틴 인산 + ADP ⟷ 크레아틴 + ATP
크레아틴 탈인산화효소

휴식기에 ATP에 의해 만들어진 인산기와 크레아틴의 역반응을 통해 고갈된 크레아틴 인산을 재생성할 수 있다. 크레아틴은 간과 신장에서 생성되며, 일부 운동선수는 근육 내 크레아틴 인산을 15~40% 증가시키기 위해 크레아틴 보충제를 섭취한다. 대부분의 연구 결과에 따르면, 크레아틴 보충제를 사용하면 근섬유의 수분 함량 증가로 인해 단기간의 고강도 운동 시 근육 무게가 증가하고, 근육의 강도와 운동 능력이 향상될 수 있다고 보고되었다. 그러나 크레아틴 보충제는 지속적인 운동을 하는 동안에는 이러한 효과를 나타내지 않는다.

알아두기

## 근육과 비타민 D의 연관성

비타민 D는 근육 세포 내 비타민 D 수용체와 결합하여 단백질 합성을 촉진하고 세포막을 통한 칼슘 이동을 자극한다. 세부적으로 말하면, 생물학적으로 활성화된 형태인 1,25-디히드록시 비타민 D[1,25(OH)2D]가 비타민 D 수용체(vitamin D receptor, VDR)에 결합함으로써 유전자 전사 조절을 통해 근육의 칼슘 운반 및 인산질 대사, 단백질 합성을 촉진하는 것이다.
이 외에도 1,25(OH)2D가 미토젠 활성화 단백질 키나아제(MAPK) 신호전달 경로의 빠른 활성화를 촉진한다. 이 경로는 근육세포의 세포 분열, 분화, 또는 세포 사멸을 이끌어내는 데 기여한다. 또한 비타민 D는 근육세포를 성장시켜 근육의 기능을 최대화하는 동시에, 신경근육 기능을 향상시켜 반사신경보호 기전을 강화할 수 있다. 즉, 비타민 D는 근육에서 다양한 작용을 통해 근육의 기능과 성장을 조절하는 중요한 역할을 한다. 이러한 비타민 D의 결핍증은 근력 약화, 근위축, 통증을 동반하는 근육 병증을 유발할 수 있다.

CHAPTER

# 11 에너지 대사
## ENERGY METABOLISM

1. 해당 과정과 젖산 대사
2. 호기적 대사
3. ATP 생산
4. 탄수화물 대사
5. 지질 대사
6. 단백질 대사

비만과 이상지질혈증 등의 만성 대사성 질환은 에너지 대사의 교란에서 기인하는 질병이다. 따라서 해당 과정, 젖산 대사, 호기적 대사, 주요 에너지원의 대사를 학습함으로써 균형 잡힌 에너지 대사 유지를 위한 지식을 습득할 수 있다.
탄수화물과 지방의 대사는 인슐린에 의한 동화 작용에서 교차로를 형성하며, 비만, 비알코올성 지방간, 이상지질혈증과 같은 대사 질환의 핵심 중재 지점을 제시한다. 단백질 대사는 성장기 어린이와 임신기 여성에게 중요한 역할을 할 뿐만 아니라, 고령화 사회에서 관심을 기울여야 할 근감소증 예방에도 중요한 지식을 제공한다.

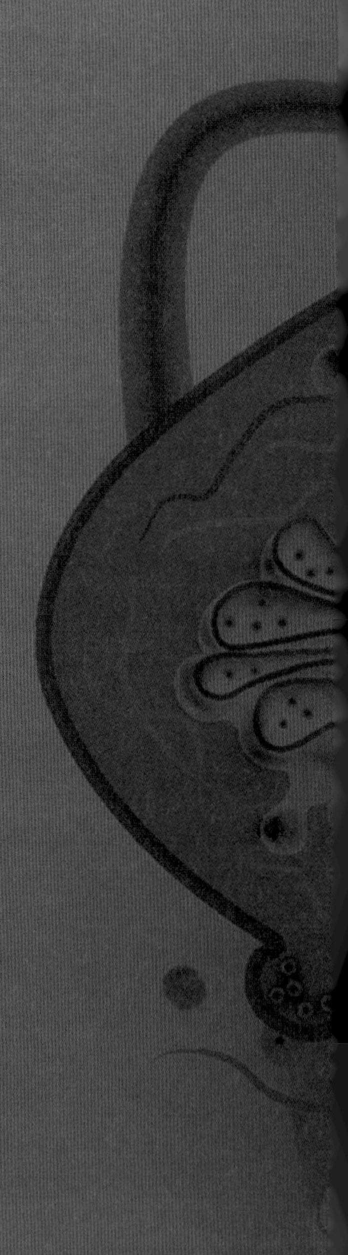

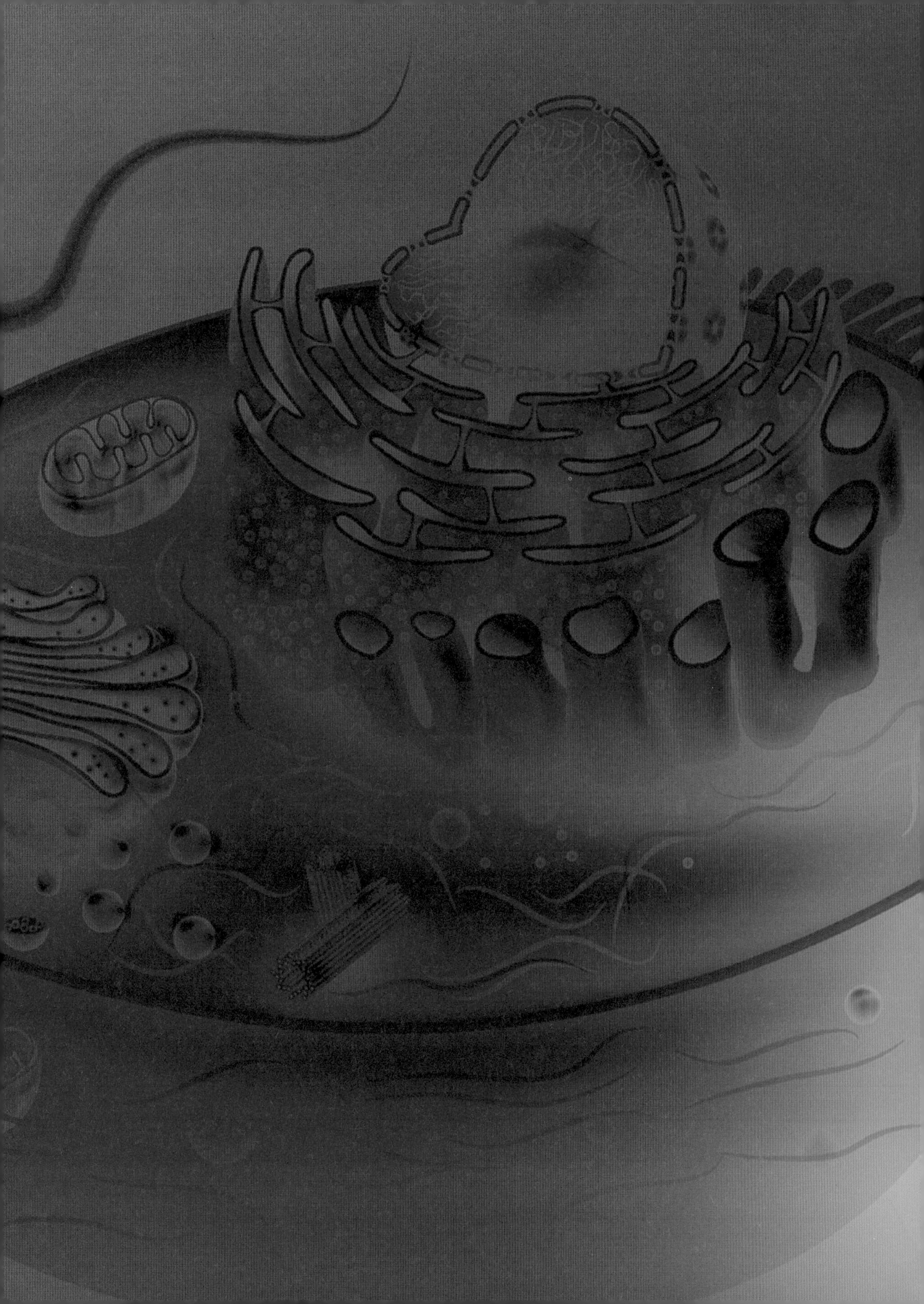

**동화 작용**
체내에서 단순한 분자들과 에너지를 사용하여 고분자 화합물을 생성하는 과정

**이화 작용**
체내에서 고분자 화합물을 분해하여 단순한 분자와 에너지를 생성하는 과정

에너지 전환Energy transformation을 포함하는 신체의 모든 반응을 대사라고 하며, 대사는 크게 **동화 작용**과 **이화 작용**으로 나뉜다. 동화 작용은 에너지를 사용하여 글리코겐, 지방, 단백질 등을 합성하는 것을 말한다. 이화 작용은 포도당, 지방산 및 아미노산을 분해하여 ATP 합성에 필요한 에너지를 제공하는 것을 말한다 그림 11-1 . 예를 들어, 포도당 화학 결합 에너지의 일부는 ATP를 합성하기 위한 에너지를 지원하는데, 이때 에너지는 100% 전달되지 않고 일부가 열로 손실된다.

이러한 에너지의 전달은 산화-환원반응을 동반한다. 산화는 분자가 전자를 잃을 때 발생하며, 이는 전자를 받아들이는 다른 분자의 환원과 동시에 발생한다. 포도당이나 다른 분자들이 분해될 때, 이 분자들에 존재하는 전자의 일부는 중간 운반체를 거친 후, 최종적으로 전자 수용체로 전달된다. 동물 세포내에서 하나의 분자가 이산화탄소와 물로 완전히 분해되는 경우, 최종 전자 수용체

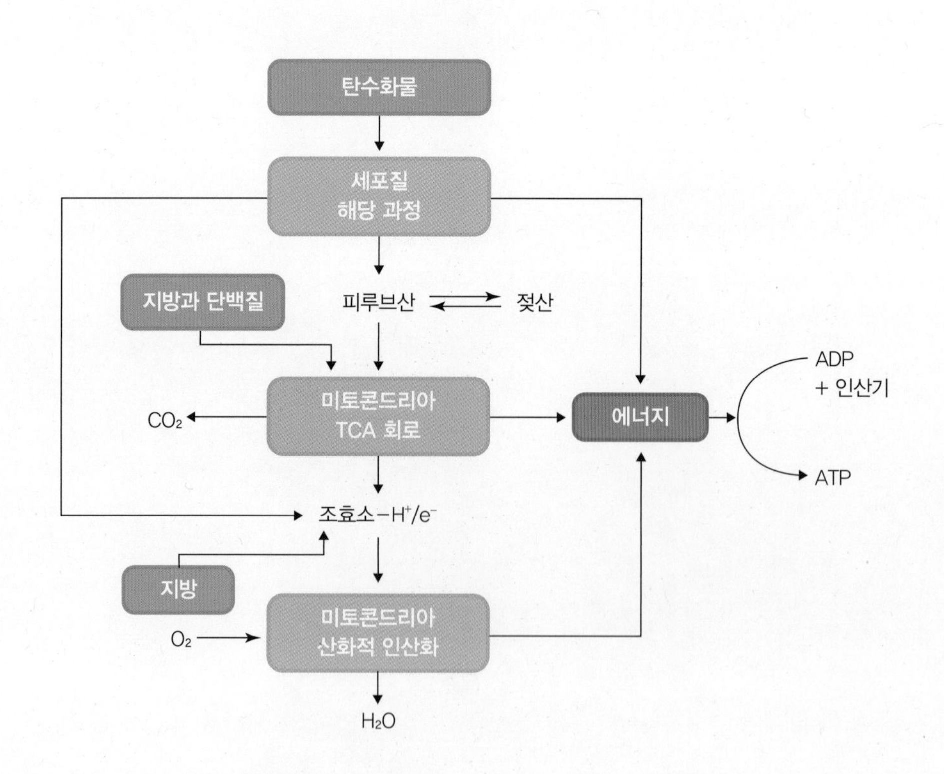


그림 11-1
**대사 과정 총정리**

는 항상 산소원자이다. 산소의 존재하에 포도당이나 지방산과 같은 분자를 이산화탄소와 물로 전환하는 대사 경로를 **호기성 호흡**이라 하며, 이 과정에서 필요한 산소는 혈액으로부터 얻는다. 또한, 혈액은 호흡 과정이나 환기 과정을 통해 폐의 공기로부터 산소를 얻을 수 있다. 여기서 환기는 세포의 호기성 호흡에 의해 생성된 이산화탄소를 제거하는 중요한 기능을 수행한다.

**호기성 호흡**
산소가 충분할 때 산소를 소비하여 일어나는 호흡. 포도당과 글리코겐이 물과 이산화탄소로 분해되는 과정이 호기성 호흡에 해당함

세포내에서 포도당이 이산화탄소와 물로 분해되는 과정은 열로 분자의 에너지를 신속하게 방출하는 연소 과정과는 달리, 효소의 촉매 작용에 의하며, 매우 적은 에너지를 방출한다. 이 과정에서 산소는 마지막 단계에서만 사용된다. 포도당의 화학 결합이 분해되면서 발생하는 적은 양의 에너지는 분해 초기 단계에서 방출되기 때문에 일부 세포는 일시적으로 산소가 없는 상태에서도 ATP 생산을 위한 에너지를 얻을 수 있다.

혈액 속 포도당은 음식물의 소화 또는 간에서의 글리코겐 분해로부터 유래된다. 포도당의 호기성 호흡은 세포기질에서 일어나는 해당 과정, 미토콘드리아 기질에서 발생하는 TCA 회로, 미토콘드리아 **크리스테**cristae에서 발생하는 전자전달계의 연속적인 3단계를 거쳐 발생한다. 산소가 없는 상태에서는 해당 과정에 의해 발생한 피루브산은 젖산으로 전환된다. 혐기성 세포 호흡이 운동을 하는 골격근에 에너지를 제공하는 중요한 기능을 하기도 하지만, 대부분 신체의 세포는 호기성 세포 호흡을 통해 에너지를 얻는다.

**크리스테**
미토콘드리아 내막의 접힌 구조로, 전자전달계에 관여하는 단백질들이 존재하는 표면적을 넓힘으로써 ATP 생산 효율을 높여줌

세포는 영양소의 분해로 방출된 에너지를 ATP로 전달하기 위해 서로 독립적이지만 연결된 세 가지 대사 경로를 사용한다. 이 경로는 해당 과정, TCA 회로, 전자전달계를 통한 산화적 인산화이다. 다음 내용에서는 세 가지 경로의 주요 특성, ATP 생산에 대한 각 경로의 상대적인 기여도, 이산화탄소 형성 및 산소 이용 지점, 그리고 각 경로에서 이용되거나 빠져나가는 주요 분자에 대해 다루고자 한다.

# 1. 해당 과정과 젖산 대사

**피루브산**
$C_3H_4O_3$. 탄수화물, 단백질 및 지방의 대사에서 중간물질로 매우 중요한 역할을 함

**NAD**
체내 전자전달 반응에서 중요한 역할을 하는 조효소. 여러 기질과 탈수소효소에서 수소를 받아 NADH를 형성하는 수소수용체

## 1) 해당 과정

포도당의 분해는 세포기질에서 발생하는 해당 과정glycolysis에서부터 시작되며, 6탄당인 포도당이 3탄당 분자인 **피루브산** 2개로 전환된다. 이 반응은 2개의 ATP와 4개의 수소원자를 생성하며, 수소원자 중 2개는 **NAD**로 전달되고, 나머지 2개는 수소이온으로 방출된다. 각각의 피루브산 분자는 크기가 포도당의 절반 정도이지만, 해당 과정은 단순히 포도당을 2개로 분해하는 과정이 아니라, 굉장히 많은 효소가 관여하는 대사 경로이다 그림 11-2 .

하나의 피루브산 분자는 3개의 탄소, 3개의 산소 및 4개의 수소를 포함한다. 따라서 6개의 탄소와 6개의 산소, 12개의 수소로 구성된 포도당 1분자는 2개의 피루브산 분자를 통해 설명될 수 있다. 하지만 피루브산 분자 2개의 수소 개수는 8개이기 때문에 나머지 4개의 수소원자는 해당 과정 중에 제거된다는 것을 알 수 있다. 수소원자는 NAD를 환원시키는 데 사용되며, 이 과정에서 수소원자는 NAD에 2개의 전자를 전달하며 환원한다. 환원된 NAD는 수소원자로부터 받은 1개의 양성자와 결합하며, 나머지 1개의 양성자는 수소원자와 결합하지 않은 상태로 남겨둔다. 따라서 하나의 포도당에서부터 시작된 해당 과정을 통해 2개의 NADH와 2개의 수소가 생산된다.

해당 과정은 에너지를 방출하는 과정이며, 방출되는 에너지의 일부는 ATP 합성에 사용된다. 해당 과정이 마무리되는 과정에서 포도당 1분자당 2개의 ATP를 생산해낼 수 있다. 해당 과정은 전반적으로 에너지를 방출하는 과정이지만, 에너지를 생산해내기 위해 포도당 한 분자는 먼저 '활성화'되어야 한다. 이렇게 포도당이 활성화되기 위해서는 2분자의 ATP로부터 유래되는 2개의 인산기가 필요하기 때문에 ATP는 해당 과정을 시작하는 과정에서 소비된다. 인산기가 추가되어 포도당이 포도당-6-인산으로 인산화되면 세포막을 통과할 수 없기 때

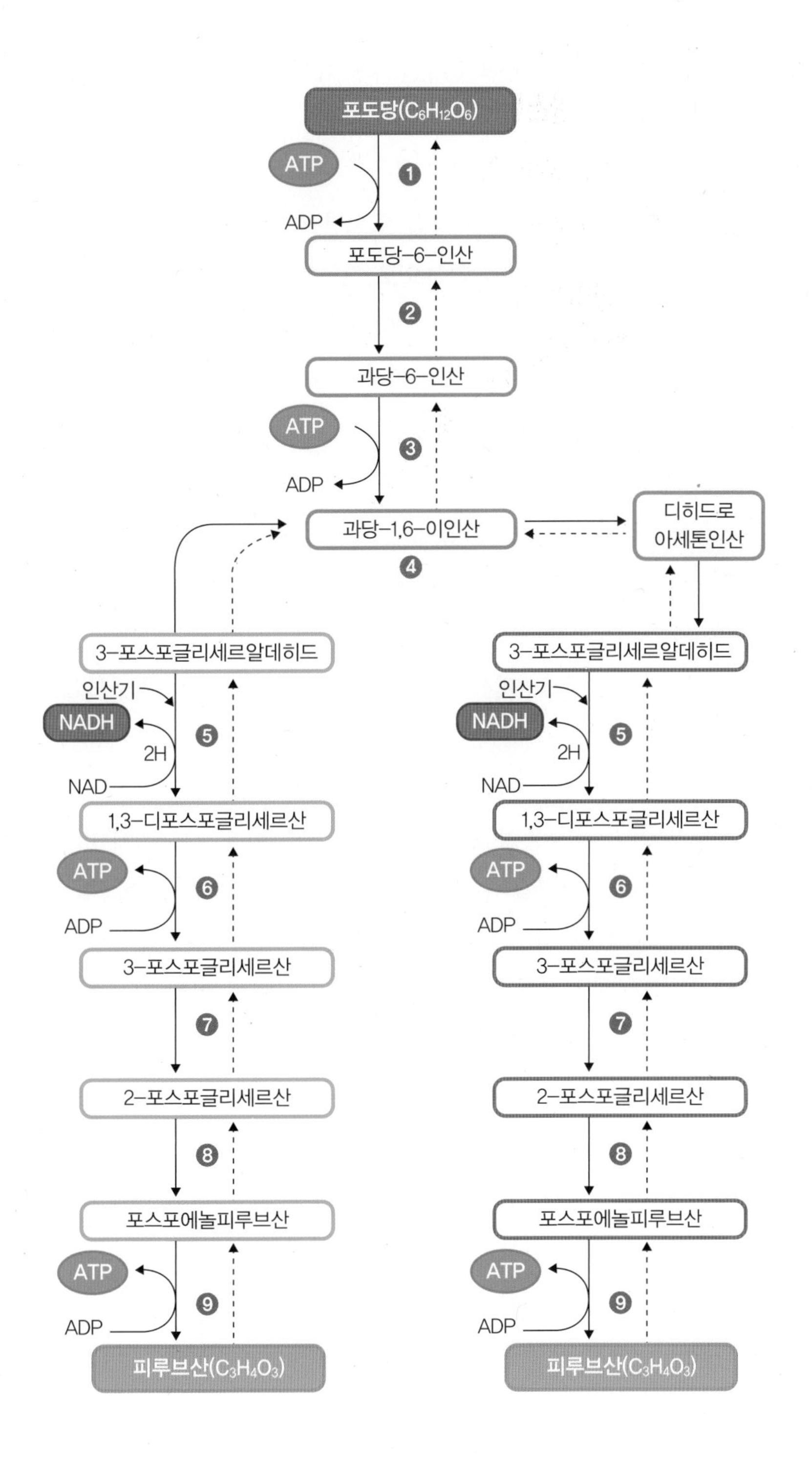
포도당($C_6H_{12}O_6$)
ATP
ADP
1
포도당-6-인산
2
과당-6-인산
ATP
ADP
3
과당-1,6-이인산
4
디히드로
아세톤인산
3-포스포글리세르알데히드
인산기
NADH
2H
NAD
5
1,3-디포스포글리세르산
ATP
ADP
6
3-포스포글리세르산
7
2-포스포글리세르산
8
포스포에놀피루브산
ATP
ADP
9
피루브산($C_3H_4O_3$)
3-포스포글리세르알데히드
인산기
NADH
2H
NAD
5
1,3-디포스포글리세르산
ATP
ADP
6
3-포스포글리세르산
7
2-포스포글리세르산
8
포스포에놀피루브산
ATP
ADP
9
피루브산($C_3H_4O_3$)

**그림 11-2**
**해당 과정**

문에 포도당을 세포내에 가둘 수 있다는 부수적인 이득을 얻을 수 있다.

해당 과정은 다음과 같이 9단계로 구성된다.

- 1단계: ATP를 사용하여 포도당을 포도당-6-인산으로 인산화한다.
- 2단계: 이성질체인 과당-6-인산으로 전환한다.
- 3단계: ATP를 사용하여 과당-1,6-이인산으로 전환한다.
- 4단계: 6개의 탄소를 가지고 있는 분자가 3개의 탄소를 가진 포스포글리세르알데히드로 분할된다.
- 5단계: 2쌍의 수소가 제거되어 2 NAD를 2 NADH + $H^+$로 환원하고, 1,3-디포스포글리세르산을 형성한다.
- 6단계: 각각의 1,3-디포스포글리세르산으로부터 인산기가 제거된다.
- 7, 8단계: 이성질화가 발생한다.
- 9단계: 인산기가 모두 제거되며, 2분자의 ATP와 2개의 피루브산을 생성한다.

해당 과정의 최종 생성물인 피루브산은 산소의 이용 가능성에 따라 두 가지 방향 중 한 가지로 진행될 수 있다. 산소가 호기성 조건을 충족할 경우, 대부분의 피루브산은 TCA 회로에 진입하여 이산화탄소로 분해될 수 있다. 반면, 산소가 부족할 때는 피루브산이 단일 효소 매개 반응에 의해 젖산으로 전환된다. NADH + $H^+$ 반응에서 생성된 2개의 수소원자가 피루브산의 분자로 전달되어 젖산을 형성하며, NAD가 재생된다. 혐기적 조건에 대한 반응은 포도당 + 2 ADP + 2 P → 2 젖산 + 2 ATP + 2 $H_2O$로 표현할 수 있다.

대부분의 세포에서 해당 과정 중 포도당 한 분자에 의해 생성되는 ATP의 양은 TCA 회로와 산화적 인산화가 호기성 조건에서 생성한 양보다 훨씬 적다. 그러나 특정 세포의 경우 ATP의 대부분을 해당 과정으로부터 공급받는다. 예를 들어, 적혈구는 해당 과정에 필요한 효소를 함유하고 있지만, 다른 경로에 필요한 미토콘드리아가 없어 이들의 ATP 생산량은 모두 해당 과정에 의해 발생한다. 또한, 어떤 종류의 골격근은 상당한 양의 해당 효소를 포함하고 있지만, 미토콘드리아가 거의 없어 해당 과정을 통해 에너지를 얻는다. 강도가 센 근육 활동을 하는 동안, 해당 과정은 ATP의 대부분을 제공하며 다량의 젖산 생산에 기여한다.

## 2) 젖산 대사(Lactic acid pathway)

해당 과정을 계속 진행하기 위해서는 수소원자를 받아들일 수 있는 충분한 양의 NAD가 있어야 한다. 따라서 해당 과정에서 생성된 NADH는 전자를 미토콘드리아에 위치한 다른 분자에 전달함으로써 산화되어 NAD를 재형성해야 한다 그림 11-3.

산소의 양이 충분하지 않을 때, 해당 과정에서 생성된 NADH는 피루브산에 전자를 전달함으로써 세포기질에서 산화되고, 이 과정에서 NAD가 재생성된다. 이에 따라 피루브산은 2개의 수소원자를 받아 환원된다. 피루브산에 수소원자

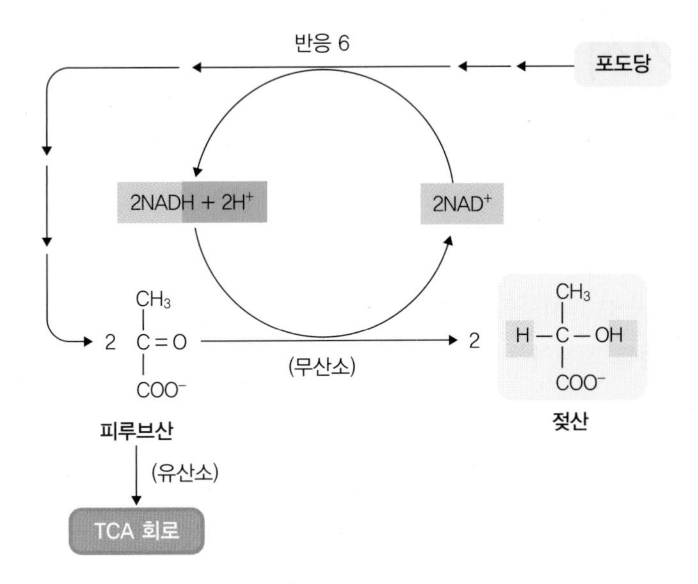


그림 11-3
젖산 생성

**젖산**
$C_3H_6O_3$. 근육세포에서 산소가 불충분할 때 무산소 호흡을 하여 생성되는 유기산

2개를 붙이면 **젖산**이 된다.

이와 같이 해당 과정에서 형성된 젖산의 일부는 혈액으로 방출되어 심장, 뇌, 기타 조직에 의해 흡수되며, 다시 피루브산으로 전환된 후 에너지원으로 사용된다. 또는 간에 흡수되어 포도당 생성을 위한 전구체로 사용되며, 혈액으로 방출되어 모든 세포의 에너지원으로 사용할 수 있게 된다.

포도당이 젖산으로 전환되는 대사 경로는 산소를 사용하지 않는다는 점에서 혐기성 대사의 한 종류이며, 많은 생물학자들은 효모가 포도당을 에탄올로 발효시키는 방식과 유사하다고 보아 이 경로를 '젖산 발효'라고 명명하였다. 젖산과 에탄올이 생산되는 마지막 과정에서 최종 전자 수용체는 유기분자이며, 이는 최종 전자 수용체가 산소 원자인 호기성 호흡과는 대조적이다.

젖산 경로는 포도당 한 분자당 2개의 ATP를 생성한다. 따라서 세포는 우리 몸에 젖산이 너무 많이 쌓이지 않는 한, 젖산 경로를 통해 충분한 에너지를 공급받아 산소 없이 생존할 수 있다.

**아세틸 CoA**
비타민 B 판토텐산에서 비롯되며 주로 한 분자에서 다른 분자로 아세틸기를 이동시킴. 이 아세틸기는 피루브산이나 지방산과 일부 아미노산의 분해로부터 옴

**FAD**
플라빈 효소군의 보결분자단의 일종. NAD와 마찬가지로 체내 전자전달 반응에서 수소 및 전자전달에 관여함

# 2. 호기적 대사

포도당의 호기성 호흡Aerobic respiration에서 피루브산은 해당 과정에 의해 형성된 후 **아세틸 CoA**acetyl coenzyme A로 전환된다. 이것이 TCA 회로의 시작이다. 그 결과, 다량의 환원된 NAD와 **FAD**(NADH와 $FADH_2$)가 생성된다. 환원된 조효소는 ATP의 형성을 촉진하는 과정을 위한 전자를 제공한다.

포도당($C_6H_{12}O_6$)의 호기성 호흡은 다음과 같은 반응식으로 나타낼 수 있다.

$$C_6H_{12}O_6 + 6O_2 \rightarrow 6CO_2 + 6H_2O$$

포도당의 호기성 호흡은 해당 과정에서 시작한다. 피루브산은 세포기질을 떠나 미토콘드리아의 내부(기질)로 들어간다. 피루브산이 미토콘드리아 안으로 들어가면, 2탄소의 유기산을 만들기 위해 3탄소 피루브산에서 탄소 1개를 효소적으로 제거하여 이산화탄소를 생성한다. 이 반응을 촉매하는 효소는 코엔자임 A라고 불리는(비타민 B 판토텐산에서 유래한) 조효소와 아세트산이 결합한 것이다.

해당 과정은 포도당 한 분자를 피루브산 두 분자로 전환한다. 각각 피루브산 한 분자는 아세틸 CoA 한 분자와 이산화탄소 한 분자로 전환되기 때문에, 포도당 한 분자에서는 아세틸 CoA 두 분자와 이산화탄소 두 분자가 추출된다. 이러한 아세틸 CoA 분자는 호기성 경로에서 미토콘드리아 효소에 대한 기질로 사용되지만, 이산화탄소는 혈액에 의해 폐로 옮겨져 제거된다.

## 1) TCA 회로

이 경로는 탄수화물, 단백질, 지방 분해 동안 형성된 분자들을 기질로 이용하여 이산화탄소, 수소원자를 생산하고, 소량의 ATP도 생산한다 그림 11-4 . 이 경로에 관여하는 효소는 미토콘드리아 내부(기질)에 위치한다. TCA 회로의 시작 부분에 들어가는 1차 분자는 아세틸이다. 아세틸 CoA는 비타민 B 판토텐산에서 비롯되며, 아세틸기를 주로 한 분자에서 다른 분자로 이동시켜준다. 이 아세틸기는 피루브산이나 지방산과 일부 아미노산의 분해로부터 생성된다.

피루브산은 세포기질cytosol에서 미토콘드리아로 들어가자마자 아세틸 CoA와 이산화탄소로 전환된다. 이 반응은 영양소의 분해 경로에서 지금까지 진행할 동안 첫 번째 이산화탄소를 생성하며, 수소원자를 NAD로 이동시킨다.

아세틸 CoA가 형성되면 아세트산 서브유닛(탄소2)은 옥살로아세트산(탄소4)과 결합하여 구연산(탄소6)을 형성한다. 코엔자임 A는 한 효소에서 다른 효소로 아세트산을 이동하는 역할을 한다(NAD에 의한 수소 운반과 유사). 구연

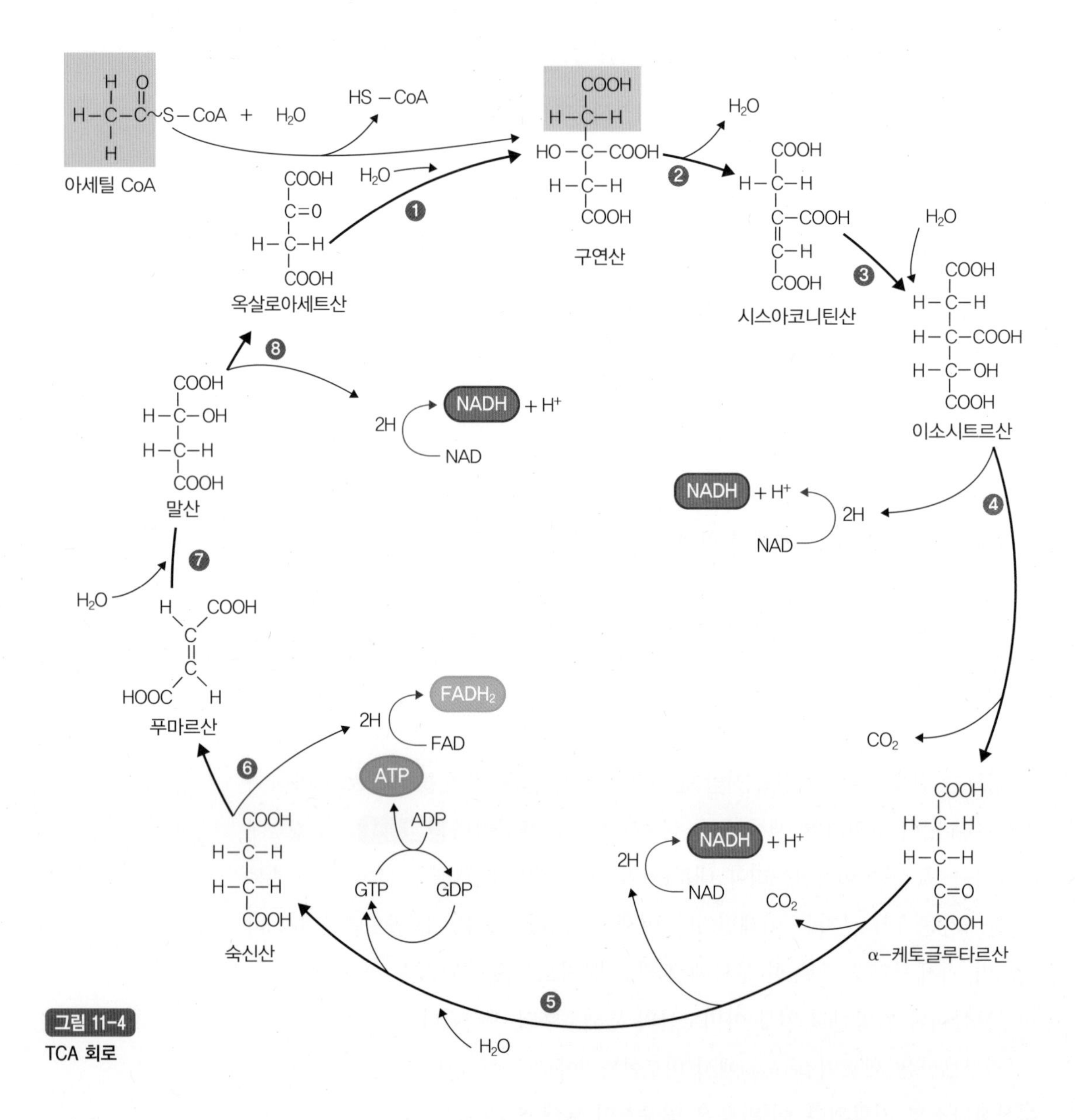


그림 11-4
TCA 회로

산의 형성으로 TCA 회로 또는 구연산 회로라고 알려진 회로 대사 경로가 시작된다. 이 경로는 발견자인 한스 크렙스Hans Krebs 경의 이름을 따서 크렙스 회로라고도 부른다. 회로의 세 번째 단계와 네 번째 단계에서 각각 이산화탄소 분자가 생성된다. 따라서 CoA에 부착된 아세틸기의 일부로서 사이클에 들어간 두 탄소원자는 이산화탄소의 형태로 남아 있다. 이산화탄소에 나타나는 산소는 TCA 회로 중간에 있는 카르복실기에서 나왔다.

2개의 탄소와 4개의 산소를 제거하고 수소를 제거하는 일련의 반응을 통해 구연산은 결국 옥살로아세트산으로 전환되며, 이로써 회로 대사 경로가 완성된다.

(1) 하나의 GTP 생성

(2) NAD 세 분자가 NADH로 환원

(3) FAD 한 분자가 $FADH_2$로 환원

TCA 회로는 고에너지 뉴클레오타이드 삼인산을 1개 생성한다. 다섯 번째 단계에서 무기인산이 구아노신이인산(GDP)으로 이동하여 구아노신삼인산(GTP)을 형성하는 반응이 발생한다. ATP와 마찬가지로 GTP의 가수분해는 에너지를 요구하는 일부 반응에 에너지를 제공할 수 있다. 또한, GTP의 에너지는 ATP로 전달될 수 있다. GTP로부터 ATP가 형성되는 것은 TCA 회로 내에서 ATP가 형성되는 유일한 기전이다.

알아두기

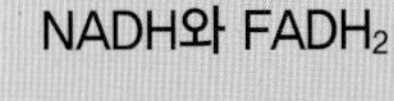

**NADH와 $FADH_2$**

TCA 회로를 통한 NADH와 $FADH_2$의 생성은 회로에서 직접적으로 생성되는 단일 GTP(ATP로 전환됨)보다 훨씬 더 중요하다. 이는 결국 NADH와 $FADH_2$가 에너지 전달 과정에서 전자를 기부하여 대량의 ATP 형성을 초래하기 때문이다.

### 2) 전자전달계와 산화적 인산화(Electron transport and oxidative phosphorylation)

수소이온이 산소와 결합하여 물을 생성할 때 방출되는 에너지는 ATP로 전달된다. 수소는 TCA 회로, 지방산 대사, 해당 과정에서 생성되는 NADH + $H^+$와 $FADH_2$ 조효소에서 발생한다. 순수반응은 $\frac{1}{2}O_2$ + NADH + $H^+$ → $H_2O$ + $NAD^+$ + 에너지로 표현한다.

TCA 회로의 효소와 달리, 산화적 인산화를 매개로 한 단백질은 ① 산소로 수소이온의 전달을 유발하는 것을 매개하는 그룹, ② 산소에 대한 반응을 방출하는 그룹으로 분류할 수 있다. 최초의 단백질 그룹 중 일부는 철과 구리 보조인자를 포함하는 **시토크롬**으로 알려져 있다. 그 구조는 적혈구 안에 산소를 결합시키기 위해 붉은 철을 함유하고 있는 헤모글로빈 분자와 유사하다. 이러한 시토크롬의 마지막은 시토크롬 $a_3$이며, 이것은 최종 산화-환원반응에서 산소로 전자를 전달한다. 전자전달계는 NADH와 $FADH_2$로부터 획득한 전자를 일련의 순서와 방향으로 전달하는 방식으로 미토콘드리아 내막에서 수행된다. 시토크롬과 관련 단백질은 전자전달계의 구성요소를 형성하며, 수소원자의 두 전자가 처음에 NADH + H 또는 $FADH_2$의 구성요소 중 하나로 전달된다. 그다음 이 전자들은 최종적으로 전자가 수소와 결합하여 물을 형성할 때까지 사슬 내의 다른 화합물로 전달된다. 이 수소이온들은 전자들과 같이 유리 수소이온과 수소를 함유한 조효소에서 유래한 것으로, 수소원자의 전자가 시토크롬으로 옮겨지는 초기에 방출된다 그림 11-5 .

> **시토크롬**
> 헴(heme)을 포함하는 단백질의 일종으로, 생체 내 전자의 이동 및 산화-환원 반응을 촉매함

전자전달계를 따르는 특정 단계에서 소량의 에너지가 방출된다. 전자가 전자전달계를 따라 하나의 단백질에서 다른 단백질로 이동하면서 방출된 에너지의 일부는 기질에서 내부 및 외부 미토콘드리아 막 사이의 공간으로 수소이온을 펌핑하기 위해 시토크롬을 사용한다. 수소이온은 농도 차에 따라 확산되거나 움직이지만, 지질 이중층이 대부분의 수용성 분자와 이온의 확산을 차단한다. ATP 합성효소는 미토콘드리아 내막에 채널을 형성하여 수소이온이 기질로

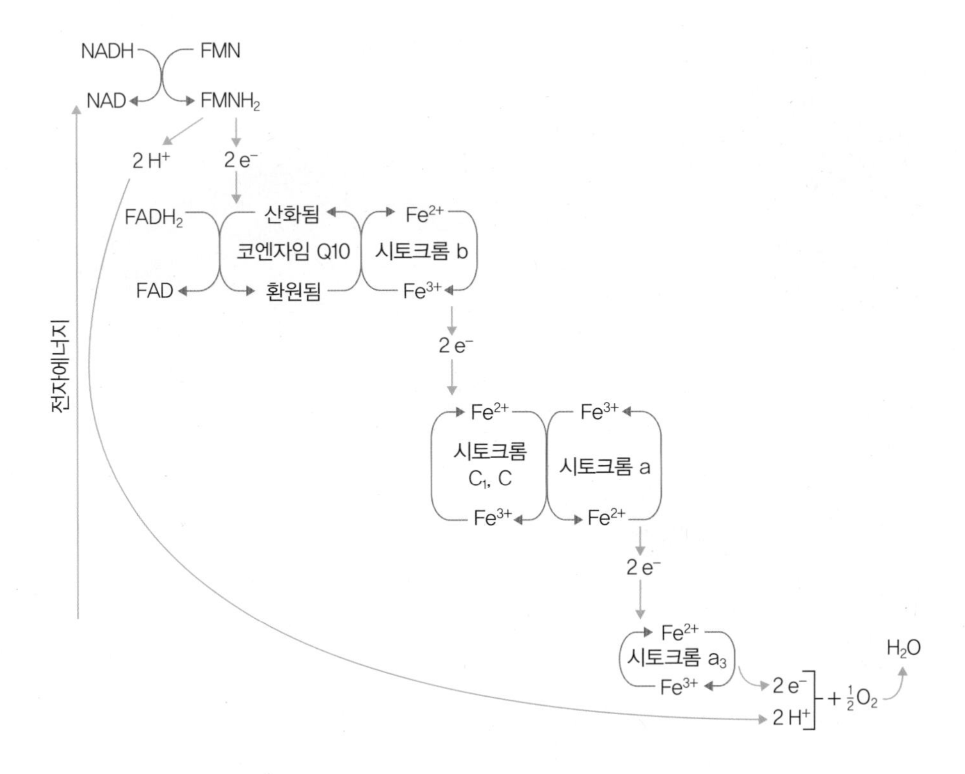


그림 11-5
전자전달계

되돌아갈 수 있게 한다. 이 과정은 화학삼투 작용으로 알려져 있다. 이 과정에서 농도 기울기의 에너지는 ADP와 P의 ATP 형성을 촉매하는 ATP 합성효소에 의해 화학 결합에너지로 전환된다 그림 11-6.

$FADH_2$는 NADH보다 더 높은 지점에서 전자전달계에 들어가기 때문에 화학삼투 작용에 많은 기여를 하지 않는다. 그러나 화학삼투 작용과 TCA 회로에서 생산되는 NADH는 다른 유기체의 합성으로 사용되기 때문에 이론적으로 해당 과정이 완벽하게 진행되지 않는다. 또한, 미토콘드리아의 수소이온 중 일부는 ATP의 생성 외에 다른 활동에 사용된다. 따라서, 전자를 산소로 전달하면 전형적으로 $NADH^+$ + $H^+$와 $FADH_2$의 각 분자에 대해 ATP 분자가 약 2.5, 1.5개 생성된다. 따라서 NAD와 FAD는 다시 산화되며, TCA 회로에서 전자전달계로 계속 전자를 전달할 수 있다. 전자전달계의 첫 번째 분자는 NADH의 전자쌍을 받아들이면 환원되는데, 시토크롬이 전자 한 쌍을 받아들이면, 3가 철이온 2개가

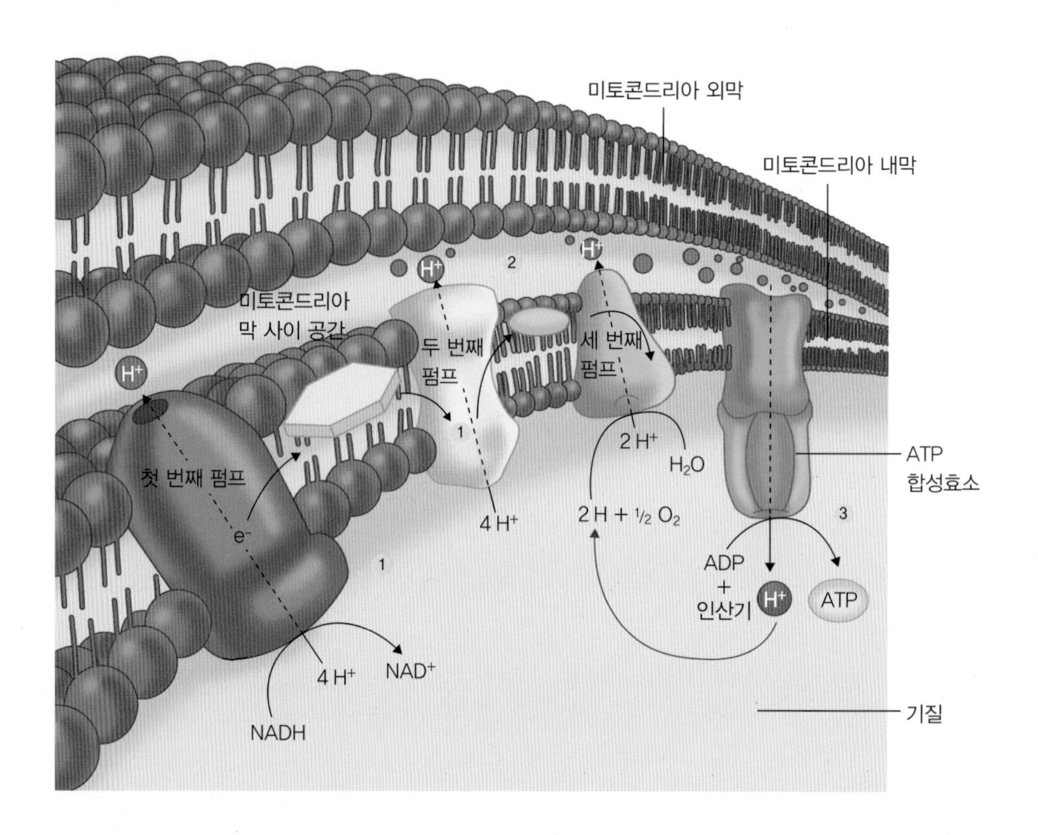


**그림 11-6**
**산화적 인산화**

2가 철이온 2개로 환원된다.

따라서 전자전달계는 NAD와 FAD의 산화제 역할을 하지만, 그 사슬의 각 요소는 환원제 역할도 한다. 이들은 전자를 환원제로 전달하며, 하나의 환원 시토크롬은 전자쌍을 사슬의 다음 시토크롬으로 전달한다. 이러한 방식으로 각 시토크롬의 철이온이 번갈아 가며 환원되고($Fe^{3+} \rightarrow Fe^{2+}$), 산화된다($Fe^{2+} \rightarrow$

알아두기

### 화학삼투 작용

전자전달계를 통해 전자가 이동할 때 미토콘드리아의 기질에 있는 수소이온이 전자에너지에 의해 미토콘드리아 막 사이 공간으로 능동수송된다. 이때, 미토콘드리아의 기질과 막 사이 공간에 농도 차가 발생하여 수소이온이 미토콘드리아 기질로 확산되는 것을 화학삼투 작용이라고 한다.

$Fe^{3+}$). 이는 에너지를 방출하는 과정이며, 그 에너지는 ADP를 ATP로 인산화하기 위해 사용된다. 이 결합은 전자전달에 의해 방출되는 에너지(산화적 인산화의 '산화적' 부분)와 ATP의 화학적 결합에 통합된 에너지('인산화' 부분) 사이에서 100% 효율적이지 않다. 이러한 에너지의 차이는 인체에서 열로 방출된다. 대사 과정을 통해 발생하는 열은 내부 체온 유지에 필요하다.

### 3) 전자수송과 ATP 생산(Coupling of electron transport to ATP production)

화학삼투 이론에 따르면, 전자전달계는 미토콘드리아 기질에서 미토콘드리아 외막과 내막 사이의 공간으로 양성자($H^+$)를 펌프한다. 전자전달계는 양성자 펌프의 역할을 하는 세 가지 복합체로 그룹화되어 있다. 첫 번째 펌프(NADH-코엔자임Q 환원효소 복합체)는 기질에서 전자전달계를 따라 이동하는 모든 전자쌍을 위해 막 사이의 공간으로 4개의 양성자를 운반한다. 두 번째 펌프(시토크롬 환원효소 복합체)도 막 사이의 공간으로 4개의 양성자를 운반하고, 세 번째 펌프(시토크롬c 산화효소 복합체)는 막 사이의 공간으로 2개의 양성자를 운반한다. 결과적으로 기질에서보다 막 사이 공간에 더 높은 $H^+$ 농도가 형성되며, 확산에 의해 막 사이 공간에 쌓인 $H^+$가 기질로 되돌아간다. 그러나 미토콘드리아 막 내부는 respiratory assemblies라고 부르는 구조를 제외하고 $H^+$의 확산을 허용하지 않는다.

우리가 호흡하는 공기에서 얻은 산소는 전자전달계의 최종 전자 수용체로 작용함으로써 전자전달을 지속할 수 있게 해준다. 이는 시토크롬 $a_3$을 산화시키며, 전자전달과 산화적 인산화가 계속되도록 해준다. 그러므로 호기성 호흡의 마지막 단계에서 산소가 NADH와 $FADH_2$로부터 사슬로 전달된 2개의 전자들에 의해 환원된다. 이 환원된 산소는 2개의 양성자와 결합하고, 물분자를 형성한다.

알아두기

**respiratory assemblies**

respiratory assemblies은 'stem'을 형성하는 단백질 그룹과 구형의 서브유닛으로 이루어져 있다. 그 stem은 미토콘드리아 막을 통하는 통로를 포함하고 있어 양성자의 통과를 허용한다. 기질로 돌출되는 구형의 서브유닛은 기질 안에서 respiratory assemblies을 통한 양성자의 확산에 의해 활성화될 때 ADP + 인산기 → ATP 반응을 촉진하는 ATP 생성효소를 포함한다. 이 방법으로 인산화(ADP에 인산을 추가)는 산화적 인산화에서 산화(전자의 전달)와 결합한다.

산소기체로 인해 마지막 반응은 다음과 같이 나타낼 수 있다.

$$O_2 + 4e^- + 4H^+ \rightarrow 2H_2O$$

# 3. ATP 생산

세포 호흡에서 ATP가 생성되는 방법에는 두 가지가 있다. 첫 번째 방법은 해당과정에서 발생하는 직접적인(기질 수준의) 인산화이고, 두 번째 방법은 산화적 인산화이다 그림 11-7 .

미토콘드리아에 형성된 각각의 NADH는 첫 번째 양성자 펌프에서 전자전달계로 전자 2개를 기증한다. 그 전자들은 두 번째와 세 번째 양성자 펌프로 전달되며, 2개의 전자들이 궁극적으로 산소로 전달될 때까지 각 전자들은 차례로 활성화된다. 첫 번째와 두 번째 펌프는 각각 양성자 4개를 운반하며, 세 번째 펌프는 2개의 양성자를 운반하여 총 10개의 양성자를 운반한다. ATP를 생성하기 위해 필요한 4개의 양성자로 10개의 양성자를 나누면 NADH에 의해 기증된 모든 전자쌍은 2.5 ATP를 생성한다.

NADH의 세 분자는 TCA 회로에서 형성되며, 1 NADH는 피루브산이 아세

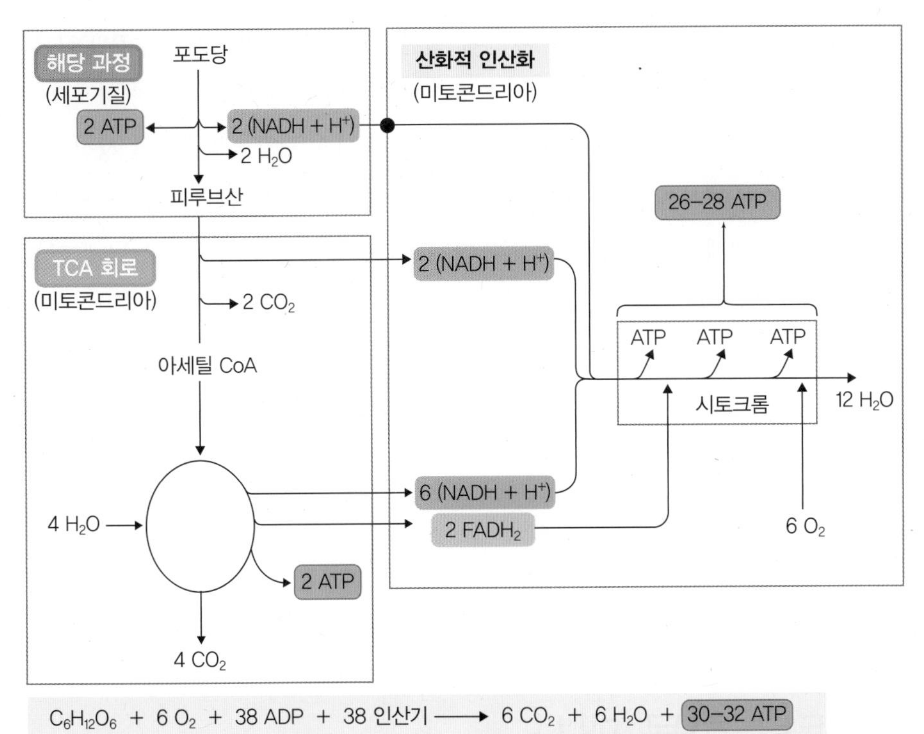


그림 11-7
**포도당 대사를 통한 산화 ATP 생성**

틸 CoA로 전환될 때 생성된다. 포도당 하나를 시작으로, 2개의 구연산회로(6 NADH 생산)와 아세틸 CoA로 전환되는 2개의 피루브산(2 NADH 생산)은 8 NADH를 생산한다. NADH 1분자당 2.5 ATP를 곱하면 20 ATP가 된다.

$FADH_2$의 전자는 NADH에 의해 기증된 전자보다 더 나중에 전자전달계에 기증된다. 결과적으로 이러한 전자들은 두 번째와 세 번째 양성자 펌프에서만 활성화된다. 첫 번째 양성자 펌프는 건너뛰기 때문에 $FADH_2$로부터 전자가 통과하면 6/4 = 1.5 ATP가 형성된다. 각 TCA 회로는 1 $FADH_2$를 생성하며, 1포도당에서 2번의 TCA 회로로 2개의 $FADH_2$를 얻을 수 있다. 따라서 2 × 1.5 ATP = 3 ATP를 제공한다.

산화적 인산화로 인한 23 ATP 소계는 미토콘드리아에서 생성된 NADH와 FADH만 포함된다. 세포기질에서 일어나는 해당 과정도 2 NADH를 생산한다. 이러한 세포기질의 NADH는 미토콘드리아에 직접 들어갈 수 없지만, 그들의 전자는 안으로 전달될 수 있기 때문에 일반적으로 미토콘드리아의 FADH 분자에 전달할 수 있다. 그러므로 해당 과정에서 생성된 2 NADH는 일반적으로 2 FADH로 전환되고, 산화적 인산화에 의해 2 × 1.5 ATP = 3 ATP를 생산한다(세포기질 NADH가 미토콘드리아의 NADH로 전환되고 2 × 2.5 ATP = 5 ATP를 생성하는 대체 경로는 흔하지 않지만, 간과 심장에서 대사적으로 높게 활성화되는 주된 경로이다).

따라서 포도당에서 산화적 인산화로 총 26 ATP(드물게는 28 ATP)를 갖게 된다. 해당 과정에서 직접적인 기질수준의 인산화로 2 ATP가 생성되고, 2개의 TCA 회로에 의해 직접적으로 만들어진 2 ATP가 생성되어, 총 30 ATP(드물게는 32 ATP)를 얻을 수 있다.

# 4. 탄수화물 대사

포도당은 분해 과정을 통해 피루브산 또는 젖산으로 분해되며, 피루브산은 TCA 회로, 산화적 인산화에 의해 이산화탄소와 물로 대사된다. 이 에너지의 약 40%가 ATP로 이전된다. ATP 분자의 순 이득은 해당 과정 동안 인산화에 의해 2개가 발생하고, TCA 회로의 GTP로부터 2개의 ATP가 생성된다. 포도당을 분해하는 동안 다양한 단계에서 생성된 수소로부터 산화적 인산화를 거쳐 포도당 한 분자당 최대 34개의 ATP를 생산한다.

산소가 없을 경우, 포도당이 분해되어 ATP가 2분자만 생성될 수 있기 때문에 호기성 대사 과정의 진화는 포도당 이화 작용으로 세포에 이용할 수 있는 에너지의 양을 크게 증가시킨다. 예를 들어, 근육이 수축하는 동안 38개의 ATP 분자를 소모하는 경우, ATP의 양은 산소가 있을 때 포도당 한 분자를 분해하거나 혐기성 조건에서 19개의 분자가 되면 공급된다.

그러나 혐기성 조건에서는 포도당 한 분자당 ATP가 2분자만 생성되지만, 다량의 포도당이 젖산으로 분해될 경우 여전히 많은 양의 ATP를 분해 경로에서 공급받을 수 있다. 이는 영양소를 효율적으로 사용하는 방식은 아니지만, 고강도 운동 시 혐기성 조건에서도 계속 ATP를 생산할 수 있도록 해준다.

## 1) 글리코겐 저장

우리 몸은 소량의 포도당이 소장에서 혈액으로 공급되지 않을 때 글리코겐을 예비 공급원으로 저장해둔다. 글리코겐은 포도당으로부터 합성된다. 글리코겐 합성의 첫 단계는 ATP 분자에서 포도당으로 인산기를 이동시켜 포도당-6-인산을 형성하는 해당 과정의 첫 번째 단계와 같다. 따라서 포도당-6-인산은 피루브산으로 분해되거나 글리코겐을 형성하는 데 사용된다.

포도당을 합성하거나 분해할 때 여러 효소가 관여한다. 예를 들어, 공유 결합과 입체성 변조allosteric modulation를 일으키는 효소가 관여하여 포도당과 글리코겐 사이의 전환을 조절하는 작용을 한다. 간 또는 근육세포에 과량의 포도당이 존재하면 글리코겐 합성효소가 활성화되고 글리코겐 분해효소는 억제된다.

글리코겐의 분해로 간에서 포도당이 형성되는 것 외에도, 포도당은 글리세롤의 이화 작용과 일부 아미노산으로부터 유래된 중간체로부터 간과 신장에서 합성될 수 있다. 이때 비탄수화물 전구물질에서 포도당의 새로운 분자를 생성하는 과정을 포도당신생합성gluconeogenesis이라고 한다 그림 11-8 . 포도당신생합성의 주요 기질은 젖산으로부터 형성되는 피루브산이며, 이는 단백질 분해 중 여러 아미노산으로부터 생성된다. 또한, 중성지방의 가수분해로부터 유도된 글리세롤은 피루브산을 포함하지 않는 경로를 통해 포도당으로 전환될 수 있다.

피루브산은 미토콘드리아 반응에 의해 **포스포에놀피루브산**phosphoenolpyruvate으로 전환되며, 여기에서 CO가 피루브산에 더해져 TCA 회로 중 중간체인 옥살로아세트산을 형성한다. 일련의 추가반응은 옥살로아세트산에서 추출한 4탄소

**포스포에놀피루브산**
에놀형 피루브산의 인산에스테르. 해당 경로에서 생성되는 중요 대사중간체. 피루브산인산화효소에 의해 ATP를 생성하면서 피루브산이 됨

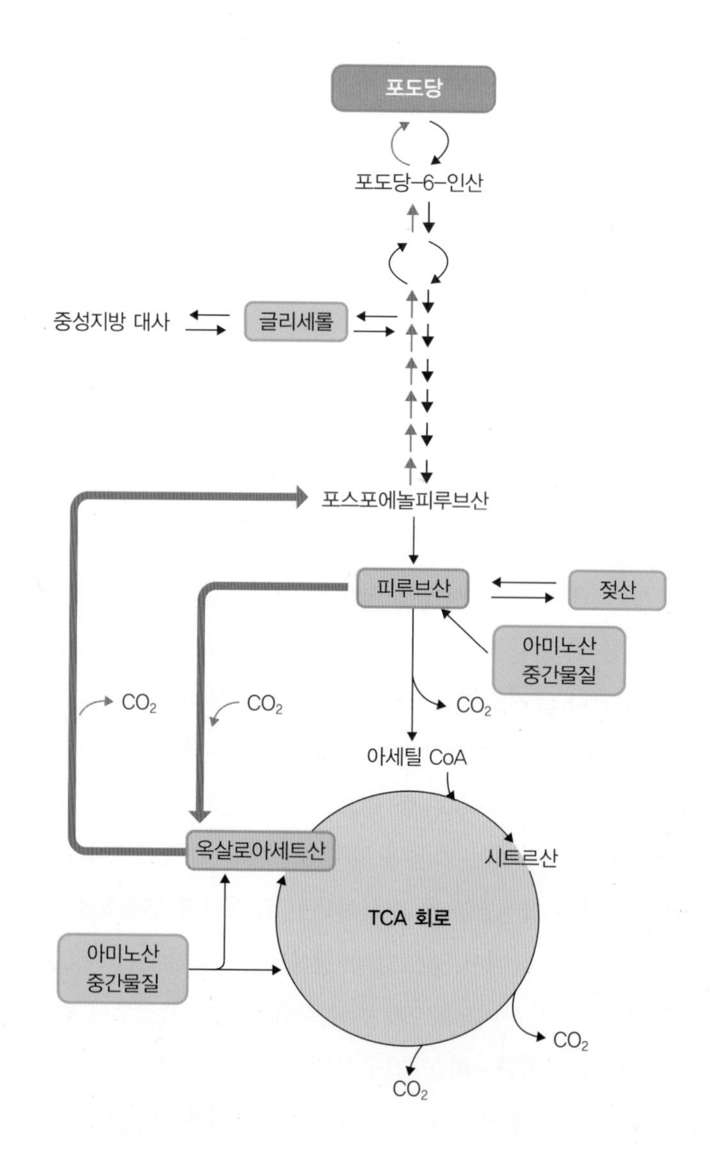


그림 11-8
포도당신생합성

중간체를 미토콘드리아 밖으로 옮겨 세포기질에서 포스포에놀피루브산으로 전환한다. 이 과정에서 해당 과정에서 사용되는 것과는 다른 효소가 과당-1,6-이인산을 과당-6-인산으로 전환하는 데 필요하다. 이 시점에서 반응은 가역적이어서 포도당-6-인산이 간과 신장에서 포도당으로 전환되거나 글리코겐으로 저장될 수 있다. 열과 ATP 생성 형태의 에너지는 포도당이 피루브산으로 분해되는 동안 방출되기 때문에 이 경로를 역전하기 위해 에너지가 필요하다. 포도당 신생합성에서 형성된 전체 포도당 분자당 총 6개의 ATP가 소모된다.

## 2) 글리코겐 합성과 분해(Glycogenesis and glycogenolysis)

포도당에서의 글리코겐 형성을 글리코겐 합성glycogenesis이라고 한다 그림 11-9. 이 과정에서 포도당은 ATP의 말단 인산기를 활용하여 포도당-6-인산으로 전환된다. 이후 포도당-6-인산은 그것의 이성질체인 포도당-1-인산으로 전환된다. 마지막으로 글리코겐 합성효소는 글리코겐을 형성하기 위해 포도당을 결합하여 이 인산들을 제거한다.

그의 역반응도 유사하다. 글리코겐 가인산분해효소는 포도당-1-인산에 대해 글리코겐의 분해를 촉진한다(인산은 ATP가 아닌 무기 인산에서 파생되기 때문에, 글리코겐 분해는 대사적 에너지가 필요하지 않다). 그다음 포도당-1-인산은 포도당-6-인산으로 전환되며, 이 과정이 글리코겐 분해의 일부이다 그림 11-9. 대부분 조직에서 포도당-6-인산은 에너지를 위해 분해되거나(해당

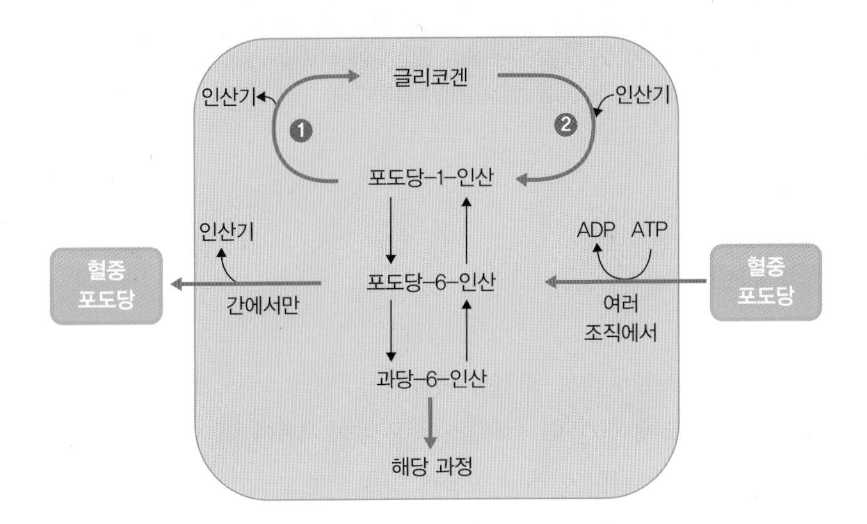


그림 11-9
글리코겐 합성과 분해

과정을 통해), 글리코겐의 재합성에 사용될 수 있다. 포도당-6-인산은 오직 간에서만 혈액으로 분비될 자유 포도당을 생산하는 데 사용된다.

인산기를 포함한 유기분자들은 세포막을 통과할 수 없다. 글리코겐에서 나온 포도당은 포도당-1-인산과 포도당-6-인산의 형태이기 때문에, 세포 밖으로 유출될 수 없다. 이와 동일하게 혈액에서 세포로 들어간 포도당은 포도당-6-인산으로 변화하여 세포내에 갇힌다. 많은 양의 글리코겐을 가진 골격근은 혈당 요구를 충족시키기 위해 포도당-6-인산을 생성할 수 있지만, 인산기를 제거할 능력이 부족하기 때문에 혈액으로 포도당을 분비할 수 없다.

**포도당-6-인산가수분해효소**
포도당-6-인산의 가수분해로 포도당과 인산을 생성하는 반응을 촉매하는 효소

골격근과는 달리 간은 인산을 제거하고 자유 포도당을 생성할 수 있는 **포도당-6-인산가수분해효소**를 가지고 있다. 이 자유 포도당은 세포막을 통해 운반될 수 있기 때문에 간은 혈액 속으로 포도당을 분비할 수 있지만, 골격근은 분비할 수 없다. 따라서 간의 글리코겐은 운동하는 동안 골격근을 포함하여 다른 조직이 사용하는 혈당량을 공급할 수 있으며, 이때 저장된 글리코겐 대부분이 고갈될 수 있다.

알아두기

**호르몬에 의한 에너지 대사 조절**

여러 호르몬이 포도당과 유리지방산의 공급에 관여하며 에너지 대사를 조절한다. 인슐린은 혈액 속 포도당을 근육 및 지방조직 내에 에너지원으로 저장하는 역할을 한다. 반면, 글루카곤 및 코르티솔은 에너지가 필요한 상황에서 글리코겐 분해와 포도당신생합성을 촉진하여 혈액으로 포도당을 방출하는 역할을 한다.

## 3) 코리 회로

인간을 포함한 포유동물에서, 혐기성 대사에서 생산되는 젖산의 대부분은 이후 젖산의 호기성 호흡에 의해 이산화탄소와 물로 제거된다. 하지만 골격근이 운동함으로써 생성되는 젖산의 일부는 혈액에 의해 간으로 전달된다. 이러한 조건의

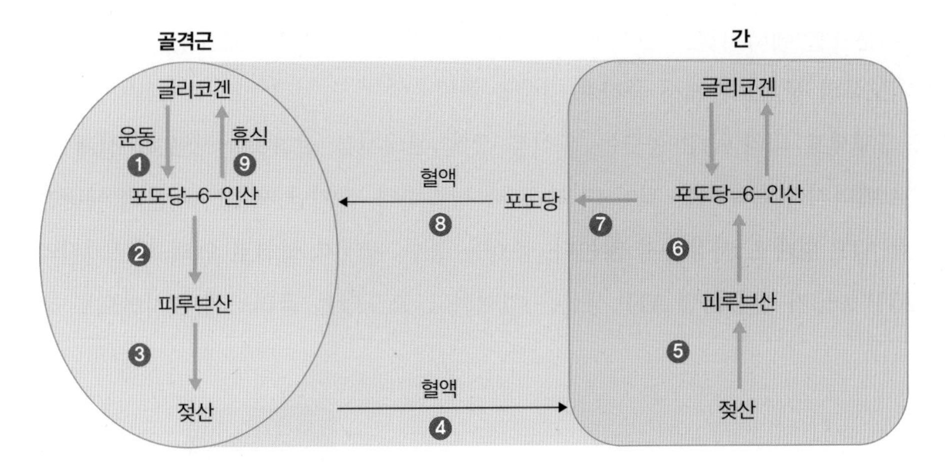


그림 11-10
코리 회로

간세포 내에서, 젖산탈수소효소lactate dehydrogenase, LDH는 젖산을 피루브산으로 전환한다 그림 11-10 . 이는 젖산 경로의 역방향으로 진행되며, 그 과정에서 NAD가 NADH와 $H^+$로 환원된다. 대부분의 다른 장기들과 달리, 간에는 피루브산 분자를 포도당-6-인산으로 전환하는 데 필요한 효소가 들어 있다. 이 과정은 해당 과정의 역반응에 필수적이다.

간세포의 포도당-6-인산은 글리코겐 합성을 위한 중간체로 사용되거나 혈액 속으로 분비되는 자유 포도당으로 전환될 수 있다. 피루브산을 통한 비탄수화물 분자(젖산뿐만 아니라 아미노산과 글리세롤)의 포도당으로의 전환은 포도당신생합성이라 불리는 매우 중요한 과정이다.

# 5. 지질 대사

피루브산 대사에 사용된 동일한 호기성 경로에서 지질과 단백질의 세포 호흡을 통한 에너지를 얻을 수 있다. 실제로, 일부 장기는 우선적으로 포도당 이외의 다른 분자를 에너지원으로 사용한다. 피루브산과 TCA 회로는 포도당, 지질 및 아미노산의 상호교환에서 중간체 역할을 한다.

체세포 내의 ATP 농도는 음식을 통해 에너지를 섭취하는 것보다 신체 내로 에너지가 흡수되는 것이 더 빠를 때 상승한다. 하지만 세포는 여분의 에너지를 ATP 형태로 저장하지 않는다. 음식을 통한 에너지 섭취로 인해 세포기질의 ATP 농도가 상승하면 ATP 생산은 억제되고, 포도당은 글리코겐과 지방으로 전

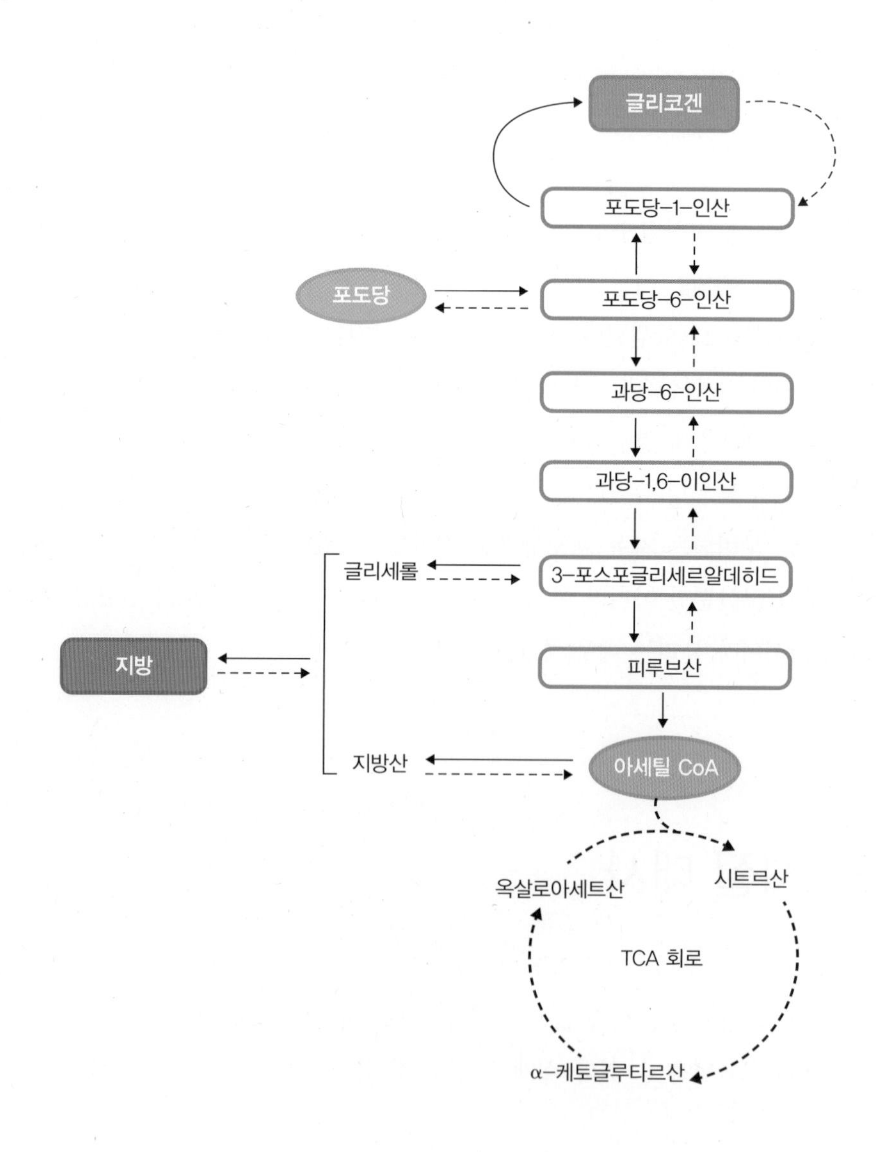


그림 11-11
포도당의 글리코겐 및 지방으로의 전환

환되어 저장된다 그림 11-11.

## 1) 지질 대사

중성지방은 글리세롤과 지방산 3개의 결합으로 구성된다. 일반적으로 지방은 체내에 저장된 에너지의 약 80%를 차지한다. 휴식 상태에서 근육, 간, 신장에 의해 사용되는 에너지의 약 절반은 지방산의 분해로부터 유도된다. 대부분의 세포는 소량의 지방만을 저장하고, 체지방의 대부분은 지방세포로 알려진 특수세포에 저장된다. 지방세포의 무리는 지방조직을 형성하며, 지방조직의 대부분은 피부나 장기에 쌓인다. 지방세포의 기능은 음식 섭취 기간 동안에 중성지방을 합성하여 저장하는 것이며, 음식이 소장에서 흡수되지 않을 때 지방산과 글리세롤을 혈액에 방출하고, 다른 세포들의 ATP 형성을 위해 필요한 에너지를 제공하는 것이다.

지방산의 분해는 조효소 A의 분자를 지방산의 카르복실기와 연결하면서 시작된다. 이 첫 단계에서는 ATP가 AMP와 2개의 인산기로 분해된다. 지방산의 조효소 A 유도체는 베타 산화로 알려진 일련의 반응을 통해 분해된다. 이 과정에서 지방산 말단에서 아세틸 CoA의 분자가 분리되며, 두 쌍의 수소원자 중 한 쌍은 FAD로, 다른 한 쌍은 NAD 조효소로 전달된다 그림 11-12.

아세틸 CoA가 지방산의 말단으로부터 분리될 때, 또 다른 조효소 A가 첨가되고 서열이 반복된다. 이 과정을 통해 모든 탄소원자가 조효소 A분자로 이동할 때까지 2개의 탄소원자 단위로 잘려 지방산 사슬이 짧아진다. 이 분자들은 TCA 회로와 산화적 인산화 작용을 통해 이산화탄소와 ATP를 생산한다.

지방산의 분해 결과로 얼마나 많은 ATP가 생성될까? 몸에 있는 대부분의 지방산은 14~22개의 탄소를 함유하며, 16개와 18개가 일반적이다. 18개의 탄소를 갖는 포화지방산의 분해는 146개의 ATP를 생성한다. 대조적으로 1개의 포도당 분자는 최대 38개의 ATP 분자를 생성한다. 따라서 지방산과 포도당 분

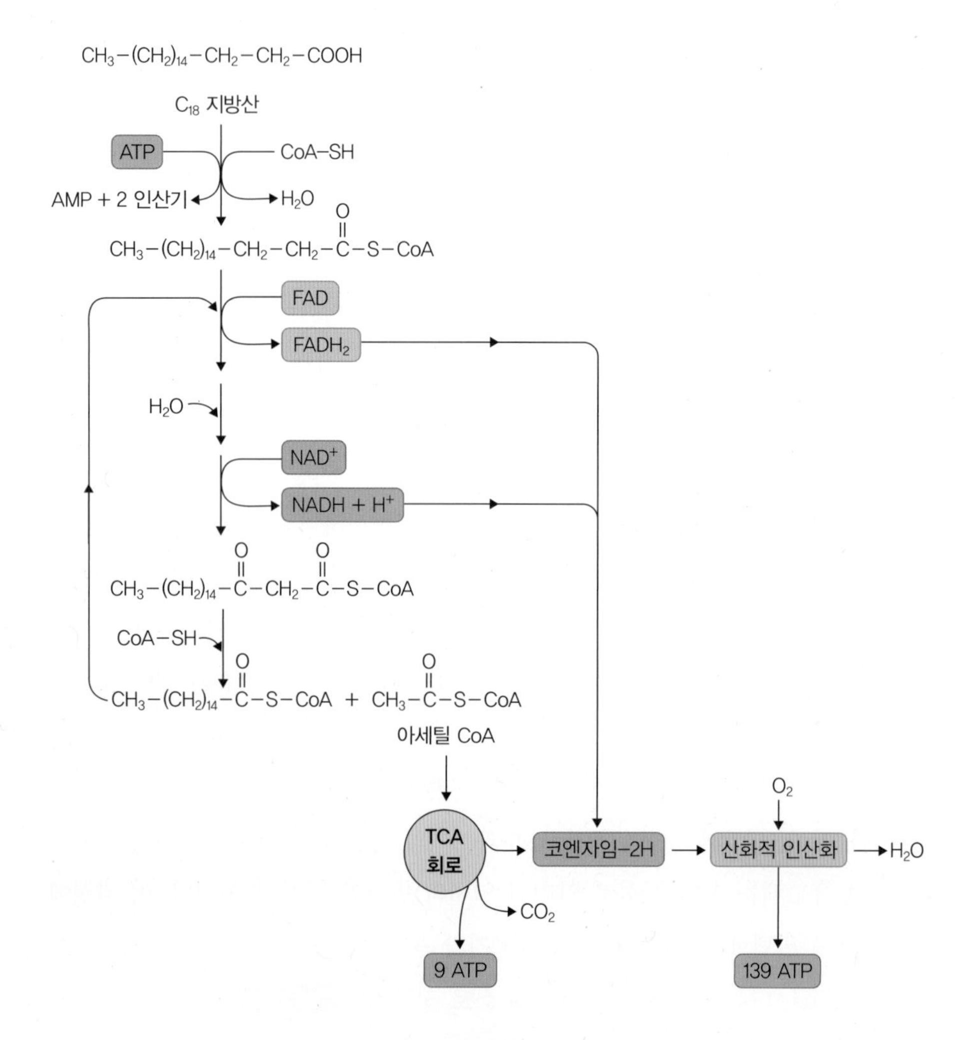


**그림 11-12**
**미토콘드리아에서 지방산 대사**

자량의 차이를 고려할 때, 지방 1 g의 분해로부터 형성된 ATP양은 탄수화물 대사에 의해 생성된 ATP양보다 약 21배 더 많다. 평범한 사람이 대부분의 에너지를 지방 대신 탄수화물로 저장한다면, 같은 양의 사용 가능한 에너지를 저장하기 위해 체중이 약 30% 더 커야 한다. 그리고 더 많은 무게를 움직이는 사람은 더 많은 에너지를 소모한다. 따라서, 포도당이 지방으로 전환될 때 해당 과정이 발생하며, 이때 만들어진 피루브산이 아세틸 CoA로 전환된다. 그러나 포스포글리세르알데히드phosphoglyceraldehyde 및 디히드록시아세톤인산dihydroxyacetone

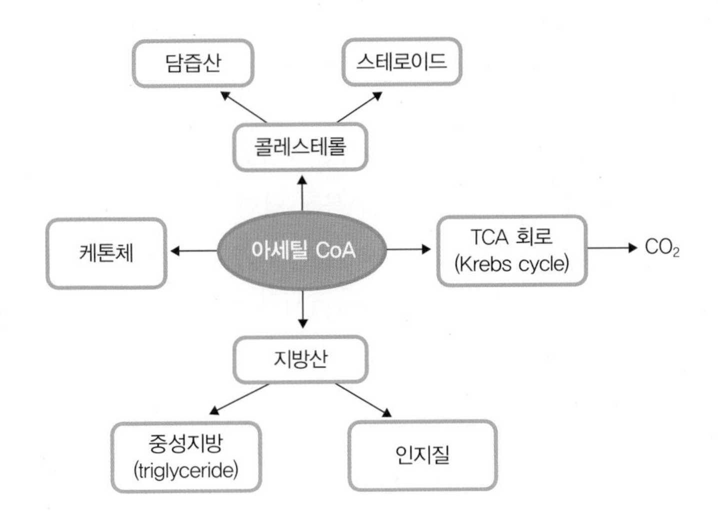


그림 11-13 아세틸 CoA의 다양한 대사 경로

phosphate과 같은 해당 과정의 중간체들은 피루브산으로의 전환을 완료하지 못하며, 아세틸 CoA는 TCA 회로를 일으키지 않는다. 이러한 아세틸 CoA 분자를 구성하는 아세트산들은 **담즙산** 및 스테로이드 호르몬을 합성하는 콜레스테롤, 케톤체 및 지방산을 비롯한 다양한 지질을 만들어내는 데 사용된다. 따라서 아세틸 CoA는 수많은 대사 경로가 진행되는 과정에서의 분기점으로 간주될 수 있다 그림 11-13.

**담즙산**
쓸개즙의 주요 성분. 주로 간의 콜레스테롤에서 만들어져 체내 콜레스테롤 대사에 관여함

지방산 합성은 지방산을 분해하는 반응과 반비례해서 발생한다. 그러나 합성 경로의 효소는 세포기질에 존재하며, 분해를 촉매하는 효소는 미토콘드리아에 있다. 지방산 합성은 아세틸기를 아세틸 CoA의 다른 분자로 옮겨 4탄소 사슬로 형성된 세포기질의 아세틸 CoA에서 시작되며, 이 과정을 반복함으로써 장쇄지방산은 한 번에 2개의 탄소가 축적된다.

## 2) 백색지방

백색지방은 대부분의 중성지방이 저장되는 곳이다. 백색지방에 저장된 지방이

에너지원으로 사용될 때, 중성지방이 리파아제lipase에 의해 글리세롤과 유리지방산으로 가수분해되는 지방 분해lipolysis가 발생한다.

유리지방산은 주로 간, 골격근 및 호기성 호흡을 하기 위해 필요한 에너지를 공급할 수 있고, 글리세롤은 원형질막의 특정 단백질 채널을 통해 빠져나와 혈액으로 들어간다. 혈액으로 방출된 글리세롤은 대부분 간으로 흡수되어 포도당신생합성을 통해 포도당으로 전환된다. 따라서 운동을 하거나 공복 중에는 백색지방에서 방출된 글리세롤이 에너지의 주된 공급원이 될 수 있다.

그러나 지방 분해에 의해 생성되는 가장 중요한 에너지 공급원은 유리지방산이다. 대부분의 지방산은 한쪽 끝에 카르복실기가 있는 긴 탄화수소 사슬로, 베타 산화 과정 중에 말단에 존재하는 탄소 2개로 이루어진 아세트산 분자가 제거된다. 최종적으로 세 번째 탄소가 산화되면서 새로운 카르복실기를 생성하기 때문에 아세틸 CoA가 만들어지며, 베타 산화 과정이 한번 발생하면 지방산 사슬의 길이는 탄소 2개만큼 감소한다. 베타 산화 과정은 전체 지방산 분자가 모두 아세틸 CoA로 전환될 때까지 계속된다.

### 3) 갈색지방

**노르에피네프린**
부신수질에서 생성되어 교감신경계의 신경전달물질 또는 호르몬의 역할을 하는 물질

**UCP1**
갈색지방의 세포내 미토콘드리아 내막에 위치. 산화와 인산화의 결합을 막는 작용을 하며, 열 발생에 기여함

갈색지방은 백색지방과 다르게 열 손실이 많이 발생하며, 신생아의 열 생성에 관여한다. 성인에게도 칼로리 소모와 열 생산에 기여하는 갈색지방(주로 쇄골 상부 영역에 위치함)이 있지만 양이 매우 적다. 갈색지방은 교감신경을 통해 **노르에피네프린**norepinephrine에 반응하여 **UCP1**uncoupling protein 1이라는 독특한 단백질을 생산한다. 이 단백질은 수소가 미토콘드리아 막 밖으로 새어나가게 함으로써 산화적 인산화를 차단한다. 결과적으로, 수소량이 감소하면 ATP 합성효소의 활성이 억제되어, 전자전달계에 의해 생성되는 ATP의 양도 줄어든다. ATP 농도가 낮으면 전자전달계가 억제되지 않으므로 지방산의 산화가 증가하여 더 많은 열이 발생한다.

## 4) 케톤체

간에 충분한 양의 ATP가 포함되어 있어 ATP의 추가 생산이 필요하지 않은 경우 지방산에서 만들어지는 일부 아세틸 CoA가 다른 대체 경로로 전달된다. 이 경로를 통해 두 분자의 아세틸 CoA는 **케톤체**로 알려진 탄소 4개 길이의 산성 유도체인 아세토아세트산과 베타히드록시부티르산, 탄소 3개 길이의 아세톤을 생성한다. 이렇게 만들어진 3개의 케톤체는 수용성을 띠어 혈장에서 순환하며, 백색지방 내 지방 분해로 유리지방산이 많이 공급될 때, 간에서의 생성량이 증가한다.

**케톤체**
지방산의 대사산물. 지방산의 분해가 증가되어 혈중 농도가 높아지면 케토시스(ketosis)를 일으킴

알아두기

### 식욕 조절에 따른 에너지 대사 변화

렙틴(leptin)은 지방세포에서 분비되어 포만감을 유도하여 식욕을 억제함으로써 섭취를 줄이고 에너지 소비는 증가시키는 역할을 한다. 반면, 그렐린(ghrelin)은 공복 시 위에서 분비되어 식욕을 촉진함으로써 에너지 섭취를 증가시킨다.

인크레틴 호르몬(Incretin hormone)은 소화관에서 분비되어 인슐린 분비를 촉진시킴으로써 혈당 상승을 억제하는 것으로 알려져 있다. 그중 GIP(Glucose-dependent insulinotropic polypeptide)와 GLP-1(Glucagon-like peptide-1)은 혈당 조절뿐만 아니라, 식욕 억제 및 위 배출 지연 효과가 있다. 최근 GIP가 GLP-1의 효과를 상승시켜준다는 연구 결과가 보고되면서, GIP/GLP-1 dual agonist는 2형 당뇨병 및 비만 등 대사 질환의 치료제로 주목받고 있다.

# 6. 단백질 대사

## 1) 아미노산 대사

단백질을 통해 섭취한 질소는 아미노산으로 체내로 들어가며, 주로 소변에서 요소로 배설된다. 성장기에는 단백질이 성장하는 데 이용되기 때문에 신장에서 배설되는 질소량은 섭취량보다 적을 수 있다. 단백질 분해에는 아미노산 사이의 펩티드 결합을 파괴하는 단백질 분해효소라 불리는 몇 개의 효소가 필요하다. 이 중 일부 효소는 단백질 사슬의 끝에서 한 번에 하나의 아미노산을 제거한다. 반면, 다른 효소는 사슬 안에 있는 특정 아미노산 사이의 펩티드 결합을 분해하여 유리 아미노산 대신 펩티드 결합을 형성한다.

대부분의 탄수화물 및 지방과 달리, 아미노산은 탄소, 수소, 산소, 질소(아미

**그림 11-14** 아세틸 CoA의 다양한 대사 경로

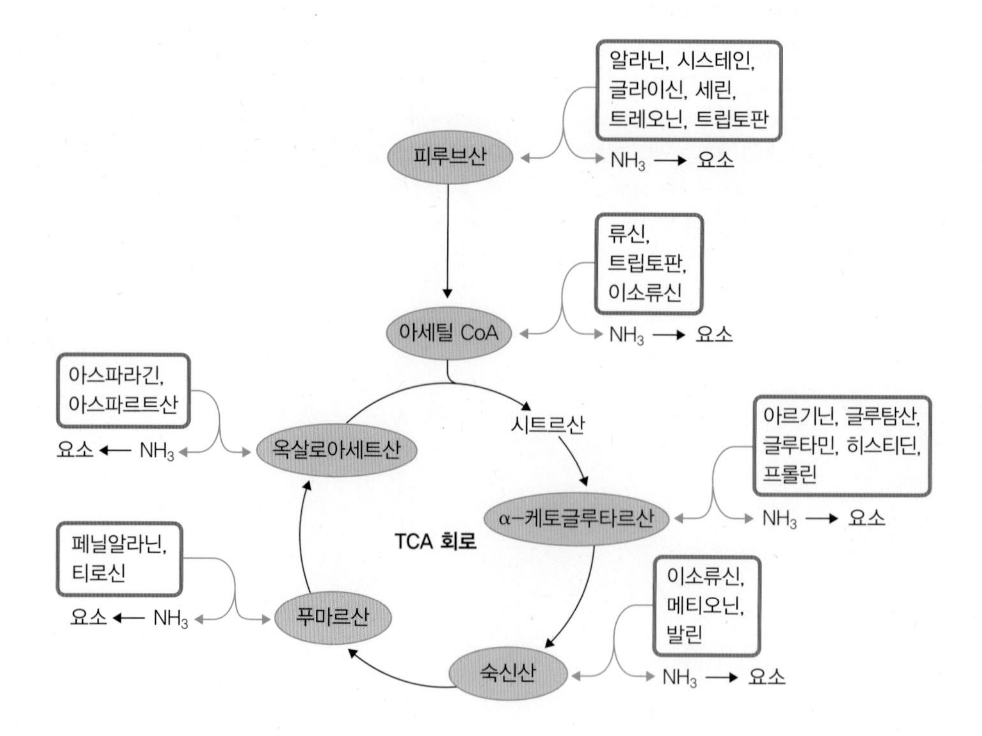

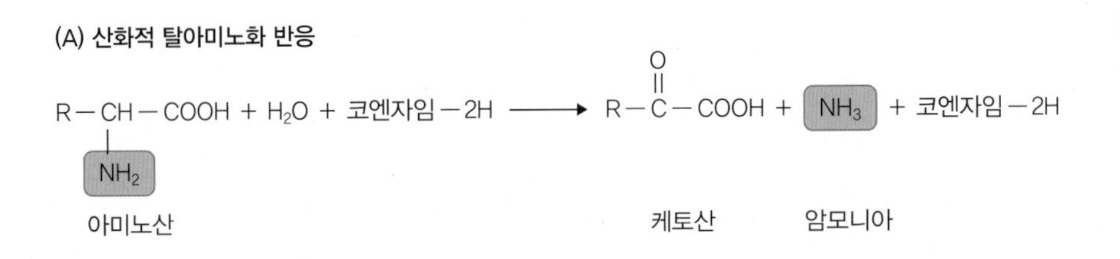


(B) 아미노기 전이 반응

$$R_1-CH(NH_2)-COOH + R_2-C(=O)-COOH \rightleftharpoons R_1-C(=O)-COOH + R_2-CH(NH_2)-COOH$$

아미노산 1 케토산 2 케토산 1 아미노산 2

**그림 11-15**
**산화적 탈아미노화 반응과 아미노기 전이 반응**

노기)를 포함한다. 질소가 포함된 아미노기가 제거되면, 대부분의 아미노산은 해당 과정이나 TCA 회로에 들어갈 수 있는 중간체로 대사될 수 있다 그림 11-14.

아미노기가 제거되는 방법은 두 가지가 있다 그림 11-15. 첫 번째 방법인 산화적 탈아미노화 반응oxidative deamination에서 아미노기는 암모니아 분자를 발생시키고, 나머지 구조는 물에서 유래된 산소 원자와 결합하여 **케토산**keto acid을 형성한다. 두 번째 방법은 아미노기를 케토산으로 전환하는 것을 포함한다. 아미노기가 전달된 케토산은 아미노산이 된다. 또한 세포는 핵산에서 발견되는 **퓨린**, **피리미딘** 염기와 같은 중요한 질소 함유 분자를 합성하기 위해 아미노산 그룹에서 추출된 질소를 사용할 수 있다. 이 반응에는 아미노산 글루탐산의 산화적 탈아미노화 반응과 알라닌 아미노산의 아미노기 전이반응이 있다.

케토산은 TCA 회로 또는 분해 경로에서 형성된 중간 생성물이다. 케토산은 이산화탄소를 생성하고 ATP를 형성하기 위해 대사되거나, 포도당을 형성하는 경로의 중간체 역할을 한다. 또한 피루브산을 통해 아세틸 CoA로 전환된 후 지방산을 합성하는 데 사용할 수 있다. 따라서 아미노산은 에너지의 원천으로 사용될 수 있고, 일부는 탄수화물과 지방으로 전환될 수 있다.

**케토산**
케톤의 카르보닐기와 카르복실기를 포함하는 산으로, 케톤과 카르복시산의 성질을 함께 가지고 있음

**퓨린**
$C_5H_4N_4$. 탄소와 질소로 이루어진 헤테로 고리 계열의 유기화합물. DNA의 특정 염기의 성분을 이룸

**피리미딘**
$C_4H_4N_2$. 퓨린과 함께 뉴클레오티드와 핵산의 구성성분인 질소 염기의 모체가 됨

**요소**
$CH_4N_2O$. 아미노산의 탈아미노화 작용으로 생성된 암모니아가 간에서 분해되어 형성되는 단백질의 최종 분해산물

산화적 탈아미노화 반응이 만드는 암모니아는 축적되는 경우 세포에 매우 유독하지만, 다행히 간 내 효소에 의해 **요소**로 전환되며, 이는 간에서 혈액으로 들어가 신장에 의해 소변으로 배설된다.

케토산, 피루브산, 알파케토글루타르산은 포도당의 분해로부터 유도될 수 있다. 앞에서 언급했듯이, 글루타민과 알라닌을 형성하기 위해 아미노기 전이반응을 시행할 수 있다. 그러므로 포도당은 식단에서 아미노산을 섭취할 때 특정 아미노산을 생산하는 데 사용될 수 있다. 그러나 특정 케톤산 중 9개가 다른 중간체로부터 합성될 수 없기 때문에, 20개의 아미노산 중 단지 11개만 이 과정에 의해 형성될 수 있다. 우리는 음식으로부터 이 케토산에 해당하는 9개의 아미노산을 얻어야 하는데, 이것이 바로 필수 아미노산이다.

질병이 있는 사람들은 조직의 단백질이 분해되기 때문에 섭취하는 양보다 더 많은 양의 질소를 배출하는 음의 질소 평형 단계에 있다고 말한다.

건강한 성인은 섭취한 질소의 양과 배설된 질소의 양이 같아 균형을 이루지만, 이는 음식을 통해 아미노산을 섭취하지 않아도 된다는 의미가 아니다. 활발한 대사 회전을 위해 매일 규칙적인 아미노산의 섭취는 필수적이다. 대사 회전에 사용되는 아미노산보다 더 많은 양의 아미노산을 섭취할 때, 초과되는 아미노산은 추가적인 단백질로 저장되지 않으며, 오히려 아미노기가 제거되어 에너지로 사용되거나 탄수화물과 지방으로 전환될 수 있다.

## 2) 아미노기 전이반응

앞서 언급했듯이, 성장을 위한 단백질을 만들고 대사 회전에 사용된 단백질을 대체하기 위해서는 20가지의 아미노산이 모두 필요하다. 그러나 이들 중 8개(소아는 9개)는 신체에서 생성되지 않아 음식을 통해 섭취해야 하며, 이 아미노산들을 필수 아미노산이라고 한다. 필수 아미노산을 제외한 나머지 아미노산들은 충분한 양의 탄수화물과 필수 아미노산을 통해 신체에서 생성되며, 이 아미노

산들을 비필수 아미노산이라고 한다.

피루브산 및 TCA 회로에 참여하는 산은 케톤 그룹을 가지기 때문에 공통적으로 케토산으로 불리며, 이것은 케톤체와는 다른 물질이다. 케토산은 아미노기를 첨가함으로써 아미노산으로 전환될 수 있다. 이러한 아미노기는 보통 다른 아미노산으로부터 얻는다. 아미노기를 얻은 케토산은 새로운 아미노산으로 전환되고, 아미노기를 잃어버린 다른 아미노산은 케토산으로 전환된다. 따라서 아미노기가 하나의 아미노산에서 다른 아미노산으로 옮겨지는 이러한 반응을 아미노기 전이반응transamination이라고 한다.

아미노기 전이반응은 비타민 $B_6$가 조효소로 작용해야 하는 아미노기 전달효소에 의해 발생한다. 예를 들어, 글루탐산의 아미노기는 ALTalanine transaminase 효소에 의해 피루브산으로, ASTaspartate transaminase 효소에 의해 옥살로아세트산으로 옮겨진다. 따라서 피루브산에 아미노기가 첨가되면 알라닌이 생성되고, 옥살로아세트산에 아미노기가 첨가되면 아스파르트산이 생성된다.

**ALT**
알라닌아미노전달효소.
간세포 내에 많이 함유되어 AST와 함께 간 독성의 지표로 활용됨

**AST**
아스파르테이트 아미노전달효소.
조직이 손상될 때 혈액 속으로 유리됨

## 3) 산화적 탈아미노반응

글루탐산은 아미노기와 $\alpha$-케토글루타르산의 아미노기 전이반응을 통해 형성된다. 글루탐산은 또한 간문맥에서 간으로 운반되는 암모니아로부터 생성될 수 있다. 유리된 암모니아는 독성이 매우 강하기 때문에 혈액에서 이를 제거하고 글루탐산으로 만드는 것이 간의 매우 중요한 역할 중 하나이다. 단백질 합성에 필요한 것보다 더 많은 아미노산이 체내로 들어오면, 글루탐산의 아미노기는 제거되어 소변을 통해 요소로 배설된다. 아미노산에서 아미노기를 제거하여 생성되는 케토산과 요소로부터 만들어지는 암모니아를 제거하는 대사 경로를 산화적 탈아미노반응oxidative deamination이라고 한다.

# INDEX
## 찾아보기

**기타**